하수도공학

김성홍 · 최영균 · 최재완

도서출판 동화기술

머리말

이 책은 하수도시설 설계의 가이드라인이라 할 수 있는 "하수도시설기준"을 바탕으로 편찬되었다. 여기에 환경공학이나 물리학, 화학의 바탕이 취약한 학생들을 위해 오염물질 종류, 오염물질의 표시 방법, 하천정화작용 등 하수도공학을 이해하는데 바탕이 되는 기초지식을 추가하고, 내용을 대폭 첨삭함으로써 하수도공학을 처음 배우는 학생들이 공부하는데 보다 쉽도록 꾸몄다.

이 책은 크게 5장으로 구성되었으며, 이해를 돕기 위해 예제와 연습문제를 많이 삽입하였다. 제1장은 수질오염과 하수도로서 수질오염의 개요와 하수도 기초지식을 습득하는 데 중점을 두었다. 제2장은 하수도 기본계획의 방법과 수순, 계획 시 고려사항 등을 다루었다. 제3장부터 제5장까지는 하수도시설의 실제 적용으로서 제3장 관거 및 펌프장 시설, 제4장 수처리시설, 제5장 슬러지처리시설을 중점적으로 기술하였다.

집필진은 2년제 또는 4년제 학부생이 하수도공학 관련 수업의 교과서로서 사용하는데 어려움이 없도록 많은 부분을 함축시켰으나, 종합 응용학문인 하수도공학의 분야가 넓고, 하수도 기술 역시 계속 발달하고 있으므로 더 이상의 내용 축소는 어렵다고 판단하였다. 따라서 필수적인 부분을 포함시키되 보다 전문적인 지식은 다루지 않으려고 노력하였다.

2019년 이 책이 출판된 이후 4년 만에 서둘러 개정판을 내놓게 된 이유는 그 사이에 하수도 관계 법령이 바뀌고, 하수도의 범위가 확대되어 내용 수정이 불가피한 점도 있지만, 당초에 급하게 서둘러 책을 출간하다보니 본문에 미흡한 점이 많고 오타가 많아 내심 많이 부끄러워 이를 속히 무마하고자 하는 마음이 강했기 때문이다.

아무쪼록 이 책이 하수도공학을 배우는 공학도들에게 유익한 교재가 되길 바라며, 부족한 내용이나마 책으로 출판될 수 있도록 도와주신 도서출판 동화기술 관계자 여러분께도 깊은 감사를 드린다.

저자 일동

Part

차례

제 3 장 관거 및 펌프장 시설

제 4 장 수처리시설

제 1 장

수질오염과 하수도

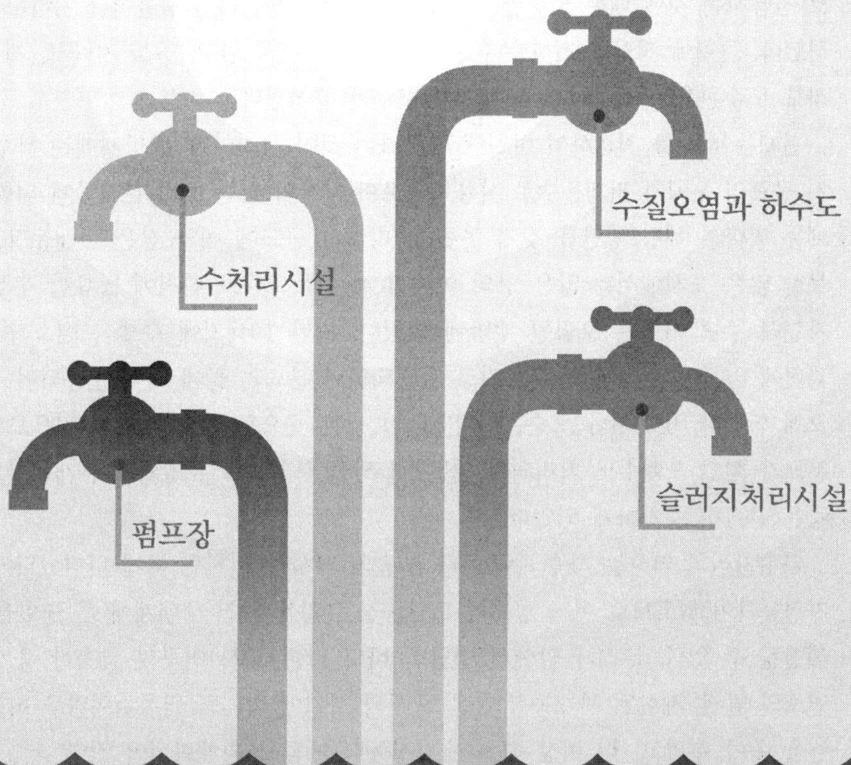

1.1 수질오염 개요

1.1.1 하수처리의 역사

19세기 말 수인성 병원균이 전염병의 주된 원인 중의 하나로 알려지면서 도시에 상수도 및 하수도 시스템이 갖추어지기 시작하였다. 물을 섭취해야만 하는 인간의 일차적인 관심은 수질적으로 깨끗하고, 양적으로 충분한 물을 공급받는 데 있다. 그러나 한 번 사용된 물이 별다른 처리 없이 수계로 배출되던 과거의 물 순환은 하천, 호수 및 하구를 점차 오염시켰으며, 인구의 급속한 증가와 함께 나타난 도시로의 인구 집중은 그 오염을 급속도로 확산시키기에 이르렀다.

콜레라의 유행을 계기로 19세기 후반부터 유럽 사람들은 지표수를 상수도의 수원으로 사용하는 것에 대해 상당한 경계심을 가지게 되어 대신 샘물이나 지하수를 수원으로 하였다. 근처에 적당한 지하수나 샘물이 없으면 산을 넘고, 들을 지나고, 계곡을 건너서라도 도수관을 매설하여 샘물이나 지하수를 끌어왔다.

현재는 하수를 처리하여 하천에 방류하는 것이 상식이지만, 당시에는 하수를 모아 도시 근교의 논에서 관개용수로 사용함으로써 약간의 침전 처리나 식물에 의한 처리 이외에는 별다른 해결 방안을 갖지 못했다. 따라서 근교에 이와 같은 관개농장을 확보하지 못한 많은 도시에서는 많은 양의 미처리 하수를 그대로 하천에 방류할 수밖에 없었고, 자연히 주변 하천은 오염될 수밖에 없었다. 또한 19세기에 수세식 변소가 발명되면서 과거에 일꾼과 수레에 의해 농지로 환원되었던 분뇨가 물에 의해 운송되어 수계로 들어오게 되었다. 빗물이나 오수는 높은 데서 낮은 곳으로 흐르게 되어 있으므로 결국에는 분뇨가 섞인 오폐수도 처리되지 않은 채 직접 하천으로 유입되어 관개농장의 오염부하량은 급속히 증가하게 되었다.

하수처리의 역사는 하수 수집이나 운송의 역사보다 훨씬 늦게 나타났다. 유입수역은 자정능력이 있으므로 어느 정도의 오염물질 유입은 하천 생태계에 큰 영향을 주지 않고 해결될 수 있다. 그러나 앞에서 언급한 바와 같이 도시 인구의 급속한 증가와, 수세식 변소의 발전, 제한된 관개농장 등은 도시의 하천에 마치 융단폭격이라도 하듯이 오염물질을 쏟아 부었고, 더 이상 하천은 자정능력을 잃고 황폐화되어 갔다.

관개농장을 이용한 하수처리는 현대적인 표현을 빌리자면 일차처리(침전)에 해당하는 것이고, 효율이 그다지 높지 않기 때문에 도시에 인구가 점점 늘어날수록 필요한 면적 역시 늘어나게 된다. 그러나 근교의 관개농장은 제한될 수밖에 없기 때문에 더욱 효율적인 하수처리, 즉 작은 면적에서도 많은 양의 하수를 처리할 수 있는 시스템이 절실히 필요하였다. 19세기 후반 그러니까 1800년대 후반부터 1900년대 초까지 여러 가지 처리 방법이 시도되었으며, 1920년대에 이르러서 오늘날 통용되는 하수처리 방법이 출현하였다.

1.1.2 환경기준과 총량규제

하수도 및 하수처리의 목적을 이해하기 위해서는 먼저 우리나라의 환경 관련 법 체계를 이해할 필요가 있다. 환경정책기본법은 인간의 환경에 관한 권리를 보호하기 위해 제정된 최상위법으로서, 「환경보전에 관한 국민의 권리·의무와 국가의 책무를 명확히 하고 환경정책의 기본 사항을 정하여 환경오염과 환경훼손을 예방하고 환경을 적정하고 지속가능하게 관리·보전함으로써 모든 국민이 건강하고 쾌적한 삶을 누릴 수 있도록 함을 목적으로 한다」고 명시되어 있다. 이것은 헌법 제10조의 「행복을 추구할 권리」와 헌법 제34조의 「인간다운 생활을 할 권리」를 보호하기 위함이라고 볼 수 있다. 어쨌든, 환경정책기본법은 국가와 지방자치단체 그리고 국민의 환경에 관련된 권리와 의무를 명문화한 모법(母法)이라 할 수 있다. 환경정책기본법은 이와 함께 국가가 「환경기준」을 설정하도록 하고 있고, 환경정책기본법 시행령에 「환경기준」을 설정하였다. 「환경기준」은 국민의 건강을 보호하고 쾌적한 환경을 조성하기 위하여 국가가 달성하고 유지하는 것이 바람직한 환경상의 조건 또는 질적인 수준, 즉 국민이 누릴 수 있는 환경 수준을 의미한다. 「환경기준」은 크게 대기, 소음, 수질 및 수생태계로 구분되어 있다. 대기는 아황산가스, 일산화탄소 등 대기오염물질에 대한 기준이며 2019년 기준 8항목이다. 수질 및 수생태계는 다시 하천, 호소, 지하수, 해역으로 나뉘는데, 하천의 경우 사람의 건강보호를 위한 기준으로서 카드뮴(Cd) 등 20항목과 그 기준 농도를, 생활환경 기준으로서 pH, BOD 등 9항목과 그 기준 농도를 설정하고 있다. 흔히 말하는 수질이 1등급이니 2등급이니 하는 말은 생활환경 기준을 말하는 것으로서 구체적으로는 Ia 등급부터 VI 등급까지 총 7단계로 나뉘어져 있다. Ia 등급은 가장 수질이 좋은 상태를 말하며, 용존산소(溶存酸素)가 풍부하고 오염물질이 없는 청정상태의 생태계로 여과·살균 등 간단한 정수처리 후 생활용수로 사용할 수 있을 정도의 수질을 말한다. 반대로 VI 등급은 용존산소가 거의 없는 오염된 물로 물고기가 살기 어려운 수질이다.

「환경기준」은 국민이 누릴 수 있는 수준을 선언한 것이므로 이를 달성하고 유지하기 위해서는 환경의 질을 악화시키는 행위, 즉 환경을 오염시키는 행위를 제한해야만 한다. 대기환경보전법, 소음진동관리법, 물환경보전법 등은 위와 같은 「환경기준」을 달성하고 유지하기 위한 실천적인 법이며, 환경을 악화시키는 오염물질의 종류, 배출허용기준, 배출 행위의 규제, 배출시설의 인가, 오염물질 배출부과금 등을 규정하고, 위반 사항에 대해 벌칙을 명문화함으로써 환경오염을 방지하고자 하는 것이다.

한편, 대기오염 또는 수질오염 상태가 「환경기준」을 초과하여 주민의 건강·재산이나 동식물의 생육에 심각한 위해를 끼칠 우려가 있다고 인정하는 구역 또는 특별대책지역이나, 수질 및 수생태계의 목표기준 달성 여부를 평가한 결과 그 기준을 달성·유지하지 못한다고 인정되는 수계의 유역에 속하는 지역, 수질오염으로 주민의 건강·재산이나 수생태계에 중대한 위해를 가져올 우려가 있다고 인정되는 수계의 유역에 속하는 지역에 대해서는 오염물질을 총량으로 관리한다. 이것을 총량규제 혹은 오염물질 총량관리라고 한다. 이는 인구와 산업이 과도하게 밀집되어 있어 배출하는 오염물질의 농도 규제만으로는 오염물질의 양적 증가 및 이에 따른 하천의 자정 능력 초과를 통제할 수 없고, 「환경기준」을 달성할 수 없다고 판단되기 때문이다. 환경부장관이나 오염총량관리 시행 지방자치단체장은 오염총량을 초과하여 배출한 시설에 대한 개선이나 조업정지, 사용중지 명령을 할 수 있고, 심한 경우 폐쇄명령을 할 수 있다. 또한, 총량초과부과금을 부과, 징수한다. 총량규제는 공공수역의 수질을 건전하게 유지하고자 하는 목적으로 시행되고 있으나, 총량 한도에 도달한 구역이나 수계에 공장을 짓거나 증설하는 행위가 허가되지 않음으로써 경제활동이 위축되는 결과를 초래하기도 한다.

환경기준(제2조 관련)

1. 대기

항 목	기 준
아황산가스(SO_2)	• 연간 평균치 0.02ppm 이하 • 24시간 평균치 0.05ppm 이하 • 1시간 평균치 0.15ppm 이하
일산화탄소(CO)	• 8시간 평균치 9ppm 이하 • 1시간 평균치 25ppm 이하
이산화질소(NO_2)	• 연간 평균치 0.03ppm 이하 • 24시간 평균치 0.06ppm 이하 • 1시간 평균치 0.10ppm 이하
미세먼지(PM-10)	• 연간 평균치 50$\mu g/m^3$ 이하 • 24시간 평균치 100$\mu g/m^3$ 이하
미세먼지(PM-2.5)	• 연간 평균치 15$\mu g/m^3$ 이하 • 24시간 평균치 35$\mu g/m^3$ 이하

오존(O_3)	• 8시간 평균치 0.06ppm 이하 • 1시간 평균치 0.1ppm 이하
납(Pb)	• 연간 평균치 0.5$\mu g/m^3$ 이하
벤젠	• 연간 평균치 5$\mu g/m^3$ 이하

비고

1. 1시간 평균치는 999천분위수(千分位數)의 값이 그 기준을 초과해서는 안 되고, 8시간 및 24시간 평균치는 99백분위수의 값이 그 기준을 초과해서는 안 된다.
2. 미세먼지(PM-10)는 입자의 크기가 10μm 이하인 먼지를 말한다.
3. 초미세먼지(PM-2.5)는 입자의 크기가 2.5μm 이하인 먼지를 말한다.

2. 소음

[단위 : Leq dB(A)]

구분 \ 지역	적용 대상지역	기 준	
		낮(06:00~22:00)	밤(22:00~06:00)
일반지역	"가"지역	50	40
	"나"지역	55	45
	"다"지역	65	55
	"라"지역	70	65
도로변지역	"가" 및 "나"지역	65	55
	"다"지역	70	60
	"라"지역	75	70

비고

1. 지역구분별 적용 대상지역의 구분은 다음과 같다.

가. "가"지역

1) 「국토의 계획 및 이용에 관한 법률」 제36조 제1항 제1호 라목에 따른 녹지지역
2) 「국토의 계획 및 이용에 관한 법률」 제36조 제1항 제2호 가목에 따른 보전관리지역
3) 「국토의 계획 및 이용에 관한 법률」 제36조 제1항 제3호 및 제4호에 따른 농림지역 및 자연환경보전지역
4) 「국토의 계획 및 이용에 관한 법률 시행령」 제30조 제1호 가목에 따른 전용주거지역
5) 「의료법」 제3조 제2항 제3호 마목에 따른 종합병원의 부지경계로부터 50미터 이내의 지역
6) 「초·중등교육법」 제2조 및 「고등교육법」 제2조에 따른 학교의 부지경계로부터 50미터 이내의 지역
7) 「도서관법」 제2조 제4호에 따른 공공도서관의 부지경계로부터 50미터 이내의 지역

나. "나"지역

1) 「국토의 계획 및 이용에 관한 법률」 제36조 제1항 제2호 나목에 따른 생산관리지역
2) 「국토의 계획 및 이용에 관한 법률 시행령」 제30조 제1호 나목 및 다목에 따른 일반주거지역 및 준주거지역

다. "다"지역

1) 「국토의 계획 및 이용에 관한 법률」 제36조 제1항 제1호 나목에 따른 상업지역 및 같은 항 제2호 다목에 따른 계획관리지역

2) 「국토의 계획 및 이용에 관한 법률 시행령」 제30조 제3호 다목에 따른 준공업지역

라. "라"지역

「국토의 계획 및 이용에 관한 법률 시행령」 제30조 제3호 가목 및 나목에 따른 전용공업지역 및 일반공업지역

2. "도로"란 자동차(2륜자동차는 제외한다)가 한 줄로 안전하고 원활하게 주행하는 데에 필요한 일정 폭의 차선이 2개 이상 있는 도로를 말한다.

3. 이 소음환경기준은 항공기소음, 철도소음 및 건설작업 소음에는 적용하지 않는다.

3. 수질 및 수생태계

가. 하천

1) 사람의 건강보호 기준

항 목	기준값(mg/L)
카드뮴(Cd)	0.005 이하
비소(As)	0.05 이하
시안(CN)	검출되어서는 안 됨(검출한계 0.01)
수은(Hg)	검출되어서는 안 됨(검출한계 0.001)
유기인	검출되어서는 안 됨(검출한계 0.0005)
폴리클로리네이티드비페닐(PCB)	검출되어서는 안 됨(검출한계 0.0005)
납(Pb)	0.05 이하
6가 크롬(Cr^{6+})	0.05 이하
음이온 계면활성제(ABS)	0.5 이하
사염화탄소	0.004 이하
1,2-디클로로에탄	0.03 이하
테트라클로로에틸렌(PCE)	0.04 이하
디클로로메탄	0.02 이하
벤젠	0.01 이하
클로로포름	0.08 이하
디에틸헥실프탈레이트(DEHP)	0.008 이하
안티몬	0.02 이하
1,4-다이옥세인	0.05 이하
포름알데히드	0.5 이하
헥사클로로벤젠	0.00004 이하

2) 생활환경 기준

등급		상태 (캐릭터)	기 준							대장균군 (군수/100mL)	
			수소이온농도 (pH)	생물화학적 산소요구량 (BOD) (mg/L)	화학적 산소요구량 (COD) (mg/L)	총유기탄소량 (TOC) (mg/L)	부유물질량 (SS) (mg/L)	용존산소량 (DO) (mg/L)	총인 (TP) (mg/L)	총 대장균군	분원성 대장균군
매우 좋음	Ia		6.5~8.5	1 이하	2 이하	2 이하	25 이하	7.5 이상	0.02 이하	50 이하	10 이하
좋음	Ib		6.5~8.5	2 이하	4 이하	3 이하	25 이하	5.0 이상	0.04 이하	500 이하	100 이하
약간 좋음	II		6.5~8.5	3 이하	5 이하	4 이하	25 이하	5.0 이상	0.1 이하	1,000 이하	200 이하
보통	III		6.5~8.5	5 이하	7 이하	5 이하	25 이하	5.0 이상	0.2 이하	5,000 이하	1,000 이하
약간 나쁨	IV		6.0~8.5	8 이하	9 이하	6 이하	100 이하	2.0 이상	0.3 이하		
나쁨	V		6.0~8.5	10 이하	11 이하	8 이하	쓰레기 등이 떠 있지 않을 것	2.0 이상	0.5 이하		
매우 나쁨	VI			10 초과	11 초과	8 초과		2.0 미만	0.5 초과		

비고

1. 등급별 수질 및 수생태계 상태
   가. 매우 좋음 : 용존산소(溶存酸素)가 풍부하고 오염물질이 없는 청정상태의 생태계로 여과·살균 등 간단한 정수처리 후 생활용수로 사용할 수 있음.
   나. 좋음 : 용존산소가 많은 편이고 오염물질이 거의 없는 청정상태에 근접한 생태계로 여과·침전·살균 등 일반적인 정수처리 후 생활용수로 사용할 수 있음.
   다. 약간 좋음 : 약간의 오염물질은 있으나 용존산소가 많은 상태의 다소 좋은 생태계로 여과·침전·살균 등 일반적인 정수처리 후 생활용수 또는 수영용수로 사용할 수 있음.
   라. 보통 : 보통의 오염물질로 인하여 용존산소가 소모되는 일반 생태계로 여과, 침전, 활성탄 투입, 살균 등 고도의 정수처리 후 생활용수로 이용하거나 일반적 정수처리 후 공업용수로 사용할 수 있음.
   마. 약간 나쁨 : 상당량의 오염물질로 인하여 용존산소가 소모되는 생태계로 농업용수로 사용하거나 여과, 침전, 활성탄 투입, 살균 등 고도의 정수처리 후 공업용수로 사용할 수 있음.
   바. 나쁨 : 다량의 오염물질로 인하여 용존산소가 소모되는 생태계로 산책 등 국민의 일상생활에 불쾌감을 주지 않으며, 활성탄 투입, 역삼투압 공법 등 특수한 정수처리 후 공업용수로 사용할 수 있음.
   사. 매우 나쁨 : 용존산소가 거의 없는 오염된 물로 물고기가 살기 어려움.
   아. 용수는 해당 등급보다 낮은 등급의 용도로 사용할 수 있음.
   자. 수소이온농도(pH) 등 각 기준항목에 대한 오염도 현황, 용수처리방법 등을 종합적으로 검토하여 그에 맞는 처리방법에 따라 용수를 처리하는 경우에는 해당 등급보다 높은 등급의 용도로도 사용할 수 있음.

2. 상태(캐릭터) 도안

가. 모형 및 도안 요령

등급		도안 모형	도안 요령	색 상		
				원	물방울	입
매우 좋음	Ia				파란색(cyan, C) 100~90%, 빨간색(mazenta, M) 20~17%, 검은색(black, K) 5%	빨간색(mazenta, M) 60%, 노란색(yellow, Y) 100%
좋음	Ib				파란색(cyan, C) 85~80%, 노란색(yellow, Y) 43~40%, 빨간색(mazenta, M) 8%	빨간색(mazenta, M) 60%, 노란색(yellow, Y) 100%
약간 좋음	II		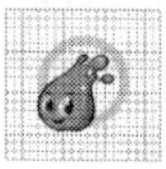		파란색(cyan, C) 57~45%, 노란색(yellow, Y) 96~85%, 검은색(black, K) 7%	
보통	III			검은색 (black, K) 15%	파란색(cyan, C) 20%, 검은색(black, K) 42~30%	
약간 나쁨	IV		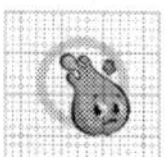		빨간색(mazenta, M) 35~30%, 노란색(yellow, Y) 100%, 검은색(black, K) 10%	
나쁨	V				빨간색(mazenta, M) 65~55%, 노란색(yellow, Y) 100%, 검은색(black, K) 10%	
매우 나쁨	VI				빨간색(mazenta, M) 100~90, 노란색(yellow, Y) 100%, 검은색(black, K) 10%	

나. 도안 모형은 상하 또는 좌우로 형태를 왜곡하여 사용해서는 안 된다.

3. 수질 및 수생태계 상태별 생물학적 특성 이해표

생물등급	생물 지표종		서식지 및 생물 특성
	저서생물(底棲生物)	어류	
매우좋음 ~ 좋음	옆새우, 가재, 뿔하루살이, 민하루살이, 강도래, 물날도래, 광택날도래, 띠무늬우묵날도래, 바수염날도래	산천어, 금강모치, 열목어, 버들치 등 서식	• 물이 매우 맑으며, 유속은 빠른 편임. • 바닥은 주로 바위와 자갈로 구성됨. • 부착 조류(藻類)가 매우 적음.
좋음 ~ 보통	다슬기, 넓적거머리, 강하루살이, 동양하루살이, 등줄하루살이, 등딱지하루살이, 물삿갓벌레, 큰줄날도래	쉬리, 갈겨니, 은어, 쏘가리 등 서식	• 물이 맑으며, 유속은 약간 빠르거나 보통임. • 바닥은 주로 자갈과 모래로 구성됨. • 부착 조류가 약간 있음.
보통 ~ 약간나쁨	물달팽이, 턱거머리, 물벌레, 밀잠자리	피라미, 끄리, 모래무지, 참붕어 등 서식	• 물이 약간 혼탁하며, 유속은 약간 느린 편임. • 바닥은 주로 잔자갈과 모래로 구성됨.

		• 부착 조류가 녹색을 띠며 많음.
약간나쁨 ~ 매우나쁨	왼돌이물달팽이, 실지렁이, 붉은깔따구, 나방파리, 꽃등에	붕어, 잉어, 미꾸라지, 메기 등 서식	• 물이 매우 혼탁하며, 유속은 느린 편임. • 바닥은 주로 모래와 실트로 구성되며, 대체로 검은색을 띰. • 부착 조류가 갈색 혹은 회색을 띠며 매우 많음.

4. 화학적 산소요구량(COD) 기준은 2015년 12월 31일까지 적용한다.

나. 호소

1) 사람의 건강보호 기준 : 가목 1)과 같다.

2) 생활환경 기준

등급		상태(캐릭터)	기준									
			수소이온농도(pH)	화학적 산소요구량(COD)(mg/L)	총유기탄소량(TOC)(mg/L)	부유물질량(SS)(mg/L)	용존산소량(DO)(mg/L)	총인(TP)(mg/L)	총질소(TN)(mg/L)	클로로필-a(Chl-a)(mg/m^3)	대장균군(군수/100mL) 총 대장균군	대장균군(군수/100mL) 분원성 대장균군
매우 좋음	Ia		6.5~8.5	2 이하	2 이하	1 이하	7.5 이상	0.01 이하	0.2 이하	5 이하	50 이하	10 이하
좋음	Ib		6.5~8.5	3 이하	3 이하	5 이하	5.0 이상	0.02 이하	0.3 이하	9 이하	500 이하	100 이하
약간 좋음	II		6.5~8.5	4 이하	4 이하	5 이하	5.0 이상	0.03 이하	0.4 이하	14 이하	1,000 이하	200 이하
보통	III		6.5~8.5	5 이하	5 이하	15 이하	5.0 이상	0.05 이하	0.6 이하	20 이하	5,000 이하	1,000 이하
약간 나쁨	IV		6.0~8.5	8 이하	6 이하	15 이하	2.0 이상	0.10 이하	1.0 이하	35 이하		
나쁨	V		6.0~8.5	10 이하	8 이하	쓰레기 등이 떠 있지 않을 것	2.0 이상	0.15 이하	1.5 이하	70 이하		
매우 나쁨	VI			10 초과	8 초과		2.0 미만	0.15 초과	1.5 초과	70 초과		

비고
1. 총인, 총질소의 경우 총인에 대한 총질소의 농도비율이 7 미만일 경우에는 총인의 기준을 적용하지 않으며, 그 비율이 16 이상일 경우에는 총질소의 기준을 적용하지 않는다.
2. 등급별 수질 및 수생태계 상태는 가목2) 비고 제1호와 같다.
3. 상태(캐릭터) 도안 모형 및 도안 요령은 가목2) 비고 제2호와 같다.
4. 화학적 산소요구량(COD) 기준은 2015년 12월 31일까지 적용한다.

다. 지하수

지하수 환경기준 항목 및 수질기준은 「먹는물관리법」 제5조 및 「수도법」 제26조에 따라 환경부령으로 정하는 수질기준을 적용한다. 다만, 환경부장관이 고시하는 지역 및 항목은 적용하지 않는다.

라. 해역

1) 생활환경

항 목	수소이온농도(pH)	총대장균군(총대장균군수/100mL)	용매 추출유분(mg/L)
기 준	6.5～8.5	1,000 이하	0.01 이하

2) 생태기반 해수수질 기준

등 급	수질평가 지수값(Water Quality Index)
I (매우 좋음)	23 이하
II (좋음)	24～33
III (보통)	34～46
IV (나쁨)	47～59
V (아주 나쁨)	60 이상

3) 해양생태계 보호기준

(단위 : μg/L)

중금속류	구리	납	아연	비소	카드뮴	크롬(6가)
단기 기준 *	3.0	7.6	34	9.4	19	200
장기 기준 **	1.2	1.6	11	3.4	2.2	2.8

* 단기 기준 : 1회성 관측값과 비교 적용

** 장기 기준 : 연간 평균값(최소 사계절 동안 조사한 자료)과 비교 적용

4) 사람의 건강보호

등급	항 목	기준(mg/L)	항 목	기준(mg/L)
모든 수역	6가 크롬(Cr^{6+})	0.05	파라티온	0.06
	비소(As)	0.05	말라티온	0.25
	카드뮴(Cd)	0.01	1.1.1-트리클로로에탄	0.1
	납(Pb)	0.05	테트라클로로에틸렌	0.01
	아연(Zn)	0.1	트리클로로에틸렌	0.03
	구리(Cu)	0.02	디클로로메탄	0.02
	시안(CN)	0.01	벤젠	0.01
	수은(Hg)	0.0005	페놀	0.005
	폴리클로리네이티드비페닐(PCB)	0.0005	음이온 계면활성제(ABS)	0.5
	다이아지논	0.02		

1.1.3 수질오염물질과 생태계

하천의 자정작용이나 하수처리를 이해하기에 앞서 우리는 도대체 어떤 것들이 오염물질인가에 대해 먼저 생각해 보아야 한다.

2017년에 법령 명칭이 수질 및 수생태계 보전에 관한 법률에서 물환경보전법으로 변경되었는데, 물환경보전법에서는 구리와 그 화합물을 포함하여 59개 항목을 수질오염물질로 규정하고 있고, 역시 구리와 그 화합물 등 33개 항목을 특정수질유해물질로 규정하고 있다. 이것을 2015년의 기준과 비교하면 수질오염물질 항목 수는 53개에서 6개 증가하고, 특정수질유해물질은 28개에서 스티렌, 안티몬 등 4개 항목이 추가된 것이다. 이처럼 수질오염물질이나 특정수질오염물질은 과거에는 오염물질로 분류되지 않았으나 유해성이 확인되어 신규로 추가되는 항목들로서 환경에 대한 국민의 요구가 증가함에 따라 항목수도 계속 증가하는 특징이 있다. 참고로 2008년도에는 수질오염물질이 41개, 특정수질오염물질이 19개였다.

이에 따라서 배출허용기준 역시 더욱 엄격해지고 있는데, 배출허용기준은 생물화학적 산소요구량(BOD, Biochemical Oxygen Demand), 화학적산소요구량(COD, Chemical Oxygen Demand), 부유물질량(SS, Suspended Solids) 외에 페놀류 등 53 항목을 규정하고 있다. 배출허용기준은 특히 허용기준과 적용시점을 2~3년 미리 정하고 예고해 놓음으로써 폐수배출시설이 대비할 수 있도록 하였는데, 예를 들면 톨루엔이나 자일렌은 2015년 말까지는 배출허용기준에 해당하지 않지만 2016년부터는 배출허용기준 항목에 포함되어 있고, 스티렌이나 안티몬은 2016년부터 포함되었다. 2020년부터 적용되는 배출허용기준의 가장 큰 특징은 COD 항목이 총유기탄소량(TOC, Total Organic Carbon) 항목으로 교체된 점이다. 이는 기존의 COD가 난분해성 물질 등을 정확하게 측정하지 못하는 한계가 있어 TOC로 전환을 통해 하폐수 중 유기물질을 보다 정밀하고 체계적으로 관리하기 위함이다.

그러나 우리가 먼저 생각해야 할 것은 과연 이러한 오염물질, 예를 들면 "구리"가 인간에게 전혀 쓸모없는 해로운 물질인가? 하는 점이다. 구리는 전도율이 뛰어나고 가공이 쉬워 전기재료로서 매우 유용한 물질이다. 구리성분은 인체의 필수 미량원소이고, 결핍되면 빈혈, 뼈 이상, 신경장애 등을 유발한다. 아연은 세포 성장이나 생식 기능, 면역체계에 필수 원소이다. 배출허용기준에서 규제하는 질소나 인은 인간뿐만 아니라 모든 생명체에게는 필수원소 중의 하나이다. 질소는 단백질을 형성하는 원소이기 때문에 질소 없이는 세포가 형성될 수 없다. 인은 세포 내에서 에너지전달계에 작용하므로 생명체가 에너지 대사를 하는데 없어서는 안 될 필수원소이다. 그러므로 질소나 인의 농도가 높은 수역은 플랑크톤과 같은 수서생물에게 있어서는 더없이 좋은 생활환경이 될 것이고, 또한 이들 플랑크톤을 먹고 사는 물고기 등에게도 유리한 환경이 될 것이다.

구분		
수질오염물질	1. 구리와 그 화합물	2. 납과 그 화합물
	3. 니켈과 그 화합물	4. 총 대장균군
	5. 망간과 그 화합물	6. 바륨화합물
	7. 부유물질	8. 삭제 <2019.10.17>
	9. 비소와 그 화합물	10. 산과 알칼리류
	11. 색소	12. 세제류
	13. 셀레늄과 그 화합물	14. 수은과 그 화합물
	15. 시안화합물	16. 아연과 그 화합물
	17. 염소화합물	18. 유기물질
	19. 삭제 <2019.10.17>	20. 유류(동·식물성을 포함한다)
	21. 인화합물	22. 주석과 그 화합물
	23. 질소화합물	24. 철과 그 화합물
	25. 카드뮴과 그 화합물	26. 크롬과 그 화합물
	27. 불소화합물	28. 페놀류
	29. 페놀	30. 펜타클로로페놀
	31. 황과 그 화합물	32. 유기인 화합물
	33. 6가크롬 화합물	34. 테트라클로로에틸렌
	35. 트리클로로에틸렌	36. 폴리클로리네이티드바이페닐
	37. 벤젠	38. 사염화탄소
	39. 디클로로메탄	40. 1, 1-디클로로에틸렌
	41. 1, 2-디클로로에탄	42. 클로로포름
	43. 생태독성물질(물벼룩에 대한 독성을 나타내는 물질만 해당한다)	
	44. 1,4-다이옥산	45. 디에틸헥실프탈레이트(DEHP)
	46. 염화비닐	47. 아크릴로니트릴
	48. 브로모포름	49. 퍼클로레이트
	50. 아크릴아미드	51. 나프탈렌
	52. 폼알데하이드	53. 에피클로로하이드린
	54. 톨루엔	55. 자일렌
	56. 스티렌	57. 비스(2-에틸헥실)아디페이트
	58. 안티몬	59. 과불화옥탄산(PFOA)
	60. 과불화옥탄술폰산(PFOS)	61. 과불화헥산술폰산(PFHxS)
특정수질 유해물질	1. 구리와 그 화합물	2. 납과 그 화합물
	3. 비소와 그 화합물	4. 수은과 그 화합물
	5. 시안화합물	6. 유기인 화합물
	7. 6가크롬 화합물	8. 카드뮴과 그 화합물
	9. 테트라클로로에틸렌	10. 트리클로로에틸렌
	11. 삭제 <2016.5.20>	12. 폴리클로리네이티드바이페닐
	13. 셀레늄과 그 화합물	14. 벤젠
	15. 사염화탄소	16. 디클로로메탄
	17. 1, 1-디클로로에틸렌	18. 1, 2-디클로로에탄
	19. 클로로포름	20. 1,4-다이옥산
	21. 디에틸헥실프탈레이트(DEHP)	22. 염화비닐
	23. 아크릴로니트릴	24. 브로모포름
	25. 아크릴아미드	26. 나프탈렌
	27. 폼알데하이드	28. 에피클로로하이드린
	29. 페놀	30. 펜타클로로페놀
	31. 스티렌	32. 비스(2-에틸헥실)아디페이트
	33. 안티몬	

[별표 13] 수질오염물질의 배출허용기준(제34조 관련)

1. 지역구분 적용에 대한 공통기준
   가. 제2호 각 목 및 비고의 지역구분란의 청정지역, 가지역, 나지역 및 특례지역은 다음과 같다.
      1) 청정지역 : 「환경정책기본법 시행령」 별표 1 제3호에 따른 수질 및 수생태계 환경기준(이하 "수질 및 수생태계 환경기준"이라 한다) 매우 좋음(Ia)등급 정도의 수질을 보전하여야 한다고 인정되는 수역의 수질에 영향을 미치는 지역으로서 환경부장관이 정하여 고시하는 지역
      2) 가지역 : 수질 및 수생태계 환경기준 좋음(Ib), 약간 좋음(II)등급 정도의 수질을 보전하여야 한다고 인정되는 수역의 수질에 영향을 미치는 지역으로서 환경부장관이 정하여 고시하는 지역
      3) 나지역 : 수질 및 수생태계 환경기준 보통(III), 약간 나쁨(IV), 나쁨(V) 등급 정도의 수질을 보전하여야 한다고 인정되는 수역의 수질에 영향을 미치는 지역으로서 환경부장관이 정하여 고시하는 지역
      4) 특례지역 : 환경부장관이 법 제49조제3항에 따른 공동처리구역으로 지정하는 지역 및 시장·군수가 「산업입지 및 개발에 관한 법률」 제8조에 따라 지정하는 농공단지
   나. 「자연공원법」 제2조 제1호에 따른 자연공원의 공원구역 및 「수도법」 제7조에 따라 지정·공고된 상수원보호구역은 제2호에 따른 항목별 배출허용기준을 적용할 때에는 청정지역으로 본다.
   다. 정상가동 중인 공공하수처리시설에 배수설비를 연결하여 처리하고 있는 폐수배출시설에 제2호에 따른 항목별 배출허용기준(같은 호 나목의 항목은 해당 공공하수처리시설에서 처리하는 수질오염물질 항목만 해당한다)을 적용할 때에는 나지역의 기준을 적용한다.

2. 항목별 배출허용기준
   가. 생물화학적산소요구량·화학적산소요구량·부유물질량
      1) 2019년 12월 31일까지 적용되는 기준

대상규모 / 항목 / 지역구분	1일 폐수배출량 2천 세제곱미터 이상			1일 폐수배출량 2천 세제곱미터 미만		
	생물화학적 산소요구량 (mg/L)	화학적 산소요구량 (mg/L)	부유 물질량 (mg/L)	생물화학적 산소요구량 (mg/L)	화학적 산소요구량 (mg/L)	부유 물질량 (mg/L)
청정지역	30 이하	40 이하	30 이하	40 이하	50 이하	40 이하
가지역	60 이하	70 이하	60 이하	80 이하	90 이하	80 이하
나지역	80 이하	90 이하	80 이하	120 이하	130 이하	120 이하
특례지역	30 이하	40 이하	30 이하	30 이하	40 이하	30 이하

비고
1. 하수처리구역에서 「하수도법」 제28조에 따라 공공하수도관리청의 허가를 받아 폐수를 공공하수도에 유입시키지 않고 공공수역으로 배출하는 폐수배출시설 및 「하수도법」 제27조 제1항을 위반하여 배수설비를 설치하지 않고 폐수를 공공수역으로 배출하는 사업장에 대한 배출허용기준은 공공하수처리시설의 방류수 수질기준을 적용한다.
2. 「국토의 계획 및 이용에 관한 법률」 제6조 제2호에 따른 관리지역에서의 「건축법 시행령」 별표 1 제17호에 따른 공장에 대한 배출허용기준은 특례지역의 기준을 적용한다.

2) 2020년 1월 1일부터 적용되는 기준

대상규모 / 항목 / 지역구분	1일 폐수배출량 2천 세제곱미터 이상			1일 폐수배출량 2천 세제곱미터 미만		
	생물화학적 산소요구량 (mg/L)	총유기 탄소량 (mg/L)	부유 물질량 (mg/L)	생물화학적 산소요구량 (mg/L)	총유기 탄소량 (mg/L)	부유 물질량 (mg/L)
청정지역	30 이하	25 이하	30 이하	40 이하	30 이하	40 이하
가지역	60 이하	40 이하	60 이하	80 이하	50 이하	80 이하
나지역	80 이하	50 이하	80 이하	120 이하	75 이하	120 이하
특례지역	30 이하	25 이하	30 이하	30 이하	25 이하	30 이하

비고

1. 하수처리구역에서 「하수도법」 제28조에 따라 공공하수도관리청의 허가를 받아 폐수를 공공하수도에 유입시키지 않고 공공수역으로 배출하는 폐수배출시설 및 「하수도법」 제27조 제1항을 위반하여 배수설비를 설치하지 않고 폐수를 공공수역으로 배출하는 사업장에 대한 배출허용기준은 공공하수처리시설의 방류수 수질기준을 적용한다.
2. 「국토의 계획 및 이용에 관한 법률」 제6조 제2호에 따른 관리지역에서의 「건축법 시행령」 별표 1 제17호에 따른 공장에 대한 배출허용기준은 특례지역의 기준을 적용한다.
3. 특례지역(공공폐수처리구역의 경우로 한정한다) 내 폐수배출시설에서 발생한 폐수를 공공폐수처리시설에 유입하지 않고 공공수역으로 배출하는 사업장에 대한 배출허용기준은 공공폐수처리시설의 방류수 수질기준을 적용한다.

나. 페놀류 등 수질오염물질

8) 2019년 1월 1일부터 2020년 12월 31일까지 적용되는 기준

항 목 / 지역 구분		청정지역	가지역	나지역	특례지역
수소이온농도		5.8~8.6	5.8~8.6	5.8~8.6	5.8~8.6
노말헥산추출물질함유량	광유류(mg/L)	1 이하	5 이하	5 이하	5 이하
	동식물유지류(mg/L)	5 이하	30 이하	30 이하	30 이하
페놀류함유량(mg/L)		1 이하	3 이하	3 이하	5 이하
페놀(mg/L)		0.1 이하	1 이하	1 이하	1 이하
펜타클로로페놀(mg/L)		0.001 이하	0.01 이하	0.01 이하	0.01 이하
시안함유량(mg/L)		0.2 이하	1 이하	1 이하	1 이하
크롬함유량(mg/L)		0.5 이하	2 이하	2 이하	2 이하
용해성철함유량(mg/L)		2 이하	10 이하	10 이하	10 이하
아연함유량(mg/L)		1 이하	5 이하	5 이하	5 이하
구리(동)함유량(mg/L)		1 이하	3 이하	3 이하	3 이하

카드뮴함유량(mg/L)	0.02 이하	0.1 이하	0.1 이하	0.1 이하
수은함유량(mg/L)	0.001 이하	0.005 이하	0.005 이하	0.005 이하
유기인함유량(mg/L)	0.2 이하	1 이하	1 이하	1 이하
비소함유량(mg/L)	0.05 이하	0.25 이하	0.25 이하	0.25 이하
납함유량(mg/L)	0.1 이하	0.5 이하	0.5 이하	0.5 이하
6가크롬함유량(mg/L)	0.1 이하	0.5 이하	0.5 이하	0.5 이하
용해성망간함유량(mg/L)	2 이하	10 이하	10 이하	10 이하
플로오르(불소)함유량(mg/L)	3 이하	15 이하	15 이하	15 이하
폴리클로리네이티드바이페닐(PCB)함유량(mg/L)	불검출	0.003 이하	0.003 이하	0.003 이하
총대장균군(群)(총대장균군수)(mL)	100 이하	3,000 이하	3,000 이하	3,000 이하
색도(도)	200 이하	300 이하	400 이하	400 이하
온도(℃)	40 이하	40 이하	40 이하	40 이하
총질소(mg/L)	30 이하	60 이하	60 이하	60 이하
총인(mg/L)	4 이하	8 이하	8 이하	8 이하
트리클로로에틸렌(mg/L)	0.06 이하	0.3 이하	0.3 이하	0.3 이하
테트라클로로에틸렌(mg/L)	0.02 이하	0.1 이하	0.1 이하	0.1 이하
음이온계면활성제(mg/L)	3 이하	5 이하	5 이하	5 이하
벤젠(mg/L)	0.01 이하	0.1 이하	0.1 이하	0.1 이하
디클로로메탄(mg/L)	0.02 이하	0.2 이하	0.2 이하	0.2 이하
생태독성(TU)	1 이하	2 이하	2 이하	2 이하
셀레늄함유량(mg/L)	0.1 이하	1 이하	1 이하	1 이하
사염화탄소(mg/L)	0.004 이하	0.04 이하	0.04 이하	0.08 이하
1,1-디클로로에틸렌(mg/L)	0.03 이하	0.3 이하	0.3 이하	0.6 이하
1,2-디클로로에탄(mg/L)	0.03 이하	0.3 이하	0.3 이하	0.3 이하
클로로포름(mg/L)	0.08 이하	0.8 이하	0.8 이하	0.8 이하
니켈(mg/L)	0.1 이하	3.0 이하	3.0 이하	3.0 이하
바륨(mg/L)	1.0 이하	10.0이하	10.0 이하	10.0 이하
1,4-다이옥산(mg/L)	0.05 이하	4.0 이하	4.0 이하	4.0 이하
디에틸헥실프탈레이트(DEHP)(mg/L)	0.02 이하	0.2 이하	0.2 이하	0.8 이하
염화비닐(mg/L)	0.01 이하	0.5 이하	0.5 이하	1.0 이하
아크릴로니트릴(mg/L)	0.01 이하	0.2 이하	0.2 이하	1.0 이하
브로모포름(mg/L)	0.03 이하	0.3 이하	0.3 이하	0.3 이하

나프탈렌(mg/L)	0.05 이하	0.5 이하	0.5 이하	0.5 이하
폼알데하이드(mg/L)	0.5 이하	5.0 이하	5.0 이하	5.0 이하
에피클로로하이드린(mg/L)	0.03 이하	0.3 이하	0.3 이하	0.3 이하
톨루엔(mg/L)	0.7 이하	7.0 이하	7.0 이하	7.0 이하
자일렌(mg/L)	0.5 이하	5.0 이하	5.0 이하	5.0 이하
퍼클로레이트(mg/L)	0.03 이하	0.3 이하	0.3 이하	0.3 이하
아크릴아미드(mg/L)	0.015 이하	0.04 이하	0.04 이하	0.04 이하
스티렌(mg/L)	0.02 이하	0.2 이하	0.2 이하	0.2 이하
비스(2-에틸헥실)아디페이트(mg/L)	0.2 이하	2 이하	2 이하	2 이하
안티몬(mg/L)	0.02 이하	0.2 이하	0.2 이하	0.2 이하

비고

1. 색도항목의 배출허용기준은 별표 4 제2호 18)의 섬유염색 및 가공시설, 같은 호 19)의 기타 섬유제품 제조시설 및 같은 호 23)의 펄프·종이 및 종이제품(색소첨가 제품만 해당한다) 제조시설에만 적용한다.
2. 생태독성 배출허용기준은 물벼룩에 대한 급성독성시험을 기준으로 하며, 별표 4 제2호의 3), 12), 14), 17)부터 20)까지, 23), 26), 27), 30), 31), 33)부터 40)까지, 46), 48)부터 50)까지, 54), 55), 57)부터 60)까지, 63), 67), 74), 75) 및 80)에 해당되는 폐수배출시설에만 적용한다. 다만, 해당 사업장에서 배출되는 폐수를 모두 공공폐수처리시설 또는 「하수도법」 제2조 제9호에 따른 공공하수처리시설에 유입시키는 폐수배출시설에는 적용하지 아니한다.
3. 생태독성 배출허용기준 초과의 경우 그 원인이 오직 염(산의 음이온과 염기의 양이온에 의해 만들어지는 화합물을 말한다. 이하 같다) 성분 때문으로 증명된 때에는 그 폐수를 다음 각 목의 어느 하나에 해당하는 방법으로 방류하는 경우에 한정하여 생태독성 배출허용기준을 초과하지 아니한 것으로 본다.
   가. 공공수역 중 항만·연안해역에 방류하는 경우
   나. 공공수역 중 항만·연안해역을 제외한 곳으로 방류하는 경우(2010년 12월 31일까지 설치허가 또는 변경허가를 받거나 설치신고 또는 변경신고를 한 폐수배출시설로 한정한다)
4. 제3호에 따른 생태독성 배출허용기준 초과원인이 오직 염 성분 때문이라는 증명에 필요한 첨부서류, 절차·방법 등에 관하여 필요한 사항은 국립환경과학원장이 정하여 고시한다.
5. 특례지역 내 폐수배출시설에서 발생한 폐수를 공공폐수처리시설에 유입하지 아니하고 직접 방류할 경우에는 해당 지역 구분에 따른 배출허용기준을 적용한다.
6. 위 표에도 불구하고 퍼클로레이트 항목은 별표 4 제2호 31)의 기초무기화학물질 제조시설 및 같은 호 57)의 비철금속 제련, 정련 및 합금제조 시설의 경우에는 청정지역은 0.4mg/L, 가지역, 나지역 및 특례지역은 4mg/L의 기준을 적용한다.
7. 총대장균군 배출허용기준은 해당 사업장에서 배출된 폐수를 모두 공공폐수처리시설 또는 「하수도법」 제2조 제9호에 따른 공공하수처리시설에 유입시키는 폐수배출시설에는 적용하지 않는다.

9) 2021년 1월 1일부터 적용되는 기준

항 목 \ 지역 구분		청정지역	가지역	나지역	특례지역
수소이온농도		5.8~8.6	5.8~8.6	5.8~8.6	5.8~8.6
노말헥산추출물질함유량	광유류(mg/L)	1 이하	5 이하	5 이하	5 이하
	동식물유지류(mg/L)	5 이하	30 이하	30 이하	30 이하
페놀류함유량(mg/L)		1 이하	3 이하	3 이하	5 이하
페놀(mg/L)		0.1 이하	1 이하	1 이하	1 이하
펜타클로로페놀(mg/L)		0.001 이하	0.01 이하	0.01 이하	0.01 이하
시안함유량(mg/L)		0.2 이하	1 이하	1 이하	1 이하
크롬함유량(mg/L)		0.5 이하	2 이하	2 이하	2 이하
용해성철함유량(mg/L)		2 이하	10 이하	10 이하	10 이하
아연함유량(mg/L)		1 이하	5 이하	5 이하	5 이하
구리(동)함유량(mg/L)		1 이하	3 이하	3 이하	3 이하
카드뮴함유량(mg/L)		0.02 이하	0.1 이하	0.1 이하	0.1 이하
수은함유량(mg/L)		0.001 이하	0.005 이하	0.005 이하	0.005 이하
유기인함유량(mg/L)		0.2 이하	1 이하	1 이하	1 이하
비소함유량(mg/L)		0.05 이하	0.25 이하	0.25 이하	0.25 이하
납함유량(mg/L)		0.1 이하	0.5 이하	0.5 이하	0.5 이하
6가크롬함유량(mg/L)		0.1 이하	0.5 이하	0.5 이하	0.5 이하
용해성망간함유량(mg/L)		2 이하	10 이하	10 이하	10 이하
플로오르(불소)함유량(mg/L)		3 이하	15 이하	15 이하	15 이하
PCB함유량(mg/L)		불검출	0.003 이하	0.003 이하	0.003 이하
총대장균군(群) (총대장균군수)(mL)		100 이하	3,000 이하	3,000 이하	3,000 이하
색도(도)		200 이하	300 이하	400 이하	400 이하
온도(℃)		40 이하	40 이하	40 이하	40 이하
총질소(mg/L)		30 이하	60 이하	60 이하	60 이하
총인(mg/L)		4 이하	8 이하	8 이하	8 이하
트리클로로에틸렌(mg/L)		0.06 이하	0.3 이하	0.3 이하	0.3 이하
테트라클로로에틸렌(mg/L)		0.02 이하	0.1 이하	0.1 이하	0.1 이하
음이온계면활성제(mg/L)		3 이하	5 이하	5 이하	5 이하
벤젠(mg/L)		0.01 이하	0.1 이하	0.1 이하	0.1 이하
디클로로메탄(mg/L)		0.02 이하	0.2 이하	0.2 이하	0.2 이하

생태독성(TU)	1 이하	2 이하	2 이하	2 이하
셀레늄함유량(mg/L)	0.1 이하	1 이하	1 이하	1 이하
사염화탄소(mg/L)	0.004 이하	0.04 이하	0.04 이하	0.08 이하
1,1-디클로로에틸렌(mg/L)	0.03 이하	0.3 이하	0.3 이하	0.6 이하
1,2-디클로로에탄(mg/L)	0.03 이하	0.3 이하	0.3 이하	0.3 이하
클로로포름(mg/L)	0.08 이하	0.8 이하	0.8 이하	0.8 이하
니켈(mg/L)	0.1 이하	3.0 이하	3.0 이하	3.0 이하
바륨(mg/L)	1.0 이하	10.0이하	10.0 이하	10.0 이하
1,4-다이옥산(mg/L)	0.05 이하	4.0 이하	4.0 이하	4.0 이하
디에틸헥실프탈레이트(DEHP)(mg/L)	0.02 이하	0.2 이하	0.2 이하	0.8 이하
염화비닐(mg/L)	0.01 이하	0.5 이하	0.5 이하	1.0 이하
아크릴로니트릴(mg/L)	0.01 이하	0.2 이하	0.2 이하	1.0 이하
브로모포름(mg/L)	0.03 이하	0.3 이하	0.3 이하	0.3 이하
나프탈렌(mg/L)	0.05 이하	0.5 이하	0.5 이하	0.5 이하
폼알데하이드(mg/L)	0.5 이하	5.0 이하	5.0 이하	5.0 이하
에피클로로하이드린(mg/L)	0.03 이하	0.3 이하	0.3 이하	0.3 이하
톨루엔(mg/L)	0.7 이하	7.0 이하	7.0 이하	7.0 이하
자일렌(mg/L)	0.5 이하	5.0 이하	5.0 이하	5.0 이하
퍼클로레이트(mg/L)	0.03 이하	0.3 이하	0.3 이하	0.3 이하
아크릴아미드(mg/L)	0.015 이하	0.04 이하	0.04 이하	0.04 이하
스티렌(mg/L)	0.02 이하	0.2 이하	0.2 이하	0.2 이하
비스(2-에틸헥실)아디페이트(mg/L)	0.2 이하	2 이하	2 이하	2 이하
안티몬(mg/L)	0.02 이하	0.2 이하	0.2 이하	0.2 이하
주석(mg/L)	0.5 이하	5 이하	5 이하	5 이하

비고

1. 색도항목의 배출허용기준은 별표 4 제2호 18)의 섬유염색 및 가공시설, 같은 호 19)의 기타 섬유제품 제조시설 및 같은 호 23)의 펄프·종이 및 종이제품(색소첨가 제품만 해당한다) 제조시설에만 적용한다.
2. 생태독성 배출허용기준은 물벼룩에 대한 급성독성시험을 기준으로 하며, 해당 사업장에서 배출되는 폐수를 모두 공공폐수처리시설 또는 「하수도법」 제2조 제9호에 따른 공공하수처리시설에 유입시키는 폐수배출시설에는 적용하지 않는다.
3. 생태독성 배출허용기준 초과의 경우 그 원인이 오직 염(산의 음이온과 염기의 양이온에 의해 만들어지는 화합물을 말한다. 이하 같다) 성분 때문으로 증명된 때에는 그 폐수를 다음 각 목의 어느 하나에 해당하는 방법으로 방류하는 경우에 한정하여 생태독성 배출허용기준을 초과하지 않는 것으로 본다.
   가. 공공수역 중 항만·연안해역에 방류하는 경우

나. 다음 시설에서 공공수역 중 항만・연안해역을 제외한 곳으로 방류하는 경우
   1) 별표 4 제2호의 폐수배출시설 분류 중 3), 12), 14), 17)부터 20)까지, 23), 26), 27), 30), 31), 33)부터 40)까지, 46), 48)부터 50)까지, 54), 55), 57)부터 60)까지, 63), 67), 74), 75) 및 80)에 해당되는 폐수배출시설(2010년 12월 31일까지 설치허가 또는 변경허가를 받거나 설치신고 또는 변경신고를 한 폐수배출시설로 한정한다)
   2) 1)에 해당되지 않는 폐수배출시설(2020년 12월 31일까지 설치허가 또는 변경허가를 받거나 설치신고 또는 변경신고를 한 폐수배출시설로 한정한다)

4. 제3호에 따른 생태독성 배출허용기준 초과원인이 오직 염 성분 때문이라는 증명에 필요한 첨부서류, 절차・방법 등에 관하여 필요한 사항은 국립환경과학원장이 정하여 고시한다.
5. 환경부장관은 「환경기술 및 환경산업 지원법」 제12조에 따라 한국환경공단이 수행하는 생태독성 기술지원을 제공할 수 있으며, 그 결과를 제출받을 수 있다.
6. 특례지역(공공폐수처리구역의 경우로 한정한다) 내 폐수배출시설에서 발생한 폐수를 공공폐수처리시설에 유입하지 않고 공공수역으로 배출하는 사업장에 대한 배출허용기준은 공공폐수처리시설의 방류수 수질기준을 적용하되, 방류수 수질기준 이외의 항목에 대해서는 해당 지역 구분에 따른 배출허용기준을 적용한다.
7. 위 표에도 불구하고 퍼클로레이트 항목은 별표 4 제2호 31)의 기초무기화학물질 제조시설 및 같은 호 57)의 비철금속 제련, 정련 및 합금제조 시설의 경우에는 청정지역은 0.4mg/L, 가지역, 나지역 및 특례지역은 4mg/L의 기준을 적용한다.
8. 총대장균군 배출허용기준은 해당 사업장에서 배출된 폐수를 모두 공공폐수처리시설 또는 「하수도법」 제2조제9호에 따른 공공하수처리시설에 유입시키는 폐수배출시설에는 적용하지 않는다.
9. 하수처리구역에서 「하수도법」 제28조에 따라 공공하수도관리청의 허가를 받아 폐수를 공공하수도에 유입시키지 않고 공공수역으로 배출하는 폐수배출시설 및 「하수도법」 제27조 제1항을 위반하여 배수설비를 설치하지 않고 폐수를 공공수역으로 배출하는 사업장에 대한 배출허용기준은 공공하수처리시설의 방류수 수질기준을 적용한다.

그렇다면 질소와 인이 풍부한 수역은 플랑크톤에게는 더 나은 환경인가? 사실, 정체된 수역에서 질소와 인의 농도가 높아지면 어떤 종의 조류(藻類)가 급격히 증식하고 물의 용존산소가 급감하여 오히려 어패류는 사멸할 수 있으며, 이러한 현상을 부영양화(富榮養化, Eutrophication)라고 한다. 부영양화의 원인물질은 주로 질소와 인, 그리고 탄소와 같이 조류의 영양성분이 되는 물질이며, 이 영양물질의 배출원은 농경지에서 사용하는 비료(질소비료, 인산비료), 인을 함유한 합성세제, 자연의 삼림지대, 축산폐수, 가정하수와 공장폐수 등이다. 부영양화 현상으로 인한 수역의 수질은 용존산소(DO)와 pH의 불규칙적인 변화, 조류로 인한 물의 투명도 저하와 악취 발생 등의 특성을 보인다. 따라서 조류의 입장에서 보면 질소나 인의 농도가 높아지는 것이 일시적으로는 급성장에 도움이 되겠지만 결과적으로 수중생태계의 조화(balance)가 깨지는 것이다.

일반적으로 건강한 하천이나 호수는 종의 다양성이 유지되어 식물이나 동물이 조화를 이루고 있는 수역이다. 오염물질은 이러한 조화를 깨트림으로써 개체나 우점종의 다양성을 감소시킨다.

옛말에 "깨끗한 물에는 고기가 살지 않는다"는 속담이 있다. 물이 깨끗하다는 것은 물속에 다른 성분이 거의 없다는 뜻이고, 이러한 물은 물속에서 사는 수많은 생명체의 입장에서 보면 참으로 척박한 환경이 아닐 수 없다. 우리가 추구하는 하수처리, 혹은 물로부터 오염물질을 제거하는 작업은 '순수한 물'을 만들기 위함이 아니라 수서생태계, 나아가 자연생태계가 조화를 이룰 수 있도록 하는데 그 근본 목적이 있는 것이다.

1.1.4 오염물질의 표시

(1) 질량/질량 퍼센트 표시

물속에 오염물질이 얼마나 들어있는가? 하는 것을 우리는 수치로 표시할 필요가 있다. 가장 쉬운 표시 방법은 일정한 양의 물(용액)에 포함된 오염물질(용질)의 질량을 비율로서 표시하는 방법이다. 만약 소금 5g을 물 100mL과 섞었고 물의 밀도를 1g/mL로 가정하면, 용액 전체의 무게는 5g+(100mL)(1g/mL)=105g이 될 것이고, 이 혼합용액의 소금 함량은

$$\text{소금의 함량} = \left(\frac{5\text{g}}{105\text{g}}\right)(100) = 4.76\%$$

이 될 것이다.

예제 1.1 %농도의 표시

수돗물 1L 중에 염소이온이 0.001g 함유되어 있다면 이때의 농도는 몇 %인가?

풀이

$$\left(\frac{0.001}{1\text{L}}\right)\left(\frac{1\text{L}}{1{,}000\text{g}}\right)(100) = 0.0001\%$$

(2) 질량/부피비 표시

물 1g에 해당하는 부피는 0℃에서는 0.9998mL지만 20℃에서는 0.9982mL이고, 90℃에서는 0.9653mL이다. 즉, 온도에 따라 부피는 달라지는 것이다. 따라서 질량/질량으로 오염물질의 함량을 표시하는 방법은 온도에 따라 그 값이 달라지므로 정확한 표기를 위

해서는 온도를 함께 표기해야 할 것이다. 질량/부피 퍼센트 표시는 오염물질의 양(질량)을 물의 부피에 대한 퍼센트로 표시한 것이며, 수질오염물질을 표시할 때 가장 많이 사용하는 단위이다.

예제 1.2 **mg/L농도의 표시**

수돗물 1L 중에 염소이온이 0.001g 함유되어 있다면 이때의 농도는 몇 mg/L인가?

풀이

$$\frac{0.001\,\mathrm{g}}{1\,\mathrm{L}} = 1\,\mathrm{mg/L}$$

예제 1.3 **농도단위의 변경**

어떤 하수처리장 농축 슬러지의 부유물질 농도가 2%이다. 이를 질량/부피비(mg/L)로 환산하면 얼마이겠는가?

풀이

슬러지의 비중을 1로 가정하면,

$$2(1/100)\left(\frac{10^6\,\mathrm{mg}}{\mathrm{L}}\right) = 20{,}000\,\mathrm{mg/L}$$

(3) ppm 농도

용액 1L 중에 포함되어 있는 오염물질의 mg 수를 표시한 것으로 일반적으로 용액 1mL 중에 포함된 용질의 마이크로그램(microgram, 1×10^{-6}g)으로 표시된다. 이와 같은 농도의 표시는 대단히 묽은 용액에 적용되며, 엄밀한 의미에서 물의 밀도가 항상 1g/mL 또는 1,000kg/m^3이라고 간주한 것과 같다. 이 때문에 ppm은 mg/L 단위와 혼용해서 사용하고 있지만 엄밀한 의미에서 ppm은 part per million의 약자이고, 1백만분의 1을 의미하는 무차원량이다.

예제 1.4 **ppm농도의 표시**

수돗물 1L 중 불소 이온이 0.001g 포함되어 있다면 몇 ppm인가?

풀이

0.001g은 1mg이므로 $\frac{1\,\mathrm{mg}}{1\,\mathrm{L}} = 1\,\mathrm{ppm}$

(4) ppb 농도

ppb 농도는 ppm보다도 1/1,000만큼 농도가 낮은 것이며, 물속에 포함된 극미량의 오염물질을 표시하는데 사용된다. ppb는 part per billion의 약자로서 10억분의 1을 의미하는데, ppm 단위와 마찬가지로 무차원량이다. 그러므로 1ppm은 1,000ppb와 같다.

예제 1.5 농도의 환산

물 1L 당 오염물질인 납(Pb)이 0.05mg 비율로 존재한다. 납의 농도를 ppb로 표시하면 얼마인가?

풀이

물 $1\,\text{L} = 1\,\text{kg} = 1 \times 10^3\,\text{g}$

따라서 납의 농도는 $\dfrac{0.05\,\text{mg}}{1{,}000\text{g}} = 0.05\,\text{ppm}$

또는 $0.05\,\text{ppm}\left(\dfrac{1{,}000\,\text{ppb}}{\text{ppm}}\right) = 50\,\text{ppb}$

1.2 하천의 자정작용과 하수처리

1.2.1 하천의 자정작용

(1) 희석(Dilution)

희석은 가장 손쉽고도 간편한 오염물질 처리방법의 하나이다. 과거에는 별다른 하수처리방법이 없었기 때문에 희석이 가장 좋은 오염물질 해결 방법으로 통했다. 사실 수량이 풍부하고 수질면에서 깨끗한 하천에는 약간의 오염물질이 투입된다 하더라도 오염물질이 쉽게 확산되고, 또한 자정작용에 의해 제거될 수 있었다. 그러나 희석의 성공 여부는 하천에 버려지는 오염물질의 양이 상대적으로 어느 정도 적은 양이냐에 달려있다. 인구 증가와 산업활동은 물 사용량과 하수 발생량의 증가를 가져오게 되어 하천이 감당할 만큼의 오염물질 양을 훨씬 초과하게 되었으며, 더 이상 희석은 하수처리방법으로 인식되지 않는다. 하천의 희석 용량은 물질수지를 이용해서 계산할 수 있다. 하천 및 하수의 유량과 주어진 오염물질의 농도를 알고 있다면 혼합 후의 농도(C)는 다음과 같이 계산된다.

$$C = \frac{C_s Q_s + C_w Q_w}{(Q_s + Q_w)} \tag{1.1}$$

여기서, C : 혼합 후의 오염물질 농도

Q_s , Q_w : 방류수 및 하천의 유량, m^3/day

C_s , C_w : 방류수 및 하천의 오염물질 농도, mg/L

예제 1.6 **희석 효과**

공장으로부터 미처리된 하수가 하천으로 흘러 들어간다. 혼합지점 상류(A) 지점에서 하천 유량은 $20m^3/sec$, 오염물질 유입량은 $0.5m^3/sec$이다. A지점의 SS 농도는 1mg/L, 미처리된 하수의 SS 농도는 150mg/L라 하면, 혼합지점 이후(B)의 SS 농도는 얼마인가? 단, SS의 침전이나 감소는 없다고 가정하며, 완전혼합을 가정한다.

풀이

혼합 후의 하천 유량은

$Q_w + Q_s = 20.5\,m^3/sec$

따라서 혼합후의 SS 농도 C는

$$C = \frac{C_s Q_s + C_w Q_w}{(Q_s + Q_w)} = \frac{(20)(1) + (0.5)(150)}{20 + 0.5}$$

$= 4.6\,mg/L$

이고, 그림 1.1과 같다.

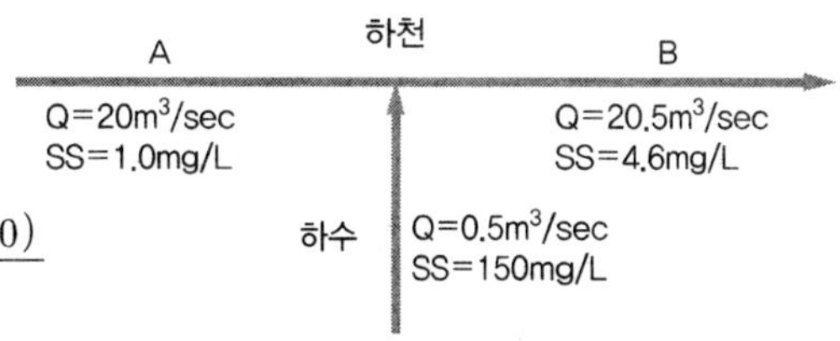

그림 1.1 희석효과

(2) 물리화학적 침전

자연 수계에 오염물질이 유입되면 이 오염물질과 관련된 물리, 화학적 및 생물학적 작용이 동시에 일어난다. 예로서 철이온(Fe^{+3})이 존재하는 수계에 용존상태의 인이온(PO_4^{-3})이 유입되면 다음과 같은 반응이 진행된다.

$$Fe^{+3} + PO_4^{-3} \rightarrow FePO_4(s)\downarrow \tag{1.2}$$

인산철(III)($FePO_4$)은 불용성이므로 고체상태(s)로 하천 바닥에 가라앉게 되고, 수계에서 어느 정도 격리된다. 그러나 비교적 산소가 없는 곳에서는 철이 2가 철[Fe(II)] 형태로 환원되고, 이 때문에 용존상태의 인이온은 다시 수중으로 용해된다. 자연계에서는 이러한 화학반응이 수계의 pH나 온도, 봄이나 가을의 반전현상(turnover) 등 외부 요인에 의해 끊임없이 반복된다.

(3) 재포기(Reaeration)

서로 접촉하고 있는 물과 기체사이에는 평형의 원리가 작용한다. 공기 중의 기체는 그 기체의 용해도 성질에 따라 물속으로 용해되기도 하고, 반대로 물로부터 공기 중으로 방출되기도 한다. 호기성 박테리아는 산소를 소모시키며 수중 유기물을 분해하는데, 소모된 산소는 대기 중의 산소가 다시 물속으로 전달됨으로써 보충된다. 반대로, 화학적 및 생물학적 과정에 의해 수중에서 생성된 기체는 물속으로부터 공기 중으로 방출된다. 기체 전달의 원리에 대한 지식은 이러한 자연작용을 이해하는 데 있어 필수적이다.

용존산소의 농도가 평형값 이하로 내려가면, 산소는 공기로부터 물속으로 이동된다. 평형농도와 실제 농도의 차이를 산소결핍량이라 하며, 수학적으로는 다음과 같이 표시된다.

$$D = C_s - C \tag{1.3}$$

여기서, D는 용존산소 결핍량이며, C_s와 C는 각각 산소의 평형농도, 실제농도이고 모두 mg/L의 단위를 갖는다.

재포기란 이와 같이 실제의 용존산소 농도가 평형농도보다 작을 때 공기 중의 산소가 물속으로 이동하는 것을 말한다. 평형농도 C_s는 온도나 염도 등에 따라 달라지기는 하지만 주어진 자연 환경에서 크게 변하지는 않기 때문에 일정한 평형 조건, 즉 C_s가 변하지 않는다고 보면 결핍량의 변화율은 다음과 같다.

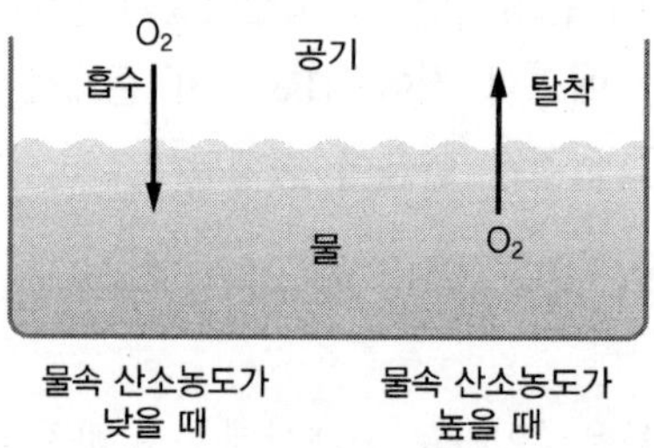

그림 1.2 물과 공기의 접촉면에서 산소의 이용

$$\frac{dD}{dt} = -\frac{dC}{dt} \tag{1.4}$$

즉, 산소의 결핍량은 산소의 소비속도와 같은 속도로 증가하게 된다. 용존산소의 결핍량은 재포기의 추진력이 되며, 결핍량이 커질수록 재포기 속도도 커지게 된다.

미생물에 의한 생물학적 작용은 하천의 자정작용에서 매우 중요한 역할을 한다. 하천에 흐르는 물속에는 유기물뿐만 아니라 용존산소(DO, Dissolved Oxygen), 그리고 용존산소 호흡을 하며 유기물을 분해하여 에너지를 얻는 수중 미생물 및 생물이 항상 존재한다. 인간의 관점에서 볼 때 물속에 있는 유기물은 제거해야만 할 오염물질이지만 앞에서 언급했듯이 수중생물의 입장에서 보면 매우 중요한 '먹이'이고, 이러한 미생물의 동화작용에 의해 물속의 유기물은 제거될 수 있다.

예제 1.7 **자정작용**

하천 한 지점의 BOD가 30 mg/L이다. 그 지점으로부터 하류로 3일 흐른 후의 BOD는 얼마이겠는가? 단, 탈산소계수(k_1)는 0.1/day이다.

풀이

$$L_t = 30 \cdot \exp(-0.1 \cdot 3) = 22\,mg/L$$

1.2.2 하수처리의 기본원리

하수처리의 원리는 차후 자세히 설명되겠지만 일반 하천에서 일어나고 있는 자정작용의 원리를 매우 고효율화 시킨 것이라 할 수 있다. 하천의 자정작용 중에서도 생물학적인 방법은 현대의 하수처리기술에 가장 중요한 처리방법이다. 생물학적인 방법은 생명체가 생명 유지와 성장을 위해 먹이를 먹고 증식하는 원리를 응용한 방법이다. 하수처리 과정에서 혐기성 세균, 무산소성 세균 등도 이용되지만 특히 중요하게 이용되는 미생물은 호기성 세균이다. 호기성 세균은 산소 호흡을 하는 박테리아를 말하는데 용존산소가 존재하는 환경에서 산소 호흡을 하며 유기물, 질소, 인 등의 오염물질을 섭취함으로써 결과적으로 용존 상태의 오염물질이 미생물 세포로 고정화(fixation)되는 것이다. 그림 1.3에 생물학적 하수처리 과정을 도식적으로 표시하였다. 자연계에서는 오염물질의 양도 적고, 재포기되는 양도 제한되기 때문에 자연미생물의 양도 그다지 많지 않다. 이를 고효율화 하기 위해서 처리의 주체가 되는 호기성 미생물을 고농도로 유지하고, 이들 호기성 미생물이 이용하는 산소를 인공적으로 포기(aeration)시켜 줌으로써 미생물의 먹이가 되는 BOD, 질소, 인 등의 오염물질을 제거(엄밀히 말하면 고정화)시키는 것이다. 미생물 성장이 계속되어 적정 수준 이상으로 미생물 농도가 높아지면 시스템으로부터 인위적으로 분리시킴으로써 하수처리는 계속될 수 있고, 분리된 미생물은 농축, 감량화, 탈수 등의 과정을 거쳐 고체상태로 처분하면 된다.

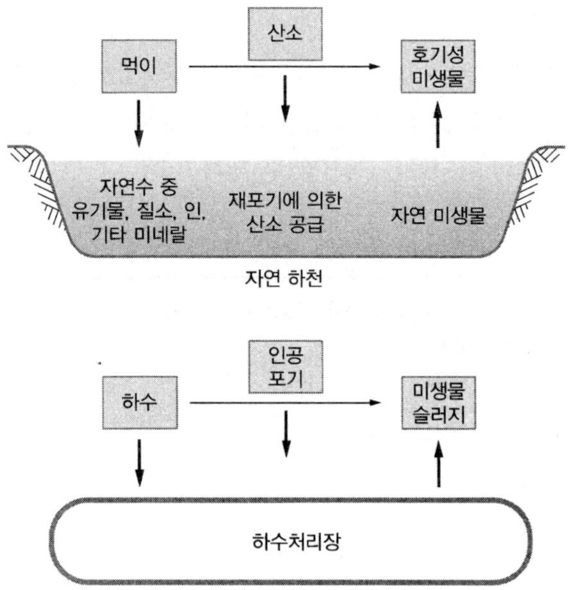

그림 1.3 하수처리의 원리

▌연습문제▐

1-1 「가」 지역에 배출할 수 있는 농도로서 수은은 0.005mg/L 이하로 규정하고 있다. 이를 μg/L로 표시하면 얼마인가?

1-2 환경기준과 오염물질 배출허용기준의 차이에 대해 논하라.

1-3 NaCl(소금)을 물에 녹여 0.1ppm 농도로서 500mL를 조제하려고 한다. 물 500mL에 소금 몇 g을 녹여야 하는가?

1-4 하천 상류지역의 수질오염물질의 농도를 C_1, 하수의 농도를 C_2라고 할 때 혼합된 하류지역의 수질오염물질 농도 C를 계산하는 계산식을 만들어라. 단, 하천 및 하수의 유량은 각각 Q_1, Q_2 (m^3/sec)이고, 완전혼합을 가정한다.

1-5 강변에 위치한 한 공장에서 BOD 320ppm인 폐수를 물량 4,000m^3/day 속도로 강에 배출한다. 공장 폐수가 유입되기 전의 하천 유량은 500,000m^3/day, BOD농도는 3.5ppm이라 할 때 이 하천수의 BOD농도는 몇 ppm인가 계산하라. 단, 폐수와 하천수가 완전혼합되며, 자정작용에 의한 BOD감소는 없는 것으로 간주한다.

1-6 현행 법령에 의하면 생활환경으로서 Ib등급 수역의 BOD는 2mg/L를 넘지 않을 것을 규정하고 있다. 만약, 이 하천의 유량이 50,000m^3/day이고, 현재의 BOD가 1.2mg/L라면 이 하천에 배출할 수 있는 BOD부하량(kg/day)은 얼마까지인가?

1-7 위의 문제에서 이 하천에 BOD농도 200mg/L인 생활하수를 배출하려고 한다. 최대 얼마의 유량까지 배출할 수 있는가?

1-8 어떤 도시의 공공하수처리시설에서 부유물(SS) 15mg/L를 포함하는 하수처리수 7,500m^3/day을 하천으로 방류할 경우 하천에 유입되는 부유물의 양은 하루에 몇 kg이 되겠는가?

1-9 어떤 지방도시의 인구가 15만명이다. 이 도시의 경성세제 배출량은 인구당량(population equivalent)으로서 0.5g/인/day이라고 한다. 만일 이 도시의 하천수 유량이 1,500만톤/day인 곳에 배출될 경우 이 하천은 경성세제 때문에 증가하는 오염도가 몇 ppb가 되겠는가?

제 2 장

하수도 기본계획

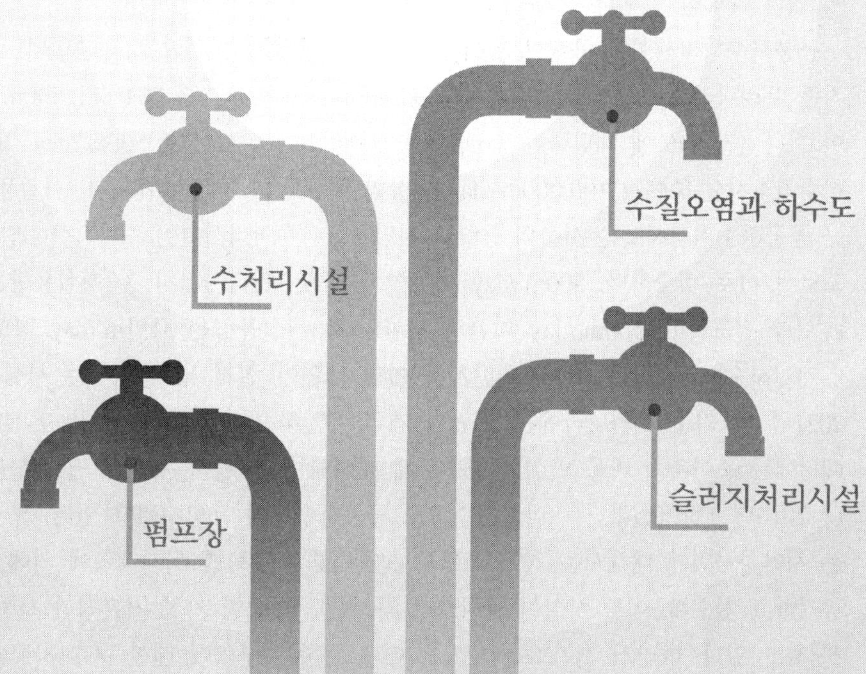

2.1 총설

하수도시설의 목적은 합리적인 건설비와 유지관리비를 투자하여 도시와 농어촌의 건전한 발전과 공중위생의 향상에 기여하고 공공수역의 수질을 보전하여 쾌적한 생활환경을 조성하는 데 있다.

하수도는 침수방지 및 생활환경의 개선을 위한 기초적인 역할을 담당하는 생활기반시설이며, 공공수역의 수질보전 뿐만 아니라 자원의 유효이용이라는 관점에서 처리수를 수자원으로 공급할 수 있는 등 다양한 역할을 하는 시설이다. 따라서 도시 및 농촌에 걸쳐서 하수도를 정비할 때는 이와 같은 하수도의 역할이 다양화되고 있는 사회적인 요구에 부응하되 장기적인 전망을 고려하여 하수도계획을 수립하여야 한다. 하수도는 공공수역의 수질보전 뿐만 아니라 시가지 또는 농어촌의 우수를 신속히 배제함으로써 침수에 의한 재해를 방제하는 기능도 갖고 있다.

공공하수처리시설은 용량에 따라 500m^3/day 이상과 미만으로 구분한다. 2021년 말 기준 우리나라의 공공하수처리시설은 총 4,339개이며, 이 중 704개가 500m^3/day 이상이고 나머지 84%에 해당하는 3,635개가 500m^3/day 미만이다. 500m^3/day 이상인 공공하수처리시설 중에서 100,000m^3/day 이상인 대규모 시설은 58개이다. 서설용량이 가장 큰 공공하수처리시설은 서울의 중랑과 서남공공하수처리시설이고 각각 160만m^3/day 정도로서 서로 비슷하다. 500m^3/day 이상인 공공하수처리시설의 총 시설용량은 2,650만 m^3/day 정도이며, 500m^3/day 미만인 시설의 총 시설용량은 31만m^3/day 정도이다.

개인하수처리시설은 지방자치단체가 아닌 개인이 설치 및 운전하는 시설을 말하며, 2021년 말 기준 우리나라에는 56만여 개의 개인하수처리시설이 설치, 운전되고 있다. 예전에는 농어촌의 마을 단위의 하수도에 대해서는 「마을하수도」로 별도로 구분하였으나 2010년 1월 1일부터는 마을하수도도 공공하수도에 포함시키고 있다. 도시계획법에는 시가화구역에 대해서는 적어도 도로, 공원 및 하수도를 도시계획에 의해 정할 것을 규정하고 있으며, 이들 시설이 도시로서 최소한도 필요한 가장 기본적인 시설임을 분명히 하고 있다. 따라서 시가화구역 또는 이에 준하는 구역에 대한 우수배제의 측면에서 하수도계획을 수립할 경우에는 하천, 농업용 배수로 및 기타 기존수로를 포함한 지역전체의 도시배수실태를 파악하여, 이들 시설이 도시배수를 위하여 각각 갖추어야 할 기능을 명확히 구분한 후 이를 기초로 하여 도시의 종합적인 배수계획의 일부로서 하수도계획을 수립한다. 또한 농어촌지역의 공공하수도계획 수립에 있어서도 침수재해를 방지하기 위한 종합적인 배수계획의 수립은 필수적이다.

2.2 하수도계획의 기본방침

2.2.1 하수도계획의 기본적 요건

하수도는 우수·하수의 배제 및 처리·이용, 그리고 슬러지처리·이용의 기능을 가진 것으로서 전자에 대응하는 하수도의 역할이 침수에 의한 재해의 방제이며, 후자에 대응하는 역할이 생활환경의 개선 및 수질보전이다. 하수처리과정에서 발생하는 슬러지도 적절하게 처리·이용되어야 한다. 따라서 이들의 기능 중 어느 하나라도 원활하지 못하면 완전한 하수도라고는 말하기 어렵다. 이와 같은 의미에서 하수도계획은 기본적으로 이 두 가지 기능을 완전히 구비해야 한다.

2.2.2 우수배제계획

시가지에서의 우수배제는 오수배제·처리와 함께 하수도 기능의 중요한 부문이나, 우수배제는 단지 하수도만에 의해 이루어지는 것이 아니므로 하천, 농업용 배수로 및 기타의 기존수로와 함께 하수도를 포함한 종합적인 배수체계로서 고려할 필요가 있다. 따라서 시가지의 우수배제에 관한 하수도계획은 하수도를 포함한 우수배제에 관한 배수체계 전체로서의 우수배제계획을 전제로 하여 수립한다. 그러나 일반적으로 도시의 우수배제 실태는 매우 복잡하여, 하천법 상의 하천 외에 하천법이 적용 또는 준용되지 않는 보통하천, 일반 구거, 기타의 기존수로, 농업용 배수로 및 도로 측구 등이 도시배수의 기능면에서 매우 큰 역할을 하고 있음에도 불구하고 그 실태가 명확하지 않고, 또 관리주체가 분명하지 않은 경우가 있어 충분한 관리가 이루어지지 않고 있는 실정이다. 따라서 우선 해당지역의 우수배제실태를 충분히 조사·정리하고, 하천 및 농림관리자와 협의하여 하천법을 적용 또는 준용해야 할 것인가의 여부와, 농업용 배수로로서 관리해야 할 것인가의 구분을 명확히 하는 것이 좋다. 또한 공공하수도시설로 이용해야 할 것과 하수도정비에 따라 폐지해야 할 것 등으로 구분하여, 기존 하수도와 새로 계획된 하수도 등을 포함한 우수배제에 관한 종합적인 배수계획을 전제로 지역적인 우수배제에 관한 하수도계획을 수립한다.

2.2.3 하수처리 · 이용계획

하수처리 · 이용계획을 수립할 경우, 수질환경기준이 설정되어 있는 수역의 하수도계획은 해당수역 수질환경기준의 달성을 전제로 하여 정한다. 수질환경기준이 설정되어 있지 않은 수역의 하수도계획은 하천의 물이용 상황에 따른 수질환경기준을 예상하여 기준을 설정한다. 하수도정비기본계획이 정해져 있는 관할구역 내의 개별적인 하수도계획은 하수도정비기본계획에 적합한 것이어야 한다.

2.2.4 슬러지처리 · 이용계획

하수처리에 의해 발생하는 슬러지량은 하수도정비의 진전과 처리의 고도화에 따라 계속적으로 증가할 것으로 예상된다. 따라서 증가한 양의 슬러지를 처리 · 이용하기 위해서는 하수도계획 단계에서 장기적인 전망을 고려하여 탄력성 있는 처리 · 이용계획을 수립하여야 한다. 고도처리방법으로 깨끗한 처리수질을 얻을 수 있다고 하더라도 안정된 슬러지의 최종처분방법이 결정되지 않는 한 완전한 처리시스템이라고 할 수 없기 때문에 슬러지의 처리 · 이용계획은 하수도계획에서 중요한 부분이라고 할 수 있다. 슬러지의 성상은 유입하수의 수질이나 처리 방법에 따라 다양하기 때문에 슬러지 성상, 도시화 상황 및 지리적 조건 등 지역특성에 적합하며, 적절한 이용 방법을 고려한 장기적이고 안정성 있는 계획을 수립한다. 슬러지 광역처리장이나 슬러지의 공동처리 방법은 각 처리장에서 슬러지를 단독 처리할 때와 비교하여 시설비 및 유지관리면에서 경제적일 수 있으며, 특히 소규모 공공하수처리시설의 경우에는 합리적인 대안이 될 수 있다.

예제 2.1 **하수도법의 목적**

하수도법의 목적을 서술하시오.

풀이

하수도법 제1조(목적)에 따르면 하수도법은 하수도의 설치 및 관리의 기준 등을 정함으로써 하수와 분뇨를 적정하게 처리하여, 하수의 범람으로 인한 침수 피해를 예방하고 지역사회의 건전한 발전과 공중위생의 향상에 기여하며 공공수역의 수질을 보전함을 목적으로 한다.

2.3 하수도계획의 기본적 사항

하수도계획은 구상, 조사, 예측 및 시설계획이 서로 관련을 가지고 있기 때문에 그림 2.1과 같이 흐름 및 상호관계를 고려하여 신중히 계획한다.

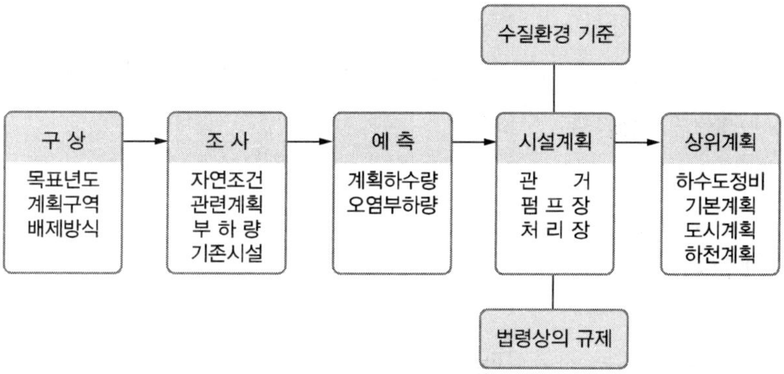

그림 2.1 하수도계획의 절차

2.3.1 계획목표년도

하수도계획의 목표 년도는 시설의 내구연수 및 건설기간이 길고 특히 관거의 경우는 하수량의 증가에 따라 단계적으로 단면을 증가시키기가 곤란하기 때문에 장기적인 계획을 수립할 필요가 있다. 일반적으로 20년 후를 목표로 계획을 수립하는 것이 좋으며 도시기본계획상의 장기지표가 없이는 하수량 추정이 곤란하므로 도시의 성격에 따른 도시기본계획의 지표에 따라 계획목표년도를 결정하도록 한다. 공공하수처리시설의 경우에는 유입하수량의 증가에 따라 단계적인 증설을 계획할 수 있으므로 사업의 효과를 조기에 거둘 수 있고, 관거는 복수관을 계획하는 경우도 있다.

2.3.2 계획구역

하수도의 계획구역을 설정할 때 고려해야 할 사항은 다음과 같다.

① 하수도정비기본계획(또는 변경) 수립 시의 계획구역은 원칙적으로 관할 행정구역 전체를 대상으로 한다.
② 계획구역은 원칙적으로 계획목표년도까지 시가화 될 것이 예상되는 구역으로 한다.
③ 공공수역의 수질보전 및 자연환경보전을 위하여 하수도정비를 필요로 하는 지역은 계획구역으로 한다.
④ 계획구역은 자연 및 지역조건을 충분히 고려하여, 행정상의 경계에만 의존하지 말고 광역적, 종합적으로 정한다.
⑤ 새로운 시가지의 개발에 따른 하수도계획구역은 기존시가지를 포함한 종합적인 하수도계획의 일환으로 수립한다.

2.3.3 배제방식

하수의 배제방식에는 분류식과 합류식이 있는데, 분류식은 오수와 우수를 별개의 관거계통으로 배제하는 방식이고, 합류식은 동일 관거계통으로 배제하는 방식이다. 두 배제방식을 비교하면 표 2.1과 같다.

분류식은 오수만을 처리장으로 수송하는 방식으로서 우천 시에 오수를 수역으로 방류하는 일이 없으므로 하천의 수질오염방지면에서 유리하다. 또한 재래의 우수배제시설이 비교적 잘 정비되어 있는 지역에서는 이들의 시설을 그대로 유용하게 이용할 수 있기 때문에 경제적으로 하수도의 보급을 추진할 수가 있다. 그러나 강우초기에 비교적 오염된 노면배수가 우수관거를 통해 직접 공공수역에 방류되는 점이나 도로 폭이 좁고 여러 가지 지하매설물이 교차되어 있는 기존시가지에서 우수관거와 오수관거를 모두 신설할 경우에 시공상 곤란한 점, 분류식의 오수관거는 소구경이기 때문에 합류식에 비해 경사가 급해지고 매설깊이가 깊어지는 등의 문제점이 있다.

합류식은 단일관거로 오수와 우수를 배제하기 때문에 침수피해의 다발지역이나 우수배제시설이 정비되어 있지 않은 지역에서는 유리한 배제방식이며, 분류식에 비해 시공이 용이하다. 그러나 우천 시에 관거 내의 침전물이 일시에 유출되어 처리장에 큰 부담을 주기도 하고, 강우 시에 우수토실로부터 일정배율 이상으로 희석된 하수가 수역으로 직접 방류되는 점 등 수질보전상 바람직하지 않은 문제점이 있다.

우리나라의 경우 기존하수도는 오수처리의 목적 이외에 저지대의 침수를 방지할 목적으로 하수도사업을 실시해온 도시가 많기 때문에 대부분이 합류식으로 계획되어 있으나 사실상 완전 합류식으로 우·오수가 적정한 유속으로 배출되기보다는 우수배제를 위해

표 2.1 배제방식의 비교

검토사항		분 류 식	합 류 식
건설면	관로계획	우수와 오수를 별개의 관거에 배제하기 때문에 오수배제계획이 합리적이다.	우수를 신속하게 배수하기 위해서 지형조건에 적합한 관거망이 된다.
	시공	오수관거와 우수관거의 2계통을 동일도로에 매설하기 어려운 도로가 있다. 오수관거는 소구경 관거를 매설하므로 시공이 용이하지만, 관거의 경사가 급해지므로 매설깊이가 크게 된다.	대구경관거가 되면 좁은 도로에서 매설에 어려움이 있다.
	건설비	오수관거와 우수관거의 2계통을 건설하는 경우는 비싸지만 오수관거만를 추가로 건설하는 경우는 가장 저렴하다.	대구경 관거가 되면 1계통으로 건설되어 오수관거와 우수관거의 2계통을 건설하는 것보다는 저렴하지만 오수관거만을 건설하는 것보다는 비싸다.
유지 관리면	관거오접	철저한 감시가 필요하다.	없음
	관거 내 퇴적	관거 내의 퇴적이 적다. 수세효과는 기대할 수 없다.	청천 시에 수위가 낮고 유속이 적어 오물이 침전하기 쉽다. 그러나 우천 시에 수세효과가 있기 때문에 관거의 청소빈도가 적을 수 있다.
	처리장으로의 토사유입	토사의 유입이 있지만 합류식 정도는 아니다.	우천 시에 처리장으로 다량의 토사가 유입하므로 장기간에 걸쳐 수로바닥, 침전지 및 슬러지 소화조 등에 퇴적한다.
	관거의 보수	오수관거는 소구경이므로 폐색의 우려가 있으나 청소는 비교적 용이하다. 측구가 있는 경우는 관리에 시간이 걸리고 불충분한 경우가 많다.	폐색의 염려가 없다. 검사 및 수리가 비교적 용이하다. 청소에 시간이 걸린다.
	기존수로의 관리	기존의 측구를 존속할 경우는 관리자를 명확하게 할 필요가 있다. 수로부의 관리 및 미관상에 문제가 있다.	관리자가 불명확한 수로를 통폐합하고 우수배제계통을 하수도관리자가 총괄하여 관리할 수 있다.
수질 보전면	우천 시의 월류	없음	일정량 이상이 되면 우천 시 오수가 월류한다.
	청천 시의 월류	없음	없음
	강우초기의 노면 세정수	노면의 오염물질이 포함된 세정수가 직접 하천 등으로 유입된다.	시설의 일부를 개선 또는 개량하면 강우초기의 오염된 우수를 수용해서 처리할 수 있다.
환경면	쓰레기 등의 투기	측구가 있는 경우나 우수관거에 개거가 있을 때는 쓰레기 등이 불법투기 되는 일이 있다.	없음
	토지이용	기존의 측구를 존속할 경우는 뚜껑의 보수가 필요하다.	기존의 측구를 폐지할 경우는 도로폭을 유효하게 이용할 수 있다.

노면경사를 따라 부설되어 있어 청천 시에는 오수 유하에 필요한 만큼의 유속을 확보하지 못하는 실정이다.

최근 공공수역의 수질오염방지상 하수도의 역할이 커지고 있기 때문에 하수의 배제방식은 우수에 의한 침수방지는 물론 공공수역의 수질오염방지를 위해서 원칙적으로 분류식으로 하는 것이 바람직할 것이다. 다만 기존 하수도시설의 형태 및 지하매설물의 매설상태 등 여러 가지 여건상 분류식의 채택이 어려운 경우나 합류식으로 하여도 공공수역의 수질보전에 지장이 없다고 판단될 경우 및 방류수역의 제반조건에 대하여 적절한 대책이 강구된 경우에는 합류식을 고려할 수 있다.

하나의 도시(처리구역) 내에서도 지역 형편에 의하여 합류식과 분류식을 부분적으로 병용하는 경우도 있으며, 이 경우를 합병식(合併式)으로 부르기도 한다.

합류식과 분류식을 계통적으로 분류하고, 우리나라 하수도정비에서 채택하기에 적합하다고 생각되는 경우를 요약 정리하면 아래와 같다.

- 합류식(개선 필요) – 대도시
- 분류식 – 완전분류식 : 신규 도시(또는 단지)
  오수분류식 : 지방 중·소도시 및 농어촌

예제 2.2 **하수배제방식**

합류식과 분류식 배제방식의 장단점에 관하여 설명하시오.

풀이

합류식과 분류식의 비교는 표 2.1에 잘 나타나 있다.

2.3.4 토구

토구는 하수도시설로부터 하수를 공공수역에 방류하는 시설을 말하며 다음 3가지로 분류된다.

① 처리장에서 처리수의 토구
② 분류식에서 우수토구 및 펌프장의 토구
③ 합류식에서 우수토구 및 펌프장의 토구

토구의 위치 및 구조의 결정은 방류수역의 수위, 수량, 물이용 상황, 수질환경기준의 설정상황 및 하천정비계획 등을 충분히 조사하여 역류가 일어나지 않도록 하고, 방류수역의 수질 및 수량에 대해서도 지장이 없도록 충분히 고려한다. 특히, 합류식의 우수토구는 우천 시에 오염물질이 방류수역에 미치는 영향을 충분히 검토하여 계획해야 한다.

2.3.5 계획외수위

도시지역의 하수배제계획에서는 방류하천이나 해역의 계획외수위가 매우 중요하며, 계획외수위에서도 지장 없이 하수를 배제할 수 있어야 한다. 하천의 경우는 계획홍수위, 해역의 경우에는 삭망만조위를 목표로 하면 가장 안전하게 도시지역의 하수를 배제할 수 있다. 이들 목표외수위에 대한 동수경사를 조사하여 국지침수가 발생하지 않도록 계획을 수립한다.

2.3.6 하수도시설의 배치, 구조 및 기능

하수도시설은 관거시설, 펌프장시설 및 처리장시설로 크게 구별된다. 하수도의 목적을 달성하기 위해서는 하수도시설의 적절한 유지관리가 필요하다. 따라서 시설의 배치, 구조 및 기능에 관한 계획의 수립 시에는 계획의 규모 및 유지관리체제 등 유지관리상의 모든 조건에 따라 유지관리가 용이하고, 적정하게 이루어질 수 있도록 하여야 한다. 하수배제는 자연유하를 원칙으로 하므로 주요시설이 일반적으로 저지대에 위치하거나 지하에 축조되는 시설이 많다. 따라서 지형 및 지질조건을 충분히 고려해서 계획하며, 토구는 방류수역의 상황을 충분히 고려하여 2.3.4에 따라 배치하도록 한다.

펌프장과 처리장의 배치 및 구조는 지형, 방류수역의 상황, 소음, 대기오염 및 미관상의 문제 등에 대해서도 충분히 고려한다. 또한 하수도시설은 몇 개의 계열로 나누어 단계적으로 시공되므로 단계적인 정비계획을 고려하여 종합계획과의 관계로부터 가장 적절한 계열의 구분 및 시설의 배치를 할 필요가 있으며, 시공상의 조건이나 경제성에 대해서도 알맞도록 고려할 필요가 있다.

하수도시설은 증설 및 개조 등이 간단하게 이루어지는 것이 아니므로 이들의 변동요인에 대응하기 위하여 필요에 따라 여유를 둘 필요가 있으나 예비와 여유시설이 중복되어 시설이 커지지 않도록 주의해야 한다.

하수도시설은 고도의 공익시설이므로 운전이 정지되어서는 안 되는 시설이다. 따라서 예측하기 어려운 고장 및 사고뿐만 아니라 보수 및 점검 시에도 항상 일정한 기능을 유지할 수 있도록 해야 할 필요성이 있기 때문에 주요시설에 대해서는 그 기능을 보충할 수 있는 예비시설을 설치할 필요가 있다. 시설에 따라서는 동일 기능 및 능력의 시설을 복수로 하여 신뢰성, 확실성 및 안전성을 높일 필요가 있다.

(1) 관거

관거에서는 유량의 시간적 변화 및 비정상적인 유입상황 등을 기록하여 적절한 유지관리 및 지도를 하는 것은 물론이고, 장래의 증설을 위하여 처리분구의 접속 지점에서 유량 및 수질 등의 계측이 가능하도록 고려한다.

(2) 펌프장

침사지의 사용 및 펌프의 조작 등을 명확히 하기 위하여 유입량을 계측해야 하며, 운전상황을 파악한 후 양수효율에 의하여 관리 및 보수계획을 세울 수가 있다. 한편, 지역특성의 변화와 유입량의 관계는 장래계획을 위하여 중요한 자료가 되며, 방류지점의 상황도 펌프운전에 대한 중요한 자료가 된다.

(3) 처리장

처리장에서는 평상시의 운전상황, 처리효율 및 방류지점의 상황 등은 물론 가장 적절한 운전방법의 검토, 증설 및 수리 등을 위하여 처리시설의 상황(수량, 수질, 수위, 슬러지양, 동력, 공기, 가스 및 온도 등)을 계측해야 한다. 특히 냄새가 발생하기 쉬운 곳에는 악취에 대한 대책을 강구해야 한다.

(4) 기타

처리구역의 기상상황을 대표하는 위치, 펌프장 및 처리장에서는 주요한 기상상황을 항상 관측하는 것이 바람직하다. 한편, 계장설비의 규모 및 정도는 시설에 필요한 제어항목 및 유지관리인원 등을 고려하여 경제적으로 할 필요가 있으며, 정보처리장치의 도입 시에는 도입목적을 명확히 함과 아울러 적용여부를 충분히 검토하여 불필요한 적용을 피한다.

2.3.7 분뇨처리와 하수도

수세식분뇨는 하수도법상의 "하수"에 해당되고 하수관거에 투입하여 하수처리시설에서 처리하여야 하나 수세분뇨의 하수도투입은 처리구역 내의 관거정비 상태에 따라 그 시기를 결정하며, 하수관거 투입에 앞서 반드시 관거정비가 선행되어야 할 것이다. 기존 시가지 등에서 하수배제방식이 합류식인 경우에는 하수운송체계가 완벽하게 정비될 때까지는 관거정비가 시행되기까지의 잠정적인 조치일 뿐이며, 개인하수처리시설 설치를 위한 공사비 및 유지관리비 등에 따른 이중투자의 방지를 위해서도 처리구역 내에서 발생하는 수세식분뇨는 하수관거를 통하여 하수처리시설로 유입하는 것이 원칙이다.

또한, 하수처리구역 내・외의 수거식화장실에서 발생하는 분뇨(개인하수처리시설의 청소과정에서 발생되는 찌꺼기 포함)는 하수처리시설에서 전처리 후 합병처리하는 것을 원칙으로 하되 필요에 따라 분뇨처리시설에서 처리하여 방류한다.

2.3.8 법령상의 규제

하수도계획에서 각 시설의 배치, 규모, 구조 및 능력 등을 결정할 때에는 하수도법 및 도시개발법에 근거한 법령 및 조례와 환경정책기본법에 근거한 수질환경기준을 고려하고, 수질 및 수생태계 보전에 관한 법, 폐기물관리법, 농어촌정비법, 소음진동관리법, 대기환경보전법 및 해양환경관리법 등의 관계법령에 근거한 규제를 고려하여 계획하며, 유지관리상의 문제도 신중히 검토한다.

2.4 우수배제계획

2.4.1 계획우수량

(1) 우수유출량의 산정식

최대계획우수유출량의 산정은 합리식을 사용한다. 합리식은 계획대상지역의 도시계획이나 강우특성 등을 계산과정에 포함시키므로 최대계획우수유출량의 산정에 많이 사용하고 있다.

1) 합리식

합리식은 식 (2.1)로 표시된다.

$$Q = \frac{1}{360} CIA \tag{2.1}$$

여기서, Q : 최대계획우수유출량, m^3/sec

C : 유출계수

I : 유달시간(t) 내의 평균강우강도, mm/hr

$I = a/(t^m + b)^n$ (단, a, b, m, n은 정수)

A : 배수면적, ha

2) 강우강도공식

합리식에서 사용하고 있는 강우강도공식의 형태는 다음과 같은 것이 있다.

① Talbot형

$$I = \frac{a}{t + b} \tag{2.2}$$

② Sherman형

$$I = \frac{a}{t^m} \tag{2.3}$$

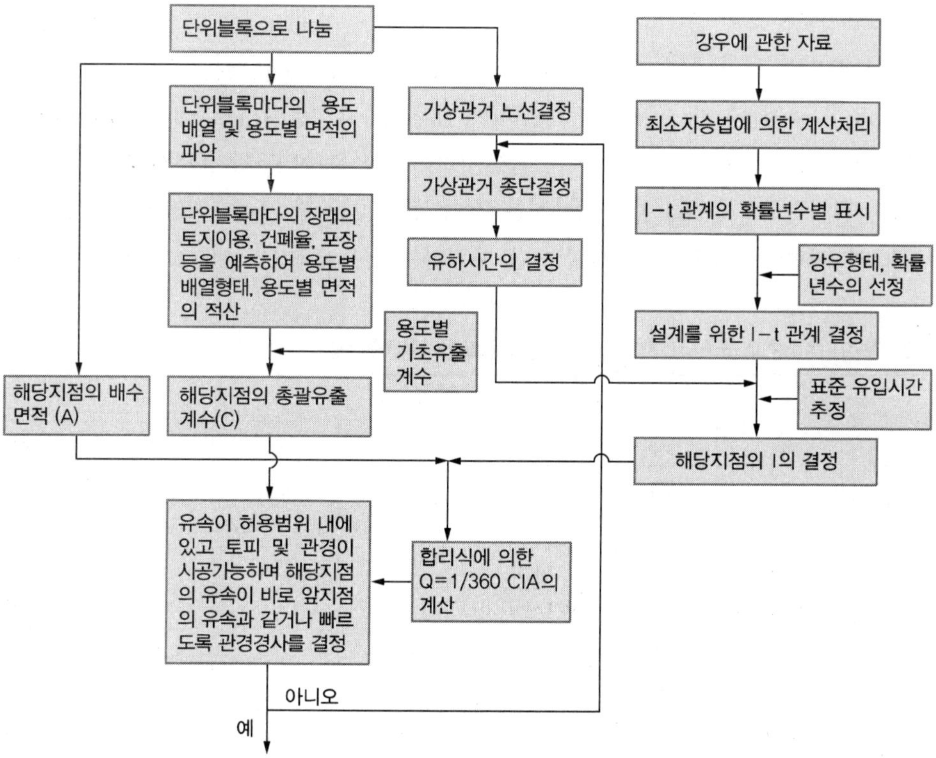

그림 2.2 계획우수량 산정과정

③ Hisano (久野)·Ishiguro (石黑)형 또는 Japanese형

$$I = \frac{a}{\sqrt{t} \pm b} \tag{2.4}$$

④ Cleveland형 또는 General형

$$I = \frac{a}{t^m + b} \tag{2.5}$$

⑤ 전대수다항식

$$\ln(I) = a + b\ln(t) + c(\ln(t))^2 + d(\ln(t))^3 + e(\ln(t))^4 + f(\ln(t))^5 + g(\ln(t))^6 \tag{2.6}$$

여기서, I : 강우강도, mm/hr
t : 강우지속시간, min
a, b, c, d, e, f, g, m : 상수

강우강도공식을 실측자료와 적합도를 검정해보면, Talbot형은 곡선의 굽은 정도가 적은 성질을 가지고 있으며, Sherman형 및 Hisano · Ishiguro형은 굽은 정도가 심하다. Talbot형은 지속시간 5~120분 사이에서 Sherman형 및 Hisano · Ishiguro형보다 약간 안전한 값을 얻을 수 있다. 여기서 유달시간이 짧은 관거 등의 유하시설을 계획할 경우에는 원칙적으로 Talbot형을 사용하는 것이 좋다. 24시간 우량 등의 장시간 강우강도는 Cleveland형이 가깝다. 저류시설 등을 계획하는 경우에도 Cleveland형을 사용하는 것이

표 2.2 우리나라 주요 도시의 재현기간별 강우강도공식 산출 예

관측소	재 현						
	2	3	5	10	20	30	50
인천	$\frac{289}{\sqrt{t}+0.58}$	$\frac{343}{\sqrt{t}+0.5}$	$\frac{400}{\sqrt{t}+0.39}$	$\frac{474}{\sqrt{t}+0.34}$	$\frac{529}{\sqrt{t}+0.15}$	$\frac{9,826}{t+60}$	$\frac{10,504}{t+58}$
서울	$\frac{300}{\sqrt{t}+0.22}$	$\frac{357}{\sqrt{t}+0.21}$	$\frac{420}{\sqrt{t}+0.19}$	$\frac{497}{\sqrt{t}+0.15}$	$\frac{569}{\sqrt{t}+0.11}$	$\frac{610}{\sqrt{t}+0.09}$	$\frac{660}{\sqrt{t}+0.05}$
강릉	$\frac{153}{t^{43}}$	$\frac{181}{t^{44}}$	$\frac{211}{t^{44}}$	$\frac{246}{t^{44}}$	$\frac{279}{t^{45}}$	$\frac{297}{t^{45}}$	$\frac{320}{t^{45}}$
추풍령	$\frac{351}{t^{0.59}}$	$\frac{404}{t^{0.59}}$	$\frac{4,634}{t+39}$	$\frac{5,376}{t+39}$	$\frac{6,064}{t+40}$	$\frac{6,452}{t+40}$	$\frac{6,929}{t+40}$
포항	$\frac{237}{t^{0.54}}$	$\frac{288}{t^{0.55}}$	$\frac{347}{t^{0.57}}$	$\frac{423}{t^{0.58}}$	$\frac{498}{t^{0.59}}$	$\frac{542}{t^{0.60}}$	$\frac{599}{t^{0.61}}$
대구	$\frac{282}{t^{0.56}}$	$\frac{350}{t^{0.56}}$	$\frac{4,856}{t+43}$	$\frac{5,656}{t+42}$	$\frac{6,394}{t+42}$	$\frac{6,809}{t+41}$	$\frac{7,319}{t+41}$
울산	$\frac{235}{t^{0.49}}$	$\frac{261}{t^{0.47}}$	$\frac{285}{t^{0.45}}$	$\frac{312}{t^{0.45}}$	$\frac{333}{t^{0.41}}$	$\frac{344}{t^{0.4}}$	$\frac{356}{t^{0.39}}$
부산	$\frac{311}{\sqrt{t}+0.76}$	$\frac{379}{\sqrt{t}+0.95}$	$\frac{455}{\sqrt{t}+1.11}$	$\frac{550}{\sqrt{t}+1.28}$	$\frac{641}{\sqrt{t}+1.40}$	$\frac{693}{\sqrt{t}+1.46}$	$\frac{757}{\sqrt{t}+1.51}$
여수	$\frac{267}{\sqrt{t}+0.02}$	$\frac{312}{\sqrt{t}+0.14}$	$\frac{362}{\sqrt{t}+0.27}$	$\frac{425}{\sqrt{t}+0.44}$	$\frac{486}{\sqrt{t}+0.60}$	$\frac{521}{\sqrt{t}+0.69}$	$\frac{565}{\sqrt{t}+0.80}$
목포	$\frac{243}{\sqrt{t}-0.05}$	$\frac{293}{t^{0.51}}$	$\frac{331}{t^{0.51}}$	$\frac{375}{t^{0.51}}$	$\frac{413}{t^{0.51}}$	$\frac{434}{t^{0.51}}$	$\frac{458}{t^{0.51}}$
광주	$\frac{378}{t^{0.57}}$	$\frac{404}{t^{0.56}}$	$\frac{433}{t^{0.54}}$	$\frac{465}{t^{0.53}}$	$\frac{436}{\sqrt{t}+0.21}$	$\frac{463}{\sqrt{t}+0.15}$	$\frac{496}{\sqrt{t}+0.08}$
전주	$\frac{384}{\sqrt{t}+0.55}$	$\frac{353}{\sqrt{t}+0.38}$	$\frac{416}{\sqrt{t}+0.35}$	$\frac{500}{\sqrt{t}+0.18}$	$\frac{10,069}{t+56}$	$\frac{10,885}{t+57}$	$\frac{11,911}{t+59}$

좋다. 강우강도공식의 상수는 해당 지역의 과거 강우 자료로부터 확률계산으로 구하는데 최소 20년 이상의 자료가 필요하다. 우리나라 주요 도시의 강우강도공식을 산정한 예는 표 2.2와 같으며, 통계적인 확률계산으로 얻은 식이므로 동일한 지역이라 하더라도 관측 기간 등 반영하는 자료의 수가 변하면 강우강도공식은 달라질 수 있다.

(계속) (강우강도 : mm/hr, t 단위 : min)

기 간(년)							
70	100	200	300	500	1000	2000	5000
$\frac{10{,}930}{t+57}$	$\frac{11{,}371}{t+56}$	$\frac{12{,}216}{t+53}$	$\frac{12{,}653}{t+52}$	$\frac{13{,}215}{t+50}$	$\frac{13{,}950}{t+48}$	$\frac{1{,}112}{t^{0.54}}$	$\frac{1{,}248}{t^{0.55}}$
$\frac{693}{\sqrt{t}+0.04}$	$\frac{727}{\sqrt{t}+0.02}$	$\frac{793}{\sqrt{t}+0.03}$	$\frac{856}{t^{0.51}}$	$\frac{920}{t^{0.51}}$	$\frac{997}{t^{0.51}}$	$\frac{17{,}689}{t+55}$	$\frac{19{,}241}{t+55}$
$\frac{334}{t^{0.45}}$	$\frac{349}{t^{0.45}}$	$\frac{379}{t^{0.45}}$	$\frac{395}{t^{0.45}}$	$\frac{406}{t^{0.45}}$	$\frac{444}{t^{0.45}}$	$\frac{471}{t^{0.46}}$	$\frac{508}{t^{0.46}}$
$\frac{7{,}237}{t+40}$	$\frac{7{,}559}{t+40}$	$\frac{8{,}718}{t+48}$	$\frac{8{,}536}{t+40}$	$\frac{8{,}980}{t+39}$	$\frac{9{,}579}{t+39}$	$\frac{10{,}173}{t+39}$	$\frac{10{,}951}{t+38}$
$\frac{636}{t^{0.61}}$	$\frac{676}{t^{0.62}}$	$\frac{757}{t^{0.63}}$	$\frac{805}{t^{0.63}}$	$\frac{867}{t^{0.64}}$	$\frac{953}{t^{0.64}}$	$\frac{1{,}043}{t^{0.66}}$	$\frac{1{,}167}{t^{0.66}}$
$\frac{7{,}645}{t+41}$	$\frac{7{,}988}{t+41}$	$\frac{8{,}641}{t+41}$	$\frac{9{,}016}{t+41}$	$\frac{9{,}483}{t+40}$	$\frac{10{,}106}{t+40}$	$\frac{10{,}717}{t+40}$	$\frac{1{,}052}{t^{0.57}}$
$\frac{363}{t^{0.38}}$	$\frac{371}{t^{0.38}}$	$\frac{384}{t^{0.36}}$	$\frac{391}{t^{0.36}}$	$\frac{400}{t^{0.36}}$	$\frac{411}{t^{0.33}}$	$\frac{420}{t^{0.32}}$	$\frac{432}{t^{0.31}}$
$\frac{799}{\sqrt{t}+1.55}$	$\frac{843}{\sqrt{t}+1.58}$	$\frac{929}{\sqrt{t}+1.62}$	$\frac{978}{\sqrt{t}+1.64}$	$\frac{1{,}041}{\sqrt{t}+1.66}$	$\frac{1{,}124}{\sqrt{t}+1.67}$	$\frac{639}{t^{0.40}}$	$\frac{691}{t^{0.40}}$
$\frac{594}{\sqrt{t}+0.87}$	$\frac{625}{\sqrt{t}+0.95}$	$\frac{686}{\sqrt{t}+1.10}$	$\frac{722}{\sqrt{t}+1.18}$	$\frac{768}{\sqrt{t}+1.29}$	$\frac{832}{\sqrt{t}+1.43}$	$\frac{897}{\sqrt{t}+1.58}$	$\frac{985}{\sqrt{t}+1.77}$
$\frac{473}{t^{0.51}}$	$\frac{489}{t^{0.50}}$	$\frac{518}{t^{0.50}}$	$\frac{534}{t^{0.50}}$	$\frac{554}{t^{0.50}}$	$\frac{580}{t^{0.50}}$	$\frac{605}{t^{0.50}}$	$\frac{637}{t^{0.51}}$
$\frac{517}{\sqrt{t}-0.04}$	$\frac{539}{\sqrt{t}}$	$\frac{581}{\sqrt{t}+0.07}$	$\frac{605}{\sqrt{t}+0.11}$	$\frac{635}{\sqrt{t}+0.15}$	$\frac{675}{\sqrt{t}+0.21}$	$\frac{715}{\sqrt{t}+0.26}$	$\frac{13{,}641}{t+0.66}$
$\frac{12{,}585}{t+68}$	$\frac{13{,}300}{t+61}$	$\frac{14{,}688}{t+62}$	$\frac{15{,}499}{t+63}$	$\frac{16{,}523}{t+64}$	$\frac{17{,}917}{t+65}$	$\frac{19{,}309}{t+66}$	$\frac{21{,}146}{t+67}$

자료 : 이원환, 도시하천 및 하수도 개수계획상의 계획강우량 설정에 관한 추계학적 해석, 대한토목학회지 28권 4호, 1980년 8월.

2011년부터 국토교통부의 권고에 따라 6차 전대수다항식을 주로 사용하고 있는데 전대수다항식은 전체 지속시간에 대하여 장단기 구분 없이 사용 가능하고 결정계수가 높은 것이 장점이다. 그렇지만 강우지속시간의 범위가 10분에서 1,440분으로서 넓어 하나의 강우강도식으로 모두 표현하기에는 다소 무리가 있으므로 회귀식을 구할 때는 60분, 120분, 180분, 240분 등에 대하여 각 강우강도공식을 구하고 이 중에서 결정계수가 가장 높은 공식을 채택하는 것이 타당할 것이다.

(2) 유출계수

유출계수는 토지이용도별 기초유출계수 및 토지이용도별로부터 총괄유출계수를 구한다. 총괄유출계수의 산정식은 식 (2.6)과 같다.

$$C = \sum_{i=1}^{m} C_i A_i / \sum_{i=1}^{m} A_i \qquad (2.6)$$

여기서, C : 총괄유출계수

C_i : i번째 토지이용도별 기초유출계수

A_i : i번째 토지이용도별 총면적

m : 토지이용도의 수

토지이용도를 크게 나누면, 침투역 및 불침투역의 두 가지가 있으며, 전자는 토질이나 식생 등에 의해, 후자는 관거와의 접촉정도에 의해서 유출계수가 달라진다. 따라서 토지이용형태는 다시 세분화되며 세분화된 기초표면형태의 유출계수를 기초유출계수라 부르며, 여러 가지 사실을 실태적으로 고려한 토지이용도별 기초유출계수의 표준값은 표 2.3과 같다.

표 2.3 토지이용도별 기초유출계수의 표준값

표면형태	유출계수	표면형태	유출계수
지붕	0.85~0.95	공지	0.10~0.30
도로	0.80~0.90	잔디, 수목이 많은 공원	0.05~0.25
기타 불투수면	0.75~0.85	경사가 완만한 산지	0.20~0.40
수면	1.00	경사가 급한 산지	0.40~0.60

토지이용도별 유출계수는 일반적으로는 표 2.4 정도의 값을 보이며, 해당 지역의 표면형태별 면적과 기초유출계수를 식 (2.6)에 대입함으로써 보다 정밀하게 산출할 수 있다.

표 2.4 토지이용도별 총괄유출계수의 범위

토지이용	유출계수범위	토지이용	유출계수범위
교통시설지 상업업무시설지 공용용도지 주택지	0.80~0.90 0.70~0.95 0.65~0.75 0.50~0.75	주거·상업혼합지 공업지 경작지 나지	0.70~0.95 0.60~0.90 0.10~0.25 0.30~0.40

또한 C 값은 강우의 크기에 따라 변한다. 강우강도가 큰 경우는 강우강도가 작은 경우보다 유출이 더 크다. 재현기간에 따른 보정은 표 2.5를 이용하여 조정할 수 있는데 조정된 C 값은 1보다 커서는 안 된다.

표 2.5 재현기간에 따른 C 값 조정

재현기간(년)	2~10	25	50	100
조정계수	1.0	1.1	1.2	1.25

예제 2.3 **총괄유출계수산출**

어떤 배수구역의 토지이용상태와 기초유출계수를 조사한 결과는 다음과 같다. 이 구역의 총괄유출계수를 구하여라.

토지이용상태	면적(km^2), A	기초유출계수, C
합계	0.60	
콘크리트포장도로 교외주택지역 아파트지역 공원지역	0.08 0.18 0.22 0.12	0.90 0.40 0.60 0.15

풀이

$$C = \frac{\sum C_i A_i}{\sum A_i} = \frac{(0.9)(0.08) + (0.4)(0.18) + (0.6)(0.22) + (0.15)(0.12)}{0.60}$$

$$C = 0.49$$

(3) 확률연수

하수관거의 계획우수량 결정을 위한 확률연수는 10~30년, 빗물펌프장의 계획우수량 결정을 위한 확률연수는 30~50년을 적용한다. 그러나 반드시 전 지역이 일정할 필요는 없고, 지역의 중요도나 배수구역의 크기 등 여러 가지 여건을 고려하여 확률연수를 다르게 하거나 근간적인 시설에 대해 확률연수를 크게 취하는 것은 방재상 필요하며 가능한 경제적인 면과 방제적인 면을 고려하여 설정하는 것이 바람직하다.

확률계산법으로서는 Thomas Plot법, Hazen Plot법 및 이와이(岩井)법 등이 일반적으로 쓰이고 있으나 어느 방법으로 계산하여도 비슷한 값을 얻을 수 있으므로 가장 간단한 Thomas Plot법을 가장 많이 사용한다. 확률계산에는 적어도 20년 이상의 자료가 필요하지만 우리나라에서는 전체적으로 자료의 정비가 미흡한 실정이다.

자료정비법에는 매년최대값법(통계기간에서의 연간 최대값을 취하여 모집단으로 하는 방법)과 비매년최대값법(통계기간 내에서 최대값순으로 통계연수의 수만큼 취하여 모집단으로 하는 방법)이 있으나, 20년간의 자료가 없는 경우에는 비매년최대값법을 이용한다.

비매년최대값법에 의하지 않는 경우에는 확률연수를 1년 증가시킴으로써(즉, 5년인 경우 6년으로 함) 자료부족에 의한 확률연수의 감소를 보완하도록 한다.

예제 2.4 **확률강우강도의 산출법**

어떤 지역의 26년간의 자료로부터 1년간 강우강도의 매년 최대값을 조사하여 1순위로부터 순서대로 81, 63, 62, 60, 53, 51, 50, 50, 49, 46, 46, 45, 45, 45, 45, 42, 41, 41, 40, 38, 38, 38, 36, 35, 33, 32를 얻었다. 식 (2.7)의 Thomas plot을 이용하여 5년 확률강우강도를 구하시오.

풀이

$$P = \frac{J}{N+1} \tag{2.7}$$

여기서, P : Thomas plot
J : 강우강도순위(= 1, 2, 3, ⋯ , 26)
N : 자료개수(=26)

따라서 식 (2.7)에 J와 N값을 대입하여 표 2.6 및 그림 2.3을 얻을 수 있다.

표 2.6 Thomas plot값(P)과 강우강도(J)

J	1	2	3	4	5	6	⋯	26
P	0.037	0.074	0.106	0.148	0.185	0.222		0.963
강우강도	81	63	62	60	53	51		32

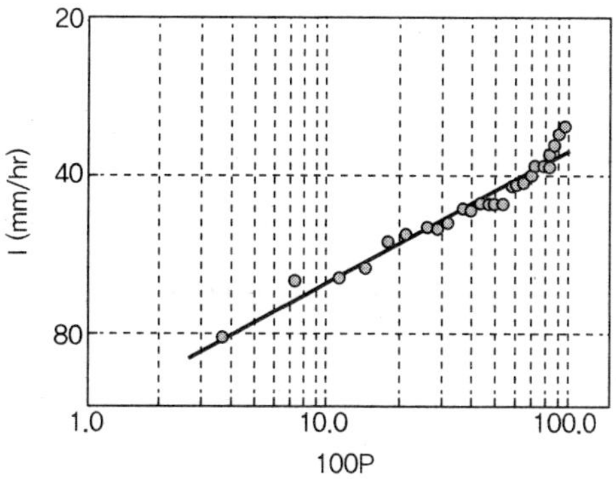

그림 2.3 확률강우산정도

그림 2.3은 표 2.6의 P와 강우강도값(I)을 로그 스케일로 플로팅한 것으로서 선형관계에 있음을 알 수 있다. 따라서, 최소자승법에 의한 선형회귀직선을 구하면

$$\log(I) = -0.2508 \log(P) + 1.5535$$

이 얻어진다. 5년 확률을 구하는 경우에는 매년 최대값을 이용하였기 때문에 5년에 1년을 더한 6년 확률, 즉 P = 1/6 = 0.167을 대입하여 구할 수 있다.

$$\log(I) = -0.2508 \log(0.167) + 1.5535 = 1.748$$

$$I = 10^{1.748} = 56$$

즉, 5년 빈도의 확률강우강도는 56mm/hr가 된다.

(4) 유달시간

유달시간은 유입시간과 유하시간을 합한 것으로서 전자는 최소단위배수구의 지표면 특성을 고려하여 구하며, 후자는 최상류관거의 끝으로부터 하류관거의 어떤 지점까지의 거리를 계획유량에 대응한 유속으로 나누어 구한다.

1) 유입시간

유입시간의 표준값으로 표 2.7의 값이 사용되는 것이 보통이나, 유입시간은 최소단위배수구의 지표면거리, 경사 및 조도계수 등에 의해서 변화한다.

한편, 유입시간을 산출하는 산정식으로서 Kerby식이라고 부르는 식 (2.8)의 것이 비교적 많이 쓰인다. 표 2.8에 지체계수 n값이 있고, 계산 예는 표 2.9와 같다.

$$t_1 = 1.44\left(\frac{Ln}{S^{1/2}}\right)^{0.467} \tag{2.8}$$

여기서, t_1 : 유입시간, min
L : 지표면거리, m
S : 지표면의 평균경사
n : 조도계수와 유사한 지체계수(표 2.8 참조)

이론적으로 유입시간은 특성곡선법으로 근사적으로 구하며, 식 (2.9)에 나타난 스에이시(末石)식을 사용한다.

$$t_1 = \left(\frac{n_e L}{S^{1/2} I^{2/3}} \right)^{3/5} \tag{2.9}$$

여기서, n_e : 최소단위배수구역의 등가조도계수(等價粗度係數)
I : 설계강우강도

표 2.7 유입시간의 표준값

우리나라에서 일반적으로 사용되고 있는 유입시간		미국 토목학회	
인구밀도가 큰 지역	5분	완전포장 및 하수도가 완비된 밀집지구	5분
인구밀도가 적은 지역	10분		
간선우수관거	5분	비교적 경사도가 적은 발전지구	10～15분
지선우수관거	7～10분		
평균	7분	평지의 주택지구	20～30분

표 2.8 Kerby식에서의 n값

표 면 형 태	n
매끄러운 불투수표면(smooth impervious surface)	0.02
매끄러운 나대지(smooth bare packed soil)	0.10
경작지나 기복이 있는 나대지(poor grass, cultivated row crops or moderately bare surfaces)	0.20
활엽수(deciduous timberland)	0.50
초지 또는 잔디(pasture or average grass)	0.40
침엽수, 깊은 표토층을 가진 활엽수림지대 (conifer timberland, deciduous timberland with deep forest litter, or dense grass)	0.80

자료 : 건설부, 수자원 관리 기법 개발 연구 조사 보고서, 1991, 12

표 2.9 Kerby식에 의한 유입시간의 계산 예

L (m)	n	S	t_1(min)	L (m)	n	S	t_1(min)
50	0.02	1/100 1/500 1/1,000	4.2 6.1 7.2	150	0.02	1/100 1/500 1/1,000	7.1 10.3 12.1
	0.05	1/100 1/500 1/1,000	6.4 9.4 11.1		0.05	1/100 1/500 1/1,000	10.8 15.8 18.5
	0.10	1/100 1/500 1/1,000	9.0 13.0 15.3		0.10	1/100 1/500 1/1,000	15.0 21.8 25.6
	0.20	1/100 1/500 1/1,000	12.4 18.0 21.2		0.20	1/100 1/500 1/1,000	20.7 30.1 35.4
100	0.02	1/100 1/500 1/1,000	5.8 8.5 10.0	500	0.02	1/100 1/500 1/1,000	12.4 18.0 21.2
	0.05	1/100 1/500 1/1,000	9.0 13.0 15.3		0.05	1/100 1/500 1/1,000	19.0 27.7 32.5
	0.10	1/100 1/500 1/1,000	12.4 18.0 21.2		0.10	1/100 1/500 1/1,000	26.2 38.2 44.9
	0.20	1/100 1/500 1/1,000	17.1 24.9 29.3		0.20	1/100 1/500 1/1,000	36.3 52.8 62.1

유입시간은 최소단위배수구의 특성을 파악하여 이상과 같은 계산식에 의해 구하는 것을 원칙으로 한다.

2) 유하시간

유하시간은 관거구간마다의 거리와 계획유량에 대한 유속으로부터 구한 구간 당 유하시간을 합계하여 구한다. 이를 위해서는 가상적인 관거의 배치와 크기가 필요하다. 이 배치와 크기는 평균유속이 0.8～3.0m/sec가 되도록 하며, 하류로 갈수록 경사는 완만하고 유속은 빠르며, 소류력(掃流力)을 크게 할 수 있도록 배려하여 결정하되 몇 번이고 계산을 반복하여 계획관거를 결정한다.

그리고 관거 내의 유수를 등류(等流, Uniform flow)로서 계획유량에 대응한 유속에 의해 산정하는 것을 원칙으로 하나, 관거 내의 유량 및 수위 등은 시간에 따라 변동하므로 계획유량에 대응한 유속보다 첨두유량의 이동속도를 사용하는 경우도 있다. 유하시간의 산정식은 식 (2.10)과 같다.

$$t_2 = \frac{L}{\alpha V} \tag{2.10}$$

여기서, t_2 : 유하시간, min

L : 관거연장, m

V : Manning공식에 의한 평균유속, m/sec

α : 수심별 보정계수(표 2.10 참조)

표 2.10 보정계수

단면형상	수심(%)	보정계수(α)
정사각형	80	1.25
	50	1.33
	20	1.48
원형	80	1.03
	50	1.33
	20	1.42

예제 2.5

유역면적 40 ha, 유출계수 0.7, 유입시간 15분, 유하시간 10분인 지역에서의 합리식에 의한 우수관거 설계유량은 얼마인가? 단, 대상지역에 적용할 수 있는 강우강도 공식, $I = \frac{3,640}{t+40}$ 이다.

풀이

$$I = \frac{3,640}{(10+15)+40} = 56\,\text{mm/hr}$$

$$Q = \frac{1}{360}CIA = \frac{1}{360}(0.7)(56)(40) = 4.36\,\text{m}^3/\text{sec}$$

(5) 배수면적

배수면적은 비교적 경사가 있는 지역은 정확하게 지형도에 의해 구한다. 그러나 평탄한 지역에서는 배수경계를 지형도만으로는 구하기 곤란하며, 이 경우 도로 배치나 경사, 기존도로나 하천의 위치 및 흐름방향 등을 답사에 의해 충분히 조사하여 배수경계를 확정할 필요가 있다. 배수경계에 걸쳐 있는 특정용도의 토지이용, 즉 공장이나 공원 등에 대해서는 그 부지 내의 배수로계통 등에 의해 배수구역에 유입할 필요가 있는 경우와 없는 경우가 있으므로 충분히 조사해 둘 필요가 있다. 또 장래의 개발계획에 의해 유역 변경이 생기는 경우가 있으므로 이에 대해서도 검토해 두어야 한다.

배수면적은 정확히 구할 수 있는 유일한 요소이며, 유량에 비례적으로 영향을 미치므로 신중히 검토한다.

예제 2.6 빗물 배수구의 설계

서울 지역에서 그림과 같은 주차장의 배수구를 설계하려고 한다. 배수구의 단면을 0.6mW × 0.6mH인 측구수로관으로 가정했을 때 이 단면의 타당성을 검토하고, 최적의 단면을 구하여라. 단, 단면은 정방형(정사각형)이며, 설계빈도는 20년으로 한다.

풀이

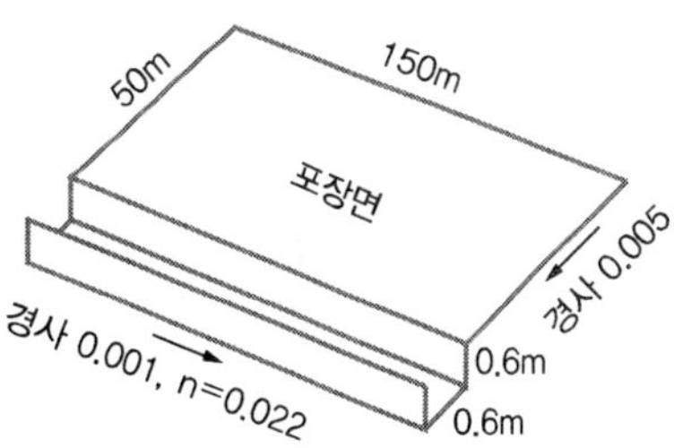

1) 유달시간

① 유입시간(t_1)

Kerby식을 이용하면

$$t_1 = 1.44\left(\frac{L \cdot n}{S^{1/2}}\right)^{0.467} = 1.44\left(\frac{50 \times 0.02}{\sqrt{0.005}}\right)^{0.467}$$

$$= 4.96\,\text{min} \approx 5.0\,\text{min}$$

② 배수구 유하시간(t_2)

$$R = \frac{A}{P} = \frac{0.36}{(3)(0.6)} = 0.2\,\text{m} \text{ 이므로}$$

$$V = \frac{1}{n} R^{2/3} S^{1/2} = \frac{1}{0.022}(0.2)^{2/3}(0.001)^{1/2} = 0.49\,\text{m/sec}$$

$$t_2 = \frac{L}{\alpha V} = \frac{150}{(1)(0.492)} \times \frac{1\,\text{min}}{60\,\text{sec}} = 5.1\,\text{min}$$

따라서, 유달시간 ; $t_c = 5.0 + 5.1 = 10.1\,\text{min}$

2) 강우강도(I)

서울지역의 20년빈도 강우강도공식을 조사하면 다음과 같다(표 2.2).

$$I = \frac{569}{\sqrt{t} + 0.11}$$

그러므로 강우지속시간 10min에 해당하는 강우강도는

$$I = \frac{569}{\sqrt{t} + 0.11} = \frac{569}{\sqrt{10} + 0.11} = 174\,\text{mm/hr}$$

3) 유출계수(C)

포장면의 유출계수를 0.9로 간주하고 재현기간에 따라 C값을 조정하면

$C = (0.9)(1.1) = 0.99$

4) 합리식에 의한 유출량 Q는

$$Q = \frac{1}{360} C I A = \frac{1}{360}(0.99)(174)(0.75) = 0.36\,m^3/sec$$

유출량이 통수능력, $VA = (0.49)(0.36) = 0.18\,m^3/sec$을 초과하므로 배수구의 단면(용량)이 부족하다.

5) 배수구의 용량을 검토하기 위해 폭 B인 정사각형 단면을 가정하면,

$$V = \frac{1}{n} R^{2/3} S^{1/2} = \frac{1}{0.022}\left(\frac{B}{3}\right)^{2/3} 0.001^{1/2} \quad ①$$

$$A = B^2 \quad ②$$

$$Q = VA = 0.36\,m^3/sec \quad ③$$

위의 3개의 식을 모두 만족하는 B값은 $B = 0.78\,m$이다. 그리고 이 때 $V = 0.59\,m/sec$, $A = 0.61\,m^2$가 된다.

6) 단면 B가 처음 가정한 것(0.6m)과 다르게 됨에 따라 (5)에서 구한 단면을 가지고 1)부터 다시 계산한다. 즉,

$$t_2 = \frac{150}{(0.59)(60)} = 4.2\,min$$

$$t_c = 5.0 + 4.2 = 9.2\,min$$

7) 절차 6)에서의 t_c, 9.2min은 처음에 구한 t_c, 10min과 크게 다르지 않아서 유량이 많이 변하지 않으므로 5)에서 구한 단면, $B = 0.78\,m$의 정사각형 단면이 적절한 배수구 단면이 된다. 실제 설계에서는 기성 규격 제품 중에서 이보다 약간 큰 0.8mH × 0.8mW 정도의 벤치플륨관이 적당하다.

2.4.2 우수관거계획

관거의 능력을 결정할 때는 우수관거에 합류하는 계획우수량을 기초로 한다. 즉, 합류식 관거에 있어서는 계획우수량과 계획시간최대오수량을 더한 값으로 한다. 관거는 자연유하를 원칙으로 하기 때문에 일반적으로 지형에 따라 배치계획을 하여야 하며 지형, 지질, 도로폭원 및 지하매설물 등의 상황을 충분히 고려하여 수두손실을 최소로 하도록 배치를 하여야 한다.

암거(暗渠)의 경우는 개거(開渠)와는 달리 처음부터 매설깊이만큼 수두가 손실되는 단점이 있으므로 더욱 그러하다. 따라서 우수를 수직으로 떨어뜨리는 계통이나 구조는 가능한 한 피해야 한다. 그리고 관거배치에 대한 제약이 많고 바람직한 계통이나 구조를 선택할 수 없는 경우라도 동수경사선이 지표면 위에 오지 않도록 한다. 따라서 지표면

위에 오는 경우에는 관거의 단면을 크게 하는 등 필요한 방법을 강구해야 한다. 이와 같은 방법으로 처리할 수 없는 경우에는 방류점이나 접합점의 위치변경 및 계통의 변경 등을 한다. 이상의 검토로도 불충분한 경우에는 압력관으로 함과 아울러 우수가 분출하지 않도록 필요한 대책을 강구해야 한다.

관거는 우수가 항상 적정한 유속으로 지장 없이 흐를 수 있도록 단면적, 단면형상 및 경사 등을 정해야 하며, 특히 관거 내에 침전물이 퇴적하지 않도록 고려할 필요가 있다. 특히, 관거를 우수저류관으로서 계획하는 경우에는 침전물이 퇴적하지 않도록 고려할 필요가 있다. 또한 관거의 분·합류점, 굴곡부 및 맨홀 등에서의 에너지 손실을 가능한 한 작게 하도록 배려한다. 우수배제 계획구역 내에 기존의 배수로가 있는 경우에는 그 이용을 고려할 필요가 있다. 그때에는 배수로의 계통, 능력, 구조 및 장래계획에 대하여 충분히 고려한다.

2.4.3 빗물펌프장계획

펌프에 의한 배수구역은 원칙적으로 방류수역의 계획외수위를 기준으로 하여 동수경사선을 끌어 이것이 지표면에 나타나는 구역으로 한다. 즉, 계획외수위까지 수위가 상승되지 않을 때에는 자연배수가 가능한 경우이므로 펌프장을 통과시키지 않는 우회수로로 우수의 자연배수를 하는 것도 고려할 필요가 있다.

빗물펌프장의 용량은 계획우수량을 지체 없이 배제하도록 계획하며, 미리 우수저류관으로 계획한 경우를 제외하고는 관내의 저류는 고려하지 않는다. 또 합류식 하수도의 경우에는 차집량을 고려한다. 펌프장의 위치는 구역 내에서 낮은 곳에 설치하는 경우가 많으므로 강우 시에 침수로 인해 기능이 정지되지 않도록 계획할 필요가 있다. 계획외수위 이하의 벽은 방수성으로 한다. 또한 침사지 등에서 물이 차오르지 않도록 배려를 하며, 특히 전기관련 기기는 절대 침수되지 않도록 높은 위치에 설치할 필요가 있다.

2.4.4 우수유출량의 억제

최근 도시의 재개발, 도시주변의 시가화촉진 등에 따라 시가지의 경우 우수의 침투면적이 감소하고 우수의 유출량이 증가하는 동시에 단기간에 우수가 유출하고 있다. 이 때문에 우수배제계획의 수립에 있어서는 이제까지 시행하던 하천개수나 하수도정비에 의해 우수를 신속히 유출시키는 우수배제대책에 더해서, 우수를 저류 또는 침투시켜 되도록이면 우수를 천천히 유출시키거나 감소시키기도 하는 우수유출억제대책에 대해서도 검토를 할 필요가 있다. 우수유출량의 억제방법은 우수저류형과 우수침투형으로 크게 나눌 수 있다(그림 2.4 참조).

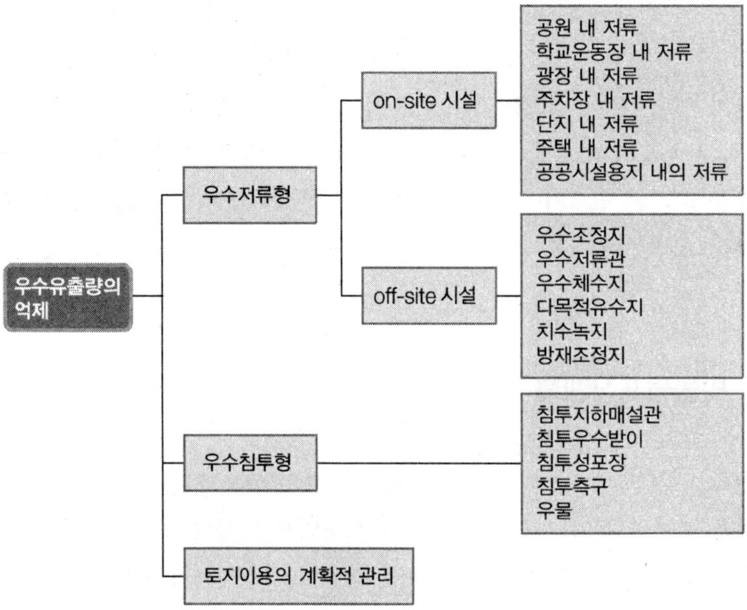

그림 2.4 우수유출량 억제방법의 분류

(1) 우수저류형

우수저류형은 우수유출총량은 변하지 않으나 유출량을 평균화시켜 첨두유출량을 감소시키는 효과를 발휘한다. 이 저류형에는 강우장소에서 우수를 저류하는 on-site저류(공원 내 저류, 학교운동장 내 저류, 광장 내 저류, 주차장 내 저류, 건물사이 내의 저류, 집사이 내의 저류 등)와 유출한 우수를 집수하여 별도의 장소에서 저류하는 off-site저류(우수조정지, 다목적유수지, 우수저류관 등)가 있다.

우수배제계획에 있어서 기존시설을 증강하는 경우에는 주변의 토지이용상황 등에 따라 우수조정지, 우수저류관 등의 저류시설을 계획하는 것이 많다.

(2) 우수침투형

우수침투형은 우수를 지중에 침투시키므로 우수유출총량을 감소시키는 효과를 발휘한다. 이 침투형에는 침투지하매설관(우수침투관), 침투우수받이, 침투성포장 등이 있다.

이러한 우수유출억제책은 합류식하수도의 우천 시 월류수대책으로서도 유효하다. 또한 침투시설은 도시의 경우 지하수 함양대책으로도 이용할 수 있다. 한편, 우수유출량의 억제는 시설의 대응뿐만 아니라 유출수가 관거에 유입하기 이전에 우수량을 감소시키는 대책을 포함한 토지관리가 필요하고, 개발행위에 대한 유출억제를 위해서 행정의 적절한 지도 및 계도 외에 하천, 도로 및 공원시설 등에 대한 대응 등 행정 간의 연대를 빈틈없이 하고 종합적인 치수행정체제로 검토하는 것이 중요하다.

2.4.5 우수조정지계획

도시화에 의해 우수유출량이 증대하여 하류의 시설 및 수로 등의 능력을 높이기 곤란한 경우에는 우수조정지를 계획하는 경우가 있다. 특히, 대규모 신시가지 개발에 의한 우수유출량의 제어나 지형이 경사가 급한 지역에서 평탄한 지역으로 변하는 지점에서의 침수대책으로 우수조정지가 유효한 방법이 될 수 있다. 우수조정지의 구조에 대해서는 공원, 건물 및 기타시설의 지하에 설치하거나 기존의 연못을 이용하는 것 외에 댐이나 웅덩이 및 관내저류 등에 의한 방법도 생각할 수 있으므로 지역실정을 고려하여 결정한다.

① 대규모 택지나 신시가지를 개발하는 경우에는 우수조정지를 설치하는 경우가 많다. 우수조정지는 항구적인 시설이므로 하수도관리자가 관리하게 되는 경우에는 하수도계획에 포함하여 시설계획을 세우고 시설의 유지관리도 하수도관리자가 담당할 필요가 있다. 한편 우수조정지가 공원, 운동장 등의 다른 시설과 겸하게 될 경우에는 다른 시설의 관리자와 협의하여 서로 관리구역을 정하여야 하며, 공원 등의 다른 시설에 대해서도 도시계획을 설정하여 원래 계획한 조정능력이 장래에 손상되지 않도록 해둘 필요가 있다. 우수조정지의 형식과 종류는 3.4절을 참조한다.

② 하류의 우수간선의 유하능력이나 빗물펌프장의 우수배제능력으로 상류구역의 우수를 신속하게 배제하기 극히 어려운 경우에는 상류구역의 우수를 배제하기 위해서 우수조정지를 계획할 필요가 있다.

또한 합류식하수도에서 우수조정지를 설치하는 경우에는 취기대책 또는 침전슬러지의 대책 및 배수방법에 대해서도 고려하여야 하며, 질적제어를 목적으로 우수체수지로서의 복합이용의 가능성에 대해서도 검토할 필요가 있다.

2.5 하수처리 · 재이용계획

2.5.1 계획인구

계획인구는 계획하수량산정의 기초가 되는 것으로서, 계획구역에 관한 도시계획 및 기타 장기계획을 참고로 계획목표년도의 발전상황을 예측하여 계획구역 내의 계획총인구 및 그 분포상황을 추정한다.

계획구역 내의 계획총인구는 국토종합개발계획 및 도시계획 등의 기본계획을 기초로 결정한다. 이와 같은 계획이 결정되지 않은 경우나 목표년도의 인구가 정해지지 않은 경우에는 행정구역 단위별로 과거의 인구변동실적을 기초로 하여 계획구역의 성격에 따라 ①~④의 방법 중 계획구역의 성격에 가장 잘 부합하는 방법 하나를 택하여 계획목표년도의 인구를 추정한다.

① 연평균증가수에 의한 방법
② 연평균증가율에 의한 방법
③ 지수함수곡선식에 의한 방법
④ Logistic곡선식에 의한 방법

인구급증지역이나 인구감소지역에서 인구추정치를 결정하는 경우에는 각종 개발계획 등에 의한 인구증가 및 기타 특수한 요소를 충분히 고려하여 결정한다.

계획구역 내의 인구분포는 토지이용계획상의 용도지역별 인구밀도를 참고로 하여 계획 총인구를 배분하지만, 이미 결정되어 있는 용도지역에 인구를 수용할 수 없을 경우에는 용도지역이 확대될 것을 예상하여 계획구역을 재검토할 필요가 있다. 인구는 일반적으로 상주인구(야간인구)를 의미하나 주간의 인구유입이 현저한 관광지역, 상업지역 등에서는 계획오수량의 추정에 큰 영향이 있으므로 주간인구를 고려할 필요가 있다. 주간인구는 사무소 및 사업장 등 취업자수의 실적 또는 건물의 연면적당의 취업자수 등을 근거로 추정한다. 또한 관광지역에서는 계절에 따라 많은 관광객에 의한 오수량에 큰 변동이 있으므로 관광인구를 고려하는 것이 필요하다. 관광인구는 관광객의 숙박여부에 따라 과거실적, 숙박업소의 수용능력 및 관광개발계획 등을 조사하여 추정한다.

2.5.2 계획하수량

하수도계획의 대상이 되는 오수는 계획구역 내의 일반가정, 사무소, 공장 및 사업장 등에서의 생활, 영업 및 생산활동에 의해 발생하는 오수, 폐수, 지하수 및 기타 배수량으로 분류되므로, 계획오수량을 정확히 결정한다는 것은 매우 어려운 문제이며 신중을 기할 필요가 있다.

또한, 오수는 시간 및 계절에 따라 변동하므로, 이러한 변동은 시설설계 시에 중요한 변수가 된다. 특히 온천, 해수욕장 및 행락지 등의 관광지에서는 변동이 현저하기 때문에 매우 신중해야 한다.

(1) 생활오수량

생활오수량은 계획목표년도에서 계획지역 내 상수도계획(목표년도 내에 상수도계획이 없는 경우는 계획예정)상의 1인1일최대급수량을 기준으로 하여, 상수도급수량 중 일부는 누수로 손실되거나 사용 후 지하침투 및 증발 등에 의해 손실되는 양을 고려하여야 하는데 과거의 통계 및 조사 등에 의한 1인1일최대급수량에 이들 요인을 감안하여 1인1일최대오수량을 산정한다. 1인1일당 급수량은 1997년 400L/인/day을 정점으로 꾸준히 감소하여 330 내지 340L/인/day로 안정적으로 유지되고 있다. 이것은 인구나 상수도 보급률이 뚜렷이 증가하거나 감소하지 않고, 읍면지역까지 소규모 혹은 마을상수도 시설 설치가 완료되어 급수하고 있기 때문이다. 지역별로는 제주특별자치도가 급수량면에서나 사용량 면에서 가장 많고, 군지역이 시지역이나 특광역시보다 1인1일급수량이나 1인1일사용량이 더 많다.

표 2.11 상수도 보급률 및 1인1일당 급수량의 변화

구분	총인구 (천명)	급수인구 (천명)	시설용량 (천m³/day)	보급률 (%)	1인1일당 급수량 (L)
2011	51,717	50,638	28,780	97.9	335
2012	51,881	50,905	27,648	98.1	332
2013	52,127	51,325	27,168	98.5	335
2014	52,419	51,712	27,141	98.6	335
2015	52,672	52,045	26,824	98.8	335
2016	52,858	52,259	27,022	98.9	339
2017	52,950	52,468	27,663	99.1	341
2018	53,073	52,653	27,323	99.2	348
2019	53,122	52,747	27,416	99.3	347
2020	52,975	52,644	27,400	99.4	345

출처 : 환경부, 2020 상수도 통계

표 2.12 지역별 상수도 사용 현황

구분	급수인구 (천명)	직접급수량 (백만L/day)	사용수량 (백만L/day)	1인1일급수량 (L/인/day)	1인1일사용량 (L/인/day)
전국	51,404	17,508	14,868	341	289
특광역시	23,545	7,294	6,761	310	287
시지역	24,094	8,391	6,979	348	290
군지역	3,086	1,360	916	441	297
제주특별자치도	679	464	213	683	313

출처 : 환경부, 2017 상수도 통계 자료로부터 계산함. 지방 및 광역상수도 급수량 기준

표 2.13 하수도 보급 현황

연도	총인구 (천명)	하수처리인구 (천명)	공공하수처리구역인구보급률(%)	고도처리 인구보급률(%)	하수도설치율(%)
2011	51,716,745	47,033,614	90.9	58.2	58.2
2012	51,881,255	47,537,789	91.6	59.9	59.9
2013	52,127,386	48,016,071	92.1	81.6	81.6
2014	52,418,225	48,506,941	92.5	82.8	–
2015	52,672,425	48,925,049	92.9	84.0	74.2
2016	52,857,894	49,275,119	93.2	88.6	74.8
2017	52,950,219	49,546,391	93.6	90.9	75.4
2018	53,073	49,834	93.9	90.5	76.8
2019	53,122	50,075	94.3	92.5	77.6
2020	52,975	50,081	94.5	93.2	78.2

출처 : 환경부, 2020 하수도통계

(2) 공장폐수량

계획구역 내의 공장폐수는 공공수역의 수질오염방지를 위해 하수도에서 수용하는 것을 원칙으로 한다. 직접 하천 등에 방류해도 지장이 없는 경우는 제외하는 경우도 있으나 호우 시 무단방류 등 이를 상시 보증할 수 있는 방법이 없으므로 공동처리구역으로 지정된 경우를 제외하고는 하수종말처리시설로 유입처리하는 것이 바람직하다. 일반적으로 중 · 소규모의 공장이나 사업장은 상수도에 의해 급수되며, 이들의 폐수는 생활오수량에 포함된다. 그러나 공업용수 및 지하수 등을 사용하고 있는 공장 등에서는 그 폐수량이 많은 경우가 일반적이므로, 개별적으로 폐수량을 조사하고 장래의 설비투자계획 등을 참고로 하여 폐수량을 예측한다. 또한 공장유치계획 등에 의해 공장의 업종 및 규모 등이 분명한 경우에는 개별적으로 폐수량을 추정한다.

기타 공장 등의 폐수량에 대하여는 출하액당 용수량 또는 공장의 부지면적당 용수량과 이들의 연간변화를 구하여 업종별로 장래 폐수량의 추정을 한 후 안전율을 고려하여 정한다.

(3) 지하수량

분류식의 오수관거에서 지하수의 유입은 바람직하지 않으므로 설계 및 시공 시에 그 양을 최소한도로 억제하도록 노력하나, 완전히 방지한다는 것은 기술적으로 거의 불가능한 실정이다. 그 양은 관거연장 1m당 또는 배수면적 1ha당의 양(m^3)으로 표시하나 토질, 지하수위, 관거의 연결 및 공법 등에 따라 다르므로 표준치는 정해져 있지 않지만, 경험적으로 1인1일최대오수량의 10~20% 정도이다.

또한, 지하수 외에 맨홀 및 빗물받이 등의 오접에 의해 다량의 우수가 오수관거에 유입될 염려가 있고, 이 경우 우천 시에 오수량의 몇 배에 달하는 유량이 흐르는 경우도 있다. 이 문제는 분류식의 가장 큰 난점으로서 맨홀 뚜껑의 구멍을 없애거나, 시공상의 주의 또는 배수설비의 검사철저 등에 의해 방지할 수밖에 없다.

기타의 오수량으로서 온천지에서의 온천폐수 혹은 가축폐수 등이 있으면 이들 또한 고려해야 한다.

(4) 계획1일최대오수량

계획1일최대오수량은 처리시설의 용량을 결정하는데 기초가 되는 수치로 1인1일최대오수량에 계획인구를 곱한 후 여기에 공장폐수량, 지하수량 및 기타 배수량을 더한 것으로 한다.

(5) 계획1일평균오수량

유량의 시간적 변동이나 갑작스런 증가에 의한 부하량에 대하여 계획1일평균오수량에 의한 용량으로는 부족하므로 계획1일최대오수량을 처리시설의 기본량으로 한다. 오수량의 일간변화는 대개 중·소규모의 하수도에서는 크므로 계획1일평균오수량은 계획1일최대오수량에 대해 중·소규모의 하수도에서는 70%, 대규모에서는 80% 정도이다. 또 공장폐수가 차지하는 비율이 큰 경우에는 그 변화정도를 고려할 필요가 있다.

(6) 계획시간최대오수량

계획시간최대오수량은 관거 및 펌프장의 용량을 결정하는 기본량이다. 오수량의 시간적 변동은 소도시나 주택단지 등에서 특히 두드러지며, 계획1일최대오수량의 1.5~1.8배, 소규모나 관광지 등에서는 2배 이상에 달하는 수도 있다. 한편, 대규모하수도에서는 오수량의 시간적 변동이 평균화되므로 1.3배 정도이다. 또한 계획시간최대오수량의 산정방법으로 Babbit공식을 이용하는 방법이 있는데 이 방법은 지하수량을 고려하지 않은 것으로 소구경관거에서 간선관거에 이르기까지 배수인구에 따라 시간최대오수량을 구하는 방법이다. 즉, 배수인구에 따른 1일평균오수량의 평균1시간당량에 Babbit계수 M을 곱해서 각 관거에 따른 계획시간최대오수량을 산출한다(그림 2.5 참조).

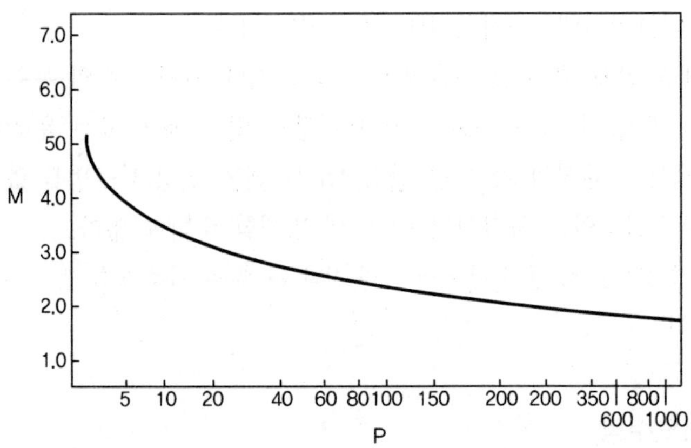

$M = 5 \div P^{1/5}$ P>1,000 (100만명)일 때 M=1.25

P<1.0 (1000명)일 때 M=5 P:1,000명 단위인구 수

그림 2.5 Babbitt M곡선

(7) 합류식에서 우천 시 계획오수량

합류식에서는 우천 시 우수토실에서의 월류 및 펌프장에서의 방류에 대한 영향을 고려하여 우천 시 하수량 중에서 일부를 오수로서 차집한다. 차집하는 양은 우천 시 계획오수량으로 한다. 우천 시 계획오수량은 방류지역의 상황이나 배수구역의 특성 등을 고려하여 오염부하량의 저감효과와 그에 따르는 비용을 검토하여 희석배율에 의해 정하지만, 원칙적으로 계획시간최대오수량의 3배 이상으로 한다.

2.5.3 계획오염부하량 및 계획유입수질

계획오염부하량 및 계획유입수질은 계획오수량과 함께 하수도계획의 기본이 되는 값이므로 처리구역의 실태를 근거로 하여 가능한 한 실측한 값을 기본으로 구한다. 계획오염부하량은 생활잡배수, 영업오수, 분뇨, 공장폐수, 관광오수 및 기타오수의 오염부하량으로 구분하여 계산한 후 합한다. 계획유입수질은 계획오염부하량과 계획1일평균오수량을 기초로 산출한다.

(1) 계획오염부하량

계획오염부하량은 생활잡배수, 영업오수, 분뇨, 공장폐수, 관광오수 등의 오염부하량을 합한 값을 말한다. 계획오염부하량은 수처리시설 및 슬러지처리시설의 계획에서 가장 중요한 계획유입수질을 구하는데 필요한 값이며, 계절의 변동을 추정할 수 있는 경우에는 그 값도 파악해 둘 필요가 있다.

(2) 계획유입수질

계획유입수질은 처리장에 유입하는 하수의 수질로서 계획오염부하량을 계획1일평균오수량으로 나눈 값이다. 슬러지처리시설로부터 반송수 등이 있는 경우에는 이를 합해야 한다.

(3) 대상 수질항목

계획오염부하량의 산정에 있어서 대상 수질항목은 처리목표수질의 항목에 일치시키는 것을 원칙으로 한다. 하수처리는 통상, BOD, SS 및 대장균군의 항목을 제거대상으로 하고 있으나 방류수역에 따라 처리목표수질에 COD, 질소, 암모니아성질소 및 인 등을 추가시키는 경우가 있다. 이 경우에는 추가시킨 항목에 대해서도 유입하수 중의 부하량을 검토해 처리방식을 선정한다. 또 COD를 규제하는 처리장에서는 유입하수 중의 COD부하량 및 유입하수중의 생물학적 난분해성COD 부하량을 아는 것이 중요하다.

(4) 생활오수 오염부하량

생활오수라 함은 보통 생활잡배수와 분뇨를 말하며 생활오수 오염부하량은 1인1일당 생활오수 오염부하량 원단위를 기초로 하여 구한다. 표 2.14와 2.15에는 생활오수 오염부하량 원단위가 예시되어 있다. 하지만 각 지자체의 실태에 따라 유입하는 계획유입수질이 다를 수 있으므로 대상 지역과 유사한 지역의 오염부하량을 참고하여 결정할 필요가 있다. 일반적으로 생활오수의 계획유입수질은 반송수 부하량을 배제시킨 것으로 분류식 하수도의 경우 BOD 및 SS 농도를 200mg/L 전후로 생각하는 경우가 많다.

한편, 분뇨가 하수관거에 직투입되는 경우와 그렇지 않은 경우에 생활오수의 오염부하량은 크게 달라진다. 그러므로 한 처리구역 안에 일부 지역은 분뇨가 하수관거에 직투입 되고 일부 지역은 정화조가 설치된 지역이 혼재하는 경우 가정잡배수와 분뇨를 서로 분리하여 생각해야 한다. 가정잡배수(gray water)란 가정에서 배출되는 오수 중 분뇨를 제외한 것이며 오염부하량 원단위는 표 2.16 정도의 값을 사용하고 있다.

분뇨의 오염부하량 원단위는 표 2.17과 같다. 분뇨 오염부하량을 가산할 때는 수세화율을 먼저 고려하고, 분류식화 관거보급률과 오수관거 분뇨 직투입률 그리고 정화조 설치율을 감안하여 오염부하량을 산정한다. 예제 2.7에는 분뇨 오염부하량 산정 방법이 예시되어 있다.

표 2.14 연도별 생활오수 오염부하 원단위(서울시)

구 분		2001	2006	2011
오염원단위 (g/인/day)	BOD	72.3	77.2	83.9
	SS	64.1	70.2	80.6
	TN	14.3	15.1	15.2
	TP	1.3	1.3	1.4
오수량원단위(L/인/day)		438	449	451

주 : 오수량원단위는 일최대값임
출처 : 하수도시설기준, 2011, 한국상하수도협회

표 2.15 미국의 생활오수 발생원단위

항 목		범위	주방분쇄기 미사용	주방분쇄기 사용
오염원단위 (g/인/day)	BOD	50～120	80	100
	CODcr	110～295	190	220
	SS	60～150	90	110
	TKN	4～10	13	14.3
	TP	2.7～4.5	3.2	3.5

출처 : MetCalf and Eddy, Wastewater Engineering

표 2.16 문헌상의 가정잡배수 오염부하량 원단위(단위 : g/인/day)

BOD	COD	SS	TN	TP	출처
18	10	20	9	0.9	1)
25.61	28.63	22.93	0.85	0.33	2)
40	20	25	4.5	0.3	3)
31.5	20	38.1	1.654	0.655	4)
25	21	19	3.5	0.25	5)
22.7	15.9	18.9	2.8	0.4	6)
22	20	16	1.5	0.3	7)

출처 : 1) 하수도시설설계 지침과 해설, 1994, 일본하수도협회
2) 하수발생량 절감방안 등에 관한 연구, 1994, 환경처
3) 서울시 하수도정비 기본계획, 2009, 서울시
4) 대구광역시 오염총량제 관리계획, 2005, 대구광역시
5) 강릉시 하수도정비 기본계획 변경, 2009, 강릉시
6) 목포시 북항공공하수처리시설 고도처리 설치사업 기본 및 실시설계 보고서, 2014, 목포시
7) 담양군 하수도정비 기본계획, 2010, 담양군

표 2.17 분뇨 오염부하량 원단위(단위 : g/인/day)

BOD	COD	SS	TN	TP	출처
19.1	30.6	34.9	7.2	1.63	1)
23.9	20.4	27.6	6.8	1.28	2)
23	16.7	27.5	9	1.2	3)
21	17	32.5	8.5	1.2	4)
19	15	32	7.6	1.4	5)

출처 : 1) 전국 주요하천유역 기초조사, 1981, 환경청
2) 하수발생량 절감방안 등에 관한 연구, 1991, 환경청
3) 서울시 하수도정비 기본계획, 2009, 서울시
4) 목포시 북항공공하수처리시설 고도처리 설치사업 기본 및 실시설계 보고서, 2014, 목포시
5) 담양군 하수도정비 기본계획, 2010, 담양군

예제 2.7 **분뇨의 부하량 원단위 계산**

어느 지역의 수세화율은 100%이고, 분류식화 관거 보급률이 75%, 정화조 설치율이 25%이다. 정화조의 오염물질 제거율이 50%라 하면 이 지역의 분뇨에 의한 오염부하량은 얼마인가? 단, 분뇨 배출 부하량 원단위는 21g/인/day이다.

풀이

분뇨 부하량 원단위(g/인/day) = (21)(0.75) + (21)(0.25)(0.5) = 18.2g/인/day

(5) 영업오수 오염부하량

영업오수에 의한 오염부하량은 업무의 형태, 종사하는 사람의 존재 및 건물 내의 처리·재이용의 유무 등을 감안해서 추정한다. 영업오수의 부하량은 지역에 따라 크게 다르며, 추정이 곤란한 경우는 생활오수와 유사하게 가정해서 오염부하량을 추정한다.

(6) 공장폐수 오염부하량

폐수배출부하량이 큰 공장에 대해서는 부하량을 실측하는 것이 바람직하며, 실측치를 얻기 어려운 경우에 대해서는 업종별의 출하액당 오염부하량원단위에 기초를 두고 추정한다. 배출부하량이 많은 공장의 폐수에 대하여는 하수처리시설에 미치는 영향이 크므로 그 값을 실측해야만 한다. 그러나 배출부하량이 작은 공장 혹은 장래 입지가 예정되는 공장 등에 대해서는 업종별 제품출하액당의 오염부하량원단위의 값 등을 이용해 오염부하량을 추정한다. 폐수배출시설별 오염부하량 원단위는 국립환경연구원에서 주기적으로 조사하여 기초 데이터를 배포하고 있는데, 여기에는 업종별로 발생폐수량, BOD, COD, SS, TN (총질소), TP (총인)의 발생량을 매출액 기준, 건평 기준, 원료사용량 기준, 제품생산량 기준, 종업원 수 기준으로 세분하여 원단위가 조사되어 있다. 처리목표수질이 COD의 경우에는 하수의 생물분해성에 유의한다. 생활오수 및 영업오수에 비교하면 공장폐수 중의 유기물의 생물분해성은 업종·공정에 따라 다르며, 정보도 충분하지 않으므로 폐수의 생물분해성을 실측할 필요가 있다.

예제 2.8 **계획유입수질 산정**

어떤 계획오수처리인구 60,000명인 도시지역의 오수발생량을 추정한 결과 지하수 유입량을 포함하여 모두 16,000m^3/day로 계산되었다. 계획유입BOD는 얼마인가?

오수처리인구 : 60,000명, 처리구역 내 돼지 : 1,500두, 처리구역 내 두부공장 : 500m^2

풀이

① 원단위 조사

오염부하량 원단위로부터 오염부하량 총량 계산한다. 인구에 대해서는 표 2.16과 표 2.17을 참고하여 41g/인/day, 돼지에 대해서는 표 2.18을 참고하여 125g/마리/day을 가정한다. 두부공장에 대해서는 아래 예와 같은 각 업종별 폐수배출량 및 오염물질 배출량 조사 결과를 이용할 수 있는데 두부공장은 업종별 대분류에서 기타식품 제조시설(13)로 분류되고 다시 국수, 면, 두부, 떡 및 유사제품 제조시설(13-나)로 세분류되어 있다. 원단위는 두부공장의 건축면적이 주어져 있으므로 건평 기준인 2.230kg/m^2/yr을 사용할 수 있다.

대분류 번호	세분류 번호	적용인자	폐수배출량 (m^3/yr)	오염물질량(kg/yr)					
				BOD	COD_{Mn}	COD_{Cr}	SS	TN	TP
13	13-나	매출액(백만원/yr)	0.582	0.321	0.248	0.599	0.228	0.041	3.159×10^{-3}
		건평(m^2)	4.038	2.230	1.720	4.156	1.584	0.287	0.022
		원료사용량(ton/yr)	5.174	2.858	2.204	5.325	2.030	0.368	0.028
		제품생산량(ton/yr)	3.878	2.142	1.652	3.991	1.521	0.276	0.021

국립환경과학원, 폐수배출시설 세분류 및 오염부하 원단위, 2006.

② 오염부하량 총량 계산

$$\begin{aligned}\text{오염부하량(kg/day)} &= 0.041\,\text{kg/인/day}(60{,}000\text{인}) + 0.125\,\text{kg/마리/day}(1{,}500\text{마리}) \\ &\quad + 2.230\,\text{kg/m}^2\text{/yr}(500\,\text{m}^2)\left(\frac{1\,\text{yr}}{365\,\text{day}}\right) \\ &= (2{,}460 + 188 + 3)\,\text{kg/day} = 2{,}651\,\text{kg/day}\end{aligned}$$

③ 유입 BOD 농도

$$\text{BOD(mg/L)} = \frac{2{,}651\,\text{kg/day}}{16{,}000\,\text{m}^3\text{/day}}\left(\frac{10^6\,\text{mg}}{\text{kg}}\right)\left(\frac{1\,\text{m}^3}{10^3\,\text{L}}\right) = 166\,\text{mg/L}$$

(7) 관광오수 오염부하량

관광오수에 의한 오염부하량은 당일관광과 숙박으로 나누고 각각의 원단위에서 추정한다. 관광객에 의한 오염부하량은 관광객의 체재경향 및 물이용형태 등에 따라 여러 가지가 있기 때문에 계획구역 내의 관광이용시설에서 배출부하량을 실측하는 것이 바람직하지만 할 수 없는 경우에는 유사한 조건을 갖는 지역의 예를 참고로 한다.

(8) 기타 오염부하량

계획구역 내에 소, 돼지 등의 가축폐수가 유입되는 경우에는 이들의 부하량에 관해서도 추정한다. 다만, 하수도에 실제 유입되는 오염부하량은 가축분뇨의 퇴비이용상황, 청소방법 등에 따라 적절한 유입률을 고려하여 결정한다.

표 2.18 가축폐수의 오염부하 원단위 (단위 : g/마리/day)

구 분	BOD	COD	TS	TN	TP
소	640	3,500	3,500	125	72
돼지	125	250	356	20.4	16.8
닭	12.5	–	18	0.96	0.78

(자료 : 국립환경연구원, 수질환경기준 달성 적정화 방안에 관한 연구(II), 1990.12)

예제 2.9 시간최대오수유출량 계산

오수의 배제시설과 처리시설의 규모를 결정하는 계획수량으로서 계획시간최대오수량과 계획일최대오수량이 사용되고 있다. 지금 1인1일최대오수량 500L/인/day, 1인1일 시간최대오수량=1인1일최대오수량×1.8, 인구밀도 200인/ha, 지하수량은 1인1일최대오수량의 15%로 할 때, ha당 시간최대오수유출량을 계산하시오.

풀이

$$\text{지하수량} = (0.15)(500\,\text{L/인/day}) = 75\,\text{L/인/day}$$
$$\text{시간최대오수량} = (1.8)(500\,\text{L/인/day}) + 75\,\text{L/인/day} = 975\,\text{L/인/day}$$
$$Q = (200\,\text{인/ha})(975\,\text{L/인/day}) = 195\,\text{m}^3\text{/ha/day}$$

2.5.4 처리방법

하수도법에 의거하여 설치된 공공하수도로 배제한 오수는 처리장에서 처리한 후 공공수역에 방류하는 것이 필요하다. 하수의 처리정도는 일반적으로 다음과 같이 대별된다.

① 일차처리(침전법)

② 이차처리 : 활성슬러지법, 표준살수여상법 및 기타 이와 같은 정도로 처리할 수 있는 방법

③ 삼차처리 : 여과법, 활성탄 흡착법, 질소와 인의 제거법 및 기타 이와 같은 정도로 처리할 수 있는 방법

하수의 처리방법은 이론적으로는 방류수역의 수량 및 물의 이용상황을 기초로 하여 방류수역의 목표수질(수질환경기준)을 정하고, 방류수역의 허용오염부하량과 처리장 유

입하수의 오염부하량에 의해 필요한 제거율을 산정함으로써 결정된다. 그러나 일반적으로 방류수역에는 처리장으로부터의 방류수뿐만 아니라 처리구역 외의 공장폐수 등도 방류되는 한편 방류수역의 목표수질도 영구불변한 것이 아니므로 처리장의 방류수의 수질 오염부하량은 일률적으로 정해지지 않는다. 따라서 처리방법은 원칙적으로는 이차처리로 계획하며, 특히 수질환경기준의 달성을 위해 또는 호소, 폐쇄해역 등에 있어서는 필요에 따라 삼차처리 등의 고도처리계획을 고려하여야 하는 경우도 있다.

단, 방류수역의 성격, 처리장의 규모 등이 장래에도 수질보전에 분명히 지장이 없다고 단정될 경우 또는 공장폐수 등의 전처리를 위한 중간적 처리시설의 경우는 반드시 이차처리로 계획할 필요는 없다. 구체적인 처리방법에 대하여는 유입하수의 수량, 수질, 부하변동, 처리장의 규모 및 입지조건 그리고 유지관리상의 조건을 고려하여 결정할 필요가 있으며, 특히 공장폐수가 포함된 경우의 수질적인 영향, 단지하수에 미치는 수량, 수질적인 부하변동 등에 대해 충분히 배려함과 함께 처리장의 규모 및 처리장주변의 환경조건을 고려하고, 처리관리의 체제 및 유지관리비 등을 감안하여, 유지관리가 가장 쉬운 처리방법을 선택하여야 한다.

2.5.5 관거계획

오수량 중에서 생활오수의 유출량은 계획구역의 크기, 계절 및 기후 등에 의해 큰 차이가 있으며, 하루 중에도 시간에 따라 크게 변동한다. 또한 공장폐수에 대해서는 24시간 평균적으로 배출하는 경우, 주간에만 배출하는 경우 및 특정시간에 배출하는 경우 등 여러 가지로 일정하지가 않다. 따라서 오수관거의 용량을 결정하는 경우에는 오수유입량의 변동에 대해 충분한 유하능력을 갖도록 하기 위하여 계획오수량 중 가장 큰 계획시간최대오수량을 사용한다.

합류식의 경우, 우수토실이나 펌프장을 통과한 후 하수의 차집관거의 용량은 방류수역의 허용오염부하량을 고려한 희석배율에 의해서 정하는 우천 시 계획오수량으로 한다. 또한 합류식에서 하수의 차집관거를 합류관거로 사용하는 것은 절대로 피해야 하며, 하수의 차집관거는 항상 우수토실이나 펌프장에서 방류수를 분리한 후 여러 가지 우천 시 계획오수량만을 받아들이도록 계획한다.

계획구역 내에 분류식지역과 합류식지역이 공존하는 경우에 분류식지역의 오수를 합류관거에 유입시키는 것은 수질보전상 분류식의 효과가 없어지는 결과가 되므로 양 지역의 관거는 처리장에 도달할 때까지 분리하는 것을 원칙으로 한다. 부득이 합류시켜야 할 경우에는 경제적, 기술적 검토를 하여 분류식지역의 오수관거는 합류식의 우수토실이나 펌프장에서 우천 시의 방류수를 분리한 후 하수의 차집관거에 접속시키는 방안을 강구한다.

관거는 악취발생 등 환경위생상의 관점 및 주로 도로 밑에 매설되는 점 등을 고려하여 우수관거 및 방류관거를 제외하고는 원칙적으로 암거로 한다. 필요에 따라서 수밀성 시험을 하는 것이 바람직하다. 관거는 자연유하를 원칙으로 하므로 일반적으로 지형에 맞게 배치되도록 계획한다. 특히, 간선 등의 대구경관거에 대하여는 시공상의 문제가 있으므로 지형, 지질, 도로폭 및 지하매설물 등의 상황을 충분히 고려하여 그 배치를 결정한다.

관거는 오수가 항상 적당한 유속으로 유하하는데 지장이 없도록 단면적, 단면형상 및 경사 등을 결정하며, 특히 관거 내에 침전물이 퇴적하지 않도록 고려한다. 또한 관거의 분·합류점, 굴곡부 및 맨홀 등에서는 에너지 손실을 가능한 한 작게 하도록 고려한다. 관거의 역사이펀은 침전물의 퇴적에 의한 관거의 폐색이나 부패에 의한 가스 및 악취가 발생되기 때문에 유지관리상 좋지 않으므로 가능한 한 피하도록 계획하며, 부득이 역사이펀을 설치해야 할 경우에는 충분한 유속이 확보되도록 함과 동시에 복수관으로 하는 등 유지관리가 쉽도록 구조 및 기능을 충분히 고려할 필요가 있다.

분류식의 구역에서 오수관거와 우수관거가 교차하여 역사이펀을 피할 수 없는 경우에는 일반적으로 오수관거를 역사이펀으로 하는 것이 바람직하다. 왜냐하면 우수관거는 시가지의 침수방지시설로서의 중요한 역할을 하는 것이므로 유수의 유하상황을 고려하여 우수배제를 우선적으로 다루는 것을 기본으로 하기 때문이다. 그러나 지형상 문제, 침수가 발생하는 경우의 피해상황, 매설관거의 시공 및 유지관리상의 문제를 충분히 고려하여 우수관거를 역사이펀으로 하는 경우도 있다.

2.5.6 펌프장계획

하수펌프장은 관거의 매설깊이가 깊어져 비경제적으로 되는 경우 또는 어떤 지역의 하수를 처리장으로 송수하는 경우 등에 설치하는 중계펌프장과 처리장의 지반고 및 처리수 방류수면의 관계상 하수를 처리시설로 양수하기 위해 설치하는 처리장 내 펌프장이 있다. 합류식의 경우에는 일반적으로 오수펌프장과 우수펌프장을 병설한다. 펌프장의 설치는 일반적으로 펌프장의 수가 많으면 건설비가 증대함과 아울러 유지관리가 번거롭고 비용도 많이 들게 되므로 가능한 한 집약화하여 그 수를 적게 하는 것이 바람직하지만, 시스템으로서의 경제성, 시공성, 유지관리의 난이도 및 주변 환경의 영향을 종합적으로 검토하여 정한다. 또한 계획외수위와 평수위 간에 큰 수위차가 있는 경우나 부지 등의 요건으로 처리시설로부터 자연방류가 곤란할 때에는 2단양수로 수위변동에 대응하는 것이 경제적이지만 유지관리측면의 검토를 충분히 한 후에 선택하는 것이 반드시 필요하다.

하수펌프의 용량은 관거의 계획오수량을 항상 지체 없이 배제할 수 있도록 계획할 필요가 있으므로, 분류식에서 중계펌프장 및 처리장내 펌프장의 계획하수량은 계획시간최대오수량으로 하고 합류식에서 중계펌프장 및 처리장 내 펌프장의 계획하수량은 우천시 계획오수량으로 계획한다. 펌프장은 우천 시 침수되어 그 기능이 정지되지 않도록 배려할 필요가 있으며, 예상되는 침수위까지를 방수벽으로 하여 펌프장 바닥으로부터의 침수를 방지하도록 배려하되 특히 전기기기는 절대로 침수되지 않도록 높은 위치에 설치할 필요가 있다.

중계펌프장은 성격상 시가지역에 설치되는 일이 많기 때문에 위치선정 시에는 주변 환경을 충분히 배려할 필요가 있으며, 양수한 오수는 자연유하로 송수하는 것이 원칙이지만 지형적 조건 및 간선중간의 장애물 등에 따라 어쩔 수 없이 오수를 압송하는 경우에는 유지관리상으로도 압송부분의 연장을 가능한 한 짧게 하도록 고려할 필요가 있다. 합류식에서 오수와 우수의 병설펌프장은 방류수역의 유하능력 및 유수상황을 충분히 고려한다.

일반적으로 펌프장의 입지조건으로는 다음 사항을 들 수 있다.

① 시공 및 구조상으로 가능한 한 지질이 양호해야 한다.
② 펌프장의 설치공사와 관련된 관거, 펌프기계 및 기자재의 반입이 가능하도록 주변 도로가 정비되어 있어야 한다.
③ 동력용 전력을 쉽게 끌어 들일 수 있어야 한다.
④ 냉각용 및 작업용의 용수가 확보되어야 한다.
⑤ 용도지역에 따라 규모 및 시설 등이 건축법에 제약을 받으므로 이 법에 저촉되어서는 안 된다.

시설계획 시에는 소음, 악취, 일조피해 및 쓰레기의 산란 등에 의한 환경의 악화를 초래하지 않도록 구조 및 기능상의 배려가 필요하며, 펌프장 전체의 경관에 대하여도 충분히 고려한다.

2.5.7 처리장계획

처리장시설의 계획에서 배치 및 규모 등은 하수도정비기본계획에 따라 정한다. 일반적으로 처리장규모가 큰 경우에는 수량 및 수질의 변동이 작은 반면에, 운전초기단계에서 유입하수량과 처리능력과의 차이로 유지관리나 사업효과에 악영향을 미칠 수 있으므로 계획단계에서 신중한 예측과 대책을 검토할 필요가 있다. 또한 소규모처리장의 경우는 수량 및 수질의 변동이 크므로 유지관리에 영향이 미칠 것이 예상되는 경우에는 시설계획에서 대응방안을 마련해 두는 것이 필요하다.

처리장위치는 방류수역의 이수상황 및 계획구역의 지형적 조건에 의해서 대부분 정해져 왔으나, 처리장부지의 확보는 처리장계획 또는 하수도계획전체를 좌우하는 가장 중요한 요건이 되므로 처리장위치의 결정은 주변의 환경조건, 풍향 및 일조 등을 고려하여 신중히 검토하는 것이 필요하다. 처리장의 부지확보는 매우 어려운 문제로서 부지면적에 대해서는 장래의 오수량증가에 대한 시설의 확장, 수질환경기준의 변화추세 및 처리수의 재이용 등에 따른 고도처리의 필요성 등을 검토하여 필요할 경우 소요면적을 확보할 수 있도록 계획한다.

처리시설의 계획오수량은 공공수역의 수질오염방지를 가장 우선적으로 고려한다는 입장에서 1년을 통하여 처리시설의 과부하현상이 일어날 염려가 적은 계획1일최대오수량으로 하는 것을 원칙으로 하나 시간변동이 큰 경우에는 합리적인 범위 내에서 계획오수량을 정하거나 유량조정조를 고려한다. 합류식인 경우에 최초침전지, 소독설비 및 이들의 부대시설에 대해서는 우천 시 계획오수량을 기초로 하여 계획한다. 처리장은 어떤 경우라도 운전을 중단하는 일이 발생되어서는 안 되므로 처리시설자체가 침수되지 않는 높이에 설치하는 것이 바람직하며, 방류수역의 이상수위에 대해서도 처리시설에 방류수역의 물이 역류하지 않는 높이로 하는 것이 바람직하다.

처리장의 처리기능을 충분히 발휘하고 안정된 처리수의 수질을 유지하기 위해서는 처리시설의 규모, 유입수질의 성상 및 유지관리체제 등에 따라 가장 유지관리가 쉽도록 처리시설을 계획할 필요가 있으며, 처리방법의 선택, 처리시설의 배치, 기기의 선정, 운전방식 및 자동화방식 등에 대하여 신중히 검토할 필요가 있다. 또한 처리장계획에서는 소음, 악취 및 일조 등의 문제가 생기지 않도록 구조 및 기능상의 대책을 검토함과 아울러 처리장과 주변 환경과의 조화를 이룰 수 있도록 처리시설주변의 미화 및 녹화 등에 대하여도 배려할 필요가 있다.

2.5.8 하수처리수 재이용계획

하수처리수를 재이용하면 수돗물 사용량을 줄일 수 있고, 방류수역의 오염부하량을 경감시키는 효과가 있다. 또한 하수처리시설의 고도화와 법적 방류수 수질 기준의 강화에 따라 방류수의 수질이 양호하고 발생량이 연중 일정하기 때문에 안정적인 물 공급 측면에서도 효과적이기 때문에 국가적으로 법령 제정을 통해 물 재이용을 지원하고 있으며, 각 지방자치단체에서도 조례를 제정하여 빗물재이용, 중수도 개발, 하수처리수재이용을 의무화 또는 권장하고 있다. 법적으로는 1일 하수처리용량 5,000m^3 이상인 하수처리시설은 10% 이상 재이용이 의무화되어 있다.

중수도는 개별 시설물이나 개발사업 등으로 조성되는 지역에서 발생하는 오수를 공공하수도로 배출하지 않고 재이용할 수 있도록 개별적 또는 지역적으로 처리하는 시설을 말한다. 중수도든 처리수 재이용수든 주로 청소용수나 친수, 조경용수, 하천유지용수로 많이 사용하는데 중수도는 처리수 재이용수에 비해 수량이 적어서 농업용수나 지하수 충전용수로는 사용하지 않는다. 표 2.19에 처리수 재이용 용도 및 제한 조건을 표시하였다.

중수도든 처리수재이용이든 하수나 오수를 처리하여 재이용할 때 일반적인 하수처리 방법만으로는 요구수질을 만족하기 어려우므로 부가적인 처리를 더 해야 한다. 처리공법은 모래여과, 막여과, 활성탄 흡착 등이 사용되며, 표 2.20과 같은 단일처리공법 혹은 처리공법의 조합이 가능하다.

표 2.20 처리수 재이용 처리공법 예

재이용 용도		처 리 공 법
청소, 화장실용수		모래여과 정밀막여과(MF) + 역삼투압(RO)
조경용수		모래여과
친수용수		모래여과 + 활성탄 정밀막여과(MF) + 역삼투압(RO)
하천유지용수		모래여과 또는 정밀막여과(MF)
농업용수	직접식용	정밀막여과(MF) + 역삼투압(RO) 이상
	간접식용	모래여과 또는 정밀막여과(MF)
지하수충전		모래여과 + 활성탄 정밀막여과(MF) + 역삼투압(RO)
공업용수		상기조합 모두 가능

표 2.19 처리수 재이용용도 및 제한조건

구분	대표적 용도	제 한 조 건
청소, 화장실 용수	① 주거지역 건물 외부 청소 ② 화장실 세척용수	• 비데 등을 통한 인체 접촉 시와 건물 내 비음용·비접촉 세척 시에는 잔류물 등에 의한 위생상 문제가 없도록 처리하여야 함
세척, 살수용수	① 도로 세척 및 살수 ② 기타 일반적 시설물 등의 세척 ③ 건물 내부의 비음용, 인체 비접촉 세척용수	• 도시지역 내 일반적인 오물, 협잡물의 청소 용도로 사용하며 다량의 청소용수 사용으로 직접적 건강상의 위해가능성이 없는 경우
조경용수	① 도시 가로수 등의 관개용수 ② 골프장, 체육시설의 잔디 관개용수	• 주거지역 녹지에 대한 관개용수로 공급하는 경우로 식물의 생육에 큰 위해를 주지 않는 수준
친수용수	① 도시 및 주거지역에 인공적으로 건설되는 수변 친수(親水)지역의 수량공급 ② 기존 수변(水邊)지구의 수량 증대를 통하여 수변 식물의 성장을 촉진시키기 위하여 보충 공급 ③ 기존 하천 및 저수지 등의 수질향상을 통하여 수변휴양(물놀이 등) 기능을 향상시킬 목적으로 보충·공급되는 용수	• 재이용수를 인공건설된 친수시설의 용수로 전량 사용하는 경우. 친수 용도에 따라 재이용수 수질의 강화 여부를 결정 • 일반 친수목적의 보충수는 기존 수계 수질물 유지 혹은 향상시킬 수 있어야 하며, 목적에 따라 재이용수의 처리 정도를 강화할 수도 있다.
하천 유지용수	① 하천의 유지수량을 공급하기 위한 목적으로 공급되는 용수 ② 저수지, 소류지 등의 저류량을 확대하기 위한 목적으로 공급	• 기존 유지용수 유량 증대가 주된 목적이므로 수계의 자정용량을 고려하여 재이용수의 수질을 강화시킬 수 있음
농업용수	① 비식용 작물의 관개를 위하여 전량 또는 부분 공급하는 용도 ② 식용농작물 관개용수의 수량 보충용으로 인체 비유해성이 검증된 경우 • 직접식용은 조리하지 않고 날 것으로 먹을 수 있는 작물 • 간접식용은 조리하지 않고 날 것으로 먹을 수 있는 작물	• 기존 농업용수 수질을 만족하여야 하나, 관개용수의 유량 보충 시 농업용수 수질 이상 및 기존 수질보다 향상 가능하도록 처리하여야 함
지하수 충전	① 지하수 함양을 통한 지하수위 상승 목적 ② 지하수자원의 보충용도	• 지하수계의 오염물질 분해제거율과 축적가능성을 평가하여 영향이 없도록 공급하여야 함
공업용수	① 냉각용수 ② 보일러 용수 ③ 공장 내부 공정수 및 일반용수 ④ 기타 각 산업체 및 공장의 용도	• 일반적인 수질기준을 설정하되, 공업용수는 기본적으로 사용자의 용도에 맞추어 처리하여야 하므로 산업체 혹은 세부적인 용도에 따른 수질항목은 지정하지 않는다.

2.5.9 분뇨처리계획

현행 하수도법은 분뇨처리도 하수도의 범주에 포함하고 있으며, 하수처리구역 내에서 발생하는 수세분뇨는 일반 하수와 동일하게 하수관거에 직접 투입하는 것을 원칙으로 하고 있다. 다만 합류식 하수관거, 우수토실 등 하수관거 정비상황을 고려하여 필요한 경우 개인하수처리시설(분뇨정화조)을 통과한 후 하수도로 유입되도록 한다. 수거식 화장실에서 수거되는 분뇨는 전처리 후 하수와 합병처리하거나 연계처리한다.

우리나라 수거분뇨의 성상은 수거지역의 특성, 섭취하는 음식, 저장탱크의 구조와 크기, 수거간격 및 방법 등에 따라 다르나 BOD 24,000mg/L, SS 30,000mg/L 내외이고, COD_{Mn}/BOD의 비는 2.4～2.7로서 도시하수의 2.0보다 높게 나타난다.

개인하수처리시설에서 발생되는 청소찌꺼기(정화조 오니)의 경우 처리시설의 형식과 규모에 따라 현저한 차이를 보이므로 대표적인 성상 결정에 있어서는 수거대상지역의 실태를 정확하게 파악하여 그 특성을 알아야 한다. 성상은 대략 BOD 8,000mg/L, SS 22,000mg/L 내외이고, COD_{Mn}/BOD비는 약 1.9～4.7 정도이다. 이것은 생물학적으로 분해가 불가능한 유기성분의 함량이 분뇨보다 더 높다는 의미이다.

분뇨처리는 분뇨 단독만의 개별처리보다 하수처리시설 등 타 처리시설과 연계하여 처리하는 방법을 우선으로 한다. 연계처리를 할 때는 최종처리시설인 공공하수처리시설의 수용여건을 고려하여 선정하는 것이 좋다. 개별처리 및 연계처리방법에 대한 유형별 기본 개념은 다음과 같다.

(1) 단독처리방법

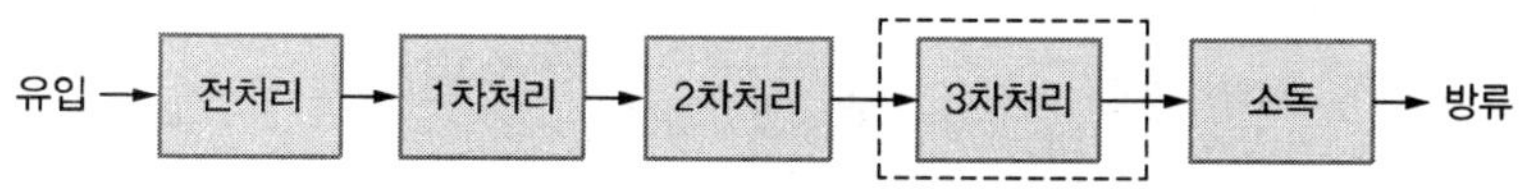

※ [- - -]는 전단계까지의 처리효율과 방류수질조건에 따라 가변성이 있는 단위처리공정임.

(2) 공공하수처리시설 연계처리방법

① 유형 1

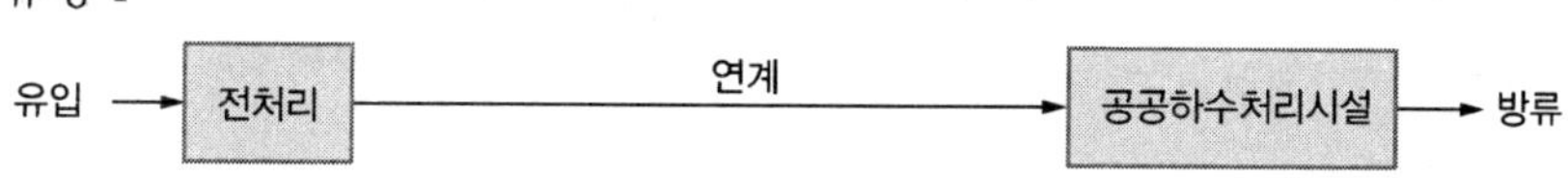

② 유형 2

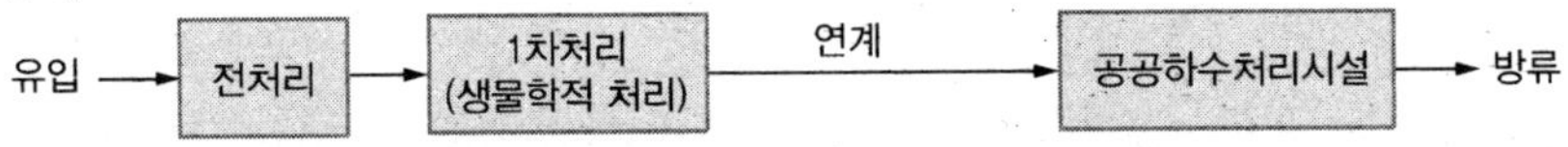

③ 유형 3

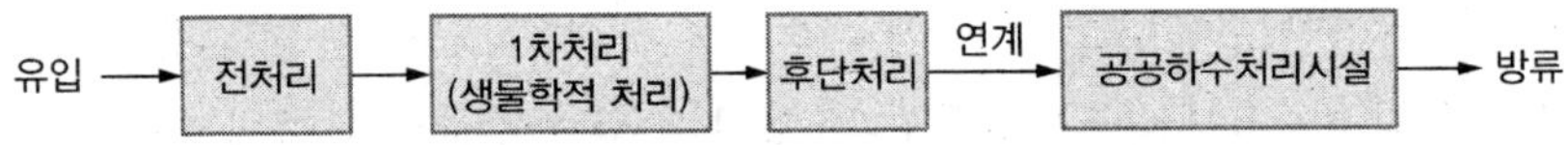

2.6 슬러지처리 · 이용계획

2.6.1 계획슬러지량

슬러지처리 · 처분계획은 일반적으로 그림 2.6의 흐름에 따라 수립되므로, 발생슬러지량과 성상에 관해서는 계획단계에서 충분히 검토할 필요가 있다.

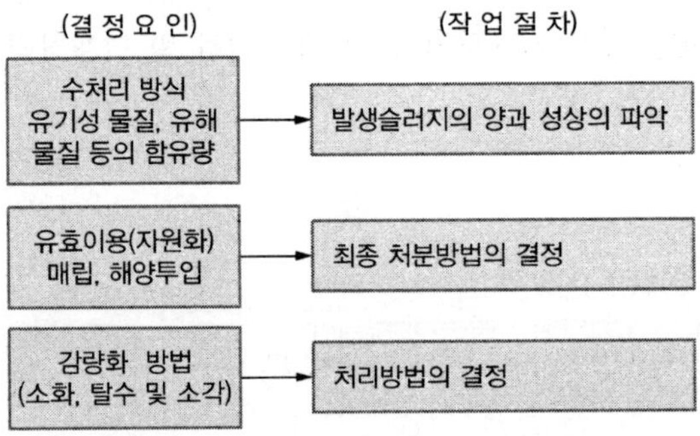

그림 2.6 슬러지처리 · 처분계획의 흐름도

계획발생슬러지량은 계획1일최대오수량을 기준으로 발생하는 슬러지의 양을 의미하며, 최종처리 · 처분계획의 기본이 된다. 슬러지의 발생은 최초침전지 등 일차처리시설에서 발생하는 슬러지와 이차처리시설에서 발생하는 잉여슬러지가 주가 되며 다음과 같은 방법으로 산정한다.

$$계획발생슬러지량(m^3/day) = [계획1일최대오수량(m^3/day)]\ [\Delta SS_i\ (mg/L)]$$

$$\left(\frac{1}{10^6}\right)\left(\frac{100}{100-\text{함수율}(\%)}\right)+\text{잉여슬러지량}(m^3/day) \qquad (2.11)$$

식 (2.11)에서 ΔSS_i는 최초침전지 등 일차처리시설에서의 유입수와 유출수의 고형물질 농도의 차이를 나타낸다.

유입수의 SS농도는 지역특성에 따라 차이가 있으므로 설계의 범위를 검토한다. 또한 슬러지처리방법에서 탈수의 전처리로서 약품을 첨가하는 경우는 약품첨가량도 발생슬러지량으로서 고려한다. 운전초기에서는 유입오수의 양 및 농도가 계획치보다 적은 경우가 있어 실제 운전자료를 근거로 하여 발생슬러지량을 산정한다. 잉여슬러지량은 오수 중에 포함되어 있는 SS가 제거되고 유기물질(BOD)의 제거 및 사용에 따라 미생물이 증식되는 양을 고려하여 산정하는데 4.4.5 활성슬러지법의 설계 · 조작 및 영향인자 (7) 잉여슬러지 발생량을 참조한다.

2.6.2 이용방법

슬러지는 하수처리의 부산물로서 하수도정비의 확대 및 생활수준의 향상에 따라 발생슬러지량은 증가한다. 따라서 슬러지를 안정적이며 동시에 계속적으로 처리하기 위해서는 슬러지에 함유되어 있는 병원균 및 중금속 등에 따른 위해여부를 고려한 후 슬러지의 이용가치에 따라 자원의 유효이용의 관점에서 적극적으로 슬러지의 이용을 계획할 필요가 있다.

그동안 하수슬러지는 매립장 매립, 해양투기 등이 주된 처분 방법이었으나 매립장 주변 환경에 미치는 영향으로 인해 하수슬러지를 매립장에 매립하는 것은 많은 제한이 따른다. 또한 해양투기가 가장 높은 비율을 차지하여 2001년 슬러지 발생량의 74%를 해양투기 하였으나 1972 런던협약과 1996개정의정서의 국제적인 폐기물의 해양배출 규제 동향에 따라 우리나라도 하수슬러지의 해양 배출을 억제하고 있어 2011년 33%로 감소하였다. 한편 2013년부터는 슬러지의 해양 배출을 완전 금지하는 것을 법으로 규정하고 있다(해양환경관리법). 이와 같이 우리나라에서 슬러지의 매립은 감소하고 소각과 슬러지의 재이용은 그림 2.7과 같이 꾸준히 증가하였다. 앞으로 하수슬러지의 매립과 해양투기는 더 이상 처분 방법이 아니며, 재활용, 소각 그리고 연료화가 주된 처분 방법이 될 전망이다. 지금까지 알려져 있는 슬러지의 이용용도는 그림 2.8과 같다.

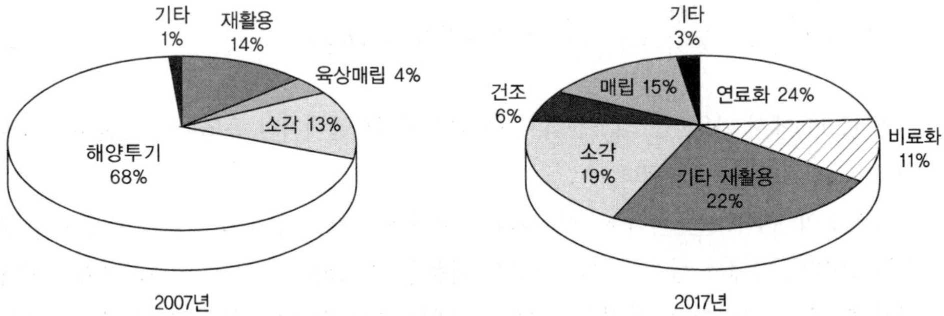

그림 2.7 하수슬러지 처분 방법의 변화

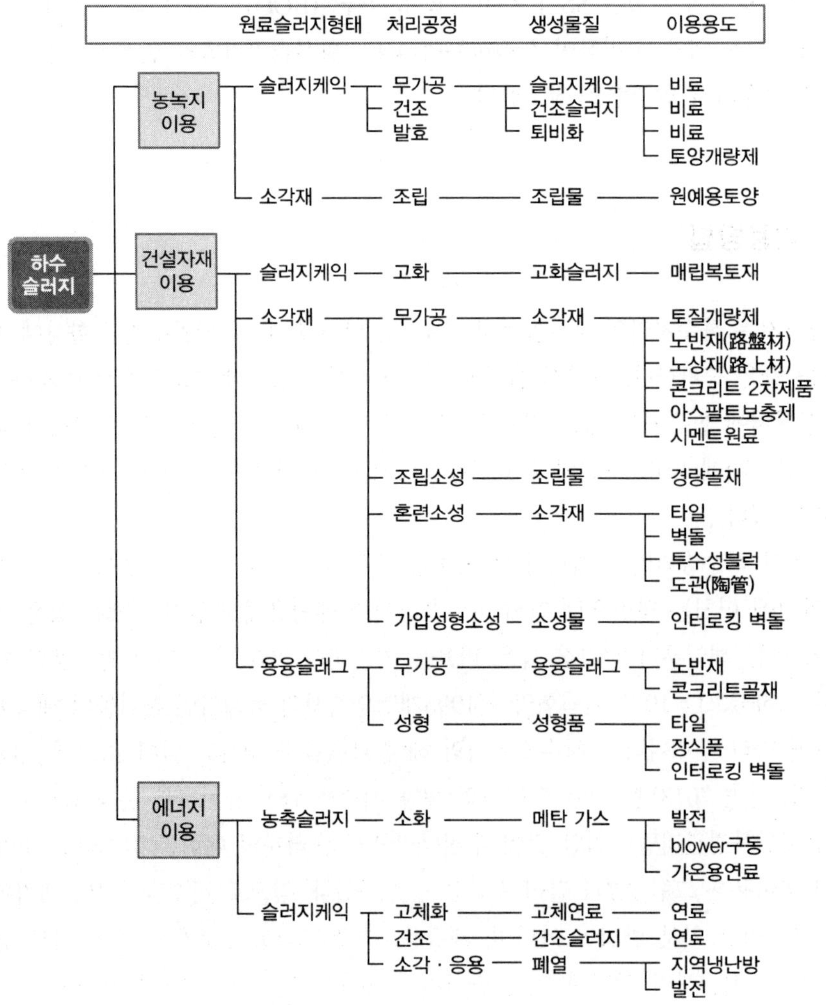

그림 2.8 하수슬러지의 효과적인 이용용도

2.6.3 운송방법

처리장 내 및 처리장간을 운송시키는 슬러지형태로서는 인발슬러지, 농축슬러지 및 슬러지케이크 등이 있고, 운송수단으로서는 탱크로리, 슬러지이송관 및 트럭 등을 들 수 있으며, 슬러지의 발생량, 형태 및 운송거리에 따라 어느 수단이 효율적인가에 대해서 검토할 필요가 있다. 처리장간 슬러지를 운송할 경우에는 주변의 냄새 등에 따른 민원이 발생하므로 슬러지의 반출 및 반입측의 처리장에서 충분한 환경대책을 검토할 필요가 있다.

2.6.4 처리 · 처분방식

슬러지처리는 양의 감소(수분제거), 고형물의 감소, 위생학적 안정화 및 슬러지의 이용 목적에 따라 구분된다.

- 양의 감소 : 농축, 탈수, 건조
- 고형물의 감소 : 소화, 소각, 용융
- 위생학적 안정화 : 혐기성 소화, 호기성 소화, 열처리, 퇴비화, 소각, 용융
- 이용 : 고화, 퇴비화, 소각, 용융

처리 · 처분방식의 선정에 있어서는 발생하는 슬러지의 양과 성상을 파악하고, 슬러지의 이용목적에 적합한 방식을 선택한다. 이용목적에 따른 처리 · 처분방식의 예는 다음과 같다.

- 녹농지 이용 : 농축 – 탈수 – 퇴비화
- 건설자재이용 : 농축 – (소화) – 탈수 – 소각 – 건설자재화
용융 – 건설자재화
- 에너지 이용 : 농축 – (소화 · 탈수) – 연료화
- 매립 : 농축 – 소화 – 탈수 – (고화)
탈수 – 소각

슬러지처리는 수처리에 비해 기계설비가 차지하는 비율이 높기 때문에 기기의 점검이나 고장 시 대책 등을 유의해서 점검해 둘 필요가 있다. 특히 복수의 처리장에서 슬러지를 공급받아 처리하는 경우에는 장기휴가의 전후 또는 슬러지수송설비의 점검 및 고장

시에는 반입하는 슬러지량이 급증하므로 시설에 여유를 두는 계획을 세워야 한다.

반송수에 대해서는 반송수를 받아들일 처리장의 운전상황 및 방류수의 규제 등을 잘 감안하여 프로세스의 선정과 반송수의 부하량의 추정을 한다. 각 처리 프로세스부터 반송되는 반송수에서 특히 주의를 요하는 수질항목은 다음과 같다. 특히 COD 및 질소의 규제를 받는 처리장에서는 반송수의 문제가 중요하다.

- 농축 : SS, 질소, 인
- 혐기성소화 : 질소, 인, COD
- 탈수 : 전처리에 따라 다르다.
- 건조 : 암모니아성 질소
- 열처리 : COD, 색도
- 소각 : 중금속(낮은 비등점에서)

2.6.5 슬러지의 광역처리

슬러지의 처리 · 이용은 각 처리장에서 하고 있으나 일반적으로 처리장규모의 다양화, 슬러지의 이용 · 가공을 위한 시설운영상의 문제 및 용지의 확보 등의 문제로 광역적으로 해결해야 할 필요성이 높아지고 있다. 광역처리는 몇 개의 슬러지처리시설을 통합해서 실시하는 것으로서, 지방자치체의 요청을 받아 하수슬러지 광역처리사업을 실시할 수도 있다. 또 복수의 소규모처리장을 대상으로 이동탈수차로 순회하여 슬러지탈수를 할 수도 있다. 슬러지의 공동처리는 광역적인 슬러지의 이용촉진 및 슬러지처리의 효율화를 목적으로 하고 있고, 대상지구 및 대상처리장은 반드시 행정구역에 구애될 필요는 없다. 년차별, 형태별 발생슬러지량 및 슬러지성상은 이용, 처분방법, 처리 프로세스, 시설계획 및 건설계획을 기본으로 하기 때문에 대상처리장의 계획 및 현황을 정확히 파악하고 슬러지의 공동처리에 의한 슬러지발생량의 변화 등을 고려하여 정한다.

악취가 심한 슬러지를 처리하는 시설이기 때문에 탈취를 충분히 고려하여야 한다. 또한, 슬러지처리시설은 기계설비를 중심으로 하기 때문에 주위의 환경을 고려하여 녹지화 등을 계획한다. 슬러지처리 과정에서 생기는 분리액, 여액 및 소각 등으로부터의 반송수에는 난분해성물질, 암모니아성질소, 인 및 중금속(낮은 비등점) 등을 함유하고 있다. 한편, 소각 등의 배가스는 금속을 함유할 가능성이 있으며, 이외에 질소산화물, 황산화물을 포함하고 있다. 이러한 오수 및 배가스의 처리에 대해서는 환경기준 및 인근의

하수처리의 상황 등을 고려하여 정하고, 필요한 경우에는 환경영향평가 결과 등에 따라서 정한다.

▌연습문제▐

2-1 계획일평균오수량, 계획시간최대오수량, 계획일최대오수량을 설명하고, 각각의 산정방식을 기술하라.

2-2 처리수재이용계획을 할 때는 용도별로 항목이 정해져 있다. 만약, 처리수를 수세식화장실용수로 재이용할 경우 수질항목 및 목표수질은 얼마인가?

2-3 소규모하수도와 마을하수도의 차이점에 대해 설명하라.

2-4 공공하수처리시설을 규모별로 구분하여 설명하라.

2-5 소규모하수도시설에서는 슬러지광역처리의 도입이 검토되어야 한다.
슬러지광역처리란 무엇인가?

2-6 중수도와 처리수재이용의 차이를 설명하라.

2-7 어떤 공장 폐수의 BOD 배출량은 일일 250kg이고, 부유물질 배출량은 일일 220kg이다. 이 공장의 폐수 배출수량이 700m^3/day라면 배출수의 BOD와 부유물질 농도는 각각 얼마가 되겠는가? 그리고, 이 공장의 위치가 '특례지역'에 해당한다면 BOD와 부유물질의 제거율은 얼마 이상이어야 하는가?

2-8 현행 법령에 의하면 생활환경기준으로서 Ⅱ등급 하천 수역의 총인은 0.1mg/L를 넘지 않을 것을 규정하고 있다. 이 하천의 유량은 250,000m^3/day이고, 총인 농도는 0.02mg/L이다. 점오염원으로서 공공하수처리시설이 하나 있는데 이 시설의 방류량이 50,000m^3/day이고, 유입 하수의 총인 농도가 4mg/L라면,
① 배출할 수 있는 총인의 최대 농도(mg/L)는 얼마인가?
② 총인의 제거율은 몇 % 이상이어야 하는가?
단, 총인의 침전이나 반응에 의한 변화량은 무시하고 희석효과만 고려한다.

제 3 장
관거 및 펌프장 시설

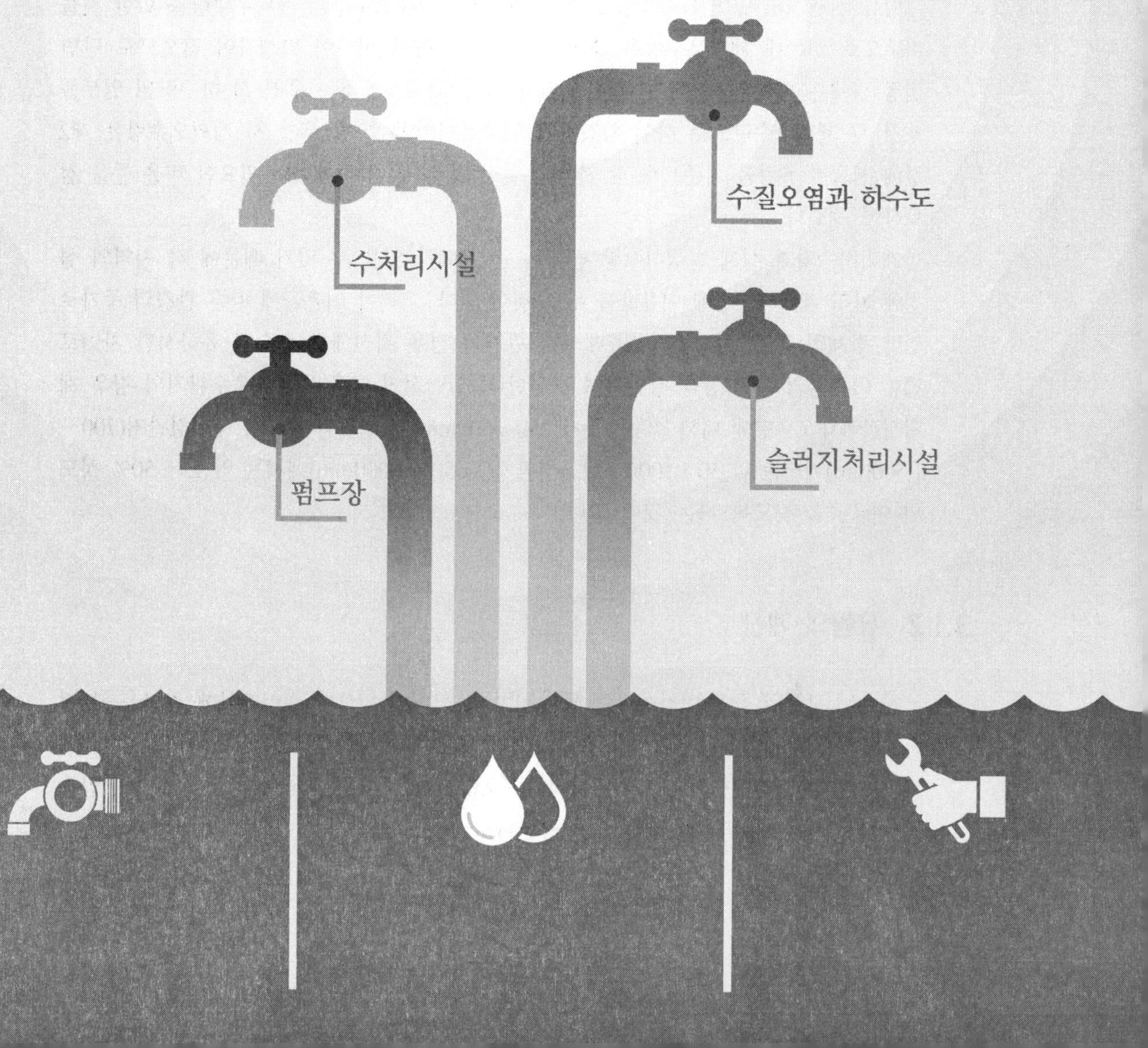

3.1 총설

3.1.1 계획하수량

관거시설은 관거, 맨홀, 우수조정지, 물받이 등을 포함한 시설의 총칭이며, 주택, 상업 및 공업지역 등에서 배출되는 오수나 우수를 모아서 처리장 또는 방류수역까지 유하시키는 역할을 한다. 오수관거는 오수량의 시간적 변화에 충분히 대응하고 오수를 지체 없이 유하시킬 수 있어야 한다. 계획시간최대오수량의 산출은 제2장에서 서술한 바와 같으며, 각 지역의 실정을 고려하여 정한다. 계획우수량은 하수량에 비해 발생량이 매우 많으므로 사용하는 강우강도, 유출계수 및 유출량 산출공식에 따라 결과에 차이가 많다. 따라서 각 도시의 실정에 적합한 산출공식을 유도한다.

합류식 관거의 단면을 결정할 때에는 계획시간최대오수량과 계획우수량을 합한 것을 기준으로 하는데 계획우수량은 계획시간최대오수량에 비하여 발생량이 많으므로 단면 결정 시에는 계획우수량이 중요한 요소가 된다. 합류식에서는 우천 시 하수량의 일부를 우천 시 계획오수량으로 하여 차집관거로 유하시켜야 한다. 우천 시 계획오수량은 제2장에 서술한 용량을 기준으로 각 지역의 실정 및 그에 따른 효과와 필요한 비용 등을 검토하여 정한다.

계획하수량과 실제 발생하수량 간에는 큰 차이가 있을 수 있기 때문에 각 지역의 실정에 따라 계획하수량에 여유율을 두는 것이 좋다. 그러나 여유율에 따른 관경의 증가로 인한 경제적 부담, 간선관거 및 대구경 관거의 경우 지선에서 오수의 유하시간 차이로 인한 여유율의 증가 등을 감안하여 결정한다. 일반적인 여유율로서 오수관거의 경우 계획시간최대오수량에 대해 소구경관거(250~600mm)에서는 약 100%, 중구경관거(700~1,500mm)에서는 약 50~100%, 대구경관거(1,650~3,000mm)에서는 약 25~50% 정도의 여유율을 갖도록 하는 것이 좋다.

3.1.2 유량의 계산

하수는 보통의 물에 비하여 부유물이 많이 포함되어 있으나 수리계산에 지장을 줄 정도는 아니므로 보통의 물에서와 같은 방법으로 수리계산을 한다. 하수에서도 일반적으로 사용하는 수리계산식은 자연유하에서는 Manning식 또는 Kutter식을 사용하고, 압송의 경우에는 Hazen-Williams식을 사용한다.

(1) Manning 공식

$$Q = AV$$

$$V = \frac{1}{n} R^{2/3} I^{1/2} \tag{3.1}$$

여기서, Q : 유량, m^3/sec
A : 유수의 단면적, m^2
V : 유속, m/sec
n : 조도계수
R : 경심(= A/P), m
P : 유수의 윤변, m
I : 동수경사(분수 또는 소수)

(2) Kutter 공식

$$Q = AV$$

$$V = \frac{23 + \frac{1}{n} + \frac{0.00155}{I}}{1 + \left(23 + \frac{0.00155}{I}\right)\frac{n}{\sqrt{R}}} \sqrt{RI} = \frac{NR}{\sqrt{R} + D} \tag{3.2}$$

여기서, N : $\left(23 + \frac{1}{n} + \frac{0.00155}{I}\right)\sqrt{I}$
D : $\left(23 + \frac{0.00155}{I}\right)n$

(3) Hazen-Williams 공식(압송의 경우)

$$Q = AV$$

$$V = 0.84935 C R^{0.63} I^{0.54} \tag{3.3}$$

여기서, V : 평균유속, m/sec
C : 유속계수
I : 동수경사, h/L
h : 마찰손실수두, m

식 (3.1)~식 (3.3)에서 각 계산인자는 다음과 같다.

1) 관거의 경우

① 경사는 이론적으로 수면의 경사값을 사용하나 배수 등의 영향은 없는 것으로 간주하고 관저경사를 사용한다.

② 조도계수는 Manning식 또는 Kutter식은 철근콘크리트관 및 도관의 경우는 각각 0.013, 경질염화비닐관 및 강화플라스틱복합관의 경우는 0.010을 표준으로 하며, 일반적으로 사용되고 있는 조도계수의 범위는 표 3.1과 같다.

③ Hazen-Williams식의 유속계수의 C값은 표 3.2와 같이 관 내면의 조도(粗度), 굴곡, 분지 등의 수에 따라 다르나 이들의 굴곡손실 등을 포함해 110을 표준으로 한다. 직선부분(굴곡손실 등은 별도 계산한다)의 경우는 130을 표준으로 한다.

④ 관거의 단면적은 유량과 경사가 결정되면 식 (3.1)~식 (3.3)의 수리계산식으로 구할 수 있다. 여기에서 수심을 결정할 때 원형거는 만류, 직사각형거는 높이의 9할, 말굽형거는 높이의 8할로 하여 정해진 계획유량을 충분히 유하시킬 수 있도록 단면을 결정한다.

표 3.1 관 재질에 따른 Manning식의 조도계수(n)

단 면	조도계수(n)	단 면	조도계수(n)
관거		플라스틱관(매끄러운 표면)	0.011~0.015
시멘트관	0.011~0.015	점토	
벽돌	0.013~0.017	도관	0.011~0.015
주철관	0.011~0.015	깔판	0.013~0.017
콘크리트			
매끄러운 표면	0.012~0.014	개거	
거친 표면	0.015~0.017	인공수로	
콘크리트관	0.011~0.015	아스팔트	0.013~0.017
주름형의 금속관		벽돌	0.012~0.018
보통관	0.022~0.026	콘크리트	0.011~0.020
포장된 인버트	0.018~0.022	자갈	0.020~0.035
아스팔트 라이닝	0.011~0.015	식물	0.030~0.040

표 3.2 Hazen-Williams 공식의 유속계수 C값

관 재 료	유속계수(C)	관 재 료	유속계수(C)
주철관 신관	130	도장된 강관	130
5년 경과	120	원심력 철근 콘크리트관	130
10년 경과	110	PS 콘크리트관	130
20년 경과	90~100	경질염화비닐관	130
30년 경과	75~90	흄관(100mm 이하)	120~140
강관(부설 후 20년)	100	흄관(100~600mm)	150

2) 개거의 경우

① 유량은 하도(河道)의 상황에 따라 다르게 계산되므로 등류(等流) 혹은 부등류(不等流)를 고려하여 계산한다.

② 평균유속은 일반적으로 Manning식을 사용하여 구하고, 조도계수는 표 3.1과 같은 범위로 한다.

③ 적당한 여유고를 갖도록 단면을 결정한다. 일반적으로 여유고는 계획유량이 $200m^3/sec$ 미만일 때는 0.6m로 정하지만 계획유량이 이보다 현저히 적을 경우에는 여유고를 0.2H (H는 개거의 깊이, m) 이상으로 하고, 0.2H가 0.6m를 넘을 경우에는 0.6m로 한다.

원형관거든 사각형거든 하수관거의 흐름은 대부분 비만관 흐름인 경우가 대부분이고, 유입되는 하수량에 따라 수심이 증가하고 유속과 유량은 커지게 된다. Manning식에 따르면 평균유속은 경심에 정비례하고, 경심은 유하단면적 대비 윤변의 길이를 말하므로 직사각형이나 정사각형거인 경우 일반적으로 수심이 증가하면 경심이 커져서 유속은 증가하게 된다. 일정한 폭과 높이를 가진 사각형거에서 수심에 따른 유속과 유량의 변화를 수리특성곡선이라 하며, 정사각형거의 수리특성곡선은 그림 3.2와 같다.

원형관거의 경우 유속과 유량이 반드시 수심에 비례하지는 않는다. 반지름 r인 원형관거에 수심 h로 물이 흐르는 경우 유하단면적(A)과 윤변의 길이(P)는 다음과 같은 관계가 있다. 관 중심에서 수면의 경계와 이루는 각을 θ라 하면

$$A = \frac{1}{2}r^2\theta - r^2\sin\left(\frac{\theta}{2}\right) + rh\sin\left(\frac{\theta}{2}\right)$$

$$= \frac{1}{2}r^2\theta + (rh - r^2)\sin\left(\frac{\theta}{2}\right)$$

또한, θ와 h의 관계는 다음과 같다.

$$h = r\left(1 - \cos\frac{\theta}{2}\right)$$

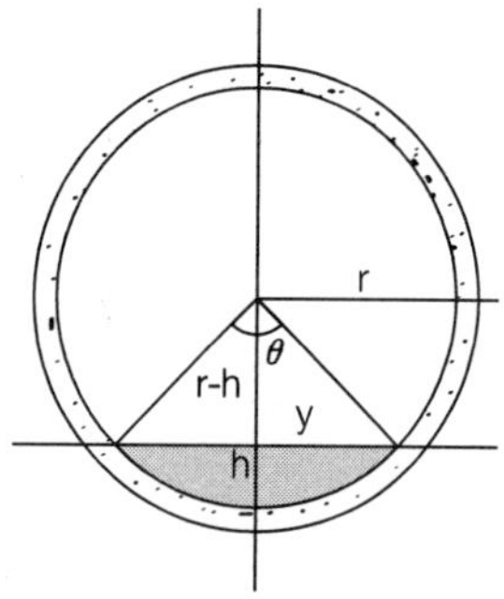

그림 3.1 원형관의 비만관 흐름 계산

윤변의 길이 P는 $P = r\theta$이다. 그러므로 수심이 0에서 2r까지 혹은 θ가 0에서 2π까지 변할 때 단면적과 유속의 변화를 계산할 수 있고, 이것으로부터 유량의 변화도 계산할 수 있다. 이러한 방식으로 계산한 원형관거의 수리특성곡선은 그림 3.3과 같다. 그림에서 알 수 있듯이 유속과 유량이 최대가 되는 수심은 다음과 같다.

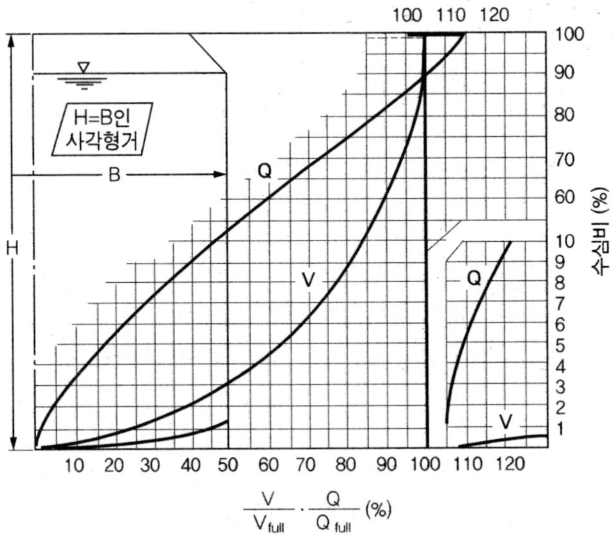

그림 3.2 정사각형거의 수리특성곡선(Manning공식)

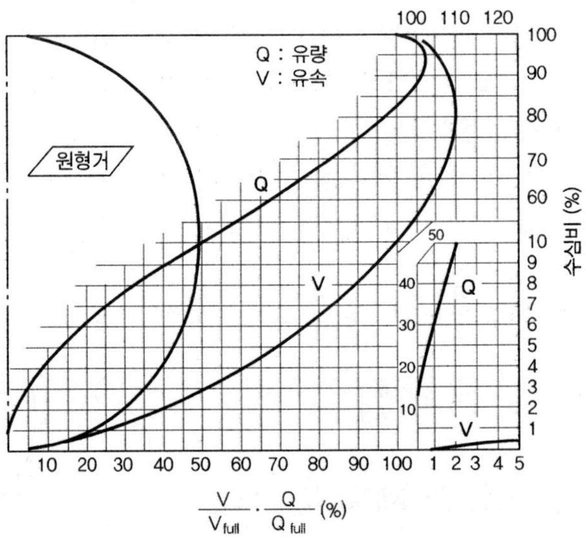

그림 3.3 원형거의 수리특성곡선(Manning공식)

① 원형거에서의 유속은 수심이 81%일 때 최대이며, 유량은 수심이 93%일 때 최대가 된다.

② 사각형거에서는 유속 및 유량이 모두 만류가 되기 직전에 최대이나 만류가 되면 유속 및 유량이 급격히 감소한다.

예제 3.1 원형관의 유량 계산

직경 D =450mm인 하수용 원심력 철근콘크리트관이 구배 10‰로 매설되어 있다. 만관으로 흐를 때 유속 V_0와 유량 Q_0를 계산하시오. 단, 평균유속은 Manning공식을 이용하고, 조도계수 n =0.015를 사용하시오.

풀이

주어진 수치를 다음의 Manning공식에 대입하면 평균유속 V_0를 구할 수 있다.

$$V_0 = \frac{1}{n} R^{2/3} I^{1/2} = \frac{1}{0.015} \left(\frac{0.45}{4}\right)^{2/3} \left(\frac{10}{1,000}\right)^{1/2} = (66.7)(0.233)(0.1) = 1.55\,\mathrm{m/sec}$$

또한, 연속공식에 의해 유량을 구하면

$$Q_0 = AV = \frac{\pi}{4} D^2 V_0 = \frac{\pi}{4}(0.45)^2(1.55) = 0.247\,\mathrm{m^3/sec}$$

예제 3.2 유속의 계산

앞의 [예제 3.1]에서 유량 Q = 0.1m³/sec일 때 수심 H와 유속 V를 수리특성곡선을 이용하여 구하시오.

풀이

만관 시의 유량 Q_0에 대한 유량 Q의 비는

$$\frac{Q}{Q_0} = \frac{0.1}{0.247} = 0.405 = 40.5\%$$

그림 3.3에서 수리특성곡선의 횡축은 유량비, 유속비 등을, 종축은 수심비를 나타내고 있다. 따라서, 횡축 40.5%에 해당하는 Q곡선의 종축값은 수심비를 나타내며,

$$\frac{H}{H_0} \fallingdotseq 45\%$$

따라서, 수심은 $H = (0.45)(450\,\mathrm{mm}) = 0.20\,\mathrm{m}$

다음으로 종축의 45% 선과 V곡선과의 교점에 해당하는 횡축값은

$$\frac{V}{V_0} \fallingdotseq 95\%$$

따라서, 유속은 $V = (0.95)(1.55) = 1.47\,\mathrm{m/sec}$

예제 3.3 Kutter식에 의한 장방형 하수관의 유속 계산

콘크리트의 장방형수로(폭 2m, 깊이 2.5m)가 있다. 이 수로의 유효수심이 2m일 경우 평균유속을 Kutter공식에 의해 계산하시오. 단, 수면 구배는 1/1,000으로 한다.

풀이

Kutter공식에서 n =0.013으로 하면,

$$V = \frac{23 + \frac{1}{n} + \frac{0.00155}{I}}{1 + \left(23 + \frac{0.00155}{I}\right)\frac{n}{\sqrt{R}}}\sqrt{RI} = \frac{23 + \frac{1}{0.013} + \frac{0.00155}{0.001}}{1 + \left(23 + \frac{0.00155}{0.001}\right)\frac{0.013}{\sqrt{2/3}}}\sqrt{(2/3)(0.001)}$$

$$= 1.88\,\mathrm{m/sec}$$

예제 3.4 **Manning식에 의한 관내 유속 계산**

위의 [예제 3.3]을 Manning공식을 이용하여 계산하고, 그 결과와 [예제 3.3]의 결과를 비교하시오.

풀이

Manning공식

n = 0.013으로 하면,

$$V = \frac{1}{n} R^{2/3} S^{1/2} = \frac{1}{0.013} (2/3)^{2/3} (0.001)^{1/2} = 1.86\,m/sec$$

따라서, Kutter공식을 이용할 경우와 Manning공식을 이용할 경우 큰 차이가 없다.

3.1.3 유속 및 경사

일반적으로 하류로 갈수록 유속은 점차로 커지고, 관거의 경사는 점차 작아지도록 유속과 경사를 결정한다. 유속이 작으면 관거의 저부에 오물이 침전하여 준설작업이 필요하고 이 때문에 유지관리비가 들게 되고, 반대로 유속이 너무 크면 관거를 손상시키고 관거의 내구연수를 줄어들게 한다. 일반적으로 관거의 경사는 지표의 경사에 따라 결정되는데, 경제성 등을 고려하여 적당한 경사를 정한다. 하수 중의 오물이 관거에 침전되는 것을 막기 위하여 하류방향으로 내려갈수록 유속은 점차 증가하도록 해야 하는데 이 경우에도 경사는 하류로 갈수록 감소시킨다. 이는 하류로 갈수록 하수량이 증가되어 관거가 커지므로 경사가 감소하더라도 유속을 유지할 수 있기 때문이다. 반면, 유속을 너무 크게 하면 경사가 급하게 되어 굴착깊이가 점차 깊게 되므로 시공이 곤란하게 되고 공사비용이 증가한다.

(1) 오수관거

계획시간최대오수량에 대하여 유속을 최소 0.6m/sec, 최대 3.0m/sec로 한다.

(2) 우수관거 및 합류관거

계획우수량에 대하여 유속을 최소 0.8m/sec, 최대 3.0m/sec로 한다. 자연유하의 경우, 오수관거의 유속은 유량변동이 있더라도 오물이 침전되지 않을 정도의 유속을 갖도록 해야 하나, 지표의 경사가 없어서 불가피한 경우에도 계획하수량에 대해 최소유속이 0.6m/sec는 되도록 한다. 관거의 최소유속이 유지되지 않으면 오물이 침전되고 관거 내의 유하시간이 길어져 관거 내의 침전물 부패로 인한 황화물질 및 악취 등이 발생될 수 있다. 또한, 유속이 지나치게 크게 되면 관거를 손상시키므로 최대유속은 3.0m/sec로 한다. 지표의 경사가 심하면 관거의 경사도 급하게 되어 최대유속이 3.0m/sec를 넘게 될 때에는 적당한 간격으로 단차를 설치하여 속도를 3.0m/sec 이하로 줄이도록 한다.

처리구역이 큰 경우, 관망정비에 시간이 요하는 경우는 사용개시 후에도 유량이 적기 때문에 간선관거 내는 최소유속을 유지하지 못하므로 침전물이 퇴적하기도 하고, 유하시간이 길어짐에 따라 침전물의 부패에 의해 악취가 발생하기 쉽다. 따라서, 간선관거의 경우 적당한 유속을 유지하도록 복단면의 구조로 하거나 관을 2개로 분할하여 단계시공하는 방법 등을 검토할 필요가 있다. 단, 이 경우에는 시공성 및 경제성 등을 종합적으로 판단하여 결정한다. 압송의 경우 관거 내 유속은 침전물이 퇴적되지 않도록 최소유속을 0.6m/sec로 하며, 관거 내면의 모르터라이닝, 도장 등에 손상을 일으키지 않도록 최대유속은 3.0m/sec 정도로 한다. 또 압송의 경우 유속의 증가에 따라 관내 마찰손실수두가 증가하므로 경제적인 압송펌프의 선정 시 압송관경과 유속과의 관계를 고려할 필요가 있다. 오수관거, 우수관거 및 합류관거에서의 이상적인 유속은 1.0～1.8m/sec 정도이다.

3.2 관거의 종류와 단면

3.2.1 관거의 종류

하수나 오수의 배제관거는 자연유하식이기 때문에 압력관 등을 제외하고는 내압에 대하여 고려할 필요는 없지만 외압에 대하여 충분히 견딜 수 있는 구조 및 재질을 사용하도록 한다. 하수도용 관으로 사용되는 재질은 다음의 ①～⑨와 같으며, 이 외에 다른 관종을 사용하고자 할 때에는 내구성 및 내식성 등에 있어서 KS제품과 동등한 성능 이상의 재료를 사용한다.

① 철근콘크리트관
② 제품화된 철근콘크리트 직사각형거(정사각형거 포함)
③ 도관

④ 경질염화비닐관
⑤ 현장타설철근콘크리트관
⑥ 강화플라스틱복합관
⑦ 폴리에틸렌(PE)관
⑧ 덕타일(ductile)주철관
⑨ 파형강관

(1) 철근콘크리트관

1) 원심력철근콘크리트관(KS F 4403)

발명자의 이름을 따서 흄(Hume)관이라고도 한다. 재질은 철근콘크리트관과 유사하며 원심력에 의해 굳혀 강도가 뛰어나므로 하수관거용으로 가장 많이 사용되고 있다. 흄관의 규격은 KS에서 그 사용 조건에 따라 보통관과 압력관으로 구별하고 있다. 보통관의 경우 접합형상에 따라 A형(150~1,800mm), B형(150~1,350mm), C형(1,500~3,000mm), NC형(1,500~3,000mm)으로 분류되며, 압력관의 경우 A형(150~1,800mm), B형(150~1,350mm), NC형(1,500~3,000mm)으로 분류된다.

A형관은 연결부의 시공에 기술을 요하고 관의 보수, 교체 또는 특수 신축접합 등을 하는 경우에 주로 이용된다. B형관은 고무링을 이용하여 연결하는 것으로 시공성 및 수밀성이 우수하여 일반적으로 많이 사용된다. C형관은 두개의 관이 서로 맞붙는 곳에 수구와 삽구가 단을 이룬 것으로 맞닿는 부분에 고무링을 채워 연결한다. 시공이 비교적 간단해서 굴착폭이 작아도 되기 때문에 도로폭원과 타매설 작업에 제약을 받는 경우에 사용된다.

이형관이란 관을 서로 연결할 때 사용하는 관으로서 사용형태에 따라 T자관, Y자관, 곡관(U, V형)으로 구분된다. 적합한 규격 및 형태는 매설장소의 하중조건 등에 따라 신중하게 결정해야 한다.

2) 코아식프리스트레스트콘크리트관(prestressed concrete pipe core type, KS F 4405)

콘크리트로 된 코아관(core pipe)주위에 PC강선을 인장시켜줌으로써 원주방향 및 관축방향으로 압축응력을 작용하게 하여 내외압에 의해 발생되는 인장응력을 소멸시켜 상당히 큰 압력에서도 견딜 수 있게 만든 것으로 흔히 PC관으로 부른다. 따라서 안전성은 좋으나 가격이 원심력철근콘크리트보다 비싸므로 내외압이 크게 걸리는 장소에서 주로 사용된다. 현재 KS상에서는 1~5종으로 관종을 나누고 있으며, 제작방법에 따라 원심력

방식(관경 500~2,000mm, 유효길이 4.0m)과 축전압방식(관경 500~2,000mm, 유효길이 4.0m)이 규정되어 있고 접합은 소켓접합방법을 사용한다.

3) 로울러전압철근콘크리트관(VR관, KS F 4402)

로울러(roller, 원형단면의 회전봉)를 사용하여 콘크리트 표면을 접합하여 단단히 굳혀서 만든 철근콘크리트관으로 형상, 치수 및 강도는 원심력철근콘크리트관과 같다.

4) 철근콘크리트관(KS F 4401)

거푸집에 조립철근과 콘크리트를 넣은 후 진동기 또는 이것과 동등한 효과를 얻을 수 있는 방법으로 다져서 제작한 철근콘크리트관을 말하며 KS에는 접합 형상에 따라 보통관 A형(150~600mm), 보통관 B형(700~1,800mm), 외압관 C형(150~2,000mm)으로 구분되어 있다.

(2) 제품화된 철근콘크리트 직사각형거(정사각형거 포함)

철근콘크리트 또는 프리스트레스트콘크리트에 의한 공장제품으로 운반경로 및 시공조건에 따라 측벽, 상판, 바닥판 등으로 분할해서 제조하는 것이 가능하기 때문에 제품화된 철근콘크리트 직사각형거는 현장타설 철근콘크리트관에 비하여 공사기간이 단축된다는 이점이 있다.

(3) 도관(KS L 3028)

도관은 내산 및 내알칼리성이 뛰어나고, 마모에 강하며, 이형관을 제조하기 쉽다는 장점이 있으나 충격에 대해서 다소 약하기 때문에 취급 및 시공에 주의해야 한다. 접합방법으로는 공장에서 제작되는 압축조인트접합과 현장시멘트모르터접합이 있는데 수밀성을 확보하기 위해서 압축조인트접합을 사용하는 것이 바람직하다.

KS에는 보통관(50~300mm)과 두꺼운 관(100~450mm)이 규격화되어 있으나 오수관으로는 두꺼운 관이 적합하다. 또한 여러 가지 각도의 곡관(30°, 45°, 60°, 90°)이나 가지관(60°, 90°)도 KS에 규격화되어 있다. 국내에서는 도관의 사용실적이 많지 않으나 외국의 경우는 수질변화가 심하여 부식의 염려가 많은 400mm 이하의 소형 오수관거용으로 많이 이용되고 있다.

(4) 경질염화비닐관(KS M 3404)

경질염화비닐관은 가볍고 시공성이 우수하지만 연성관이기 때문에 외압에 의해 변형이 발생한다. 하수도용관의 경우 내경의 5% 정도를 허용변형률로 하고 있다.

일반적으로 가벼워서 다루기 쉽고 연결이 쉬워서 공기를 단축할 수 있으며 내면이 매끈하여 조도가 작다. 수명이 길고 값도 싼 편에 속해 국내외에서 사용량이 늘고 있는 추세이지만 시공방법 및 재질상 파열과 처짐 등의 문제점을 가지고 있으므로 경질염화비닐관의 제조업체가 제시한 시공순서 및 방법에 따라 신중히 시공하여야 한다.

경질염화비닐관의 접합은 소켓접합으로 고무링에 의한 방법과 접착제에 의한 방법이 있다. KS에는 일반관(VG1, 10~300mm) 및 얇은 관(VG2, 35~600mm, 소켓부착관은 660mm까지)으로 규정되어 있으나, 하수관거용으로는 얇은 관을 많이 사용하고 있다.

(5) 현장타설철근콘크리트관

공장제품의 사용이 불가능한 경우나 큰 단면 및 특수한 단면을 필요로 하는 경우 및 특히 고강도를 필요로 하는 경우 등에는 현장에서 직접 타설하는 철근콘크리트관을 사용한다.

(6) 강화플라스틱복합관

유리섬유, 불포화폴리에틸렌수지, 골재를 주원료로 하며, 내외면은 유리섬유강화층이고, 중간층은 수지모르터르인 복합관이다. 외압관과 내압관의 두 종류가 있으며, 하수도용으로는 외압관을 사용한다. 강화플라스틱복합관은 고강도로 내식성 및 시공성이 우수하다.

(7) 폴리에틸렌(PE)관(KS M 3407)

가볍고 시공성이 우수하며, 내산·내알칼리성이 우수하다. 연성관이므로 변형이 발생할 수 있는데 허용변형률을 안지름의 5% 정도로 한다.

(8) 닥타일주철관(KS D 4311)

내압성 및 내식성에 우수하여 일반적으로 압력관으로 사용되며 처리장 내의 연결관 및 송풍용관으로 많이 사용되고 있다.

그림 3.4 하수도용 관거

(9) 파형강관(KS D 3590)

파형강관(KS D 3590 및 ASTM A 444)은 용융아연도금된 강판을 스파이럴형으로 제작한 강판으로서 하수관거 중 아연도금을 한 파형강관은 우수관거용으로 사용되고 있으며, 파형강관에 폴리에틸렌(PE)수지, PVC 등으로 피복하여 내식성 및 내마모성을 증가시키면 오수관거용으로 사용할 수도 있다.

3.2.2 관거의 단면

관거의 단면형상에는 암거의 경우 원형, 직사각형(정사각형도 포함), 말굽형 및 계란형 등이 있는데 어떤 형상을 선정할 것인가는 다음 사항을 고려하여 결정한다.

① 수리학적으로 유리할 것
② 하중에 대해 경제적일 것
③ 시공비가 저렴할 것
④ 유지관리가 용이할 것
⑤ 시공장소의 상황에 잘 적응될 것

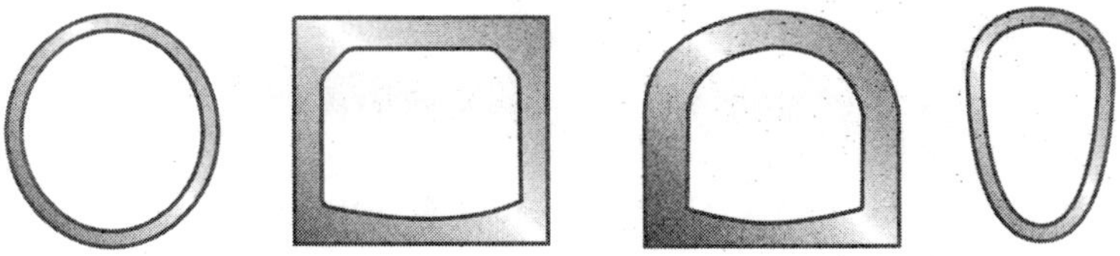

그림 3.5 관거단면의 종류

일반적으로 사용되는 원형, 직사각형, 말굽형 및 계란형의 장단점은 다음과 같다.

(1) 원형

1) 장점

① 수리학적으로 유리하다.
② 일반적으로 내경 3,000mm 정도까지 공장제품을 사용할 수 있으므로 공사기간이 단축된다.
③ 역학계산이 간단하다.

2) 단점

① 안전하게 지지시키기 위해서 모래기초 외에 별도로 적당한 기초공을 필요로 하는 경우가 있다.
② 공장제품이므로 접합부가 많아져 지하수의 침투량이 많아질 염려가 있다.

(2) 직사각형

1) 장점

① 시공장소의 흙두께 및 폭원에 제한을 받는 경우에 유리하며 공장제품을 사용할 수도 있다.
② 역학계산이 간단하다.
③ 만류가 되기까지는 수리학적으로 유리하다.

2) 단점

① 철근이 해를 받았을 경우 상부하중에 대하여 대단히 불안하게 된다.
② 현장타설의 경우에는 공사기간이 지연된다. 공사의 신속을 도모하기 위해 상부를

따로 제작해 나중에 덮는 방법을 사용할 수도 있다.

(3) 말굽형

일반적으로 상부는 반원형의 아치(arch)로 하며, 측벽은 직선 또는 곡선을 갖고 내측으로 굽혀 수직으로 한다.

1) 장점

① 대구경 관거에 유리하며 경제적이다.
② 수리학적으로 유리하다.
③ 상반부의 아치작용에 의해 역학적으로 유리하다.

2) 단점

① 단면형상이 복잡하기 때문에 시공성이 열악하다.
② 현장타설의 경우는 공사기간이 길어진다.

(4) 계란형

이 형상은 하부가 좁고 상부가 넓은 것이 특징으로 유량이 적은 경우에도 유속을 확보할 수 있는 것이 가장 큰 장점이다.

1) 장점

① 유량이 적은 경우 원형거에 비해 수리학적으로 유리하다.
② 원형거에 비해 관폭이 작아도 되므로 수직방향의 토압에 유리하다.

2) 단점

① 재질에 따라 제조비가 늘어나는 경우가 있다.
② 수직방향의 시공에 정확도가 요구되므로 면밀한 시공이 필요하다.

(5) 기타 단면형태

기타 관거의 단면형상으로는 관을 수직으로 이분한 분할관, 삼분한 T자관 등이 있다. 직사각형 또는 말굽형을 사용하는 경우에는 원활한 유수의 흐름을 위하여 일반적으로 관거의 저면에 폭의 1~2배 정도의 곡률반경을 가진 인버트(invert)를 설치하는 것이 좋다.

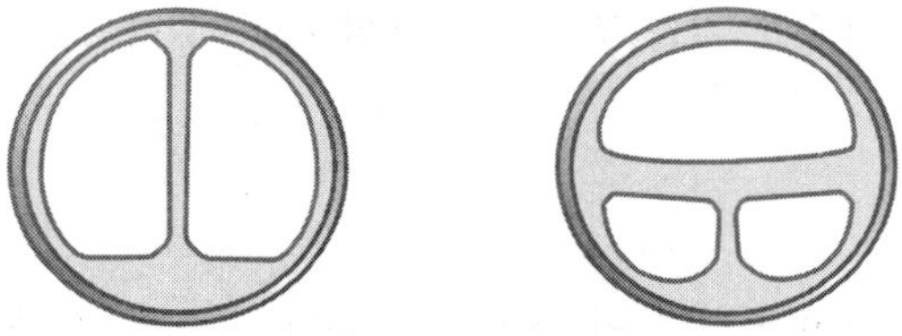

그림 3.6 분할관 및 T자관의 형태

3.2.3 최소관경

배수면적이 작아지면 계획하수량도 적게 되어 관경이 작은 관거로도 충분히 배수할 수 있다. 그러나 관경이 너무 작으면 배수설비의 연결 및 유지관리작업이 불편하고, 관이 막힐 염려가 있으므로 경험상 최소관경을 250mm 또는 300mm로 제한하고 있다. 따라서 계산상 최소관경이 250mm 또는 300mm 이하가 충분하다고 하더라도 관경이 250mm 또는 300mm인 관거를 사용한다. 단 시가화조정구역, 시가화구역에서 개발행위, 재개발 등을 행할 수 없는 구역, 농촌 및 어촌지역 등 인구밀도가 낮은 지역에서 소규모 하수도의 특성을 갖는 경우에는 이보다 작은 100mm나 150mm를 최소관경으로 정할 수도 있다. 또한 진공방식이나 압송방식의 최소관경에 대해서는 펌프구경, 유속, 마찰손실, 오수의 종류 등을 종합적으로 판단하여 결정한다.

3.3 매설위치 및 깊이

3.3.1 매설위치

하수관거나 오수관거는 대개 도로 밑에 매설되므로 하수관거를 매설할 때는 매설위치 및 깊이에 관하여 도로관리자와 협의하고 공사 후 유지관리를 고려하여 정한다. 사업을 실시할 때는 도로법 제40조에 의하여 도로관리자에게 점용원을 제출하고 허가를 받아야 한다. 또한 도로 밑은 하수도관뿐만 아니라 전신전화선, 상수도관, 가스관 등이 매우 복잡하게 매설되어 있으므로 사전에 다른 매설물에 대해 충분히 조사하고 장해가 되는 구조물은 이설을 의뢰한다.

하수도가 하천을 횡단하는 등 하천부지 내에서 사업을 실시할 때는 하천법 제25조에 의하여 하천관리자에게 하천공작물 신축허가원을 제출하고 허가를 받아야 하며, 철도를 횡단하여 관거를 부설하는 경우에는 그 설계 및 공법에 관해서 철도관리자와 협의하여 승인을 받아야 한다. 또한 관거가 직접적으로 교통하중 및 진동을 받지 않도록 충분한 깊이에 매설할 필요가 있으나 종단경사의 상태 등에 의해 교통하중 및 진동을 받는 경우에는 관거의 직접적인 영향을 받지 않도록 방호공을 설치할 필요가 있다. 또한 공사 시에는 차량의 운행에 영향을 주지 않도록 고려한다. 지형 및 기타의 불가피한 이유로 관거를 사유도로 등의 사유지에 매설할 수밖에 없는 경우에는 그 토지의 소유자와 협의해 유지관리에 지장을 주지 않도록 지상권 설정 및 협의서 등의 필요한 조치를 취해야 한다.

3.3.2 매설깊이

하수관거는 관의 연결, 지하매설물, 동결 및 하중 등을 고려할 때 너무 얕게 매설할 수는 없다. 하수관거는 우수나 생활하수 혹은 공장폐수를 운반하기 위하여 필요한 시설이므로 하수가 생기는 곳의 배수경사에 따른 표고를 무시할 수 없다. 우수는 지면에서 관거로 흘러 들어가기 때문에 관거의 매설깊이에 큰 영향을 미치지 않으나 생활하수나 공장폐수는 지하 등에서 발생할 수도 있으므로 이런 경우에는 하수관거를 깊게 묻어야 한다. 그렇다고 매설깊이를 너무 깊게 하면 시공비가 과다하게 되는 문제가 생긴다. 이런 경우에는 하수를 하수관거로 양수시키도록 하여 관거의 매설깊이를 줄여야 할 것이다.

도로에는 각종 공공시설물이 매설되므로 하수관거의 시공 시에는 이들을 고려하여 매설깊이를 결정하여야 한다. 우리나라의 동결깊이는 대체적으로 남해안 지방에서는 0.3m, 서울 부근의 북부에서는 1m 정도이므로 하수관거를 1m 깊이로 묻으면 무난할 것이다. 그러나 최근에 노반의 두께가 증대하는 경향이 있으므로 도로에 따라서는 최소 흙두께를 1.2m로 설계하는 경우도 있다. 관의 연결이나 하중을 고려한다면 더 깊게 하는 것이 좋으나 위에서 언급한 바와 같이 시공상의 문제가 있다. 따라서, 지면상의 하중을 고려하면 관거를 가능한 한 깊게 묻어야 하겠지만, 생산되는 관거 자체가 어느 정도의 강도를 가지기 때문에 하중을 특히 많이 받는 곳에서만 방호공을 설치하여 하중에 견디도록 하는 것이 경제적일 것이다. 분류식 지역의 경우 빈번한 오접발생률 등을 고려해 볼 때 매설깊이를 차별화하여 오수관거의 오접 연결을 사전에 예방하는 등의 대책도 필요하다.

3.3.3 관거의 보호

현장타설을 제외한 관거는 일정한 하중조건에 따라 제조되므로 그 조건을 벗어나 안전율을 저하시키는 경우에는 콘크리트 또는 철근콘크리트로 바깥둘레를 싸서 외압에 대하여 관거를 보호한다. 특히 철도횡단, 하천제방횡단 또는 하저횡단 시의 바깥둘레 싸기에는 철근콘크리트로 종방향의 보강을 충분히 할 필요가 있다.

관거를 설치하기에 앞서 관이 매설될 지층을 단단히 보강하여 관거의 침하와 파손을 예방하는 것을 기초공이라 한다. 관거의 종류별로 강성관거와 연성관거로 나눌 수 있는데, 철근콘크리트관 같은 경우가 강성관거이고 경질염화비닐관 등이 연성관거에 속한다. 강성관거는 모래, 쇄석, 콘크리트 기초를 실시하며, 연성관거는 자유받침 모래기초를 주로 사용하고 매우연약한 지반인 경우에는 말뚝기초를 함께 사용하기도 한다.

기초공은 사용하는 관거의 종류, 토질, 지내력, 시공방법, 하중조건 및 매설조건 등에 따라 정하지만, 기초공의 선택은 공사비용에 큰 영향을 미치게 되므로 관거의 내구성 및 경제성을 충분히 검토하여 적절한 방법을 선택하도록 한다.

관거의 기초공은 철저히 시공하는 것이 중요하며, 관거의 부등침하는 하수의 정체, 부패 및 악취를 발생시키는 원인이 될 뿐만 아니라 최악의 경우에는 관거가 파손되어 누수가 일어나거나 지하수의 침입을 초래하여 관거 주변의 토사가 유입하여 유지관리면에서 큰 장해가 되거나 심하면 도로가 함몰하는 현상이 나타나기도 하므로 기초공은 특히 중요하다.

그림 3.7 강성관 기초공의 종류

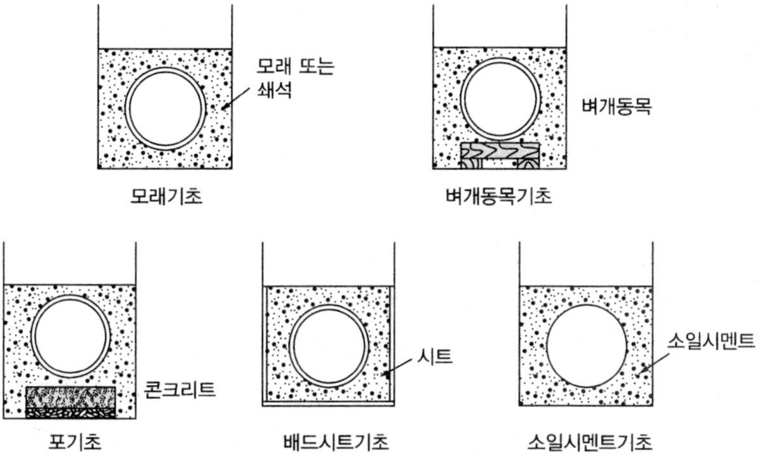

그림 3.8 연성관 기초공의 종류

표 3.3은 관종 및 토질에 따른 기초공을 분류한 것이지만, 각각의 기초를 조합하여 시공하기도 한다.

표 3.3 관종에 따른 기초 형식

관종 \ 지반		경질토 보통토	연약토	극연약토
강성관	철근콘크리트관	벼개동목기초 쇄석기초 모래기초	콘크리트기초	말뚝기초 철근콘크리트기초
	도관	벼개동목기초 쇄석기초 모래기초	쇄석기초 콘크리트기초	철근콘크리트기초
연성관	경질염화비닐관	모래기초	모래기초 베드토목섬유(bed geotextile)기초 소일시멘트(soil cement)기초	베드토목섬유기초 소일시멘트기초 사다리동목기초 말뚝기초 콘크리트+모래기초
	덕타일주철관, 강관	모래기초	모래기초	모래기초 사다리동목기초 콘크리트+모래기초

3.4 우수조정지

우수조정지는 하류관거의 유하능력이 부족한 곳, 하류지역의 펌프장 능력이 부족한 곳 및 방류수로의 유하능력이 부족한 곳 등에 설치하여 일시에 많은 우수가 유입될 때 이를 시간적으로 분산시키는 기능을 한다.

우수조정지의 구조형식은 댐식, 굴착식 및 지하식 등이 있다. 우수조정지의 구조는 침사와 침전물 제거 등의 유지관리가 용이하도록 하며, 합류식의 우수조정지에서는 환경대책도 고려할 필요가 있다. 또한 현지저류식은 토지의 유효이용 측면에서 좋은 방법이지만 설치장소는 학교교정 및 공원 등이 일반적이므로 유지관리를 포함한 제반사항에 대해서는 설치장소의 관리자와 충분히 협의할 필요가 있다.

우수조정지로부터의 우수방류방식은 인공조작에 의하지 않는 자연유하가 바람직하다. 굴착식 및 지하식에서 방류지역 수로와의 수위관계 때문에 자연유하를 하는 것이 곤란한 경우 펌프 또는 수문에 의한 방류방식을 채택할 수 있다. 펌프에 의한 방류방식으로 하는 경우에는 강우유출 시에 펌프기능에 지장이 없도록 충분한 유지관리가 필요하다.

표 3.4 우수조정지 구조형식의 예

구조형식	내 용	방류(조절)방식
댐식 (제방높이 15m 미만)	흙댐 또는 콘크리트 댐에 의해서 우수를 저류하는 형식이다.	자연 방류식이 일반적
굴착식	평탄지를 굴착하여 우수를 저류하는 형식이다.	자연 방류식 펌프배수 게이트 조작에 의한 배수
지하식 (관내 저류 포함)	일시적으로 지하의 저류탱크 관거 등에 우수를 저류하고 우수 조정지로서 기능을 갖도록 하는 것이다.	저류 수심이 크게 되므로 펌프에 의한 배수가 일반적
(참고) 현지 저류식	공원, 교정, 건물 사이, 지붕 등을 이용하여 우수를 저류하는 시설로서 보통 현지에 내린 비만을 대상으로 하기 때문에 관거의 상류측에 설치한다.	자연 방류식이 일반적

3.5 개거의 종류와 단면

3.5.1 개거의 종류

개거는 구조상 측벽부와 저부로 나누어진다. 측벽부에는 외압이 주로 작용하므로 이에 충분히 견딜 수 있는 구조로 하고, 저부는 필요에 따라 콘크리트를 타설한다. 개거의 종류는 형식 및 재료에 따라 무근콘크리트, 돌쌓기, 콘크리트블럭쌓기, 철근콘크리트 및 철근콘크리트조립흙막이 등이 있다.

(1) 무근콘크리트

측벽은 중력식 옹벽으로 하고, 역학적으로 안전한 설계를 해야 한다.
구조가 간단하고 시공이 용이하지만 개거의 외폭이 커진다.

(2) 돌쌓기 및 콘크리트블럭쌓기

측벽은 돌쌓기 옹벽으로 설계하고, 돌쌓기에는 문지석, 할석, 잡할석, 야면석 및 잡석이 있고, 콘크리트블럭은 각 제작자에 따라 형식이 다양하다. 양쪽 모두 사면높이는 5m

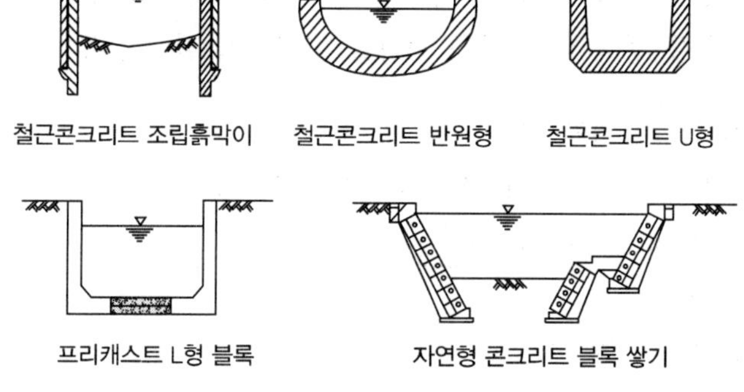

그림 3.9 개거의 종류

정도로 한다. 시공 및 부분보수가 용이하며 석재의 채취 및 콘크리트블럭의 생산과정에 따라 가격이 비싸지는 경우도 있다.

(3) 철근콘크리트

측벽 및 저부를 하나의 구조로 하여 하중에 대응하도록 설계할 수 있어 시공단면이 작아도 무방하다. 측벽은 편지판(片持板)으로서 설계하지만 높이가 크게 될 때에는 양측벽의 정상지점에 보를 사용하는 등으로 강도의 증가를 도모하는 경우가 있다. 개거가 소규모일 경우에는 철근콘크리트 U형 및 철근콘크리트 반원형 등을 사용한다.

또한 현장타설의 경우에 구조적으로 안정도가 높은 반면 공사기간이 길어지게 되며 보수정비가 곤란한 경우가 있다.

(4) 철근콘크리트조립흙막이

취급이 용이하며 공사기간이 짧고 공사비가 저렴하지만 구조상 단면이 제약된다.

(5) 프리캐스트 L형 블록

좌우에 L형의 철근콘크리트 제품을 조립하고 저부는 현장타설콘크리트로 시공한다. 이점으로는 계획단면에 대해 수로폭을 자유롭게 조정할 수 있고 시공이 용이하며 공사기간의 단축을 도모할 수 있다.

3.5.2 개거의 단면

개거의 단면형은 사다리꼴형, 직사각형 또는 반원형 등이 있는데 유량, 유속, 수로용지 및 호안의 종류 등에 따라 다음 사항을 고려하여 결정한다.

① 수리학적으로 유리할 것
② 토압 등에 대하여 충분히 견딜 수 있는 구조일 것
③ 저부의 변동이 일어나지 않을 것
④ 축조비가 저렴할 것
⑤ 유지관리가 용이할 것
⑥ 축조장소의 환경에 적응할 것

개거의 여유고는 개거의 깊이에 따라 다르며, 보통 개거 깊이의 20% (0.2H) 이상으로 하며, 이 여유고가 0.6m를 넘을 때는 0.6m로 한다. 개거의 유하능력 계산은 하도의 상황에 따라 등류 또는 부등류의 계산을 하며, 평균유속공식은 Manning 공식을 많이 사용한다. 개거에서 Manning의 조도계수는 표 3.5와 같다.

표 3.5 개거의 조도계수(n)

구 분	하천이나 수로의 상황	Manning식의 범위
인공수로 및 인공하천	콘크리트 인공수로	0.014~0.020
	나선형 반관수로	0.021~0.030
	양안에 돌붙임이 적은 수로	0.025 (평균값)
	암반을 굴착하여 방치한 하상	0.035~0.05
	암반을 다듬은 인공하상	0.025~0.04
	점토성 하상, 유속이 낮음	0.016~0.022
	사질 진흙, 점토질 진흙	0.020 (평균값)
	굴착 준설, 잡초 적음	0.025~0.033
자연하천	평야의 소하천, 잡초 없음	0.025~0.033
	평야의 소하천, 잡초, 관목 있음	0.030~0.040
	평야의 소하천, 잡초 많음. 잔자갈 하상	0.040~0.055
	산지하천, 바닥이 골재의 호박돌	0.030~0.050
	산지하천, 바닥이 호박돌과 큰 호박돌	0.040 이상
	대하천, 점토와 사진하상, 사행이 적음	0.018~0.035
	대하천, 자갈하상	0.025~0.040

예제 3.5 **원형관의 수리계산 (1)**

ϕ=300mm인 PVC제 원형 하수관에 수심 50mm로 하수가 자연유하하고 있다. 하수관의 경사가 1/100일 때 유속(v)과 유량(Q)을 Manning공식으로 구하여라. 단, 등류수심을 가정한다.

풀이

PVC의 $n = 0.011$

$r = 0.15\,m$

$h = 0.05\,m$

$v = \frac{1}{n} R^{2/3} S^{1/2}$ (Manning공식)

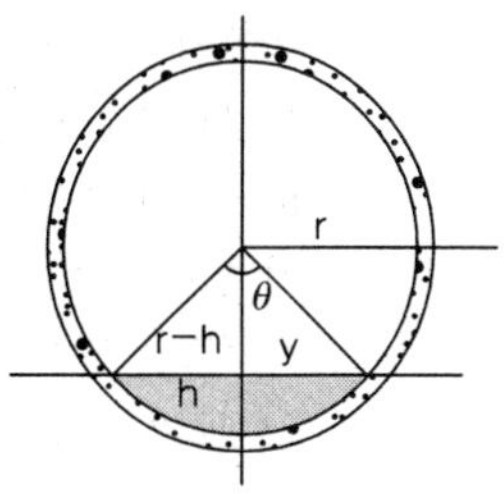

① θ값을 구한다.

$$\cos\frac{\theta}{2} = \frac{r-h}{r} = \frac{0.15-0.05}{0.15} = 0.667$$

$$\theta = (2)\cos^{-1}(0.667) = 1.681 \text{ 혹은 } 96.3°$$

② 단면적 A를 구한다.

$$A=\frac{1}{2}r^2\theta+(rh-r^2)\sin\left(\frac{\theta}{2}\right)$$
$$=1/2(0.15)^2(1.681)+[(0.15)(0.05)-0.15^2]\sin(1.681/2)$$
$$=0.007737\,m^2$$

③ 경심(R)을 구한다.

$$P=r\theta=(0.15)(1.681)=0.2522\,m$$
$$R=\frac{A}{P}=\frac{0.007737}{0.2522}=0.03068\,m$$

④ 유속(v)을 Manning공식으로 구한다.

$$v=\frac{1}{n}R^{2/3}S^{1/2}=\frac{1}{0.011}(0.03068)^{2/3}(0.01)^{1/2}=0.891\,m/sec$$

⑤ 유량(Q)을 구한다.

$$Q=AV=(0.007737)(0.891)=0.00689\,m^3/sec$$

예제 3.6 원형관의 수리계산 (2)

D =1,200mm인 원형관에 4.0m³/sec의 물이 흐르고 있다. 관로의 구배가 0.01일 때 등류수심을 구하여라.

풀이

$Q=4.0\,m^3/s$

$D=1.2\,m(r=0.6\,m)$

$n=0.012$

$S_0=0.01$

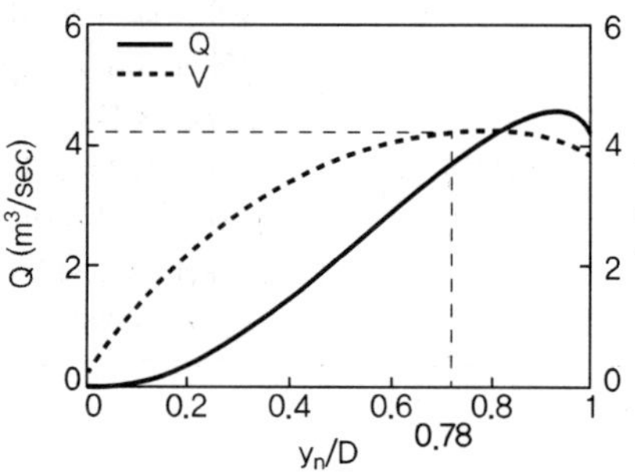

등류수심을 y_n이라 하면

$$\theta=2\cos^{-1}\left(\frac{r-y_n}{r}\right)$$

$$P=r\theta$$

$$A=\frac{1}{2}r^2\theta+(ry_n-r^2)\sin(\theta/2) \quad ①$$

$$R=\frac{A}{P} \quad ②$$

$$Q=A\frac{1}{n}R^{2/3}S^{1/2} \quad ③$$

등류이므로 $S=S_0$

위 세 식에서 y_n의 증가에 대한 Q와 v의 변화를 그래프로 표시하면 그림과 같으며, Q = 4.0 m³/sec에 대응하는 y_n/D는 약 0.78이 얻어진다. 따라서 등류수심 y_n은 (0.78) (1.2) = 0.94m가 된다. 위의 세 식에서 ③의 Q = 4.0으로 놓고 세 식을 모두 만족하는 값을 반복법 등의 수치해법을 이용하여 풀면 정확한 해를 구할 수 있는데, 정확한 해는 y_n = 0.931m이다. 이 때 θ = 4.31, v = 4.25m/sec가 된다.

예제 3.7 수리특성곡선을 이용한 수리계산

위 문제의 조건에서 최대유량이 발생하는 수심과 그 때의 유량은 얼마인가?

풀이

최대유량은 수심이 관경의 93%일 때이므로 수심, 즉 y_n = 1.12m일 때이다.
이때 유량은 $Q_{max} = 4.54m^3/sec$가 예상되며 유속은 4.13m/sec이다.

3.6 물받이 및 연결관

물받이는 배수설비와 연결관의 효율적인 유지관리를 목적으로 설치하며, 우수받이와 오수받이가 있다. 물받이는 도로상에 설치하는 것이 원칙이다. 그러나 다른 매설물의 점유 등으로 도로상에 설치하기 곤란한 경우에는 사유지에 설치하기도 한다. 우수받이의 경우 침전물질의 사전제거 목적이 추가된다. 따라서 배제방식, 하수의 종류 및 발생원별로 물받이를 구분하여 설치한다. 한편 집수받이란 우수받이의 일종으로 개거와 암거의 접합부분에 설치되는 물받이를 말한다. 배수관거의 기점, 종점, 합류점, 굴곡점 및 내경 또는 내폭이나 관종이 달라지는 곳에는 물받이를 설치하여야 하며, 배수관거가 직선인 부분에는 내경 또는 내폭의 120배 이하의 간격으로 물받이를 설치한다.

개량형 우수받이는 협잡물 및 토사 등에 의한 하수관거 막힘 및 도로침수를 방지하기 위해 침사조나 토사받이를 우수받이 상부 및 외부에 1~2개 설치하여 토사, 쓰레기 등이 하수구에 유입하기 전에 상부에서 손쉽게 제거할 수 있도록 한다. 개량형 우수받이의 예로서 침사조 및 토사받이가 외부 및 내부에 설치된 예를 그림 3.10에 나타내었다.

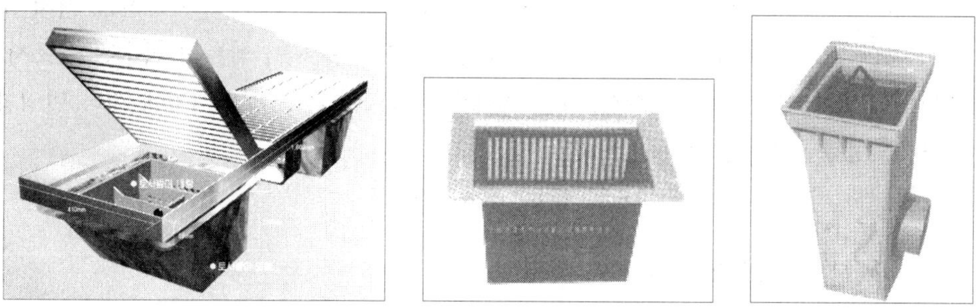

(a) 외부 토사받이 설치형　　　(b) 내부 침사조 설치형

그림 3.10 개량형 우수받이의 예

3.7 하수관거 정비

3.7.1 하수관거 정비의 수행절차

하수관거 정비사업은 장기간의 투자가 소요되는 기간사업으로, 정부의 지속적인 관심과 정책 의지가 있어야 성공할 수 있는 사업이다. 한정된 사업비로 보다 효율적이고 경제적인 관거정비사업을 수행하기 위해서는 철저한 관거조사를 전제로 한 사업우선 대상지역의 선정과 함께 지역 특성을 고려한 사업우선순위의 결정이 이루어져야 하며, 이는 최종적으로 지방 재정계획과의 연계방안을 통해 단계적으로 사업이 수행되어야 한다. 또한 사업우선지역의 선정 전에 조사우선지역 순위결정안을 도입하여, 사업시행 초기에 모든 지역에 걸쳐 CCTV조사를 수행하는 번거로움 및 시간낭비를 줄여야 할 필요가 있다.

(1) 합류식지역의 개선절차

합류식지역의 조사우선지역의 선정은 일차적으로 처리장 유입수량의 평가, 관거의 시설연도 등의 기초자료의 조사, 기존 보수현황 자료의 반영 등을 통해 결정한다. 보다 세부적인 지역별 사업우선순위의 선정은 소규모 배수유역별 불명수량의 산정을 통해 선정한다. 그 절차는 그림 3.11과 같다.

(2) 분류식지역의 개선절차

분류식 관거지역에서는 오접과 관거수밀성에 중점을 둔 사전 조사과정을 거쳐 조사우선 지역을 선정한다. 선정된 조사지역의 관거 내부 조사 시 합류식 하수관거 조사 판단기준을 준용하되, 오접에 대한 정밀 조사를 병행하여 관거 정비계획에 적극 반영함으로써 오접된 곳이 한 곳도 없도록 한다.

분류식관거지역의 개선절차는 그림 3.12와 같다.

① 처리장 유입수량 평가
② 건기 시 우수관거 유량조사(오접 우려지역)
③ 우기 시 오수관거 유량조사
④ 조사 우선순위 선정

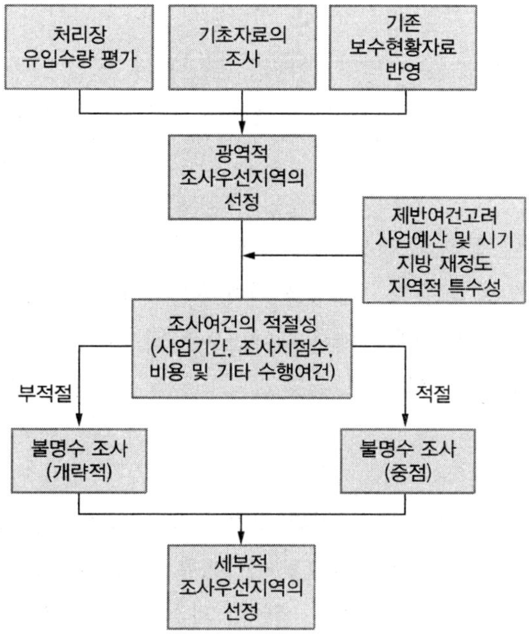

그림 3.11 합류식지역 조사우선지역 선정흐름도

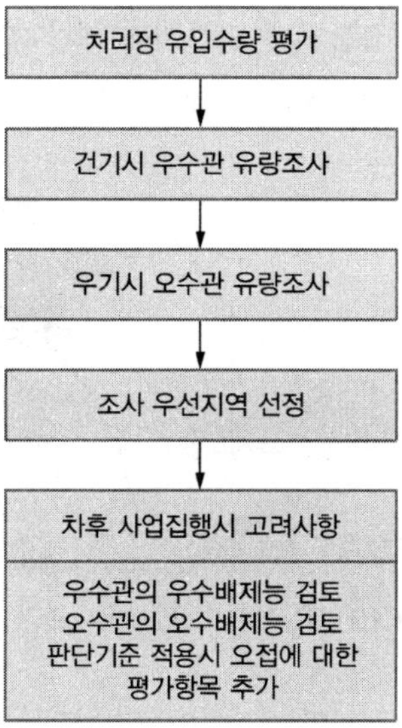

그림 3.12 분류식지역 조사우선지역 선정흐름도

(3) 관거조사 방법

관거조사 방법은 다음과 같이 다양한 방법이 활용될 수 있으나 국내 여건상 육안 조

사와 CCTV 조사가 가장 현실적이라 판단되며, 아울러 동 방법에 의한 조사 시보다 세심한 주의를 기울이는 것이 바람직하리라 판단된다. 또한 다른 지하구조물 공사시나 도로 공사 시 필요한 자료를 수집하는 것도 시간적, 경제적으로 효율적인 방법이다.

1) 육안조사

대구경 관거 및 접속관, 맨홀 등의 상태를 라이트, 반사경 등을 활용하여 육안으로 점검하며, 사진촬영 등을 통해 정밀성을 기하여 추후 분석자료로 활용한다. 육안조사는 비교적 접근이 용이한 관거에 한해서 제한적으로 실시되며, CCTV조사를 위한 사전 조사 단계로서 활용되기도 한다.

2) CCTV조사

육안조사가 접근의 용이성, 관경의 크기 등에 제약을 받음에 따라 최근 사용이 증대되고 있는 방법으로 이동 가능한 TV 카메라를 관거 내부로 투입하여 균열, 침입수 여부, 이음부 상태, 관 돌출 등 관의 전반적 파손상태를 조사하며, 조사결과를 지상에서 TV로 관측하거나 연속기록 촬영하여 추후 분석・활용하는 방법이다. 최근에는 첨단 장비를 장착한 로봇의 개발로 상기에 제시한 조사방법 외에 관거 개・보수 시 장애물의 제거, 유량 및 유속의 실측, 접합관 연결부위에 대한 천공 등 다양한 작업이 부수적으로 병행되어 이루어지고 있다(그림 3.13 참조).

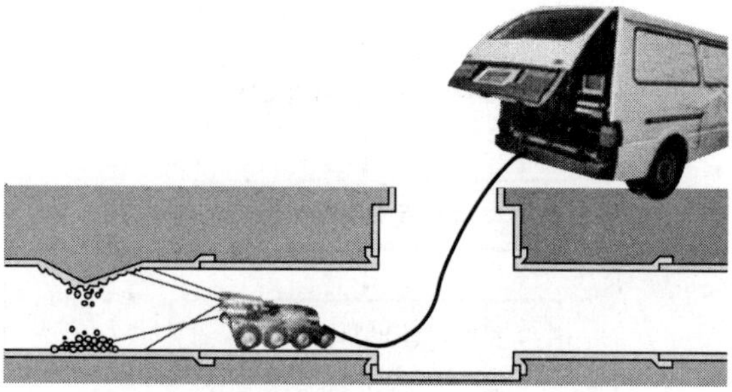

그림 3.13 로봇을 이용한 하수관거의 조사

3) 염료조사

염료조사는 하수관거의 유하상황 등을 확인하기 위해 실시하며, 추적자(tracer)를 유하시켜 이의 경로 및 농도 등을 분석함으로써 관거의 상태를 조사하는 것이다. 염료조사를 실시하면 하수배수경로의 추적 및 이와 관련된 누수, 침입수 여부, 관거 실 유하유속 등의 평가가 가능하며, 분류식 관거의 오접여부 평가도구로서도 그 활용도가 크다.

4) 음향조사

관거 시설의 올바른 접속 여부를 평가하기 위한 방법으로 배수설비와 하수관거 본관과의 연결여부 및 경로를 파악하기 위한 도구로 음향 조사는 유용하게 활용될 수 있다. 이 조사방법은 발신기에 의해 음을 생성시켜 측정지점에서 그 음을 수신 정도를 분석, 이를 통해 연결경로 등을 파악하며 특히 접합관의 접합여부 검사에 유효하게 활용된다.

5) 관거의 개 · 보수 판단기준

관거의 개 · 보수 사업을 위한 관거 판단기준의 설정은 발생 우 · 오수를 효과적으로 계획된 양 만큼 정확히 배제할 수 있도록 하는 관거의 구조적 · 기능적 개선에 목표를 두어야 한다. 또한 판단기준은 재정계획과 연계된 개 · 보수사업의 우선순위를 설정할 수 있는 기초자료를 제공하여야 하며, 관거 개 · 보수 사업 시 적용될 수 있는 공법의 선정에 있어서도 합리적이고 경제적인 기준을 제시하여야 한다.

관거 개 · 보수사업을 수행하고자 하는 대상지역의 관거 시스템에 관거 판단기준을 적용 시, 관거 자체의 결함에만 치중할 것이 아니라 발생 우 · 오수 배제능력, 지역 공공하수처리시설의 운전 조건, 방류선 수체의 목표수질, 지역 주민의 민원, 재정능력 등에 따라 별도의 판단기준을 융통성 있게 적용하여야 할 것이다.

3.8 펌프장의 종류

하수처리시설의 펌프장시설은 처리구역 내 및 처리장 내 하수이송용, 하수처리공정에 따른 수처리 공정용과 처리수 방류를 위한 방류용으로 구분할 수 있다. 하수이송용으로는 지형적인 자연경사에 의해 하수를 유하시키기가 곤란한 경우, 관거의 매설깊이가 현저히 깊어져 우수를 공공수역으로 자연방류 시키기가 곤란한 경우 또는 처리장에서 자연유하에 의해 처리할 수 없는 경우에 설치하는 양수시설이다. 수처리 공정용으로는 하수처리의 생물학적 처리공법에서 중요한 미생물을 원활히 공급하여 수처리의 효율성을 유지할 수 있도록 하는 경우에 설치하는 이송시설이며, 처리수 방류용으로는 하수처리를 거쳐 처리수질이 법적기준 이내로서 방류구 위치가 자연적으로 흐름을 유지할 수 없을 경우 양수하여 방류하기 위해 설치하는 시설이다.

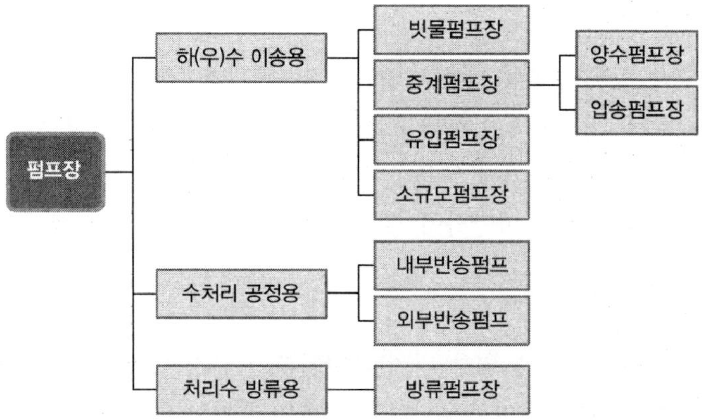

그림 3.14 펌프장의 종류

3.9 계획하수량과 펌프 형식

분류식 하수도에서 펌프장 설계 시 계획하수량은 계획시간최대오수량 및 계획우수량을 기준으로 한다. 합류식의 경우 우천 시 계획오수량을 기준으로 하며, 빗물펌프장은 계획하수량에서 우천 시 계획오수량을 뺀 값을 기준으로 한다.

펌프 설치 대수는 계획오수량 및 계획우수량의 시간적 변동과 펌프의 성능을 기준으로 정하며, 2~6대를 표준으로 한다. 펌프 설치 대수를 산정할 때는 다음 사항을 고려한다.

① 펌프는 가능한 최고효율점 부근에서 운전하도록 대수 및 용량을 정하며, 현장여건을 고려한다.

② 펌프의 설치대수는 유지관리상 가능한 적게 하고, 동일용량의 것으로 한다.

표 3.6 펌프장 시설의 계획하수량

하수배제방식	펌프장의 종류	계획하수량
분류식	중계펌프장, 소규모펌프장 유입·방류펌프장	계획시간최대오수량
	빗물펌프장	계획우수량
합류식	중계펌프장, 소규모펌프장 유입·방류펌프장	우천 시 계획오수량
	빗물펌프장	계획하수량 − 우천 시 계획오수량

③ 펌프는 용량이 클수록 효율이 높으므로 가능한 대용량의 것으로 하며, 유입오수량에 따라 대응운전이 가능한 대·중·소 조합운전이 되도록 한다.
④ 건설비를 절약하기 위해 예비는 가능한 대수를 적게 하고 소용량으로 한다.
⑤ 건설 중의 일부 통수 시나 청천 시 등 수량이 적은 경우 또는 수량의 변화가 현저한 경우, 오수량에 따른 효율적 운영과 유지관리상 경제적으로 운전하기 위하여 용량이 다른 펌프를 설치하거나 동일용량의 펌프회전수를 제어한다.
⑥ 과잉운전방지와 과잉운전에 따른 에너지소비량이 절감될 수 있도록 한다.

하수도용의 펌프는 원심펌프, 사류펌프 및 축류펌프 또는 수정모터원심펌프를 표준으로 한다. 원심펌프에는 터빈펌프와 볼류트펌프(volute pump)가 있으며, 일반적으로 볼류트펌프를 사용한다. 하수도용은 항상 양정고가 변동하고, 더구나 배수펌프에서는 그 변동률이 크므로 연중을 통해서 가장 많이 사용되는 양정인 경우에 효율이 좋은 펌프로 하고 또한 최대양정일 때도 양수할 수 있는 성능을 가져야 한다. 양정 높이나 유량에 따라 적합한 펌프가 있는데, 펌프의 표준 특성은 표 3.7과 같다.

펌프의 토출량 및 전양정을 결정하면 비교회전도(N_s) 또는 표준 특성을 고려해서 회전수를 정하고 고효율에너지 기자재로서 에너지 절감형인 고효율 펌프 중에서 안정적이고 효율적인 형식을 선정한다.

표 3.7 전양정에 따른 펌프의 형식

전양정(m)	형식	펌프구경(mm)
5 이하	축류펌프	400 이상
3~12	사류펌프	400 이상
5~20	원심사류펌프	300 이상
4 이상	원심펌프	80 이상

표 3.8 펌프 형식과 비교회전도(N_s)의 관계

형 식		N_s
터빈펌프	1단식 편흡입 및 양흡입형	100~250
	다단식	100~250
원심펌프	1단식 편흡입형	100~450
	1단식 양흡입형	100~750
	다단식	100~200
사류펌프		700~1,200
축류펌프		1,1000~2,000

비교회전도(N_s)는 펌프 형식을 나타내는 지수로서 N_s가 동일하면 펌프 크기에 상관없이 특성도 대체로 같다. N_s가 작으면 저유량 고양정 펌프이고 반대로 N_s가 크면 고유량 저양정 펌프에 해당한다(표 3.8 참조).

$$N_s = N\,\frac{Q^{1/2}}{H^{3/4}} \tag{3.4}$$

여기서, N_s : 비교회전도

N : 펌프의 규정 회전수, rpm

Q : 펌프의 규정 토출량, m^3/min

H : 펌프의 규정 양정, m

예제 3.8 비교회전도

양수량 5m^3/min, 전양정 2.5m, 회전수 1,560rpm인 펌프의 비교회전도를 구하시오.

풀이

$$N_s = 1{,}560\left(\frac{5^{1/2}}{2.5^{3/4}}\right) = 1{,}750$$

펌프의 축동력은 펌프 동력을 결정하는 식으로 식 (3.5)와 같이 토출량, 전양정 및 펌프 효율로부터 구한다. 펌프의 효율은 대략 표 3.9 정도의 값을 가진다.

$$Ps = \frac{\rho g Q H}{\eta} \tag{3.5}$$

여기서, Ps : 펌프의 축동력, W

Q : 펌프 토출량, m^3/sec

H : 펌프의 전양정, m

η : 펌프의 효율(1 이하)

표 3.9 펌프의 효율

(1) 입축축류펌프

구경(mm)	400	500	600	700	800	900	1,000
효율(%)	70	72	75	76	77	78	79
구경(mm)	1,200	1,350	1,500	1,650	1,800	2,000	
효율(%)	80	80	81	81	83	83	

(2) 입축사류펌프

구경(mm)	400	450	500	600	700	800	900
효율(%)	72	74	75	78	79	80	81
구경(mm)	1,000	1,200	1,350	1,500	1,650	1,800	2,000
효율(%)	82	83	83.5	84	84	84	85

(3) 수중펌프

구경(mm)	300	400	500
효율(%)	70	73	74

예제 3.9 **펌프의 축동력 계산**

내경 10cm, 길이 60m의 강관으로 0.02m^3/sec의 물을 30m 높이까지 양수할 때 필요한 펌프의 축동력(kW)은 얼마인가? 단, 마찰손실만 고려하고, 마찰손실계수 f = 0.035, 펌프효율은 85%이다.

풀이

$$v = Q/A = \frac{0.02}{(\pi/4)(0.1)^2} = 2.55\,m/s$$

$$h_L = f\frac{L}{D}\frac{v^2}{2g} = (0.035)\left(\frac{60}{0.1}\right)\left(\frac{2.55^2}{(2)(9.8)}\right) = 6.9\,m$$

$$H = h + h_L = 30 + 6.9 = 36.9\,m$$

$$Ps = \frac{\rho g Q H}{\eta} = \frac{(1{,}000)(9.8)(0.02)(36.9)}{0.85}\left(\frac{1\,kW}{1{,}000\,W}\right) = 8.5\,kW$$

전동기의 동력을 선정할 때는 축동력 이외에 감속기 등의 동력전달장치 효율을 고려하고 여기에 여유율을 감안하여 선정한다. 종류에 따라 다르나, 감속기 전달 효율은 0.94∼0.97 정도의 범위이며, 전동기의 여유율은 펌프의 형식에 따라 다르나 대략 0.1∼0.35 정도를 두는 것이 일반적이다.

3.10 펌프장 부대설비

(1) 침사지

침사지(grit chamber)는 일반적으로 하수 중의 직경 0.15mm 정도 또는 0.2mm 이상의 무기질, 비부패성 무기질 및 입자가 큰 부유물을 제거하여 방류수역의 오염 및 토사의 침전을 방지하고 또는 펌프 및 처리시설의 파손이나 폐색을 방지하여 처리작업을 원활히 하도록 펌프 및 처리시설의 앞에 설치한다.

평균유속은 0.3m/sec을 표준으로 하며, 체류시간은 30~60sec 정도가 표준이나 60sec가 많다. 침사지의 유속이 너무 느리면 미세한 유기물까지 침전하고, 유속이 커서 토사의 한계유속을 넘을 때는 침전된 토사가 부상하게 된다. 한계유속은 Shield 공식에 Darcy-Weisbach의 유속공식을 이용하면 식 (3.6)과 같다.

$$V_C = \left[\frac{8\beta}{f} g(S-1)D \right]^{1/2} \tag{3.6}$$

여기서, V_C : 한계유속, m/sec

f : 마찰계수(≒ 0.03)

β : 상수(≒ 0.06)

g : 중력가속도

S : 입자의 비중

D : 입자의 직경, m

식 (3.6)을 이용하면 직경이 0.2mm인 토사(비중 2.65)의 한계유속은 0.23m/sec, 0.4mm인 토사는 0.32m/sec이므로 평균유속 0.3m/sec은 직경 0.2~0.3mm 이상의 토사를 제거하기 위한 속도로 볼 수 있다.

침사량은 하수량 1,000m^3에 대해 합류식 하수도의 오수와 분류식 오수는 0.001~0.02m^3 정도이고 분류식 하수도의 우수는 0.001~0.05m^3 정도이다. 침사지의 깊이는 유효수심에 모래퇴적부의 깊이를 더하여 설계하는데, 모래퇴적부의 깊이는 보통 수심의 10~30% 혹은 30cm 이상을 반영한다. 침사지의 모래 제거효율은 표면부하율과 관계가 깊은데 침사지의 표면부하율은 오수침사지의 경우 1,800m^3/m^2/day, 우수침사지의 경우 3,600m^3/m^2/day 정도로 한다.

예제 3.10 **침사지 설계**

처리인구 100,000명, 1인1일최대오수량 300L/인/day의 분류식하수도에 있어서 장방형의 침사지를 설계하시오.

풀이

① 1인1일시간최대오수량 $=(1.5)(300\,\mathrm{L}/\text{인}/\mathrm{day})=0.45\,\mathrm{m}^3/\text{인}/\mathrm{day}$

시간최대오수량 $=(0.45\,\mathrm{m}^3/\text{인}/\mathrm{day})(100{,}000\text{인})=45{,}000\,\mathrm{m}^3/\mathrm{day}$

지하수유입량을 10% 가정하면 $45{,}000\mathrm{m}^3/\mathrm{day}(0.1)=4{,}500\mathrm{m}^3/\mathrm{day}$

따라서 계획오수량은 $\mathrm{Q}=45{,}000+4{,}500=49{,}500\,\mathrm{m}^3/\mathrm{day}$ 또는 $\fallingdotseq 0.573\mathrm{m}^3/\mathrm{sec}$

② 침사지 체적(V)

체류시간(HRT)을 60sec로 가정하면,

$\mathrm{V}=\mathrm{HRT}\times Q=(60\,\mathrm{sec})(0.573\,\mathrm{m}^3/\mathrm{sec})=34.4\,\mathrm{m}^3$

③ 표면적(As)과 수심(d)

표면적부하량(Ls) $=1{,}800\,\mathrm{m}^3/\mathrm{m}^2/\mathrm{day}$를 가정하면,

$\mathrm{Ls}=\dfrac{\mathrm{Q}}{\mathrm{As}},\ \mathrm{As}=\mathrm{Q}/\mathrm{Ls}=49{,}500/1{,}800=27.5\,\mathrm{m}^2$

$\mathrm{d}=\mathrm{V}/\mathrm{As}=\dfrac{34.4}{27.5}=1.25\,\mathrm{m}$

④ 침사지 폭(B)

평균유속(v)을 0.3m/sec로 하면,

$\mathrm{Q}=\mathrm{Av}=(\mathrm{B\,d})\mathrm{v}$

$\mathrm{B}=\dfrac{\mathrm{Q}}{\mathrm{dv}}=\dfrac{0.573}{(1.25)(0.3)}=1.53\,\mathrm{m}$

⑤ 침사지 유효길이(L)

$\mathrm{As}=27.5\,\mathrm{m}^2$이므로 $\mathrm{L}=\dfrac{\mathrm{As}}{\mathrm{B}}=\dfrac{27.5}{1.53}\fallingdotseq 18.0\,\mathrm{m}$

⑥ 여기에 침사부피를 고려하여 수심을 약 20% 증가시키고, 상부 여유고(약 50cm) 정도를 고려하여 직사각형 침사지 2지(1지는 예비)를 설계한다.

---

(2) 수문

침사지는 유량의 증감으로 인하여 통수지(通水池) 수(數)의 조작, 스크린 및 침사 제거시설의 점검이나 보수, 구조물의 보수나 개선, 침사지의 청소, 펌프흡수정의 점검, 펌프시설의 보수 및 정전 시 바이패스할 경우가 많다. 따라서 가시설 또는 평상 시에 바이패스 수로로 이용할 수 있는 경우 외에는 침사지를 2지 이상으로 나누고, 각각에 수문을 설치해 전환하여 사용할 수 있도록 한다. 침사지는 일반적으로 구조가 깊기 때문에 각락으로 제어작업이 용이하지 않을 뿐만 아니라 신속한 대응을 필요로 하는 경우가 많으므로 입구는 원칙적으로 수문을 설치한다.

침사지 내부의 배수를 완전히 하기 위해 출구에도 제어장치가 필요하지만 입구만큼 위급한 상황이 적으므로, 중요하지 않은 것은 각락으로 하여도 된다. 수문의 개폐장치는 수동조작 및 동력조작의 것이 있으며, 선정은 개폐빈도, 개폐의 난이도(수문의 대소, 수압의 대소 및 설치장소 등) 및 원격조작 등의 운전조건에 따라 검토해야 하고, 단지 침사지를 비우기 위한 것으로는 수동식이 많이 사용된다.

수동식 수문을 사용할 때는 조작을 1인이 10~15kg의 힘으로 간단히 작동할 수 있는 개폐장치를 택할 필요가 있다.

동력식 수문은 사용하는 동력에 따라 전동식, 내연기관 구동식 및 유압식 등으로 분류하지만, 불시의 정전 또는 고장 등에 대비하여 수동조작이 가능하거나 자중강하식 차단이 될 수 있도록 해 두어야 한다. 전동 및 내연기관 구동식의 것은 과부하에 의한 보호정지장치도 병행하여 설치할 필요가 있다. 또한 개폐장치에는 반드시 개도지시계를 설치하며, 전동인 경우 중앙제어실에 원격제어가 가능하도록 하여야 하며, 문과 틀은 내부식성을 고려하여 주철제, 스테인리스제 혹은 비금속제(HDPE) 등의 재질을 사용할 수 있다.

소규모 수문은 일반적으로 각락이나 수동식 수문을 사용하고 사용빈도나 유지관리성을 고려한 관리조건에 따라 전동식 수문을 사용하며, 지수플러그 사용이 가능한 경우에는 수문시설을 생략할 수 있다.

(3) 스크린

부유물에는 먼지, 주방쓰레기, 섬유 및 나무토막 등 여러 가지의 것이 있으므로 제거효율을 높이기 위하여, 대형 하수처리시설인 경우 침사지 앞에는 조목스크린, 침사지 뒤에는 세목스크린을 설치하였으나, 관거가 정비되고, 중·소규모처리장인 경우 협잡물의 양과 크기가 작으므로 침사지 앞에는 세목스크린을, 침사지 뒤에는 미세목스크린을 설치한다. 스크린 협잡물의 양은 일반적으로 하수량 1,000m^3당 분류식의 경우는 하수가 0.001~0.015m^3이고, 우수는 0.001~0.03m^3 정도이며, 합류식의 경우는 0.001~0.015m^3 정도이나 지역상황에 따라 차이가 있다.

스크린의 형식에는 일반적으로 레이크 바(rake bar)식, 스크류 바(screw bar)식 및 계단(step)식 등 평강제 격자형의 스크린이 사용되며, 사용용도에 따라 드럼형의 미세목스크린이 사용된다. 평강제 격자형의 유효간격은 펌프구경의 크기에 따라 설정한다. 일반적으로 스크린 목폭의 유효간격은 세목스크린으로 오수용의 경우 15~25mm, 우수용의 경우 25~50mm 정도로 하며, 조목스크린의 유효간격은 50~150mm 정도로 한다. 한편, 미세목스크린의 간격은 2~5mm 정도로 침사지 후단에 설치하여 일차침전지(또는 포기조)에서 넘치는 부유성 스컴의 양을 줄이고, 스컴반송수로 인한 일차침전지(초침)의 유입오염부하량이 설계값보다 크게 되는 경우를 방지할 수 있다. 특히 미세목스크린의 경우 간극막힘을 효과적으로 방지하기 위해서 역삼각형 단면의 바(wedge-bar)식 또는 계단식스크린(step screen)식이 사용되고 있다. 또한 드럼스크린은 협잡물과 함께 하수를 이송하는 시스템에 주로 적용되며, 눈목은 미세목과 거의 동일하다.

스크린의 경사각은 협잡물 제거장치가 있는 경우는 70도 전후로 하고, 제거장치가 없는 경우에는 45~60°로 한다. 바 스크린(bar screen)은 보통 평강제를 사용할 경우 두께 6~12mm, 폭 50~150mm, 역삼각형 단면의 바(wedge-bar)를 사용할 경우 두께 2~5mm, 폭 2~5mm의 등간격으로 나란히 하고 등간격을 유지하기 위해 스페이서(spacer, 흔히 강관을 고리모양으로 자른 것을 사용한다)를 끼워 놓고 가운데를 통해 볼트로 조여 놓은 구조의 것이 바람직하다.

(4) 침사 제거 설비

침사지는 일반적으로 구조상 지하에 설치되어 항상 악취가 발생되며 침사 및 고형물이 침전·부패되어 악취방지법에 따른 악취방지에 대한 대책을 강구하여야 한다. 소규모 처리시설에 침사지를 설치할 경우 중력식 등 구조물에 설치하는 침사시설은 대부분 지하에 설치되어 있어 설치비용이 과다하게 소요되고, 기계·전기설비의 부식이 심하여 내구연한이 떨어지고, 운영관리가 불편하며, 악취를 배출하고 있는 대표적인 시설이다. 따라서, 소규모 처리장의 침사지시설을 설계할 경우에는 공사비 및 무인자동화 등 유지관리성을 고려하여 협잡물과 침사를 동시에 제거할 수 있는 기계일체형 침사제거기를 설치하는 것이 바람직하다고 할 수 있다. 기계일체형 침사제거기는 다음과 같은 것들이 있다.

① 그래브(grab)식 모래인양기를 침사지 천장에 설치하여 달아 올리는 조작으로 침전된 토사를 제거하는 방법

② 침사지 위에 주행식 기계차를 설치하고 버킷컨베이어로 침사지 바닥의 침전된 토사를 제거하는 방법

③ 침사지의 바닥에 버킷컨베이어를 설치·운전하여 버킷에 의해 침전된 토사를 제거하는 방법

④ 침사지의 바닥에 스크류(screw)컨베이어를 설치하여 침전된 토사를 한 곳으로 모으고, 샌드펌프나 버킷컨베이어에 의하여 침전된 토사를 제거하는 방법

▌연습문제▐

3-1 계란형 하수관의 장단점을 논하라.

3-2 하수관거 설계 시 오수관거는 계획시간최대오수량을 기준으로 설계한다. 만약 어느 지역의 계획일최대오수량이 $10m^3$/day이라면 계획시간최대오수량은 어느 정도이겠는가?

3-3 하수도용 관으로써 흄관(원심력철근콘크리트관)이 많이 사용된다. 흄관의 연결방법인 소켓접합방법에 대해 설명하라.

3-4 하수관의 매설구배가 너무 작아 허용최소유속(0.6m/sec)이 나오지 않을 경우의 해결 방안을 제시하라.

3-5 하수관을 매설하고자 하는 지역의 지면 경사가 매우 심하여 하수관의 매설구배가 높고, 이로 인해 허용최대유속(3.0m/sec)을 초과하게 되는 경우 해결 방안을 제시하라.

3-6 침사지의 모래제거설비로서 그랩인양기(grab bucket)와 버킷컨베이어(bucket conveyer)에 대해 장단점을 설명하라.

3-7 독립입자의 자유침강은 stoke's 법칙을 따른다고 한다. 20℃ 수온에서 비중이 2.7이고, 평균 입경이 0.1mm인 토사 입자의 침강속도(최종속도)를 구하라. 단, 20℃인 물의 점성계수 $\mu=1.002 \times 10^{-3}$kg/m/sec이다.

3-8 90%의 효율을 가진 전동기에 의해 가동되고 효율이 80%인 펌프로 초당 250L의 물을 총수두 20m만큼 퍼 올릴 때 요구되는 전동기의 출력을 구하여라. 단, 여유율은 20%를 고려하라.

3-9 펌프의 공동현상(cavitation)을 설명하고, 공동현상을 방지하는 요령에 대해 기술하라.

3-10 토출량 500L/sec, 회전속도 150rpm, 전양정 6.5m인 펌프의 비속도(specific speed)를 계산하라.

제 4 장 수처리시설

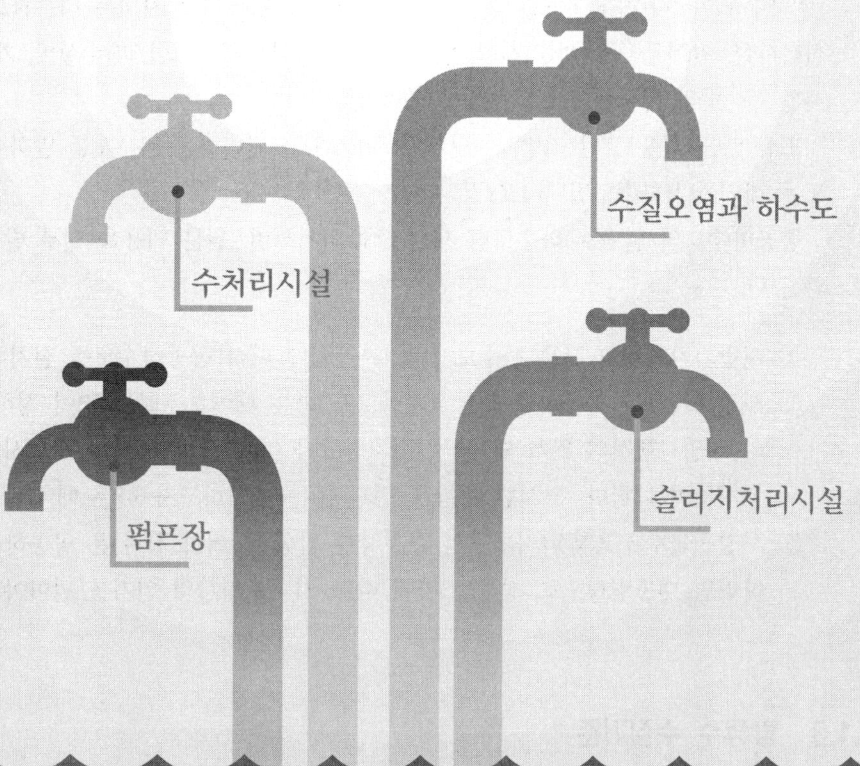

4.1 총설

4.1.1 공공하수처리시설의 정의

공공하수처리시설은 하수를 처리하여 하천, 바다, 그 밖의 공유수면에 방류하기 위하여 지방자치단체가 설치 또는 관리하는 처리시설과 이를 보완하는 시설을 말한다(하수도법 제2조).

4.1.2 공공하수도의 설치

"하수도"란 하수와 분뇨를 유출 또는 처리하기 위하여 설치되는 하수관로, 공공하수처리시설, 간이공공하수처리시설, 하수저류시설, 분뇨처리시설, 배수설비, 개인하수처리시설, 그 밖의 공작물, 시설의 총체를 말한다.

또한 "공공하수도"란 지방자치단체가 설치 또는 관리하는 하수도를 말하며, 개인하수도는 제외한다[하수도법 제1조(정의)].

공공하수도의 설치는 하수도법 제11조에 의거하며, 원문 내용을 일부 발췌하면 아래와 같다.

① 지방자치단체의 장은 하수도정비기본계획에 따라 공공하수도를 설치하여야 한다.
② 시・도지사는 공공하수도를 설치하고자 하는 때에는 대통령령이 정하는 바에 따라 사업시행지의 위치 및 면적, 설치하고자 하는 시설의 종류, 사업시행기간 등을 고시하여야 한다. 고시한 사항을 변경 또는 폐지하고자 하는 때에도 또한 같다.
③ 시장・군수・구청장(자치구의 구청장을 말한다. 이하 같다)은 공공하수도를 설치하려면 대통령령으로 정하는 바에 따라 시・도지사의 인가를 받아야 한다.

4.1.3 방류수 수질기준

공공하수도에서 배출되는 폐수는 그 양이 많아서 방류수역에 미치는 영향이 크므로 배출허용기준과 다른 별도의 '방류수 수질기준'에 적합하게 처리하여 배출하여야 한다.

표 4.1 공공하수처리시설의 방류수 수질 기준(2021년 1월 1일부터 적용되는 기준)

<table>
<tr><th colspan="2">구 분</th><th>생물화학적 산소요구량 (BOD)(mg/L)</th><th>총유기 탄소량 (TOC)(mg/L)</th><th>부유물질 (SS) (mg/L)</th><th>총질소 (TN) (mg/L)</th><th>총인 (TP) (mg/L)</th><th>총대장균 군수 (개/100mL)</th><th>생태 독성 (TU)</th></tr>
<tr><td rowspan="4">1일 하수처리 용량 500m³ 이상</td><td>I 지역</td><td>5 이하</td><td>15 이하</td><td>10 이하</td><td>20 이하</td><td>0.2 이하</td><td>1,000 이하</td><td rowspan="7">1 이하</td></tr>
<tr><td>II 지역</td><td>5 이하</td><td>15 이하</td><td>10 이하</td><td>20 이하</td><td>0.3 이하</td><td rowspan="6">3,000 이하</td></tr>
<tr><td>III 지역</td><td>10 이하</td><td>25 이하</td><td>10 이하</td><td>20 이하</td><td>0.5 이하</td></tr>
<tr><td>IV 지역</td><td>10 이하</td><td>25 이하</td><td>10 이하</td><td>20 이하</td><td>2 이하</td></tr>
<tr><td colspan="2">1일 하수처리용량 500m³ 미만 50m³ 이상</td><td>10 이하</td><td>25 이하</td><td>10 이하</td><td>20 이하</td><td>2 이하</td></tr>
<tr><td colspan="2">1일 하수처리용량 50m³ 미만</td><td>10 이하</td><td>25 이하</td><td>10 이하</td><td>40 이하</td><td>4 이하</td></tr>
</table>

I지역	가. 「수도법」 제7조에 따라 지정·공고된 상수원보호구역 나. 「환경정책기본법」 제22조 제1항에 따라 지정·고시된 특별대책지역 중 수질보전 특별대책지역으로 지정·고시된 지역 다. 「한강수계 상수원 수질개선 및 주민지원 등에 관한 법률」 제4조 제1항, 「낙동강수계 물관리 및 주민지원 등에 관한 법률」 제4조 제1항, 「금강수계 물관리 및 주민지원 등에 관한 법률」 제4조 제1항 및 「영산강·섬진강수계 물관리 및 주민지원 등에 관한 법률」 제4조 제1항에 따라 각각 지정·고시된 수변구역 라. 「새만금사업 촉진을 위한 특별법」 제2조 제1호에 따른 새만금사업지역으로 유입되는 하천이 있는 지역으로서 환경부장관이 정하여 고시하는 지역
II지역	「물환경보전법」 제22조 제2항에 따라 고시된 중권역 중 화학적 산소요구량(COD) 또는 총인(TP)의 수치가 같은 법 제24조 제2항 제1호에 따른 목표기준을 초과하였거나 초과할 우려가 현저한 지역으로서 환경부장관이 정하여 고시하는 지역
III지역	「물환경보전법」 제22조 제2항에 따라 고시된 중권역 중 한강·금강·낙동강·영산강·섬진강 수계에 포함되는 지역으로서 환경부장관이 정하여 고시하는 지역(I지역 및 II지역을 제외한다)
IV지역	I지역, II지역 및 III지역을 제외한 지역

방류수 수질기준은 하수도법 제7조에 명시되어 있고, 구체적인 항목과 수질기준은 동법 시행규칙 제3조에 규정되어 있는데, 배출되는 하수량 및 배출수역의 위치에 따라 각각 다른 기준을 적용하도록 되어 있다. 표 4.1에는 공공하수처리시설의 방류수 수질기준이 표시되어 있다. 이 기준에 따르면 일일하수처리용량에 따라 500톤 이상, 50톤 이상 500톤 미만, 50톤 미만의 3 경우로 구분하여 용량이 클수록 더 엄격한 기준을 따르도록 하고 있다. 또한, 배출수역별로는 상수원 보호구역이나 4대강 수변구역, 새만금으로 유

입되는 지역 등을 I 지역으로 구분하여 가장 엄격한 기준을 적용한다. 한편, 방류수 수질기준에서 언급한 BOD, COD 등 7개 항목 이외의 오염물질 배출에 대해서는 「수질 및 수생태계 보전에 관한 법률」에서 정한 배출허용기준을 따르도록 명시하였다.

이외에도 특별대책지역이나 상수원의 수질보전 또는 생활환경보전을 위하여 엄격한 기준이 필요한 지역으로서 대통령령으로 정하는 지역은 더 '엄격한 방류수 수질기준'을 적용하도록 되어 있으므로 수처리시설을 설계할 때는 해당 지역이 어떤 기준에 저촉되는지 먼저 확인해야 할 것이다.

4.1.4 처리방법의 종류

(1) 전처리

전처리는 일반적으로 요구되는 전처리공정, 즉 예비처리로서 스크린, 파쇄, 침사 등과 공장폐수 유입 시 폐수의 특성에 기인하는 전처리공정, 즉 유수분리, pH 조정, 화학적응집침전 등으로 구분할 수 있다.

일반적으로 예비처리로서의 전처리공정에서 조대부유물질 및 부상고형물이 제거되며, 공장폐수의 특수성에 기인하는 전처리공정에서는 처리시설의 처리기능에 장애를 미치는 산, 알칼리 및 중금속 등 유해물질과 유지류 및 난분해성유기물질이 제거된다.

하수처리 시 유입되는 공장폐수의 경우 사업장의 방지시설에서 공공하수처리시설의 기능에 영향을 주는 물질을 제거한 후 종말처리시설로 유입되는 것을 원칙으로 하나, 유기폐수의 경우 원폐수 자체에 생물학적 난분해성물질을 다량 포함하였거나 사업장 내 방지시설에 의한 처리 후 생물학적 난분해성물질이 유입될 수 있고, 또한 사업장 방지시설의 운전불량 등의 예기치 못한 사고에 의하여 유해물질이 다량 함유되어 pH가 상당히 높거나 낮은 상태로 폐수가 유입될 수 있다. 이러한 경우에 대비하기 위하여 유량조정조를 통한 수질의 균등화를 도모하거나 본 처리시설 전에 전처리시설을 두는 것이 바람직하다.

전처리공정은 흔히 간헐적, 가변적 운전이 될 수 있으므로 운전휴지 시의 유지관리에 유의 하여야 하며, 전처리 후 처리단계 결정은 폐수의 성상 및 농도에 따라 달라진다. 공업단지 및 농공단지에서 배출되는 폐수 및 하수의 경우 시간적, 계절적 성상 및 농도 변화가 심한 것이 특징이다. 이러한 유입수의 특수성을 감안할 때 일차, 이차 및 고도처리공정은 유입수의 양적, 질적인 변화에 충분히 대응할 수 있도록 부분적 혹은 전체 공정을 계열화할 필요가 있다.

(2) 일차처리

일차처리는 물리적인 방법에 의한 유입하수 및 오수 중 현탁물질, 부유물질이나 때로 유기물의 제거를 목적으로 하며, 중력침전법, 부상분리법, 여재를 활용한 여과법 등의 공정이 있다. 또한 유입 폐수 및 오수의 일차처리 시 부유물의 제거와 함께 BOD의 일부도 제거된다. 일차침전지의 경우 폐수 중 침전가능한 물질을 침전분리함을 목적으로 하며, 침전된 슬러지는 별도의 슬러지처리시설에 의하여 처리된다. 반면에 부상분리조의 경우 유입하수 및 오수 중 유지류와 같이 비중이 물보다 작아 침전이 어려운 물질을 부상시켜 제거하는 공정이다. 일반적으로 중력식침전법이 채택하나, 하수의 성상에 따라 부상분리법을 채택할 수도 있다.

(3) 이차처리

콜로이드성 고형물이나, 용존성 유기물의 제거를 목적으로 한다. 주로 활성슬러지법, 회전원판법, 살수여상법 등 호기성 미생물의 산화분해 작용을 이용하는 생물학적 처리시설로 구성되어 있다. 그러나 유입수의 성상이 생물학적 처리로 불가능할 경우 화학적 혹은 물리·화학적 처리공정이 채택되기도 한다. 그러나 기존 대부분의 처리시설의 이차처리는 생물학적인 방법으로 이루어지며, 생물학적 처리가 화학적 혹은 물리화학적 처리방법에 비하여 용존성 유기물질의 제거에 우수할 뿐 아니라 처리단가 측면에서도 유리하다. 생물학적 처리는 특히 처리수량이 많을 경우 화학적 혹은 물리·화학적 처리방법에 비하여 우수하다.

이차처리공정의 제거효율은 전 처리공정의 제거효율에 큰 영향을 주게 되므로 이차처리공정을 선정할 때는 차후 유입수성상의 변화까지 예견하여 신중한 공정의 선정이 절실히 요구된다. 일차 혹은 이차처리 후 방류되는 경우에는 방류 전에 소독조를 두어 처리수를 살균하여 방류한다.

(4) 고도처리

고도처리는 이차처리수를 다시 고도의 기술로 처리하여 좀 더 양호한 수질을 얻기 위한 처리법의 총칭이다. 고도처리는 이차처리수의 재이용이나, 장래 적용될 엄격한 방류수질기준에 대비하여 채택되며, 적용되는 고도처리공정은 제거할 물질에 따라 다르다. 고도처리에서 주로 제거하는 오염물질은 부유물, 영양염류, 미량유기물 및 무기염류 등이 있다.

고도처리의 일반적 목적 및 적용되는 공정은 다음과 같다.

① 방류수역의 환경기준에 부응
② 방류수역이 호소나 만 등의 폐쇄수역인 경우 수역의 부영양화 방지
③ 공업용수 혹은 잡용수로 재이용
④ 여과법, 활성탄흡착법, 막분리법, 막분리활성슬러지법, 질소와 인의 제거법 및 기타 이차처리 이상의 처리수질을 얻을 수 있는 처리방법

4.1.5 처리방법 선정 시 고려사항

(1) 유입수량, 유입수질, 방류수 수질 및 제거효율

처리방법의 선정 시 유입수량, 유입수질 및 그 부하의 변동을 우선적으로 고려하여야 한다. 또한 선정되는 처리방법은 유입수량 및 수질에 적합할 뿐 아니라 처리수의 방류수 수질기준에 부합될 수 있어야 한다. 이 때 방류수 수질기준은 현재 및 장래 엄격하게 적용될 방류수 수질기준에 따라 다음 사항이 고려되어야 한다.

① 방류수역의 현재 유량 및 수질
② 동일수역 내에 방류되는 기타 배출원과의 관계
③ 다른 오염원의 장래 오염부하량 예측
④ 방류수역의 자정능력

처리방법은 방류수 수질이 방류수 수질기준의 80% 이하가 될 수 있는 것이 바람직하다. 농공단지의 경우 주변이 전답 및 상수원 보호지역으로 지정되어 있을 수 있으므로 이러한 경우 더욱 고도의 처리시설을 요구할 수 있다. 일반적으로 알려진 단위공정들의 처리효율은 다음 표 4.2와 같으나 유입수의 성상 및 운전조건 등에 따라 크게 차이가 날 수 있으므로 적용 시 매우 세심한 주의를 요한다.

(2) 수량 및 수질부하 변동

처리시설은 예상외의 공단확장, 하수량의 증가, 입주업종의 변화에 따른 유입수량 및 수질의 변동에 충분히 대응할 수 있는 탄력 있는 처리공정으로 구성되어야 하며, 일시적으로 높은 제거율을 보이나 처리효율이 일정치 않고 불안정한 것보다는 처리효율이 다소 낮더라도 안정된 기능을 항상 유지할 수 있어야 한다. 또한 처리시설의 처리공정 선

정 시 유입수질이 비교적 낮게 유지되며 초기부하가 설계부하에 비하여 상당히 낮게 유입되는 특수한 여건을 충분히 검토할 필요가 있다. 하수처리는 획일적인 공정조합방식이 불합리하기 때문에 특수성을 고려하여 유입수 변화에 능동적이며 융통성 있게 대처할 수 있도록 각 공정을 별개로 독립적으로 운영하거나, 하수의 성상에 따라 신축적으로 조합하여 이용할 수 있어야 한다.

표 4.2 처리시설별 일반적 제거효율

단위공정	제 거 효 율
스크린	미세스크린 : SS 5~20%, BOD 5~10%
침사시설	모래, 자갈, 기타 금속물질 등의 제거
유수분리시설	Baffle형 : n-H추출물질 50% 이상, API : n-H추출물질 97%, PPI, CPI : n-H추출물질 99%
유량조정조	유기성폐수의 경우 1일 산기교반으로 BOD 5~10%
일차침전조	운전조건에 따라 큰 차이가 있음. BOD 및 COD 30~60%, SS 50~80%
부상시설	일반적으로 폐수의 점도, 입경, 농도, 운전조건에 따라 큰 차이가 있음. BOD 40~60%, COD 40~60%, SS 60~80%, n-H추출물질 60~80%
생물학적 처리시설 및 이차침전시설	유입 BOD, 운전조건, 공정특성에 따라 처리효율에 큰 차이가 있음. BOD 60~95%, 일반적 80~95%

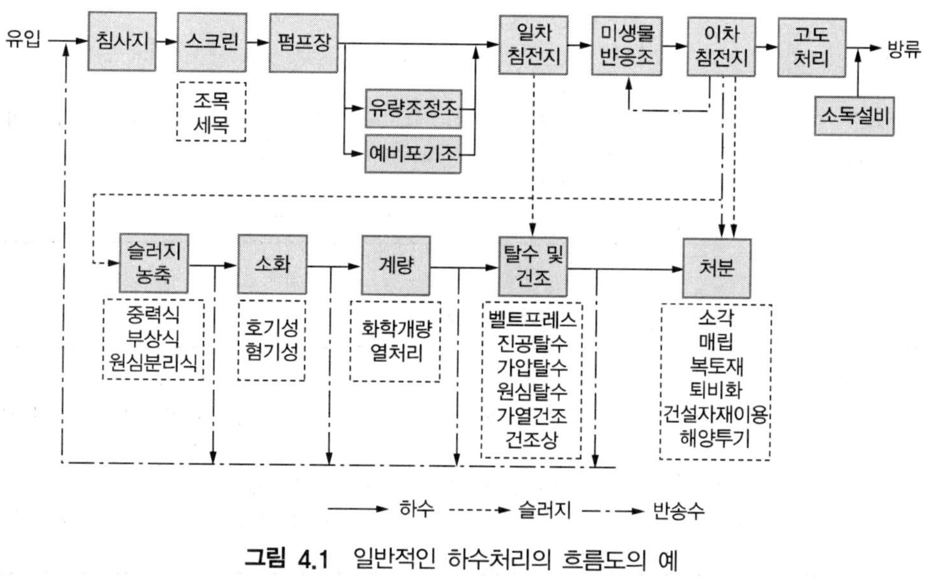

그림 4.1 일반적인 하수처리의 흐름도의 예

(3) 처리방법의 안정성

설계의 안정성을 사전에 검증하기 위하여 처리성 실험(실험실규모실험, 파일롯규모실험)을 하여야 한다. 처리도 실험을 통하여 도출된 설계인자를 처리시설의 설계에 이용함으로써 처리공정의 안정성, 경제성을 확보할 수 있다. 일반적으로 공공하수처리시설의 주요공정은 생물학적 처리인 점을 감안할 때 유입수에 대한 생분해도실험을 반드시 하여야 한다. 실제 몇몇 기존 처리시설에서는 유입수의 COD농도가 BOD농도보다 매우 높아 생물학적 처리에 실패하여 전체 처리공정을 화학적 응집침전방법으로 전환한 예도 있다.

(4) 유지관리의 용이성

처리방법은 가급적 단순하면서 중복되지 않고, 유지관리가 용이해야 한다. 또한 선정된 처리공정에 사용되는 기계 및 약품은 구입하기 쉽고, 투입인력을 최소화할 수 있는 것이 바람직하다. 이 밖에 유입수의 변화에 따라 변하는 성상의 변화를 신속히 제어하기

표 4.3 하수처리에 사용되는 물리적 단위조작의 적용 예

단 위 조 작	적 용 예
유량측정	공정조절, 공정감시, 배출량기록
스크린	차단에 의하여 큰 침전성 고형물의 제거
분쇄	조대입자를 거의 균일한 크기로 갈아주기
유량조정	유량과 BOD, SS의 질량부하를 균등화
혼합	하수에 화학약품과 가스를 섞어주고 고형물을 부유상태로 유지
침전	침전성 입자의 제거
여과	생물학적 처리나 화학적 처리 후에 남아 있는 미세한 부유물질의 제거
Microscreen	여과와 같으며 안정화지 유출수에서 나온 조류의 제거
가스전달	가스의 첨가 및 제거
휘발 및 가스제거	하수로부터 휘발성과 반휘발성 유기물질의 방출

표 4.4 하수처리에 사용되는 화학적 단위공정의 적용 예

공 정	적 용 예
흡착	일반적인 화학적, 생물학적 처리방법으로 제거되지 않는 유기물질의 제거
살균	질병유발 미생물의 선택적 사멸(염소, 오존, 자외선 등)
탈염소	염소살균 후에 남아있는 모든 잔류염소를 제거
기타 화학약품사용	하수처리에서 특별한 목적을 달성시키기 위해 여러 가지 다른 화학약품이 사용될 수 있다.

위해서는 자동화 또는 반자동화된 제어방식이 도입되어야 하며, 계장 및 자동제어장치의 경우 정교하게 설계된 것보다 주위 여건이 변해도 쉽게 고장이 나지 않는 것을 선택하는 것이 좋다. 또한 처리방법은 처리의 안정성을 보장하기 위하여 운전자의 지식 및 숙련도에 따라 크게 좌우되지 않도록 하여야 하는 점이 공정선택의 기준이 되어야 하며, 유지관리 시 위험하지 않아야 한다.

(5) 용지면적 및 주위환경

처리방법 선정 시에는 또한 처리시설이 위치할 부지의 면적을 신중히 고려하여야 한다. 계획 당시 부지면적이 충분하더라도 장래 처리시설의 증설에 대비하여 처리효율을 저하시키지 않는 범위 내에서 가능한 한 부지를 작게 점유하는 처리방법을 선정한다.

(6) 경제성

처리시설의 처리공정 선정 시 가장 중요한 조건으로 경제성을 들 수 있다. 시설의 건

표 4.5 하수처리에 사용되는 주요 생물학적 처리공정 예

종 류	일 반 명	용 도
부유미생물 (이차처리)	활성슬러지법 표준활성슬러지법 점감포기법(step aeration) 순산소활성슬러지법 장기포기법 산화구법 회분식활성슬러지법(SBR) 혐기－호기활성슬러지법	BOD제거(질산화) BOD제거(벌킹제어)
부착미생물 (이차처리)	호기성 여상법 접촉산화법 회전생물막법(RBC)	BOD제거(질산화)
부유미생물 (고도처리)	순환식질산화탈질법 질산화내생탈질법 단계혐기호기법 혐기무산소호기조합법 고도처리 산화구법 응집제첨가형 순환식질산화탈질법 막분리활성슬러지법	BOD, TN, TP제거
부유 + 부착미생물 (고도처리)	유동상미생물법 담체투입형 A2O변법	BOD, TN, TP제거

설비 및 유지관리비는 가급적 저렴한 것이 좋다. 그러나 건설비나 유지관리비가 다소 비싸더라도 처리수의 재이용이 가능하며, 발생슬러지의 양이 적어 최종처분비용을 감소시킬 수 있는 공정이 상대적으로 보다 경제적일 수도 있다. 따라서 처리시설의 공정선정 시 건설비, 유지관리비가 적정한 수준이어야 함은 물론, 재이용, 슬러지발생량감소 등도 부가적인 비용절감의 측면에서 고려하여야 한다.

(7) 기존시설과 호환성

기존 처리장의 확장 및 개량 시 신설되는 단위공정과 기존 시설과의 호환가능성을 검토하여야 한다. 또한 기존시설의 설계 및 장비의 제작사에게 새로 추가되는 시설 및 장비를 의뢰할 경우 비축해야 할 부품의 숫자를 줄일 수 있으며, 장비의 보수도 효율적으로 할 수 있다.

(8) 기기 및 장비의 수급가능성

필요 기기 및 장비의 수급가능성은 공정선정 시 매우 중요한 요소이다. 공공하수처리시설에서 사용되는 기기 및 장비는 소형펌프, 모터 및 밸브 등을 제외하고는 대부분 주문제작하거나 외국으로부터 수입되고 있다. 따라서 주문부터 배달까지 상당한 시일이 걸릴 수 있으므로 처리공정 선정 시 설계자는 시설의 설계, 건설, 운전 및 관리에 필요한 장비의 수급가능성을 고려하여야 한다.

(9) 지역적 조건

처리방법은 처리시설이 위치할 지역의 특수한 지형, 지질 및 기타 환경조건을 최대한 활용할 수 있는 것이 바람직하다.

(10) 기타

이밖에 사업장 원폐수발생량, 오염부하량의 변동가능성을 파악하고, 사업장 방지시설의 처리효율 및 운전실패가능성 등을 종합적으로 검토하여 선정한다. 또한 처리공정 선정은 유지관리인원 뿐 아니라 요구되는 기술수준도 고려하여야 한다. 특히 소규모시설의 경우 운전전문성의 부족에 따른 부적절한 운영이 초래되지 않도록 처리방법의 선정 시 배려를 하는 것이 바람직하다. 뿐만 아니라 처리방법 선정 시 방류수역의 현재 및 장래 이용 상황 및 슬러지처분 전망 등을 고려한다.

4.1.6 처리시설 설계의 기본 요건

(1) 계획수량

처리시설의 유입수는 생활오수 및 공장폐수 등으로 구성된다. 또한 이들 유입수의 관거를 통한 유하 시 지하수가 다량 침투될 수 있으며, 처리시설 내 반송량도 고려하여야 한다. 표 4.6은 처리시설별 계획수량이다.

표 4.6 처리시설별 계획수량

구 분		계 획 하 수 량	
		분류식 하수도	합류식 하수도
1차처리 (일차침전지까지)	처리시설(소독시설 포함)	계획1일최대오수량	계획1일최대오수량
	처리장 내 연결관거	계획시간최대오수량	우천 시계획오수량
2차처리	처리시설	계획1일최대오수량	계획1일최대오수량
	처리장 내 연결관거	계획시간최대오수량	계획시계획오수량
고도처리 및 3차처리	처리시설	계획1일최대오수량	계획1일최대오수량
	처리장 내 연결관거	계획시간최대오수량	계획시계획오수량

※ 고도처리시설의 경우, 계획하수량은 겨울철(12, 1, 2, 3월)의 계획1일최대오수량을 기준으로 한다. 단, 관광지 등과 같이 계절별 유입하수량의 변동폭이 큰 경우는 예외로 한다.

(2) 계획수질

유입하수량, BOD, SS 등의 수질과 이들의 시간적 변동 등은 그 지역의 환경과 유사도 고려해서 정한다. 또한 공장폐수의 유입이 예상되는 처리장에서는 처리에 악영향을 미치지 않도록 계획처리구역을 미리 조사해서 필요한 대책을 강구한다. 그리고 계획수질은 공장폐수, 생활오수 및 반송수 각각의 계획오염부하량의 합을 계획수량으로 나누어 산정한다.

(3) 처리시설의 배치

하수처리시설이 그 기능을 제대로 발휘하기 위해서는 각 시설이 적정하게 유지 관리되어야 한다. 그러므로 시설의 배치, 구조 및 기능에 관한 계획을 세울 때에는 그 규모나 체계에 따라 유지관리가 가장 쉽고 적절하게 유지되도록 고려할 필요가 있으며, 위험을 방지할 수 있도록 안전대책을 강구한다. 처리시설 중에 특히 부식이 심한 곳은 방식 도장 등 부식 방지대책을 강구토록 한다. 침사지, 침전지, 포기조 등과 같은 주요 시설물은 점검, 수리, 청소 또는 고장 시에도 작동이 멈춰서는 안 되므로 2계열 이상으로 설계하여 문제 발생 시에도 처리를 계속할 수 있도록 해야 한다.

일반적으로 전체 시설은 몇 개의 계열로 나누어 단계적으로 시공하므로 시설의 배치 및 구조에 대하여 단계적 정비계획을 예상해서 전체계획과의 관계, 시공상 조건, 건설비의 경제성 및 이미 설치한 부분의 유지관리조건에서 가장 적절한 계열과 시설배치를 선택한다. 그럼에도 불구하고 유입하수량이 설계치보다 장기간 적게 유입되는 경우에는 일부 시설에 대한 잠정조치 및 공정관리의 효율성을 꾀할 수 있도록 고려한다.

처리장의 배치 및 구조에 있어서 지형 방류수역의 상황 등 이외에도 주변지역에 미치는 악취, 소음, 일조장애, 대기오염, 전파장애, 미관상 문제 등에 대하여 충분한 배려를 하여 설계 및 시공을 한다.

이러한 이유로 하수처리시설물을 지하에 설치하여 악취나 미관상 장애를 없애기도 하고, 그림 4.2와 같이 상부를 복개하여 테니스 코트나 골프 연습장 같은 체육시설이나 생태공원 등 주민 친화시설을 만들어 지역주민에게 개방하는 사례도 많이 늘고 있다.

그림 4.2 처리시설 상부를 복개하여 체육공원과 생태연못을 조성한 사례(S시 환경사업소)

4.1.7 처리시설 간의 수위차

각 시설의 구조상의 손실수두에 도수관 및 계량설비 등의 손실수두를 가산하여 소요 수위차를 유지할 수 있도록 함으로써 자연유하가 가능하도록 한다. 수위차 계산 시에는 계획방류수위 및 계획지반고, 계획수량 및 유속, 각 시설간의 연결관, 여유치, 시설의 구조, 각종 수리학적 악조건의 발생 등을 고려한다.

4.2 물리적 처리

4.2.1 유량조정조

(1) 유량조정조의 설치목적

유량조정의 목적은 유입하수의 유량 및 수질변동에 의해 발생할 수 있는 처리효율 저하를 방지하고 유입유량뿐만 아니라 유입부하를 균등화하여 본 시설의 용량감소 및 운전비용을 절감을 하는데 있다. 유량조정조의 설치 목적은 다음과 같다.

- 과부하방지 : 저해물질 희석, 생물학적 공정의 처리효율 향상
- 독성물질의 일시적 유입에 의한 악영향방지
- 일정한 고형물부하를 통한 이차침전지의 유출수 향상과 농축효과 증대
- 화학적 처리시설에 유입수질을 일정하게 함으로써 약품주입이 용이
- 슬러지처리시설에 대한 고형물부하의 균등화

(2) 유량조정방법 및 설치위치

1) 유량조정방법

유입하수의 조정방법으로는 그림 4.3과 같이 인라인(in-line)방식과 오프라인(off-line)방식이 있다. 인라인방식에서는 유입하수의 전량이 유량조정조를 통과하므로 수량 및 수질 모두를 균일화하는 효과가 있지만, 오프라인에서는 1일최대하수량을 넘는 양만 유량조정조에 유입하므로 인라인방식에 비하여 수질의 균일화 효과가 적다. 그러나 펌프 용량은 감소시킬 수 있다. 인라인방식과 오프라인방식에 대한 선택은 유입하수의 변동형태, 유량조정조에서의 송수량, 송수방식, 제어방식 등을 검토하고 경제성, 유지관리의 난이도, 조정효과 등을 평가하여 선정한다.

2) 설치위치

유량조정조의 최적의 설치위치는 처리형태, 배제방식 및 유입폐수의 성상에 따라 처리장마다 다르다. 유량조정조를 설치할 경우 처리장 전반에 걸친 여러 위치에서 유량조정조의 설치에 대해서 검토해야 하며, 각각의 위치에 따른 처리공정도상의 고려도 필요하다.

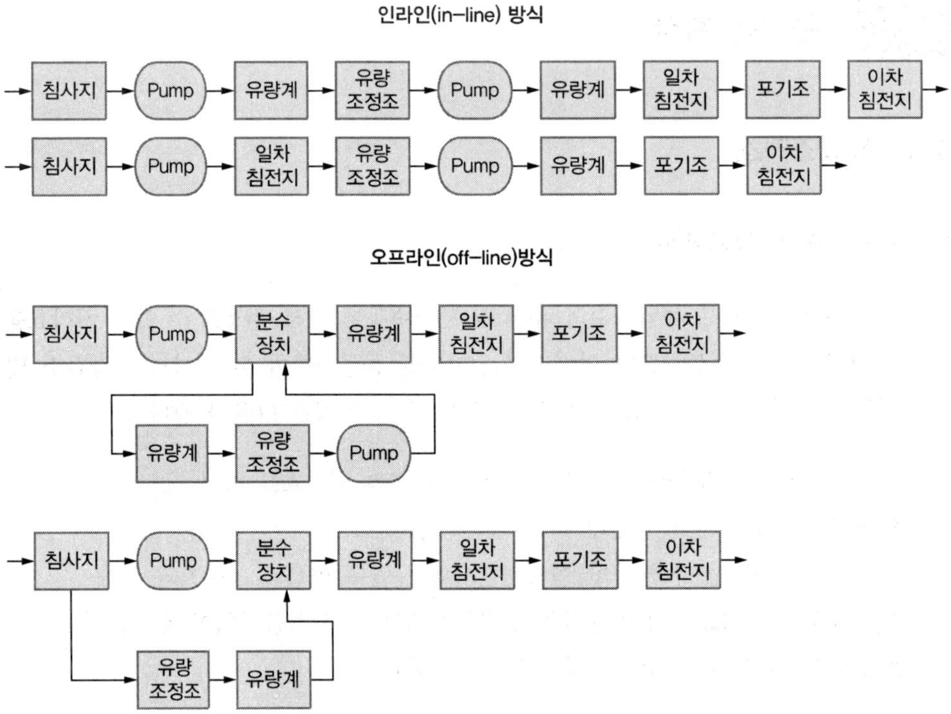

그림 4.3 유량조정조 조정방식과 설치위치

일반적으로 일차침전지 전에 설치할 경우에는 침사지와 스크린 뒤에 위치한다. 그러나 각 처리장의 상황을 고려하여 유량조정조는 주관로시설이나 펌프장시설에 대한 과부하를 방지하기 위하여 과로시설에 위치하기도 한다. 또한 침사지와 스크린 뒤에 설치하는 경우에는 침전물의 퇴적이 문제가 되므로 충분한 혼합이 요구되며 악취발생을 방지하기 위한 포기시설이 필요하다. 일차침전지와 이차침전지 전에 설치하는 경우에는 일차침전지의 고형물부하가 유입부하에 따라 변화되나 유량조정조에서 슬러지 및 스컴의 문제는 별로 없다.

(3) 용량

유량조정조 용량은 송수량의 설정치(송수량 ÷ 일평균폐수량)를 1.3~1.5의 범위로 할 경우 계획일최대수량에 대하여 약 3~4시간 이상분의 용량으로 하며, 또한 설정치를 1.0으로 하는 경우에는 약 6시간 이상의 용량으로 한다. 유량조의 용량은 각 사업장마다의 배출 형태를 고려하여 어느 정도의 여유를 둔다. 이러한 여유는 혼합, 포기를 위한 여유, 예측불허의 급격한 유량변동, 반송이 있는 경우 반송량을 고려하여 정한다. 또한 유입폐수의 변동형태 산정 시에는 각 사업장의 조업시간 및 처리시설 내의 지형 등도 고려한다.

(4) 조의 형상 및 수

1) 유량조정조의 형상

유량조정조의 형상은 농도를 될 수 있는 한 균일화할 수 있도록 직사각형 및 정사각형을 표준으로 한다. 형상은 부지의 형태, 시설의 배치, 교반방식, 침전물의 제거방식 등을 고려해서 정한다.

2) 유량조정조의 조수

유량조정조의 조수가 많아지면 송수펌프의 대수나 게이트의 수가 많아져 제거 및 유지관리가 어려워진다. 그러나 청소 또는 부속기계설비의 점검 및 수리를 위하여 조를 분할해서 2계열 이상 되도록 하며, 유량변동에 신축적으로 대응할 수 있도록 용량규모를 다르게 계열화하는 것이 바람직하다.

(5) 구조 및 수심

1) 구조

조는 지하수가 침투하거나 오수가 침출되어 지하수를 오염시키는 일이 없도록 수밀한 콘크리트 구조로 한다. 또한 조는 보통 지표면 아래에 축조되므로 지하수위가 높은 지반에서는 부력에 대하여 안전한 구조로 한다.

2) 수심

유량조정조의 유효수심은 송수펌프의 양정을 작게 하기 위하여 3~5m 정도로 한다. 유량조정조의 여유고는 송수펌프에 필요한 여유, 슬러지 수집에 대한 여유 및 본처리시설의 여유를 고려한다.

(6) 교반장치

유량조정조에는 오염물의 침전을 방지함과 동시에 유출수의 수질을 균질화하기 위해 교반을 한다. 또한 체류시간이 긴 경우에는 유입하수가 혐기성으로 되어 부패하므로 이를 방지하기 위하여 산소를 공급할 필요가 있다. 교반방식은 조 내의 수위변동이 크므로 특히 저수위 때의 교반을 고려해서 정하며, 간헐교반, 간헐포기방식을 고려할 수 있다. 교반장치에는 산기식 및 기계식(부상포기식, 수중산기로터식, 수중제트펌프식 등)이 있다. 교반을 해도 슬러지가 침강되는 처리장에서는 슬러지제거기 및 슬러지 배출설비 등과 같은 장치를 설치한다. 산기식의 경우 공기공급량은 0.3~1.0m^3/m^2/hr 정도로 하는 것이 좋다.

(7) 부속설비

유량조정조의 부속설비로는 세척설비, 긴급상황용 설비, 고수위 시 방류수로, 소포장치 등이 있으며, 필요 시 설치한다.

① 세척설비는 유량조정조 벽에 퇴적할 수 있는 고형물이나 유지류를 세척할 때 필요하다.
② 긴급상황용설비는 펌프의 고장 시 침수 등의 긴급상황에 대비하여 필요하다.
③ 방류수로는 부상물질 및 거품을 제거하기도 하고, 고수위 시 월류를 예방하기 위해 필요하다.
④ 소포장치는 유량조정조의 측부 거품을 제거하기 위해 필요하다.

4.2.2 침전지

(1) 침전의 개요

침전은 수처리공정에서 있어서 현탁액으로부터 부유고형물질을 분리하는 방법으로 부유고형물질은 입자에 작용하고 있는 관성력과 점성력에 비하여 중력이 클 때 침강하게 된다. 침강분리는 침사지, 일차침전조, 이차침전조 및 농축조 등에 적용되는데 기본적으로 독립침강, 응집침전, 지역침전 및 압축침전 4가지 형태로 분류된다. 이는 고형입자의 농도, 크기, 점도, 밀도 등의 특성에 따라 각각 다른 형상의 침전상태를 나타낸다.

1) 독립침전(discrete settling)

독립 또는 분별침전에서 비중이 1보다 큰 무기성 침사고형물 입자는 입자간의 상호결합력 없이도 자연침강한다. 따라서 중력식 침사지를 설계할 때 침사물의 침전형태는 독립침전형태의 특성을 따른다고 볼 수 있는데, 이때 고형물입자의 침전은 Stokes법칙으로 설명된다.

$$V_s = \frac{g(\rho_s - \rho_w)d_s^{\ 2}}{18\mu} \tag{4.1}$$

여기서, V_s : 고형물입자의 침전속도, m/sec

g : 중력가속도, m/sec^2

ρ_s : 고형물입자의 밀도, kg/m^3

ρ_w : 물의 밀도, kg/m^3

d_s : 입자의 직경, m

μ : 점성계수, kg/m/sec

2) 응집침전(flocculent settling)

응집침전은 수학적 해석이 곤란하여 침전실험으로 해석한다. 실험을 통해서 침전지 설계요소가 경험적으로 산정되므로 반드시 설계 시 대상 폐·하수 등의 침전관 실험을 실시하여야 하며, 일차침전지 설계 시 적용된다.

3) 지역침전(zone settling)

물속에 함유된 부유고형물질의 농도가 높으면 이차침전에서 입자가 서로 접할 때 상호인력에 의해 부착되어서 겉보기비중이 커지고, 따라서 침강속도가 빨라져 고형물인 플록이 물과 경계면을 이루면서 침전이 이루어지는데 이것을 지역침전이라고 한다. 지역침전은 플록층의 하부에 있는 물이 플록층 사이로 빠져나가면서 작은 플록이 큰 플록에 부착해 동시에 함께 침전한다. 이때 오히려 물이 빠져 나와 상승하면서 가벼운 플록을 상승시킬 수도 있다.

4) 압축침전(compression settling)

농축조에서처럼 물속에 함유된 부유고형물질이 아주 높은 경우, 슬러지 상호간의 압밀성에 의해서 압축되어 슬러지는 하부로 서서히 하강하고, 슬러지층 하부의 물이 상부로 올라오면서 고형물이 분리되는 침전을 압축침전이라고 한다.

(2) 설치목적 및 분류

1) 설치목적

침전지는 침전가능한 부유고형물을 침전 제거하기 위한 고액분리시설로 후속시설에 적합한 수질을 확보하는 등 다음과 같은 목적이 있다.

- 생물학적 처리공정의 부하저감
- 후속처리시설 시설용량의 감소
- 운전비용의 안정적인 절감

2) 설치목적에 따른 분류

① 일차침전지 : 일차침전은 일차처리의 대표적인 형태로 일차처리 및 생물학적 처리를 위한 전처리의 역할을 하며, 생물학적 처리에 적합한 수질을 확보하기 위하여 비교적 비중이 큰 부유고형물을 침전시켜 고형물을 분리하는데 그 목적이 있다.

② 이차침전지 : 생물학적 처리에 의해 발생되는 슬러지와 처리수를 분리하는 것이 주목적이며, 처리방식에 따라서 이차침전지가 없는 공법도 있다.

③ 화학적 응집침전지 : 화학응집 후 형성된 플록을 침전시켜 고액분리하는 것이 목적이다.

(3) 형상

침전지의 종류는 형상에 따라 직사각형, 정사각형 및 원형의 세 종류가 있고, 흐름 방향에 따라서는 평행류와 방사류가 있다. 평행류는 직사각형 및 정사각형 침전지에 사용되고, 방사류는 원형침전지에 사용된다.

침전지의 형식은 처리장의 규모, 시설의 전체배치 및 슬러지 제거기와 같은 부대설비 등에 의해 결정한다. 일반적으로 직사각형의 침전지의 길이와 폭은 3 : 1~5 : 1 정도로 하며, 덮개를 설치할 경우 8 : 1 정도까지 할 수 있으며 폭과 깊이의 비는 1 : 1~2.25 : 1 정도로 한다. 부지제한이 있어 소요 수면적을 확보할 수 없을 경우 이층식침전지를 사용하기도 한다.

(4) 침전지 지수

침전지의 지수는 유지관리 및 보수점검 등을 위하여 최소 2지 이상이 되도록 계획한다. 침전지를 여러 지로 설계하는 경우에는 각 지로의 유입유량을 균등히 하는 것이 중요하며, 가능한 한 분배조를 설치하거나 유입수로에 침전지를 대칭적으로 배치하여 균등한 분배가 이루어지도록 해야 한다.

(5) 구조

침전지는 수밀성 구조로 하며 부력에 대해서도 안전한 구조로 한다. 또한 침전된 슬러지가 장시간 체류하게 되면 부패현상이 일어날 수도 있으므로 이러한 부패현상을 막고, 유효침전 구역을 되도록 넓게 하기 위해서 침전된 슬러지를 제거할 수 있는 적절한 장치가 설치될 수 있는 구조로 한다. 슬러지제거기를 설치하는 경우 침전지 바닥 기울기는 직사각형에서는 1/100∼1/50, 원형 및 정사각형에서는 1/20∼1/10으로 한다. 슬러지 제거를 위해서 조의 바닥에 호퍼(hopper)를 설치하며, 슬러지가 경사부에 퇴적되지 않게 호퍼 측벽의 기울기는 60° 이상으로 한다.

(6) 표면부하율

1) 일차침전지

표면적부하(유입유량 ÷ 침전지의 표면적)는 침전가능한 고형물의 비율 및 농도 등에 따라서 결정된다. 일정한 유입유량에 대해서 표면적이 클수록 SS제거율은 높아지나 경제적인 측면을 고려하여 일차침전지에서의 SS제거율을 50∼60% 정도가 되도록 한다. 표면부하율은 분류식의 경우 35∼75m^3/m^2/day를 기준으로 하고, 합류식의 경우 25∼50m^3/m^2/day를 기준으로 하되 유입유량의 변동 및 유출수의 수질 등을 고려한다.

2) 이차침전지

이차침전지에서 제거되는 SS는 주로 미생물 응결물(floc)이므로 일차침전지의 SS에 비해 침강속도가 느리고, 따라서 표면부하율은 일차침전지보다 작아야 한다. 표면부하율은 계획1일최대오수량에 대하여 20∼30m^3/m^2/day 정도이다. 슬러지의 침강특성이 나쁜 경우에는 그 값을 15∼25m^3/m^2/day로 낮추기도 한다.

이차침전지는 표면부하율 외에 고형물부하율도 함께 고려한다. 이차침전지에서 제거되는 SS는 주로 미생물 플록이므로 일차침전지에 비해 침강속도가 느리다. 또한 MLSS(혼합액 부유고형물) 농도에 따라서도 침강성은 달라진다. 따라서, 표면부하율 외에 고형물부하율을 계산하여 둘 중 큰 것으로 침전지 표면적을 결정한다. 이차침전지의 고형물부하율은 고형물부하량을 이차침전지 표면적으로 나눈 값으로서 40∼125kg/m^2/day 정도로 설계하는 것이 좋다.

(7) 유효수심 및 여유고

유효수심이란 침전지에서 가장 얕은 부분의 수심을 말하며 일차침전지의 유효수심 범위는 2.5~4m 정도이다. 원형의 이차침전지는 직경에 따라 적절한 유효수심이 다른데, 직경 12m 이하인 경우는 유효수심 3.4m 정도가 적절하며, 직경 21~30m는 유효수심 4.0m, 직경 43m 이상은 유효수심 4.6m 이상이 적절하다. 침전지 깊이가 너무 얕으면 유체의 흐름에 의해 영향을 받거나 슬러지를 제거할 때 슬러지가 부상할 수도 있고, 너무 깊을 경우에는 침전시간이 길어져 슬러지의 인출이 신속하지 않을 경우 부패할 우려가 있다. 그리고 침전지의 수면의 여유고는 40~60cm 정도로 하며, 필요 이상으로 두게 되면 시설비를 증대시키며, 유지관리상 불편하다. 여유고는 수위의 변화 및 바람에 의한 요소 등도 고려된다.

(8) 침전시간

1) 일차침전지

침전지에서의 침전시간(유효수심 ÷ 표면부하율)은 계획일최대수량에 대해 하수유량과 침전물의 특성에 따라 일반적으로 2~4시간 범위가 되도록 한다. 침전시간은 표면부하율과 유효수심에 따라 결정되며, 상호관계는 표 4.7과 같다. 침전시간을 길게 할수록 SS의 제거효율은 높아지는 반면, 시간이 너무 길면 침전지의 크기가 커지는데 비해 효율이 별로 증가하지 않고 침전된 슬러지가 부패하여 오히려 수질악화를 초래하는 경우가 생긴다.

표 4.7 유효수심과 표면부하율 및 침전시간과의 관계

유효수심(m) / 표면부하율(m^3/m^2/day)	침전시간(h)			
	2.5m	3.0m	3.5m	4.0m
25	2.4	2.9	3.4	3.8
30	2.0	2.4	2.8	3.2
40	1.5	1.8	2.1	2.4

2) 이차침전지

이차침전지는 생물학적 처리과정에서 발생되는 슬러지를 침전 제거시켜 맑고 깨끗한 처리수를 얻는 것을 목적으로 하므로 표면부하율을 결정한 후 유효수심을 고려해서 정

한다. 침전시간은 계획1일최대오수량에 따라 정하며, 일반적으로 3~5시간으로 한다.

(9) 웨어월류부하

1) 일차침전지

웨어월류부하는 유입하수의 성상, 유량변동 등을 고려하여 125~250m^3/m/day 정도를 기준으로 하며, 월류부하가 부족한 경우에는 유출유속이 빨라져서 침전가능물질의 유출이 발생하지만 침전지의 유효수심이 3.7m 이상인 경우에는 침전효율에 큰 영향을 미치지 않는다.

2) 이차침전지

월류웨어의 부하율은 일본에 있어서는 150m^3/m/day, 미국의 10개주 기준에서는 190m^3/m/day로 양자에 차이가 있는데, 이는 일본이 미국에 비하여 낮은 부하율로 운전되기 때문이다. 그러므로 침전시간이 긴 경우에는 190m^3/m/day로 한다.

(10) 유입시설

유입시설의 설치목적은 우선 각 침전지에 하수를 균등하게 분배시키는 것과 침전지의 수평 및 수직방향의 전단면에 걸쳐 하수를 일정하게 분포시키는 데 있다. 분배장치로는 수로식, 분배조식, 토너먼트식, 가압분배조식 분배장치 등이 있으며, 유량분배방식으로는 균등분배와 정량분배가 있다.

(11) 정류설비

정류설비는 유입수를 일차침전지의 전단면에 균등하게 분포시켜 편류나 단회로를 방지하고 유입수의 유속을 침전지 내 평균유속(0.3m/min 이하)까지 감소시켜 침전효과를 촉진시키기 위하여 설치하며, 저류관 또는 정류벽 등이 사용된다.

직사각형침전지와 같이 유입이 평행류인 경우 월류형 유입장치에서는 유공정류벽을 설치하며, 월류형이 아닌 경우에는 저류판 및 유공정류벽을 설치하는데 구멍의 면적을 저류판 면적의 6~20% 정도로 하며, 저류판에 의해 유효침전구역으로 유입되는 하수의 유속은 0.08m/sec 이하가 되도록 한다. 원형침전지와 같이 하수의 유입이 방사류인 경우에는 유입구 주변에 정류벽을 설치하며, 정류통의 직경은 침전지 직경의 15~20%, 수면 아래의 침수 깊이는 90cm 정도가 되도록 한다.

(12) 유출설비 및 스컴제거기

1) 유출설비

침전지의 전면적에 대하여 유체가 일정하게 유출되도록 하여 균일한 유속을 유지시키는 설비로서 주로 월류웨어가 사용되고 있다. 월류웨어를 수평으로 설치하기 위하여 보통 상하로 조정 가능한 구조로 된 철판이나 플라스틱을 사용하는데 그 형상은 주로 톱니형이다. 월류웨어에는 침전되지 못한 스컴이 유출되지 않도록 스컴저류판을 설치한다(그림 4.4 참조).

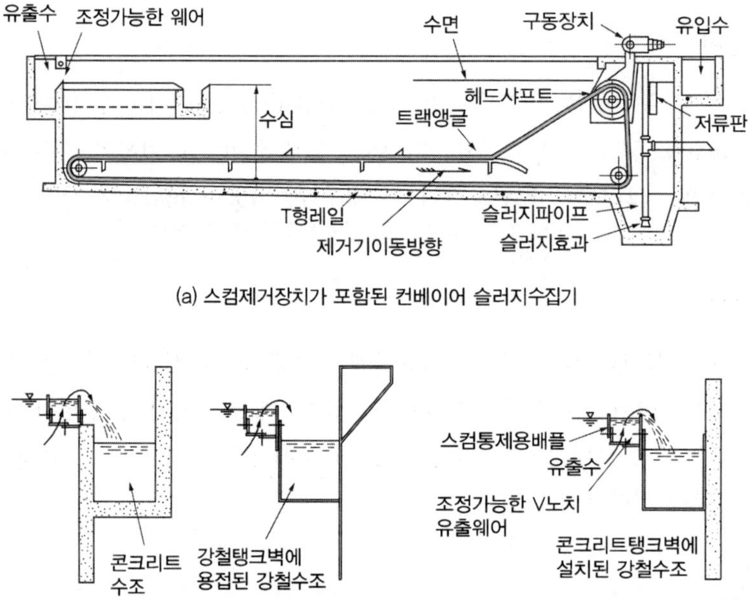

(a) 스컴제거장치가 포함된 컨베이어 슬러지수집기

(b) 월류웨어 세부도

그림 4.4 컨베이어 슬러지수집기

2) 스컴제거기

스컴은 자연적으로 월류웨어 쪽으로 모이게 되므로 월류웨어의 전면에 수면 위 10cm, 수면 아래 30~40cm 정도로 스컴저류판을 설치하는데, 스컴저류판에 놓인 스컴은 인력으로 청소하거나 혹은 침전된 슬러지를 제거시키는 구동장치와 연결시킨 스컴제거기(skimmer)를 이용해서 일정한 곳으로 수집할 수 있도록 한다.

(13) 슬러지수집기

슬러지수집기는 직사각형지의 경우에는 연쇄(그림 4.5 참조) 및 주행사이펀식(그림 4.6 참조), 원형지 및 정사각형지의 경우에는 회전식(그림 4.7 참조)으로 한다. 연쇄(metal chain-flight 또는 non-metal chain-flight)식은 지수가 많은 처리장에서 이용하는 시스템으로 종방향의 수집기로 긁어모은 슬러지를 다시 횡방향으로 일괄적으로 모으는 시스템이다. Non-metal chain-flight 식에는 loop 형식과 pintle 형식이 있으며, loop 형식은 사용하중은 높으나 장시간 사용 시 늘어짐 현상이 발생하므로 긴장상태를 조절하는

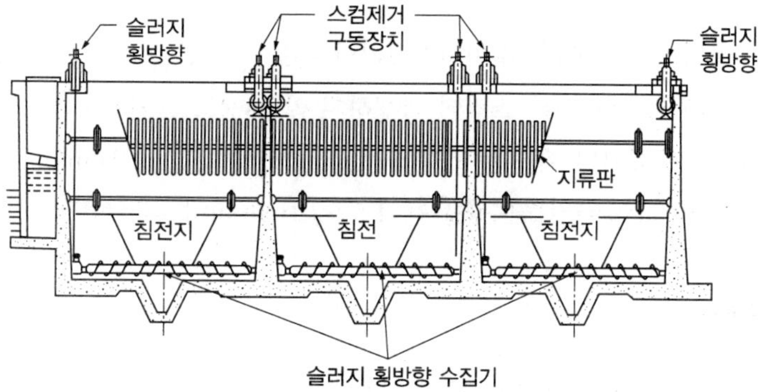

그림 4.5 슬러지 횡방향 수집기

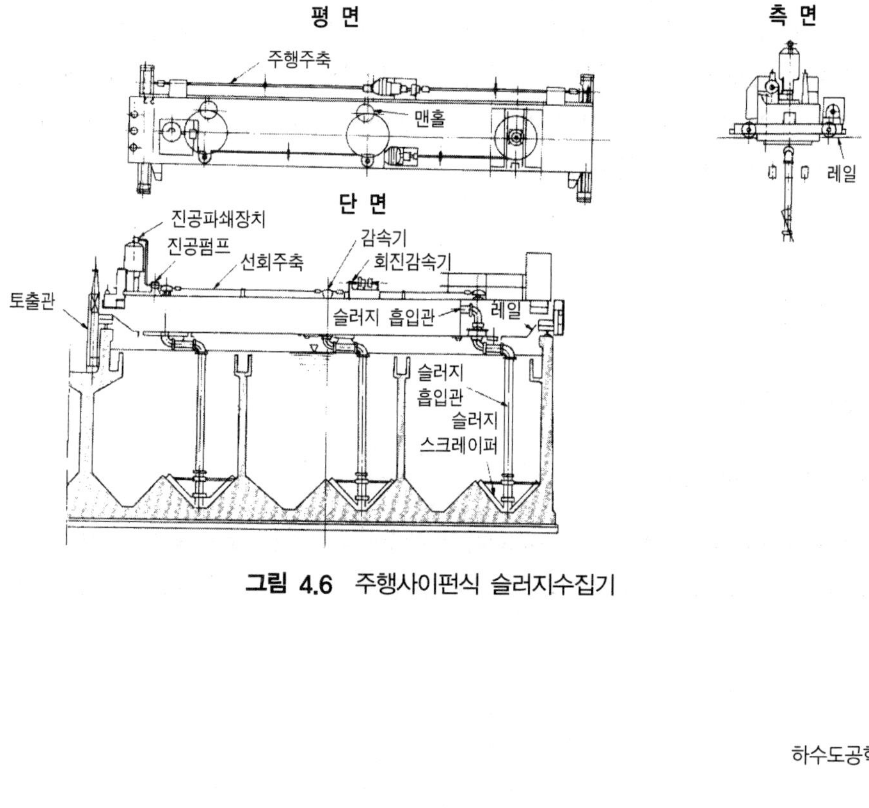

그림 4.6 주행사이펀식 슬러지수집기

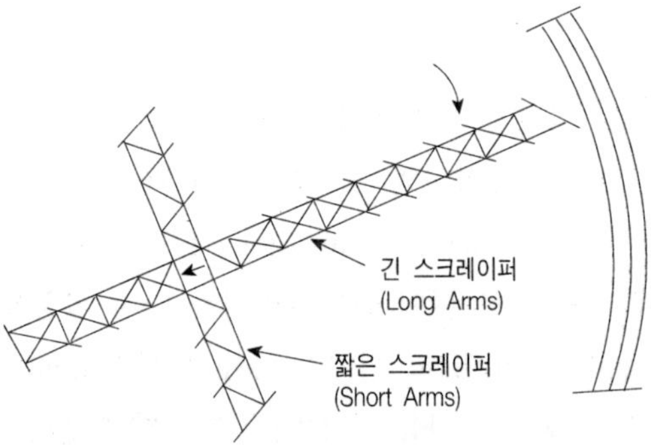

그림 4.7 회전식 슬러지수집기

보조장치를 설치하여야 한다. 슬러지수집기의 속도는 침전물의 침전을 방해하지 않으며 침전된 슬러지가 뜨거나 또는 스컴이 발생하지 않을 정도로 완만하게 한다. 직사각형 침전지에서 슬러지수집기의 속도는 연쇄(chain-flight)식의 경우 0.6m/min 정도, 원형침전지에서 스크레퍼(scraper)의 원주속도는 1.5~2.1m/min이 적당하다.

(14) 슬러지배출설비

침전지로부터 슬러지를 배출할 때 1.5m 이상의 수위차가 있으면 자연수압에 의한 배출도 가능하다. 그렇지만, 하수처리장의 슬러지에는 큰 협잡물이 다량 포함되어 있으므로 관이 막히기 쉽고 유량 조절이 어렵다. 그러므로 대부분은 펌프를 사용하여 슬러지를 뽑아낸다. 펌프를 사용할 때 펌프는 침전지 수위보다 낮은 곳에 설치한다.

슬러지 배출관은 부등침하나 부식의 염려가 없도록 충분히 견고하고 내식성이 있는 재질의 관을 사용하며, 관이 막혔을 때 압력수나 공기 또는 막대기로 청소하기 쉽도록 배관하고, 청소구를 설치한다.

4.2.3 기타

(1) 유수분리장치

1) API식 유수분리장치

API (American Petroleum Institute)식 유수분리장치는 중력에 의해 폐수 중의 유분 및 고형물을 분리제거하는 것으로, 유화(乳化)한 유분이 고형물과 결합해서 그 비중이

물과 비슷한 경우에는 분리할 수 없다. 비중이 물과 비슷하지 않더라도 유수분리장치만으로 유분을 100% 제거하는 것은 불가능하다. 특히 고도의 분리제거가 요구되는 경우에는 유출수를 이차처리 할 필요가 있다. 이차처리는 가압부상조, 응집침전조 등이 많이 사용된다. 유분이 포함된 폐수가 유수분리장치로 유입될 때 작은 유적이 부상하는 것은 침전지에서 고형물 입자가 침전하는 것과 비슷하며, 유적과 고형물의 존재형태에 의해 영향을 받지만 그 형상이 구형이 되기 쉽다. 이 때문에 물에 대한 접촉면적은 작아지게 되고, 부상속도는 고형물입자의 침강속도보다 빠르게 된다.

2) PPI식 유수분리장치

PPI (Parallel Plate Intercepter)식 유수분리장치는 한정된 부지에서 분리면적을 증가시키는 방법으로, 경사판을 삽입시키는 방식이다. 폐수의 성상속도, 즉 표면부하율이 작을수록 처리수 중의 유분이 적게 된다는 실험결과에 근거를 둔 것이며, 유수분리장치 내에 다수의 판을 45° 각도로 늘어놓은 것이다. 유분의 분리면적은 이들의 판 수평투영면과 수면적으로 표현된다.

유수분리장치 유입부에는 그리트 저류부와 스크린을 설치하여 조대입자를 제거한다. 유적은 상부의 철판에 부착되어 조금씩 성장해서 철판의 천정을 따라 후드아래의 유분저류부에 고인다. 분리된 기름은 상부 후드 내에 고이게 되나 자유수면보다 약간 올라가 있어 자동적으로 월류관을 넘쳐 나와 회수유조에 들어간다. 슬러지는 가끔 흡입펌프로 가이드파이프를 통해 흡입해 낸다.

3) CPI유수분리장치

CPI (Corrugated Plate Intercepter)구조는 플라스틱의 파상판(波狀板)을 다수평팽으로 조합한 것을 45° 경사로 수중에 잠겨놓은 것이다. 유입부에는 그리트 저류부가 있으며, 본체에는 2~4mm 간격으로 평행한 파상형 플라스틱판으로 구성되어 있다. 분리된 유류는 파상판의 마루부분을 따라 물의 흐름에 대항하면서 상승하며, 슬러지는 골부분을 따라 하강한다. 집유부는 본체상부의 유면증발과 악취발생을 막기 위하여 덮개설비를 한다. 집유구의 상부 개구부은 출구웨어보다 약간 높게 한다.

4) 벨트식 유수분리장치

벨트식 유수분리장치는 모양이나 설계에 있어서는 회전원통식 유수분리장치와 많은 차이가 있으나 구동원리는 회전원통식 유수분리장치의 그것과 비슷하다. 이러한 형태의 장치는 분리되는 유분이 11.4L/min 이하이고 유수분리조의 수위변동이 심할 경우에 가장 적당한 장치이다.

벨트의 길이는 벨트의 아래쪽이 항상 수중에 잠길 수 있도록 충분하게 해야 한다. 벨트식 유수분리장치의 가장 큰 문제점은 유분이 항상 벨트유수분분리장치로 이동하지는 않는다는 것이다. 그러나 바람의 영향을 없애고 수면의 요동을 저감시키면 효율을 높일 수 있다.

5) 회전원통식 유수분리장치

분리되는 유분이 38L/min 이하이고 유분과 혼합되어 제거되는 수분이 5~10%를 넘지 않을 경우 사용된다. 회전원통은 일반적으로 부드러운 표면을 가지고 있으며, 모양은 API식 유수분리장치의 집유관과 비슷하지만 직경이 약간 크다. 각각의 원통은 수면상에서 수평으로 놓여 있으며 약 1.3cm 정도 수면에 잠겨 있다. 원통이 회전하면서 얇은 유막이 원통표면에 흡착되어 스크래퍼 브레이드에 의해 제거된다. 성능은 유분의 점성, 원통의 회전속도 및 원통의 길이에 의해 결정된다.

(2) 부상분리장치

1) 공정

공기와 같은 기체를 폐수 중에 주입함으로써 고액분리를 이룬다. 공기와 부착된 고형물은 표면에 부상하기에 충분히 부력을 가지게 되며, 이러한 부력은 물보다 비중이 무거운 입자도 부상분리할 수 있다.

일반적으로 부상분리조는 부유물질의 분리나 활성슬러지의 농축에 많이 사용되며 특징은 아래와 같다.

- 부유물의 성질에 따라 다르나 중력침전의 침강속도에 비해 부상속도가 크다.
- 약품을 첨가하지 않아도 비교적 높은 처리효율을 얻을 수 있다.
- 처리장치의 크기, 소요면적 및 체류시간을 줄일 수 있다.
- 폐수의 수질변동에 의해 처리효율이 일정하지 않다.
- 처리수의 수질이 일반적으로 중력침전법에 비해 나쁘다.

2) 종류

① 공기부상조 : 폐수 내에 다량의 공기를 유입시켜 미세형기포($10^3\mu m$ 정도)를 발생시킨 후 기포와 입자를 상호 접촉시킨 후 기포 주변에 입자를 부착하여 부상가능 물질을 제거한다.

② 용존공기부상조 : 폐수 중에 용존해 있거나 강제적으로 용존시킨 공기의 압력을 변화시켜 미세형기포($10^3 \mu m$ 이하)를 발생시키거나 물리, 화학적인 방법으로 폐수 중에 기포를 발생시켜 부상가능물질을 제거한다.

3) 사용약품

부상분리에는 여러 가지 목적을 위하여 약품을 이용하며 대부분 응집제가 사용된다. 이러한 약품들은 응집제, 응집보조제, 기포제 등으로 구분되며, 각각의 목적에 따라 사용된다.

예제 4.1 **수면적부하**

유효수심 3.5m, 체류시간 3시간의 일차침전지의 수면적부하(Ls)를 계산하시오.

풀이

$$Ls = \frac{Q}{A}$$

지의 길이, 폭, 수심을 L, B, h라 하면,

$$Q = LBh\,\frac{24}{HRT} \quad \text{혹은} \quad A = LB$$

따라서, $Ls = \dfrac{LBh}{LB}\,\dfrac{24}{HRT} = (3.5)\left(\dfrac{24}{3}\right) = 28\,m^3/m^2/day$

예제 4.2 **일차침전지 설계**

아래 조건에 따라 1일최대오수량 20,000m^3/day의 하수를 처리할 최초침전지를 설계하라.
단, 형상은 장방형, 지수는 2지로 한다. 수면적부하율 40m^3/m^2/day, L : B = 4 : 1, 침전시간 2.5hr, 여유고 50cm, weir부하 200m^3/m/day, 직각정류벽의 개공비 6%이다.

풀이

① 침전지 sizing

침전시간 3.0hr, 2지를 설계하므로 1지의 용량은

$$\left(\frac{20{,}000}{2}\right)\left(\frac{2.5}{24}\right) = 1{,}040\,m^3$$

수면적부하(Ls)가 40m^3/m^2/day이므로 1지의 소요 수표면적(A_s)은

$A_s = \left(\dfrac{20{,}000}{2}\right)\left(\dfrac{1}{40}\right) = 250\,m^2$이므로 유효수심(h)은 $\dfrac{1{,}040}{250} = 4.16\,m$

여유고를 고려한 침전지 높이는 $4.16 + 0.5 = 4.66\,m$

L : B의 비가 4 : 1이므로 B를 x(m)라 하면,

$(x)(4x) = 250,\ x = 7.9 \fallingdotseq 8.0\,m$

$L = x = (4)(7.9) = 31.6 \fallingdotseq 32\,m$

② Weir 설계

Weir부하가 200m³/m/day이므로 1지의 소요 weir 길이는

$$\left(\frac{20,000}{2}\right)\left(\frac{1}{200}\right) = 50\,\mathrm{m}$$

1지의 폭이 8m 밖에 안 되기 때문에 폭 30cm에서 양측으로 월류 type의 빗형으로 trough 4개를 넣을 경우 1개 trough의 폭(B_t)은

$$B_t = (8 - 5 \times 0.3)/4 = 1.625\,\mathrm{m}$$

길이(L_t)는

$$L_t = [50 - 8 - (1.625)(8)]/8 = 3.625\,\mathrm{m}$$

그림에서 굵은 선이 월류위어가 설치된 부분이며, 음영부분이 trough이다.

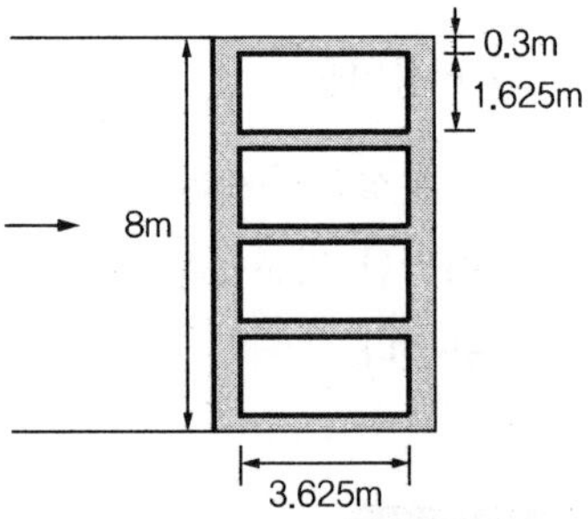

③ 정류벽 설계

직사각형 정류벽의 공의 총면적은 지 단면적의 6%이므로

$$(8)(4.16)(0.06) = 2.0\,\mathrm{m}^2$$

직경 100mm의 공을 뚫는다면 필요한 공수는

$$\frac{2.0}{(\pi/4)(0.1)^2} = 255\text{개}$$

근사치로서 260개를 선정하고, 가로 26개, 깊이 10개를 배열한다.

예제 4.3 일차침전지 SS 제거율

Q = 6,000m³/day, SS농도 = 180mg/L인 하수가 일차침전지로 유입된다. 일차슬러지 발생량이 30m³/day, 일차슬러지 SS농도가 22,000mg/L라면 일차침전지의 SS 제거율은 얼마인가? 또한 일차 침전지 유출수의 SS농도는 얼마인가?

풀이

① SS 제거율

$$\text{유입SS량} = (6,000\,\mathrm{m^3/day})(180\,\mathrm{mg/L}) = 1,080\,\mathrm{kg/day}$$

$$\text{일차슬러지 SS량} = (30\,\mathrm{m^3/day})(22,000\,\mathrm{mg/L}) = 660\,\mathrm{kg/day}$$

따라서 일차침전지 SS 제거율은

$$\text{SS 제거율(\%)} = \left(\frac{660\,\mathrm{kg/day}}{1,080\,\mathrm{kg/day}}\right)(100) = 61.1\%$$

② 유출수 SS농도

$$\text{일차침전지 유출량} = 6,000\,\mathrm{m^3/day} - 30\,\mathrm{m^3/day} = 5,970\,\mathrm{m^3/day}$$

$$\text{SS 유출량} = 1,080\,\mathrm{kg/day} - 660\,\mathrm{kg/day} = 420\,\mathrm{kg/day}$$

따라서 유출수 SS농도는

$$\mathrm{SS} = \frac{420\,\mathrm{kg/day}}{5,970\,\mathrm{m^3/day}} = 70.4\,\mathrm{mg/L}$$

이를 물질수지로 나타내면 다음과 같다.

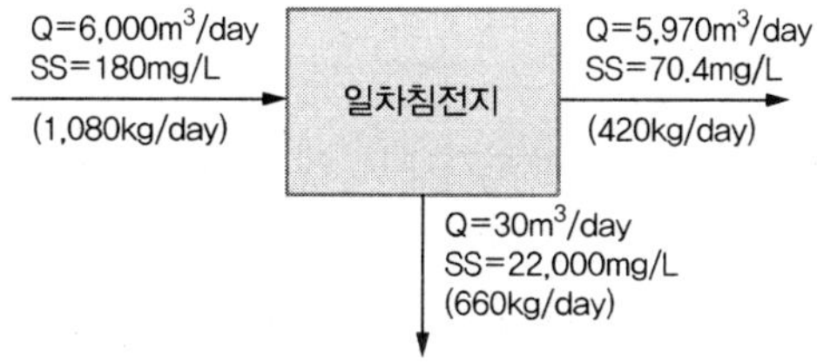

4.3 화학적 처리

4.3.1 pH 조정시설

(1) pH 조정시설의 설치목적

pH 조정은 유입수의 중화는 물론 각종 처리공정의 최적화를 위한 pH 조정을 포함한다. 산업폐수의 유입에 의한 산성 또는 알칼리성의 하수의 경우에는 생물학적 처리시설 이전에 pH를 중성부근으로 조정해야 할 필요가 있다.

(2) pH 조정방법

1) 중화

유입수 내의 과잉의 산성 및 알칼리성 물질에 의한 pH의 저하 또는 상승을 중성 부근으로 조정하는 것을 중화라 한다. pH를 조정하는 것은 이론적으로는 간단하지만 실제로 처리시설에서 중화처리를 계획하는 것은 여러 가지 변수가 작용하므로 곤란할 경우가 많다.

2) 산성화 및 알칼리성화

pH 조정은 응집이나 인의 침전처리에 많이 사용되며, 기타 각종 단위공정의 반응을 양호하게 하기 위하여 하수를 산성화 및 알칼리성화 시킬 수 있다.

(3) pH 조정제의 종류

pH 조정은 화학약품을 사용하기 때문에 이에 필요한 장비가 화학약품의 종류에 따라 달라지고 비용의 변화가 크게 된다. 또한 중화되거나 부분적으로 제거되어야 할 하수 중의 산이나 알칼리의 종류, 양 등에 따라 다양한 화학약품을 선택하여야 한다.

1) 산성폐수의 pH조절

산성폐수의 처리에 사용되는 pH 조정제의 종류 및 특징은 표 4.8과 같다.

표 4.8 산성폐수의 주요 pH 조정제 특징

종 류	특 징
가성소다(NaOH)	용해도와 반응성이 크다.
탄산소다(Na_2CO_3)	용해도와 반응성이 크다.
소석회($Ca(OH)_2$)	용해도가 낮으므로 미분말 또는 5~10% 현탁액으로 사용한다. 반응성이 좋지 않다.
생석회(CaO)	용해도가 낮으므로 미분말로 사용하고, 반응에 시간이 걸린다. 약품에 따라 반응성이 매우 나쁜 것도 있다.
석회석($CaCO_3$)	물에 거의 녹지 않으며 미분말 또는 현탁액으로 사용한다. 중화 후 pH를 5 이상으로 할 때 부적합하다.

2) 알칼리성 폐수의 pH 조정

알칼리성 폐수도 산성폐수와 마찬가지로 미생물에 악영향을 미치기 때문에 어느 정도까지 중화할 필요가 있다. 가성알칼리제조공장에서는 폐알칼리의 회수가 높기 때문에 오히려 저농도의 알칼리성 폐수의 중화가 문제가 된다. 수산화마그네슘이나 수산화칼슘을 함유한 알칼리성폐수는 가능하다면 중화전처리 전에 불용해성분으로 유리하고, 상징액을 대상으로 중화법을 적용하는 것이 좋다.

(4) pH 조정제의 선택

pH 조정제의 선택 시에는 유량, 수질특성, 처리계통 등을 고려하여야 하며, 조정목적에 적합한 pH 조정제를 선택한다. 산성하수의 pH 조정 시에 이론적으로는 모두 알칼리성 물질을 사용하고, 알칼리성 하수의 pH 조정 시에 산성물질을 사용하여야 하지만, 실제적으로는 경제성, 침전성, 침전물의 탈수성 및 작업의 용이성 등에 따라 제약을 받게 된다.

1) 경제성

pH 조정제는 약품의 pH 조정능력, 가격 등의 경제성을 검토하여야 하며, 취급이 용이하여야 한다.

2) 화학약품의 용해도

pH 조정에 사용되는 화학약품은 주로 수용액상태로 주입하는 것이 용이하므로 용해도에 대한 검토가 충분히 이루어져야 한다. 예를 들면 소다류는 칼슘염, 마그네슘에 비하여 용해도가 커서 pH의 자동제어가 용이하다.

3) 반응속도

반응속도는 용해도와 관련된다. 용해도가 낮은 물질을 사용하면 반응탱크가 커지고, 교반 조건에 따라 영향을 많이 받으므로 운전이 어렵고, 유지관리비가 많이 소요된다.

4) 반응결과 및 슬러지발생량

용해도가 큰 pH 조정제가 난용성의 염을 생성하는 경우 pH 조정제의 자체 용해도는 낮지만 염을 적게 생성하는 약품을 선택하는 것이 경제적이므로 약품반응결과와 슬러지 발생량에 대해서도 충분히 검토하여야 한다.

(5) pH 조정조의 설계

1) 체류시간

체류시간은 하수에 사용되는 약품의 종류, 교반 상황 등에 따라 다르지만 대개의 경우 10~15분 정도가 적당하며, 교반정도 등을 고려하여 5분 정도까지 줄일 수 있다.

2) 조의 형태

조정조의 형태에는 원형과 사각형이 있는데 원형인 경우 교반 효과를 크게 하기 위해서 저류판을 설치하여 단회로를 방지하는 것이 좋다. 원형일 경우 조의 크기는 대체로 깊이 : 직경의 비가 1 : 1에서 1 : 1.5의 범위가 바람직하다.

3) 교반속도

급속교반을 이루어 pH 조정제와 하수와의 혼합이 잘 되도록 하고, 교반 강도를 나타내는 속도경사(G)는 300~1500/sec 정도로 유지하게 한다. 교반 속도는 약품의 혼합과 단회로의 현상을 방지하기 위하여 통상 120~180rpm의 범위로 운전한다.

(6) pH 조정조의 재질 및 부대시설

pH 조정조는 일반적으로 콘크리트구조를 사용하는데, 산이나 알칼리에 부식되지 않는 재질로 피복한다. 또한 pH 조정조는 자동으로 제어되므로 다음과 같은 부대시설을 필요로 한다.

① pH 자동조절장치　　② 교반장치
③ 약품주입시설　　④ 기타 부대시설

예제 4.4　pH 조정 (1)

pH 4인 원수를 pH 8로 조정할 경우에 45% NaOH 용액 사용 시 소요량(kg/day)을 구하시오. 단, 폐수량은 1,700m^3/day이다.

풀이

① pH 4는 $[H^+]$가 10^{-4}mol/L이다. 따라서 중화 시 pOH 4가 필요하다.
$\therefore [OH^-] = 10^{-4}$mol/L
② pH 8은 pOH 6이므로 $[OH^-] = 10^{-6}$mol/L이다.
$\therefore [OH^-] = (10^{-4} + 10^{-6})$mol/L
③ $NaOH(a) \rightarrow Na^+(a) + OH^-(a)$
④ NaOH 1mol = 40g
⑤ NaOH 소모량
$= (10^{-4}+10^{-6})$(mol/L) (40)(g/mol) (10^{-3}kg/g) (1,700)(m^3/day) (10^3L/m^3) (1 / 0.45)
= 15.3kg-NaOH/day

예제 4.5　pH 조정 (2)

pH 10인 폐수를 98% H_2SO_4 용액을 사용해서 pH 7로 중화 시 필요한 황산소요량(m^3/day)을 산출하시오. 단, 폐수량은 1,700m^3/day이고, 황산비중은 1.84이다.

풀이

① pH 10이면 pOH = 14 − 10 = 4
$\therefore [OH^-] = 10^{-4}$mol/L
pOH 4 = pH 4 (중화)
$\therefore [H^+] = 10^{-4}$mol/L
② $H_2SO_4(a) \rightarrow 2H^+(a) + SO_4^{2-}(a)$
$1/2 \times 10^{-4} : 10^{-4}$
$\therefore [H_2SO_4] = 1/2 \times 10^{-4}$mol/L
③ H_2SO_4 1mol = 98g
④ H_2SO_4

$$= \left(\frac{1}{2}\right)(10^{-4})(\text{mol/L})(98)(\text{g/mol})\left(\frac{1}{1.84\,\text{g/L}}\right)(1{,}700)(\text{m}^3/\text{day})\left(\frac{1}{0.98}\right)(10^{-3}\text{kg/g})$$

= 4.62L/day

4.3.2 응집시설

(1) 공정

하수 중에는 침전이 어려운 미세입자, 부유고형물 등이 존재하는데 이는 전하를 지녀 서로 안정되게 수중에 존재하며, 탁도나 색도를 유발하고, 일반적인 침전처리시설로는 제거가 어려운 경우가 있다. 따라서 응집제를 사용하여 미세입자들을 응집시켜 부정형 플록을 형성하고, 응집보조제의 추가 투입으로 거대한 플록으로 성장시켜 침전성을 개선시킬 필요가 있다. 이러한 플록의 특징은 함수율이 높고 비중은 작으나 입경이 크기 때문에 쉽게 침전하게 된다. 공정은 응집제 투입 → 하수와 응집제 혼합교반 → 완속교반 → 침강단계로 이루어져 있다.

(2) 영향인자

응집반응은 응집제의 종류 및 투여량, 교반조건 등에 따라서도 달라지지만 하수 중의 온도, pH, 알칼리도 등에 의해서도 효과가 달라지므로 하수의 특성을 파악하는 것이 무엇보다도 중요하다고 할 수 있다. 이러한 응집공정을 지배하는 인자는 표 4.9와 같다.

표 4.9 응집에 영향을 미치는 인자

인 자	내 용
수온	수온이 높으면 반응속도증가와 물의 점도저하로 응집제의 화학반응이 촉진되고, 수온이 낮으면 플록 형성에 소요되는 시간이 길어질 뿐만 아니라 입자가 작아지고, 응집제의 사용량도 많아진다.
pH	응집제의 종류에 따라 최적의 pH 조건을 맞추어 주어야 한다.
알칼리도	하수의 알칼리도가 많으면 응집제를 완전히 가수분해시키고, 플록을 형성하는데 효과적이며, pH 변화와 관련된다.
용존물질의 성분	수중에 응집반응을 방해하는 용존물질이 다량 존재하는지의 여부를 검토하여야 한다.
교반조건	응집제 및 응집보조제의 적절한 반응을 위하여 교반조건을 조절하여야 한다.

표 4.10 응집공정의 설치위치

설치위치	적 용
생물학적 처리공정의 전처리	주 오염물질이 생물학적 분해가능한 유기물이지만 미생물성장 저해를 일으킬 수 있는 저해물질이 응집 가능한 경우
	주 오염물질이 생물학적 분해가능한 유기물이며 응집가능하고, 미생물성장 저해물질 함유가 예상되지 않는 경우
생물학적 처리공정의 후처리	난분해성 유기물이 다량 포함되고, 유기물이 응집가능하고, 미생물성장 저해물질의 함유가 예상되지 않는 경우
본 처리공정	주 오염물질이 응집 가능한 생물학적 분해가능 물질인 경우

(3) 적용 및 위치

응집공정은 하수 중의 콜로이드 등 미세입자 및 부유고형물 뿐만 아니라 인의 제거에 효과적이지만 용존 유기물의 제거에는 큰 효과가 없다. 따라서 응집시설의 설치는 그 설치 목적이 분명하여야 하며, 설치 시 타당성은 표 4.10과 같이 유입수의 예상수질에 따른 경우로 분류하여 평가할 수 있다. 경우에 따라서는 응집조를 설치하지 않고 처리공정 라인상에서 응집제와 응집보조제의 적절한 투여로 처리효율의 극대화를 이룰 수도 있다.

응집시설은 하수 처리수에서 인을 제거하는데 특히 효과적이다. 하수로부터 인을 제거할 때 생물학적인 방법과 화학적인 방법이 사용된다. 이 중 생물학적인 방법은 미생물의 신진대사를 이용하여 경제적으로 인을 제거할 수 있지만, 처리수의 인 농도를 낮추는 데는 한계가 있어 대략 0.5~1mg/L가 달성 가능한 농도로 보는 것이 일반적이다. 따라서 엄격한 인 농도 규제를 받는 하수처리장에서 0.5mg/L 이하의 인 농도의 처리수를 얻고자 할 경우에는 알루미늄염이나 철염 등 무기응집제를 사용한 응집처리가 불가피하다. 이러한 이유로, 유기물 제거를 주목적으로 하는 하수처리장 등에서 강화된 방류수의 목표 인 농도를 맞추기 위한 목적으로 응집시설을 추가 설치하는 사례가 많다.

(4) 응집제의 종류

응집제로는 알루미늄염, 철염 등이 가장 많이 사용되고 있다. 주요 응집제의 종류는 표 4.11과 같다.

표 4.11 주요 응집제의 종류

응집제	화학식	분자량(g)	밀도(kg/m^3)	
			건조상	액상
황산알루미늄	$Al_2(SO_4)_3 \cdot 18H_2O$	666.7	961~1,201	1,121~1,281 (49%)
	$Al_2(SO_4)_3 \cdot 14H_2O$	594.3	961~1,201	1,281~1,362 (49%)
염화제2철	$FeCl_3$	162.1		1,346~1,490
황산제2철	$Fe_2(SO_4)_3$	400		
	$Fe_2(SO_4)_3 \cdot 3H_2O$	454		1,121~1,153
황산제1철	$FeSO_4 \cdot 7H_2O$	278	993~1,057	
석회	$Ca(OH)_2$	CaO로 56	561~801	

1) 알루미늄염

알루미늄염은 물에서 약간의 산을 방출하면서 수산화알루미늄의 침전물을 형성한다.

$$Al^{3+} + 3H_2O \rightleftarrows Al(OH)_3 + 3H^+$$

상기 반응에서 방출되는 산은 중탄산염과 반응하여 이산화탄소와 물을 생산하게 된다.

$$HCO_3^- + H^+ \rightleftarrows H_2O + CO_2$$

산은 가성소다, 석회, 탄산나트륨 등과 같은 염기와 함께 응집제를 넣음으로써 제거된다. 그리고 이러한 응집반응은 다음 식으로 요약되며, 생성물은 $Al(OH)_3$와 $CaCO_3$를 제외하고는 모두 용해성이다.

$$Al^{3+} + 3OH^- \rightleftarrows Al(OH)_3$$

2) 알루미늄 폴리머

알루미늄 폴리머는 콜로이드를 중화시키고 가교시켜 응집이 더욱 효과적으로 발생할 수 있게 한다. 일반적으로 유통되고 있는 상품들은 대부분 일정한 분자비 R (R = OH/Al) 0.4~0.6 정도이며, 알루미늄 폴리머의 구조식은 $Al_n(OH)_p(Cl)_q(SO_4)_r$이다.

3) 철염

철염의 반응원리는 아래 반응식과 같이 알루미늄염과 비슷하지만 철이온은 처리수에 색도를 유발할 수 있다.

$$Fe^{3+} + 3H_2O \rightleftarrows Fe(OH)_3 + 3H^+$$

4) 소석회

일반적으로 황산제1철과 함께 사용될 때보다 더 많은 양이 필요하다. 탄산칼슘을 침전시키기 위해서는 pH가 9.5 이상 되어야 하고, 수산화마그네슘을 침전시키기 위해서는 pH가 10.8 이상 되어야 하며, 일반적으로 pH가 증가함에 따라 인산염이온의 제거량이 증가하므로 pH를 높게 할수록 유리하다.

$$Ca(OH)_2 + H_2CO_3 \rightleftarrows CaCO_3 + 2H_2O$$

$$Ca(OH)_2 + Ca(HCO_3)_2 \rightleftarrows 2CaCO_3 + 2H_2O$$

$$2Ca(OH)_2 + Mg(HCO_3)_2 \rightleftarrows 2CaCO_3 + Mg(OH)_2 + 2H_2O$$

5) 응집보조제

응집공정에서 플록을 강도 높게 형성하여 침전이 빠른 플록을 형성하여 최적의 응집상태를 조성하는데 응집보조제를 사용하며, 응집제와 응집보조제를 병행하여 사용하면 응집제의 사용량도 절감할 수 있다. 응집보조제로는 소석회나 생석회, 고분자응집제 등이 있는데 주로 고분자응집제가 사용된다.

(5) 응집제의 선택

응집시설에서 적정응집제의 종류 및 적정농도의 선정은 해당 하수의 수질자료를 검토하고, 쟈테스트(jar-test)를 통하여 응집제 및 응집보조제의 종류, 적정 투입량에 대하여 예측하는 것이 경제적이고 합리적이다. 이때에는 온도 및 pH 등의 영향과 주입응집제의 강도를 주의 깊게 파악하여 처리하고자 하는 수질에 적합한 응집제와 투입량을 결정한다.

(6) 약품 주입시설

응집시설에서 응집제와 응집보조제를 응집조 내에 투여하여 최적의 응집효과를 얻으려면 약품의 혼합이 잘 이루어지고 적정량이 투입되어야 한다. 사용되는 대부분의 화학약품은 부식성이 있으며 여러 가지 형태로 존재하므로 약품의 저장, 주입, 배관 등의 설계에 주의하여야 한다. 사용되는 약품의 양은 제거시키고자 하는 부유물질, pH, 알칼리도 등과 밀접한 관계가 있는데 다음 사항을 충분히 고려한 후 약품주입시설을 설치할 필요가 있다.

1) 약품의 주입 시 상태

응집시설에 사용되는 약품은 주로 액상으로 주입된다. 응집제 및 응집보조제는 보관 및 적정주입의 편리성으로 인하여 액상으로 많이 주입시키나, 점성이 높아질 가능성과 응고의 가능성 등을 충분히 고려하여야 한다.

2) 주입약품의 물리화학적 성질

응집조에 투입되는 응집제 및 응집보조제를 선정하려면 약품의 용해도 및 응집과정에서의 염의 생성 가능성 등을 충분히 파악하는 것이 필요하다. 주입약품의 물리화학적 성질을 검토하는 것은 경제적이고 효과적인 응집시설을 설계하는데 있어 필수적인 요소이다.

3) 유입수량 및 수질

응집시설에서의 응집효과는 유입수량과 수질 및 온도 등에 의하여 영향을 많이 받는다. 유입수량과 수질에 따라서 약품주입 시 유입속도에 변화를 주는 것이 필요하다.

4) 약품저장탱크

약품저장탱크는 연속적인 약품의 공급과 약품의 상태를 유지하기 위한 장치로, 설계 시 사용하고자 하는 약품의 특성, 약품의 저장시간, 시간의 경과에 따른 약품의 질 저하 여부, 내구성 등을 충분히 고려해야 한다.

5) 약품주입기

약품주입기는 가격, 약품주입펌프의 종류, 구입 및 유지 보수의 난이도에 의하여 결정되고, 크기는 최대유량과 수질에 대한 최대약품주입량에 의하여 설계된다. 그리고 유지관리와 청소 및 고장 등을 고려하여 2대 이상의 약품주입기를 설치하는 것을 원칙으로 한다. 일반적으로 습식주입기가 건식주입기보다 많이 사용되고 있다.

6) 주입제어방식

약품을 저장탱크로부터 주입지점으로 일정한 주입률로 주입하는 방법으로는 수동식과 자동식이 있으며(그림 4.8 참조), 약품의 특성에 따라 적절한 방식과 보조장치를 선정하고, 특히 밸브 및 펌프 등은 내구성, 내산, 내알칼리성의 재질을 선택하며, 습식약품주입기의 경우 약품용액의 점성 등에 특히 유의하여야 한다.

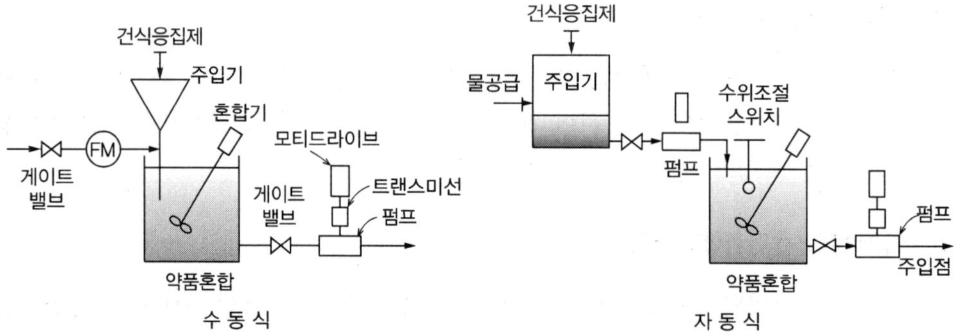

그림 4.8 약품주입의 제어방식

7) 약품주입펌프

약품주입펌프는 약품의 물리화학적인 특성에 대하여 충분히 내구성, 내마모 및 내식성이 있어야 하며, 약품의 특성에 적합한 것을 사용하여야 한다.

4.3.3 급속교반시설

(1) 급속교반의 목적

급속교반의 목적은 응집제를 하수 중에 신속하게 분산시켜 하수 중의 입자를 불안정화 시키는 데 있다. 응집제를 투여하고 급속으로 교반하면 응집제의 균일한 분산이 이루어져 하수 중 입자의 제타전위가 감소된다. 물과 약품을 섞기 위해 급속교반을 실시하는 탱크를 급속혼화지 또는 간단히 혼화지라고도 한다.

(2) 급속교반기의 종류

1) 터빈형교반기

터빈형교반기는 그림 4.9와 같이 임펠러 주위에 강한 난류가 발생되는데, 이러한 난류에 의한 소용돌이 현상과 순환류를 방지하고, 단회로 현상을 막기 위하여 그림 4.10과 같이 정류판을 설치하는 것이 바람직하다. 통상 임펠러의 직경은 반응조 직경의 30~50%이고, 임펠러는 보통 교반조의 바닥 위로 임펠러 직경만큼 떨어진 곳에 설치한다.

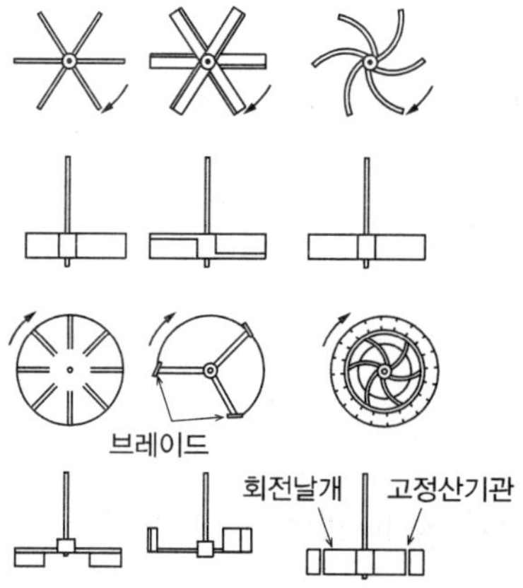

그림 4.9 각종 터빈의 임펠러

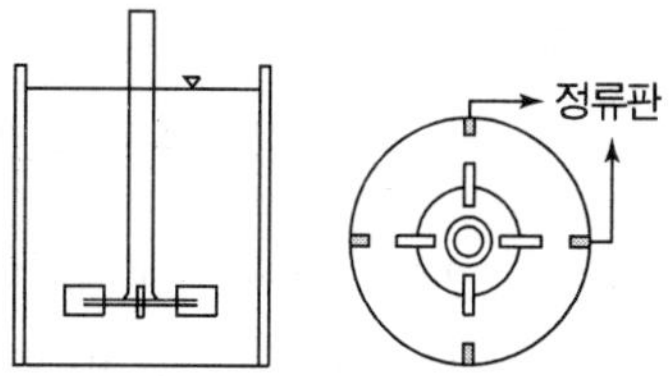

그림 4.10 정류판을 가진 터빈형교환기

2) 프로펠러형교반기

프로펠러형교반기는 두 개 내지 세 개의 임펠러를 가지는데, 날개는 액체에 축방향의 흐름을 주기 위하여 옆으로 기울어져 있으며, 매우 고속으로 운전되고, 고농도인 경우에 주로 사용된다. 모터의 회전속도는 소형일 경우 대개 1,750rpm 정도이고, 대형일 경우에는 400~800rpm의 범위이다. 이는 패들형이나 터빈형보다 직경이 작으며, 조의 크기에 상관없이 대개 0.46m 이하이다. 조가 깊을 경우에는 2개 이상의 프로펠러를 부착한다.

(3) 급속교반시설 설계인자

급속교반시설의 설계 시에는 다음과 같이 교반기의 소요동력, 수리학적체류시간, 교반기의 최대 및 최소회전속도 등에 대하여 충분한 검토가 필요하다.

1) 소요동력

난류상태를 유지하기 위하여 필요한 교반기의 소요동력을 유지하여야 하며, 지표로 속도경사(G)를 사용하고, 속도 경사값은 400~1,500sec^{-1}로 한다.

교반강도는 아직까지도 Camp and Stein(1943)의 식을 많이 사용하는데 교반강도를 속도경사(G, velocity gradient, sec^{-1})로서 표시한다. 속도경사는 다음의 식 (4.2)와 같이 유체에 가해진 동력을 점성계수와 유체 체적으로 나눈 후 제곱근 값으로 표시한다.

$$G = \sqrt{\frac{W}{\mu}} = \sqrt{\frac{P}{\mu V}} \quad \text{(Camp and Stein, 1943)} \tag{4.2}$$

여기서, G : 속도경사(흔히 G값이라고 부름), sec^{-1}

P : power input, N · m/sec, W

V : 유체의 체적, m^3

μ : 유체의 점성계수, kg/m/sec

가해진 동력은 혼합방식에 따라 수류식, 기계식, in-line방식 등으로 나눌 수 있으며, 각각의 경우 동력은 다음과 같다.

① 수류식

$$P = g\rho Q H \tag{4.3}$$

여기서, Q : 유량, m^3/sec

H : 낙차, m

② 기계식(터빈형 임펠러)

$$P = \frac{C_D \rho A v^3}{2} \tag{4.4}$$

여기서, C_D : 1.8(평면 블레이드의 경우)

A : 블레이드 표면적, m^2

ρ : 유체의 밀도, kg/m^3

v : 0.75 × 블레이드 원주 회전속도, m/sec

일반적으로 회전축당 패들의 폭을 합한 전단폭은 수심의 25%이고, 저항계수는 1.3~2.0의 범위로서 1.50~1.65가 흔히 사용된다. 또한 패들의 물에 대한 상대속도는 경험적으로 날개 선속도의 3/4을 사용한다.

표 4.12 패들의 형태에 따른 C_D 값

길이/폭	C_D
5	1.2
20	1.5
∞	1.9

③ in-line방식

$$H = \frac{v^2}{2g} \tag{4.5}$$

$$P = g\rho qH \tag{4.6}$$

여기서, H : 가압분사수의 속도수두, m
v : 가압수의 분사속도, m/sec
q : 분사유량, m^3/sec

2) 교반기의 회전속도

교반기의 회전속도는 소요동력에 따라 다르지만 동력의 변화 없이 프로펠러의 크기나 피치의 조정으로 회전속도를 변화시킬 수 있는 것이 바람직하다. 또한 유입수량과 수질의 변화에 충분히 대처할 수 있도록 회전속도를 조절할 수 있고, 회전속도범위로 최소 및 최대속도를 파악하는 것이 필요하며, 교반방식은 연속식으로 한다.

3) 수리학적 체류시간

하수 및 약품특성에 따라 다르나, 급속교반 시 하수의 체류시간은 일반적으로 0.5~2분이다. 충분한 교반 강도만 보장되면 체류시간은 짧을수록 좋다.

4) 조의 형태

조의 형태는 원형 및 사각형이 있는데, 사각형의 경우 길이 : 폭 : 깊이의 비가 1 : 1 : 1~1.2가 적당하며, 유입과 유출을 대각선에 위치시킴으로써 단회로를 방지하여야 한다. 또한 교반조에서도 다소 슬러지의 침전이 발생할 수 있으므로 필요에 따라 슬러지 배출관을 설치한다.

예제 4.6 **급속혼화지 설계**

원수량을 200,000m^3/day인 공공하수처리시설에 필요한 급속혼화지를 설계하고자 한다. 급속혼화지의 총체적과 소요동력을 구하여라. 단, 혼화강도 G = 300sec^{-1}, 혼화시간 = 60sec, 온도는 20℃이며, 20℃ $\mu = 1 \times 10^{-3}$ kg/m/sec이다.

풀이

$$V = Q \times HRT = \left(\frac{200{,}000\,m^3/day}{86{,}400\,sec/day}\right)(60\,sec) = 139\,m^3$$

$$P = \frac{G^2 \mu V}{1,000} = \frac{(300)^2(1\times10^{-3})(139)}{1,000} = 12.5\text{kW}$$

다만, 12.5kW는 교반기 임펠러에서 요구되는 순수동력이므로 모터효율, 감속기 효율 등을 고려해야 하고, 계열수를 고려하여 혼화지 1지당 체적과 모터의 크기를 결정해야 한다.

예제 4.7 **기계식 혼화지의 G값**

다음과 같은 기계식 혼화지의 G값을 구하고, 설계기준과 비교하여 적절한지 평가하라.

- 임펠러 회전속도 : 300rpm
- 임펠러 크기 : 30cm × 10cm (flat형)
- $C_D = 1.83$
- 수온 : 20℃
- 물의 점성계수(μ) : 1.0×10^{-3} kg/m/sec
- 혼화지 유효체적 : $1m^3$

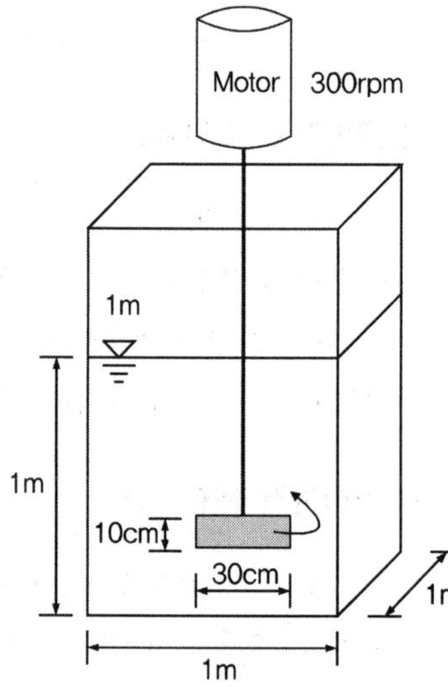

풀이

터빈형 임펠러를 이용할 경우 동력(P)는

$$P = \frac{C_D \rho A v^3}{2}$$

교반강도(G)는

$$G = \sqrt{\frac{W}{\mu}} = \sqrt{\frac{P}{\mu V}}$$

따라서

$$v = (0.75)(2\pi)(0.15\text{m})(300/60\text{rps}) = 3.534\text{m/sec}$$

$$A = (0.1)(0.3) = 0.03\text{m}^2$$

$$P = \frac{(1.8)(1,000)(0.03)(3.534)^3}{2} = 1,190(\text{W})$$

또한 $\mu = 1.0\times10^{-3}$kg/m/sec, $V = 1\text{m}^3$이므로

$$G = \sqrt{\frac{P}{\mu V}} = \sqrt{\frac{1,190}{(1.0\times10^{-3})(1)}} = 1,090\text{sec}^{-1}$$

G값이 400~1,500sec^{-1} 사이이므로 교반강도는 적정하다.

4.3.4 완속교반시설

(1) 완속교반의 목적

완속교반의 목적은 급속교반으로 생성된 플록들의 결합으로 침전이 가능한 큰 플록을 생성하는 데 있다.

(2) 완속교반기의 형태 및 체류시간

1) 패들형교반기

4.5m 이하의 비교적 낮은 수심과 속도경사가 $60sec^{-1}$ 이하인 경우에 패들교반기가 주로 사용되는데, 천천히 회전하여 알루미늄이나 황산염 등의 응집제와 응집보조제들이 하수에 투여되어 플록간의 응집을 이루는데 사용된다. 그러나 교반이 과하면 플록입자들이 다시 미세입자로 파괴되는 경우가 있으므로 주의 깊게 운전하여 적당한 크기로 성장시켜 침전이 잘되는 입자로 유도하여야 한다.

2) 터빈형교반기

터빈교반기는 주로 수심이 깊고 $60sec^{-1}$ 이상의 속도경사가 필요할 때 사용된다. 수평형인 경우 대당 간격은 최대 6m이며, 임펠러의 원주속도는 0.6～1.2m/sec가 적당하다. 이의 장점은 속도경사값을 크게 할 수 있으며, 양수작용이 좋고, 양호한 순환속도를 유지할 수 있어 수심이 깊은 경우에 유리하다는 것이다.

3) 체류시간

체류시간은 통상 20～30분이 적당하며, 조는 3～4개의 실로 분리하는 것이 좋다.

4) 조의 형태

조의 형태는 폭 : 길이 : 깊이가 1 : 1 : 1～1.2가 적당하며, 입출구는 대각선에 위치하도록 한다.

4.3.5 응집침전지

응집침전지는 완속교반으로 형성된 플록을 침전시키기 위하여 필요한 시설이며, 조대화된 플록을 파괴시키지 않게 유입시켜 침전시킬 필요가 있다. 체류시간은 통상 1～4시간으로 유지하는 것이 적당하며, 응집효율 및 유량에 따라 변동한다. 표면부하율은 25～$50m^3/m^2/day$ 정도로 한다. 설계 시 유출수 중의 플록이 포함되어 있을 가능성도 배제할 수 없으므로 유입 및 유출에 의한 난류의 형성을 방지하여야 하고, 환경요인들을 조절하여 줌으로써 플록의 파괴 등을 방지할 수 있도록 한다.

4.4 생물처리의 기본원리

4.4.1 호기성생물학적 처리

자연계에는 유기물을 분해, 제거하는 미생물이 많이 존재한다. 유기물을 함유하고 있는 오수가 하천 등의 자연 수역에 배출되면 돌 등에 부착되어 있는 미생물이 산소가 존재하는 상태에서 수중의 유기물을 분해한다. 이것이 자연계의 자정작용이다. 하수의 생물처리는 주로 자연계에 존재하는 이러한 호기성 미생물을 이용하여 하수 중의 유기물 등의 제거를 도모하는 것이다.

그림 4.11에 제시한 것과 같이 호기성생물학적 처리에는 미생물을 수중에 부유된 상태로 이용하는 방법(부유생물법)과 미생물을 매질에 부착된 상태에서 이용하는 방법(생물막법), 그리고 이 두 가지 방법을 조합하여 이용하는 방법이 있다.

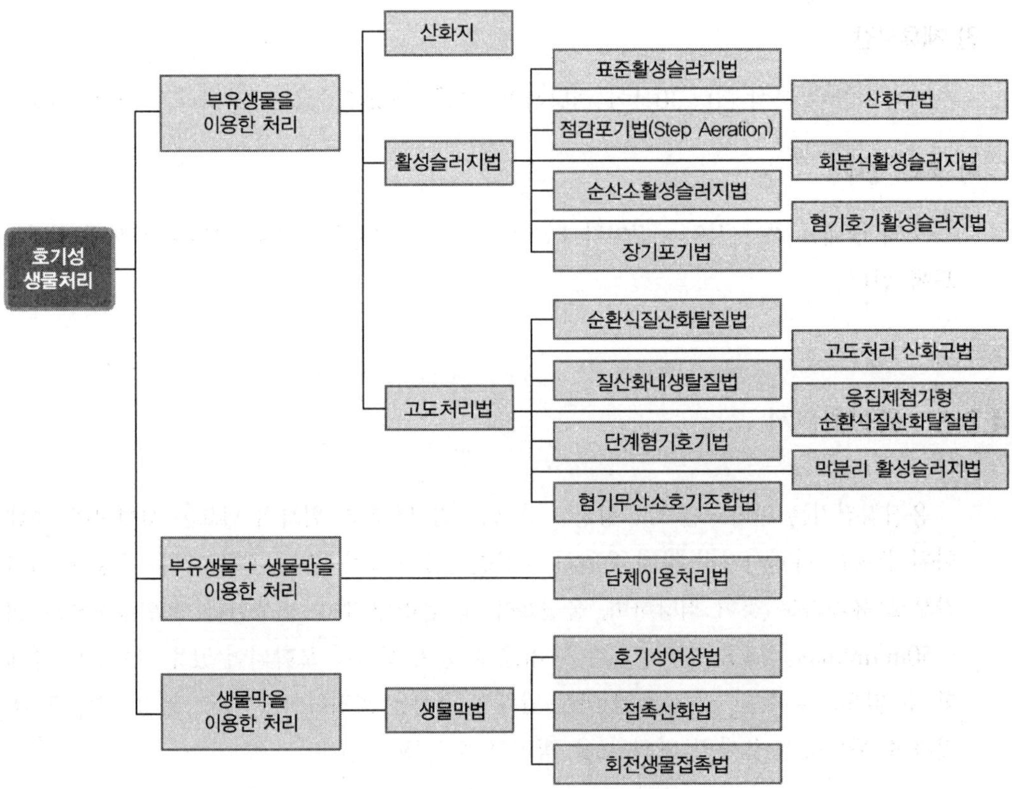

그림 4.11 호기성 생물처리법의 분류

4.4.2 활성슬러지법의 원리

(1) 개요

하수에 공기를 불어넣고 교반시키면 각종의 미생물이 하수 중의 유기물을 이용하여 증식하고 응집성의 플록을 형성한다. 이것이 활성슬러지라 불리는 것인데 세균류, 원생동물, 후생동물 등의 미생물 및 비생물성의 무기물과 유기물 등으로 구성된다. 활성슬러지를 산소와 함께 혼합하면 하수 중의 유기물은 활성슬러지에 흡착되어 활성슬러지를 형성하는 미생물군의 대사기능에 따라 산화 또는 동화되며, 그 일부는 활성슬러지로 전환된다. 활성슬러지법에서는 공기를 불어넣거나 기계적인 수면 교반 등에 의해 반응조 내에 산소를 공급하며, 이 때 발생하는 반응조 내의 수류에 의해 활성슬러지가 부유상태로 유지된다. 반응조로부터 유출된 활성슬러지 혼합액은 이차침전지에서 중력침전에 의해 고액 분리되고, 상징수는 처리수로서 방류된다. 침전·농축된 활성슬러지는 반응조에 반송되고, 하수와 혼합되어 다시 하수처리에 이용됨과 동시에 일부는 잉여슬러지로서 처리된다. 활성슬러지 공정은 하수를 호기성상태에서 안정화시키는 호기성처리의 대표적 공정으로 그림 4.12와 같다.

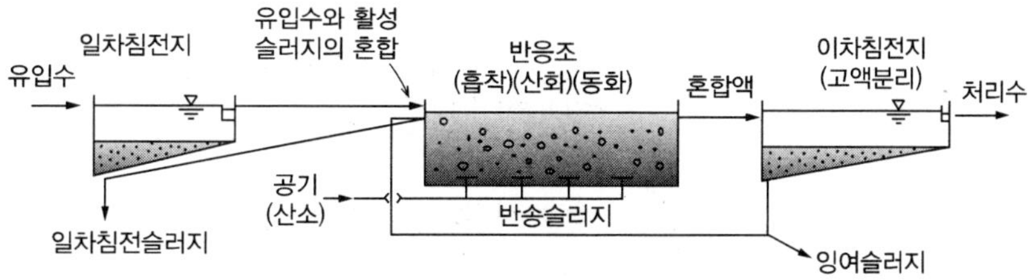

그림 4.12 활성슬러지법의 처리기구와 처리계통

(2) 활성슬러지공정의 미생물

자연계에서 박테리아의 중요한 역할은 유기물을 분해하는 것이다. 활성슬러지공정에서 박테리아는 유입수 내의 유기물분해에 관여하기 때문에 가장 중요한 미생물이다. 일반적으로 활성슬러지공정 내의 박테리아는 *Pseudomonas*, *Zoogloea*, *Achromobacter*, *Flavobacterium*, *Bdellovibrio*, *Mycobacterium* 그리고 질산화 박테리아인 *Nitrosomonas* 와 *Nitrobacter* 등을 포함한다. 더하여 여러 사상균, 즉 *Sphaerotilus*, *Beggiatoa*, *Thiothrix*, *Nocardia*, *Leptothrix*, *Geotrichum* 도 존재할 수 있다. 유입수 내의 유기성하

수를 분해하는 주된 미생물은 박테리아이지만 활성슬러지공정 내의 기타 미생물들의 대사활동도 역시 중요하다. 예를 들면, 원생동물과 윤충은 유출수를 깨끗하게 하는 역할을 하며, 원생동물은 응집되지 않고 분산돼 박테리아를 섭취하고, 윤충은 침전되지 않은 작은 미생물 덩어리를 섭취한다.

4.4.3 활성슬러지법의 처리 메커니즘

(1) 유기물의 흡착

활성슬러지에 의한 유기물의 흡착은 활성슬러지의 표면에 유기물이 농축되는 현상이다. 하수와 활성슬러지를 혼합하여 포기시키면 하수로부터 C-BOD로서 표현되는 유기물이 제거된다. 하수로부터의 유기물 제거량과 활성슬러지가 이용하는 산소량의 시간적인 변화 관계를 그려보면 그림 4.13과 같다. 즉, 하수 중의 유기물은 활성슬러지와 접촉하면 단시간에 대부분이 제거된다. 이러한 현상을 초기흡착이라 한다. 초기흡착에 의해 제거된 유기물은 가수분해를 거쳐 미생물 체내로 섭취되어 산화 및 동화된다. 하수의 유기물과 그 제거량이 증가하는 만큼 산소소비량이 증가한다.

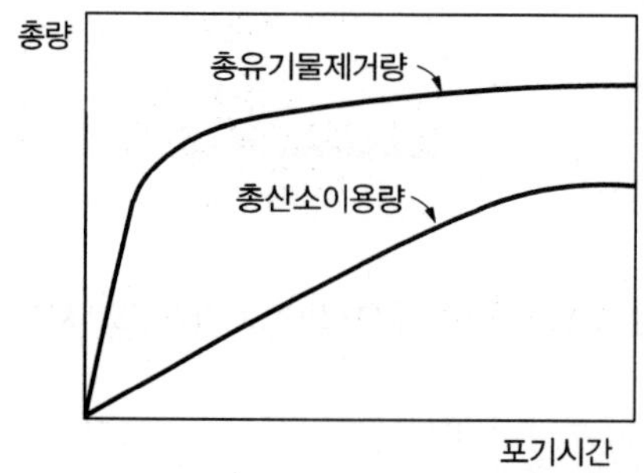

그림 4.13 유기물제거량과 활성슬러지의 산소이용량

(2) 산화 및 동화

활성슬러지에 흡착된 유기물은 미생물의 영양원으로 이용되며, 다음과 같이 산화와 동화에 이용된다.

흡착된 유기물 ─┬ 산화에 의한 분해(에너지 생산)
　　　　　　　　└ 동화에 의한 합성(세포 합성)

반쪽반응식은 산화나 환원반응 혹은 합성반응에서 전자 1몰이 이동하는 반응으로, 산화제는 전자를 가져와서 환원되고 반대로 환원제는 전자를 잃게 되어(즉, 전자를 주게되어) 산화된다. 반쪽반응은 전자 수용체(산소나 질산성 질소 등)의 종류나 전자 공여체(에너지원이며 주로 유기물을 말함)에 따라 다양한 구성이 가능하며, 하수처리와 관련된 반쪽반응식을 몇 가지 제시하면 다음과 같다.

표 4.13 생물학적 처리의 주요 반쪽반응식

번호	종류	반쪽반응식
		세포 합성 반응
1	NH_4^+-N	$1/5CO_2+1/20HCO_3^-+1/20NH_4^++H^++e^- \rightarrow 1/20C_5H_7O_2N+9/20H_2O$
2	NO_3^--N	$1/28NO_3^-+5/28CO_2+29/28H^++e^- \rightarrow 1/28C_5H_7O_2N+11/28H_2O$
		전자수용체 반응
3	O_2	$1/4O_2+H^++e^- \rightarrow 1/2H_2O$
4	NO_3^--N	$1/5NO_3^-+6/5H^++e^- \rightarrow 1/10N_2+3/5H_2O$
		전자공여체 반응
5	하수($C_{10}H_{19}O_3N$)	$1/50C_{10}H_{19}O_3N+9/25H_2O \rightarrow 9/50CO_2+1/50NH_4^++1/50HCO_3^-+H^++e^-$
6	단백질($C_{16}H_{24}O_5N_4$)	$8/33CO_2+2/33NH_4^++31/33H^++e^- \rightarrow 1/66C_{16}H_{24}O_5N_4+27/66H_2O$
7	$C_6H_{12}O_6$	$1/4CO_2+H^++e^- \rightarrow 1/24C_6H_{12}O_6+1/4H_2O$
8	CH_3OH	$1/6CO_2+H^++e^- \rightarrow 1/6CH_3OH+1/6H_2O$
9	CH_3CH_2OH	$1/6CO_2+H^++e^- \rightarrow 1/12CH_3CH_2OH+1/4H_2O$
10	CH_3COO^-	$1/8CO_2+1/8HCO_3^-+H^++e^- \rightarrow 1/8CH_3COO^-+3/8H_2O$

동화는 산화에 의해 얻어진 에너지를 이용하여 유기물을 새로운 세포물질로 합성하는 것이다. 호기조건에서 유기물의 산화 및 세포 합성 반응은 반쪽반응식을 합성해서 구성할 수 있다.

산화-환원 반응의 반쪽반응식을 구성하는 순서는 다음과 같다.

① 반응물과 생성물 중 H^+, OH^-, H_2O를 제외한 나머지 원소들을 찾는다.
② H^+, OH^-, H_2O를 제외한 나머지 원소들의 좌우에 적당한 정수를 곱해서 원자 수를 맞춘다.
③ H_2O를 이용해서 산소 균형을 맞춘다.
④ H^+를 이용해서 수소 균형을 맞춘다.
⑤ 전자(e^-) 균형을 맞춘다.

또한, 반쪽반응식을 이용해서 반응식을 완성하는 방법은 다음과 같다.

① 산화 및 환원 반응식에 적당한 정수를 곱해서 전자의 수가 서로 같도록 맞춘다.
② 전자의 수가 서로 상쇄되도록 두 개의 반쪽반응식을 더해서 식을 완성한다.

다음 예제는 반쪽반응식을 이용하여 산화 혹은 세포합성반응을 완성하는 방법을 보여주고 있다.

예제 4.8 글루코오스의 산화 반응

글루코오스($C_6H_{12}O_6$)의 산화반응식을 완성하라.

풀이

표 4.13의 3번 식과 7번 식을 이용하면 다음과 같다.

$$1/24C_6H_{12}O_6 + 1/4H_2O \rightarrow 1/4CO_2 + H^+ + e^-$$

$$1/4O_2 + H^+ + e^- \rightarrow 1/2H_2O$$

두 식을 서로 더하면 다음과 같다.

$$1/24C_6H_{12}O_6 + 1/4O_2 \rightarrow 1/4H_2O + 1/4CO_2$$

또는 계수를 정수화하면 다음과 같다.

$$C_6H_{12}O_6 + 6O_2 \rightarrow 6H_2O + 6CO_2$$

예제 4.9 하수의 산화 반응

반쪽반응식을 이용하여 ① 하수 유기물의 산화반응 화학양론식을 구성하고, ② 하수 유기물 1g 산화에 필요한 산소의 양을 계산하라.

풀이

① 산화반응식

$$1/50C_{10}H_{19}O_3N + 9/25H_2O \rightarrow 9/50CO_2 + 1/50NH_4^+ + 1/50HCO_3^- + H^+ + e^-$$ (표 4.13 식5)

$$1/4O_2 + H^+ + e^- \rightarrow 1/2H_2O$$ (표 4.13 식3)

위 두 식을 더하면

$1/50C_{10}H_{19}O_3N + 1/4O_2 \rightarrow 9/50CO_2 + 1/50NH_4^+ + 1/50HCO_3^- + 7/50H_2O$

정수화를 위해 양 변에 100을 곱하면

$2C_{10}H_{19}O_3N + 25O_2 \rightarrow 18CO_2 + 2NH_4^+ + 2HCO_3^- + 14H_2O$

또는 $NH_4^+ \rightarrow H^+ + NH_3$, $HCO_3^- \rightarrow CO_2 + OH^-$, $H^+ + OH^- \rightarrow H_2O$이므로

$NH_4^+ + HCO_3^- \rightarrow NH_3 + CO_2 + H_2O$

따라서,

$2C_{10}H_{19}O_3N + 25O_2 \rightarrow 20CO_2 + 2NH_3 + 16H_2O$

② 산소요구량

$C_{10}H_{19}O_3N$ 1몰(201g) 산화에 산소 12.5몰(400g)이 필요하므로 하수 유기물 1g 당 산소는 $\frac{400}{201} = 1.99$g이 필요하다.

하수 중의 유기물이 적어지면 활성슬러지 미생물은 체내에 축적된 유기물과 세포물질을 산화하여 생명유지에 필요한 에너지를 얻는다. 이것을 내생호흡이라 부르며 식 (4.7)과 같이 관계를 나타낼 수 있다.

$$C_5H_7O_2N + 5O_2 \rightarrow 5CO_2 + 2H_2O + NH_3 \tag{4.7}$$

활성슬러지에 의한 하수 중의 유기물 제거를 그림 4.14에 모식적으로 나타내었다. 하수 중에 함유되어 있는 유기물은 일부가 처리수 중에 유출되지만, 대부분은 활성슬러지에 의해 흡착된 후 산화 및 동화에 의해 이용되어 제거된다. 또 산화·동화되지 않은 유기물은 처리시스템 내에 저류되어 내생호흡에 의해 산화되지 않은 세포물질과 함께 최종적으로 잉여슬러지로서 처리시스템 외부로 배출된다.

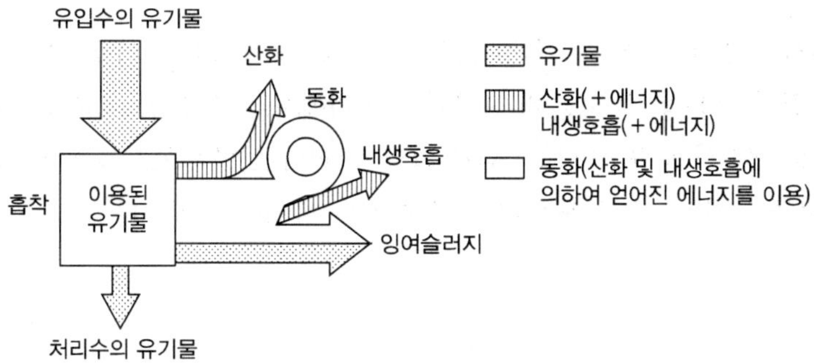

그림 4.14 호기성처리에서의 물질수지

(3) 세포의 증식

산화작용과 동화작용의 물질대사는 미생물의 세포증식으로 귀결된다. 미생물에 있어서 세포의 증식의 효율, 즉 기질소비량당 세포물질생산량은 지질당 ATP생산율과 밀접한 관계를 가지고 있으며 유기물질을 수소화하는 세균군은 1mol ATP당 약 10g 정도의 건조한 세포물질을 생산한다. 세포증식의 패턴은 그림 4.15와 같이 지체기, 지수증식기, 증식정지기, 감쇄기로 나누어 구분할 수 있다. 지체기는 미생물이 새로운 환경에 적응하는 단계이고, 지수증식기는 미생물이 일정한 속도로 이분법에 의해 지수적으로 증식하는 단계이며, 증식정지기는 영양결핍과 대사에 의하여 생긴 독성물질 등에 의하여 미생물증식이 더 이상 진전되지 못하는 단계이고, 감쇄기는 증식정지기를 지나면서 미생물의 사멸률이 커지는 단계이다.

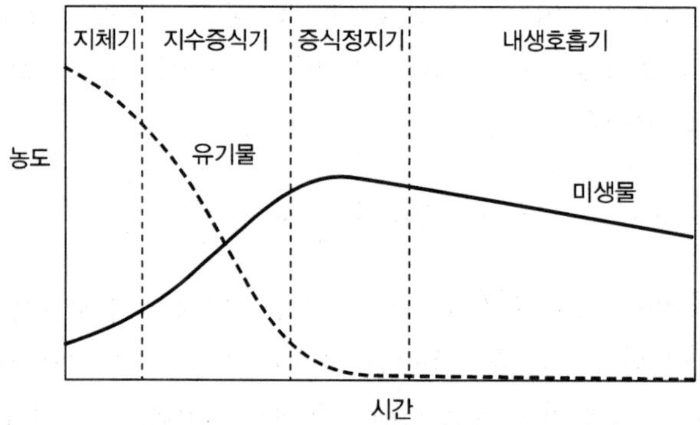

그림 4.15 세포증식 곡선

(4) 세포의 반응속도 및 농도

반응에서 시간에 따른 반응물질농도의 변화를 영차, 일차, 이차반응으로 식 (4.8)~(4.13)과 같이 구분할 수 있는데 생물학적 처리에서는 많은 종의 미생물이 공존하므로 반응속도를 정확하게 표현하기가 쉽지 않다. 그러나 일반적으로 경험에 의해 세포의 증식과 사멸을 일차반응으로 해석해도 큰 문제는 발생하지 않는다.

1) 영차반응

$$\frac{dC}{dt} = -k_0 \tag{4.8}$$

$$C = C_0 - k_0 t \tag{4.9}$$

2) 일차반응

$$\frac{dC}{dt} = -k_1 C \tag{4.10}$$

$$C = C_0 e^{-k_1 t} \tag{4.11}$$

3) 이차반응

$$\frac{dC}{dt} = -k_2 C^2 \tag{4.12}$$

$$\frac{1}{C} - \frac{1}{C_0} = k_2 t \tag{4.13}$$

여기서, C_0 : 반응물질의 최초 농도, mg/L
C : t시간 경과 후의 반응물질 농도, mg/L
t : 반응 시간, sec
k_0, k_1, k_2 : 반응속도상수

(5) 플록의 침강 · 분리

활성슬러지법에서 보다 깨끗한 처리수를 얻기 위해서는 이차침전지에서의 활성슬러지의 양호한 응집성과 침강성이 보장되어야 한다. 활성슬러지의 응집성과 침강성은 활성슬러지 미생물의 증식과정에 따라 변화되는데, 이러한 증식과정은 그림 4.16과 같이

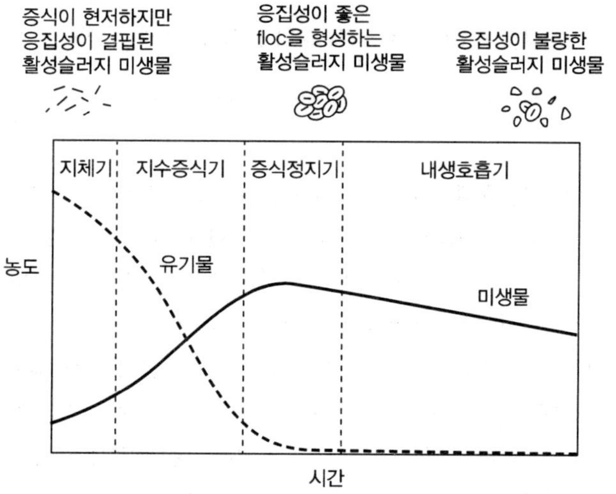

그림 4.16 미생물에 의한 유기물의 대사과정 및 플럭의 형성과정

나타낼 수 있다. 대수증식기는 미생물에 대한 유기물의 비율(F/M비)이 클 때에 일어나며, 이 때 미생물의 유기물 제거속도는 커지지만 응집성과 침강성은 떨어진다. 시간이 경과하여 미생물의 증식이 진행되면 미생물에 대한 유기물의 비율이 감소하며, 미생물은 순차적으로 감쇠증식기로부터 내생호흡 단계에 접근하면서 미생물의 흡착력, 응집성 및 침강성이 향상된다.

4.4.4 생물반응의 동력학 모형

활성슬러지법에서는 유입수의 질과 양에 대한 일 변화와 수온, 반응조의 형태에 따라 반응조 내의 기질농도, 활성슬러지의 산소소비속도 및 용존산소 농도가 변하며, 그 결과 처리수질도 변화한다. 이러한 변화를 예측하는 수법으로서 그림 4.17에 제시한 활성슬러지법의 동력학 모형이 이용된다. 이 모형에 필요한 가정은 다음과 같다.

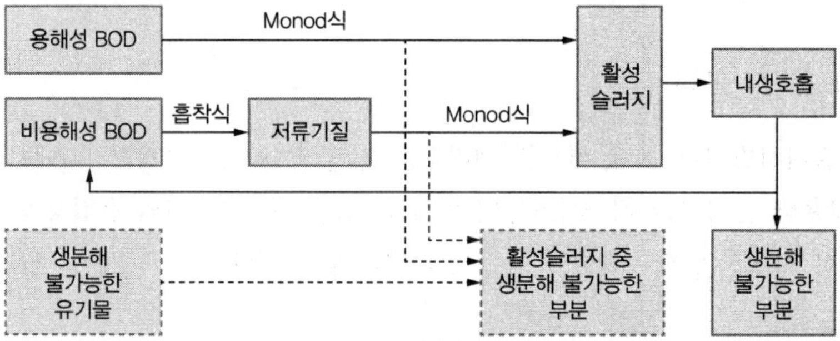

그림 4.17 활성슬러지법의 동력학모형의 개념도

가정

- BOD는 빨리 분해되는 용해성기질과 천천히 분해되는 비용해성 기질로 구성된다.
- 용해성기질을 이용하는 미생물의 증식속도는 Monod식으로 표현된다.
- 비용해성기질을 이용하는 미생물의 증식은 다음의 두 가지의 가정에 따라 성립된다.
  ① 활성슬러지 미생물에 의한 비용해성기질의 흡착과 저류
  ② Monod식에 따라 표현되는 저류기질을 이용하는 미생물에 의한 세포합성
- 활성슬러지 미생물은 활성슬러지량에 비례하여 일정한 속도로 자기분해 된다.
- 자기분해에 의해 생분해되지 않은 활성슬러지의 일부분은 생분해 불가능한 유기물과 비용해성 BOD로 변환된다.

반응조에서의 미생물에 의한 오탁 물질 제거의 생물 반응을 쉽게 이해하기 위하여, 아래와 같은 가정 하에 가장 단순한 모형을 이용하여 SRT와 미생물농도(X), 처리수 기질농도(S)와의 관계를 정량적으로 설명할 수 있다.

가정

① 정상상태(시간적 변화 없음)
② 완전혼합형(장소적 변화 없음)
③ 미생물에 의한 제거반응은 반응조에서만 발생
④ SRT 계산에는 반응조 부피만을 사용
⑤ 유입수 중의 미생물 농도는 무시
⑥ 기질은 용해성이며 단일 물질

대상이 되는 미생물의 비증식속도(μ)와 그 미생물의 제한 기질농도(S)의 관계를 Monod식에 의하여 식 (4.14)와 같이 나타낼 수 있다(그림 4.18). 이 경우에 대상이 되는 기질은 유기물 제거에 있어서는 C-BOD 또는 COD_{cr}, 질산화에 있어서는 암모니아성 질소를 각각 대상으로 한다.

$$\mu = \mu_m \frac{S}{K_s + S} \tag{4.14}$$

여기서, μ : 비증식속도, day^{-1} μ_m : 최대비증식속도, day^{-1}
S : 성장제한 기질농도, mg/L K_s : 포화정수, mg/L

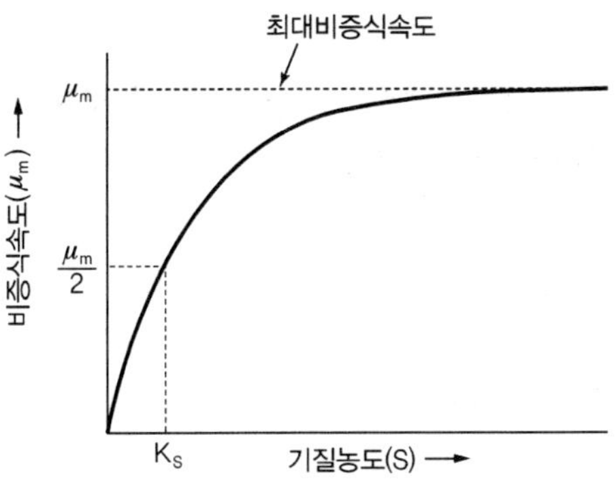

그림 4.18 미생물의 비증식속도에 미치는 기질농도의 영향

미생물의 증식속도(r_g)는 $r_g = \mu X$ (X : 미생물농도)로 정의되므로 식 (4.14)는 식 (4.15)로 된다.

$$r_g = \frac{\mu_m S X}{K_s + S} \tag{4.15}$$

여기서, r_g : 미생물의 증식속도, mgMLVSS/L/day
X : 미생물농도, mgMLVSS/L

수율(Y), 즉 제거된 기질량에 대하여 증식된 미생물량의 비율은 식 (4.14)로 정의된다.

$$r_g = Y r_{su} \tag{4.16}$$

여기서, r_{su} : 기질이용속도, mgMLVSS/L/day
Y : 수율, mgMLVSS/mg기질

기질이용속도(즉, 기질제거속도)는 식 (4.17)로 나타난다.

$$r_{su} = \frac{\mu_m S X}{Y(K_s + S)} \tag{4.17}$$

최대기질이용속도(k)를 $k = \frac{\mu_m}{Y}$로 정의하면 식 (4.17)은 식 (4.18)이 된다.

$$r_{su} = \frac{k S X}{K_s + S} \tag{4.18}$$

미생물의 자기분해속도(r_d)가 식 (4.19)와 같이 일차 반응을 따른다고 가정하면, 자기분해를 고려한 미생물의 증식속도(r_g')는 식 (4.20) 또는 식 (4.21)이 된다.

$$r_d = -k_d X \tag{4.19}$$

여기서, r_d : 미생물의 자기분해속도, mgMLVSS/L/day
k_d : 자기분해속도상수, day^{-1}

$$r_g' = \frac{\mu_m S X}{K_s + S} - k_d X \tag{4.20}$$

$$r_g' = Y r_{su} - k_d X \tag{4.21}$$

여기서, r_g' : 자기분해를 고려한 미생물의 증식 속도, mgMLVSS/L/day

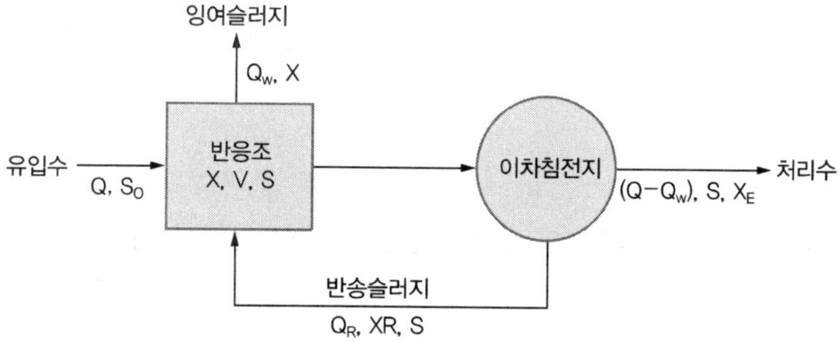

그림 4.19 슬러지반송 연속류식 완전혼합형 활성슬러지법

그림 4.19와 같은 슬러지반송 연속류식 완전혼합형 활성슬러지법 모형에 있어서는 반응조의 HRT와 SRT는 식 (4.22)와 식 (4.23)으로 정의할 수 있다.

$$\theta = \frac{V}{Q} \tag{4.22}$$

$$\theta_c = \frac{V\,X}{Q_W\,X + (Q - Q_W)X_E} \tag{4.23}$$

여기서, θ : 반응조의 HRT, day

θ_c : SRT, day

V : 반응조 용량, m^3

Q : 반응조로의 유입수량, m^3/day

Q_W : 반응조로 부터의 잉여슬러지량, m^3/day

X_E : 처리수의 SS 농도, mg/L

그림 4.19에서 반응조의 미생물 물질수지는 식 (4.24)와 같다.

반응조에서의 축적률 = 유입률 − 유출률 + 증식률

$$\frac{dX}{dt} = Q\,X_o - [Q_w X + (Q - Q_w)X_e] + V\ r_g \tag{4.24}$$

여기서, X_o : 유입수의 미생물 농도, mgMLVSS/L

이 모형은 정상상태$\left(\frac{dX}{dt} = 0\right)$를 대상으로 하고, 유입수 중의 미생물농도를 무시하는 것으로 가정하기 때문에 식 (4.24)는 식 (4.25)와 같이 변형될 수 있다.

$$\frac{1}{\theta_c} = Y\frac{r_{su}}{X} - k_d \tag{4.25}$$

또 이 모형은 정상상태에서의 완전혼합형이기 때문에 기질이용속도는 식 (4.26)으로 표현된다.

$$r_{su} = \frac{Q}{V}(S_o - S) = \frac{S_o - S}{\theta} \tag{4.26}$$

여기서, S_o : 유입수의 기질농도, mg/L

따라서, 식 (4.25)와 식 (4.26)으로부터 미생물농도는 식 (4.27)로 나타낼 수 있다.

$$X = \frac{\theta_c}{\theta}\frac{Y(S_o - S)}{1 + k_d\theta_c} \tag{4.27}$$

또 식 (4.25)는 식 (4.18)을 이용하면 식 (4.28)의 형태로도 나타낼 수 있다.

$$\frac{1}{\theta_c} = \frac{YkS}{K_s + S} - k_d \tag{4.28}$$

식 (4.28)에 의하여, 정상상태에서의 완전혼합형 활성슬러지법의 처리수농도(S)는 식 (4.29)과 같이 주어진다.

$$S = K_s\frac{1 + k_d\theta_c}{Yk\theta_c - (1 + k_d\theta_c)} \tag{4.29}$$

4.4.5 활성슬러지법의 설계 · 조작 및 영향인자

(1) 설계 · 조작인자

활성슬러지법의 각종 변법에 있어서 조작 조건으로는 F/M비, MLSS 농도, SRT, 송기량, 포기시간, 슬러지반송비 등이 있다. 활성슬러지법의 설계인자, 조작인자 및 이러한 인자에 영향을 미치는 조건을 정리하면 그림 4.20과 같다.

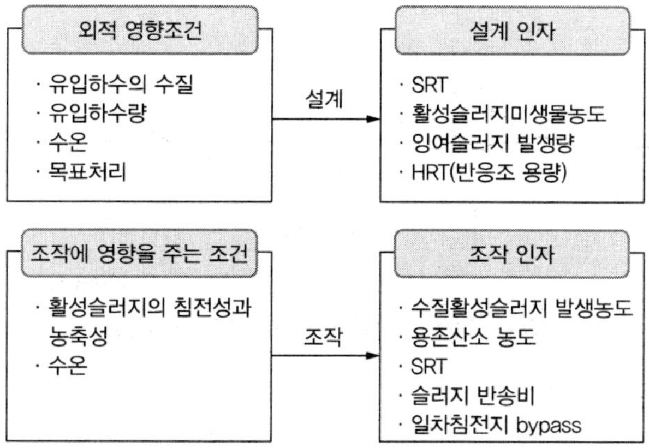

그림 4.20 활성슬러지법 반응조의 설계인자와 조작인자

(2) 반응조

1) 반응조의 형상

활성슬러지법의 반응조의 형상에는 수심이 얕은 반응조와 깊은 반응조, 사각형 수로와 장원형무한수로로 나눌 수 있다. 사각형수로 반응조는 활성슬러지법을 사용하는 대부분의 공공하수처리시설에서 일반적으로 사용되는 형식이며, 수심을 깊게 하는 것이 가능하므로 처리시설의 평면배치라는 관점에서 보면 가장 유리한 방법이라 할 수 있다. 한편, 장원형무한수로 반응조는 산화구법에서 채용되는 것으로 수심이 얕고, 활성슬러지가 반응조 내에 침전되지 않도록 최저유속을 주어야 하지만 흐름의 방향에 무산소지역과 호기지역을 설정하는 것이 가능하며, 질산화·탈질운전이 용이하다.

2) 혼합방식

반응조 혼합액의 혼합방식은 플러그흐름형(plug flow reactor)과 완전혼합형(completely mixed reactor)으로 구별될 수 있다. 완전혼합형 반응조는 그림 4.21의 처리계통에 따라 형상, 하수의 유입방식, 산기장치 등을 설정해야 한다. 완전혼합형 반응조에서는 유입된 하수가 반응조 내의 혼합액과 매우 빠른 시간에 혼합되어 유입된 기질이 반응조 내부로 급속히 확산, 혼합된다.

플러그흐름형 반응조는 그림 4.22의 처리계통에 나타나 있는 것과 같이 긴 장방형 수로를 가지는 반응조로서, 한쪽 끝으로부터 하수를 연속적으로 유입시켜 반응조 내 혼합액을 다른 쪽 끝으로 유출시키는 방식이다. 이상적인 플러그흐름형 반응조는 반응조 내에서 전체의 유입수의 체류시간이 동일해야 한다.

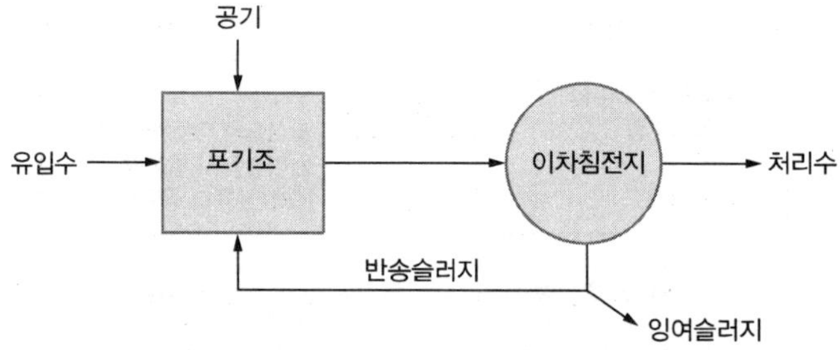

그림 4.21 완전혼합형반응조의 처리계통

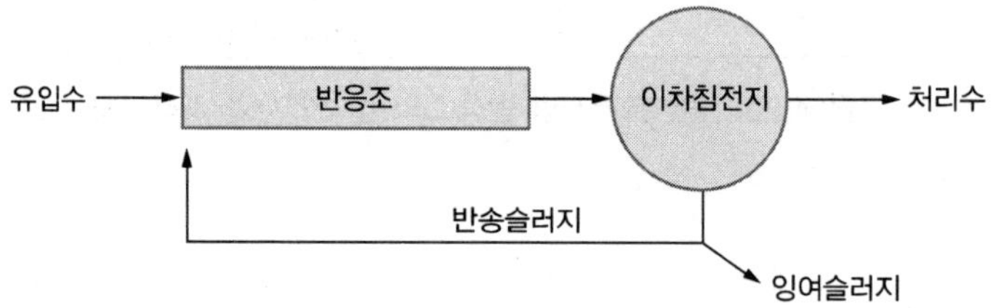

그림 4.22 플러그흐름형반응조의 처리계통

실제 시설에서는 플러그흐름형 반응조의 조건을 완벽하게 설정하는 것이 불가능하기 때문에 일반적으로 그림 4.23과 같이 여러 개의 완전혼합형 반응조를 격벽으로 분리하여 단락류를 방지하는 다단완전혼합형 반응조가 채용되고 있다.

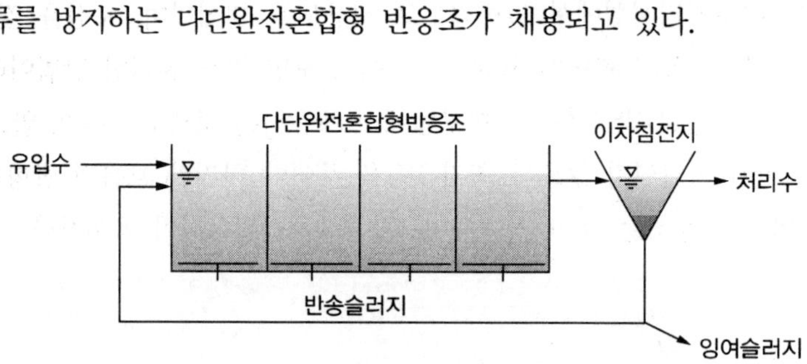

그림 4.23 다단완전혼합형 반응조의 개념도

(3) SRT (고형물체류시간 : Solids Retention Time)

SRT는 반응조, 이차침전지, 반송슬러지 등의 처리장 내에 존재하는 활성슬러지가 전체 시스템 내에 체재하는 시간을 의미하며, 식 (4.30)과 같이 정의된다. 반송슬러지의 경로와 이차침전지 중에 포함되어 있는 활성슬러지량을 무시하면 그림 4.24에 제시한 반응조 및 이차침전지에서의 활성슬러지 미생물 물질수지식에 따라 식 (4.30)은 식 (4.31)과 같이 표현된다.

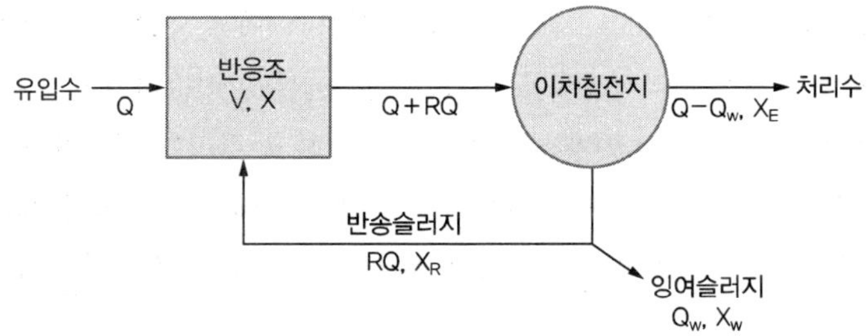

그림 4.24 반응조 및 이차침전지에서의 활성슬러지 미생물의 물질수지

SRT의 설정은 활성슬러지 중의 특정한 미생물의 증식의 가부를 결정하기 때문에 활성슬러지법의 공공하수처리시설 설계에 있어 잉여슬러지량의 예측뿐만 아니라 유기물 제거 및 질산화반응의 예측에도 이용이 가능하다.

$$\mathrm{SRT(day)} = \frac{\text{수처리 시스템 내에 존재하는 활성슬러지량(kg)}}{\text{하루에 시스템 외부로 배출되는 활성슬러지량(kg/day)}} \tag{4.30}$$

$$\theta_c = \frac{VX}{Q_W X_W + (Q - Q_W) X_E} \tag{4.31}$$

여기서, θ_c : SRT, day

V : 반응조의 용량, m^3

X : 반응조 혼합액의 평균부유물(MLSS)의 농도, mg/L

X_W : 잉여슬러지의 평균 SS농도, mg/L

X_E : 처리수 중의 평균 SS농도, mg/L

Q : 반응조로의 유입유량, m^3/day

Q_W : 잉여슬러지량, m^3/day

R : 슬러지반송비

X_R : 반송슬러지의 SS농도, mg/L

반응조 내의 활성슬러지량에 비해 처리수 중의 활성슬러지량은 무시될 수 있기 때문에 식 (4.31)은 식 (4.32)처럼 쓸 수 있다.

$$\theta_c = \frac{VX}{Q_W X_W} \tag{4.32}$$

활성슬러지의 비증식속도는 자기분해를 고려하는 경우 SRT의 역수와 같다고 볼 수 있다. 활성슬러지법의 처리성능을 고려하는 경우에는 활성슬러지의 정화능력과 관련 깊은 미생물의 비증식속도를 고려하여 SRT를 설정하고 관리할 필요가 있다. 특히 질산화 미생물은 유기물을 제거하는 미생물과 비교하여 비증식속도가 작기 때문에 증식속도에 큰 영향을 주는 수온과 마찬가지로 SRT를 크게 함으로써 질산화가 진행되도록 한다.

예제 4.10 SRT계산

5,000m³/day의 하수를 처리하는 공공하수처리시설에서 포기조의 HRT는 6hrs, MLSS 농도는 2,500mg/L이며, 잉여슬러지의 발생량은 100m³/day, 잉여슬러지의 농도는 10,000mg/L일 때, 포기조의 SRT를 구하여라.

풀이

HRT가 6시간이므로 포기조의 부피(V)는

$$V = (Q)(HRT) = (5{,}000)\left(\frac{6}{24}\right) = 1{,}250\,m^3$$

$$\theta_c = \frac{VX}{Q_W X_W}$$ 인데

$$VX = (1{,}250\,m^3)(2{,}500\,mg/L) = 3{,}125\,kg$$

$$Q_W X_W = (100\,m^3/day)(10{,}000\,mg/L) = 1{,}000\,kg/day$$ 이므로

$$\therefore\ SRT = \frac{3{,}125\,kg}{1{,}000\,kg/day} = 3.13\,day$$

(4) BOD용적부하 및 F/M비

BOD용적부하 및 F/M비는 활성슬러지공정의 설계 및 운영에 있어서 매우 중요한 요소이다. F/M비는 유입유기물부하에 대한 미생물량의 비이고, BOD용적부하는 단위포기조용적당 유입되는 유기물부하로서 처리효율뿐 아니라 미생물의 침전성 등에도 관계되므로 시설설계 시에 신중히 고려해야 한다. F/M비(kgBOD/kgMLSS/day)는 다음과 같이 정의된다.

$$F/M비 = \frac{Q\,S_o}{X\,V} \tag{4.33}$$

여기서, nS_o : 반응조 유입수의 BOD농도, mg/L

BOD용적부하(kgBOD/m^3/day)는 다음과 같이 정의된다.

$$\text{BOD용적부하} = \frac{Q\ S_o}{V} \times 10^{-3} \tag{4.34}$$

F/M비는 경험적으로 처리수의 BOD와 BOD 제거율의 예측 및 공기소비량의 예측을 위한 지표로 사용될 수 있다. 활성슬러지법의 설계 및 관리 지표로서 SRT와 F/M비는 중요한 인자이지만 이들은 유입부하량에 따라 적량의 활성슬러지를 반응조에 유지하기 위한 지표이다. 공공하수처리시설에서는 하수의 정화에 따라 증가하는 활성슬러지를 잉여슬러지로써 공정 외로 방출됨에 따라 SRT 또는 F/M비를 관리하게 된다. SRT와 F/M비의 관계는 식 (4.35)처럼 표현할 수 있다.

$$\text{F/M비} = \frac{1 + k_d\,\theta_c}{\theta_c}\ \frac{1}{Y}\ \frac{S_o}{S_o - S} \tag{4.35}$$

여기서, k_d : 자기분해속도상수, day^{-1}
S : 처리수의 BOD농도, mg/L
Y : 수율, mgSS/mgBOD

슬러지의 자기분해가 작고(k_d가 작고), BOD제거율이 큰 경우 식 (4.35)는 식 (4.36)과 같이 되며, SRT와 F/M비가 거의 반비례 관계에 있음을 알 수 있다.

$$\text{F/M비} = \frac{1}{\theta_c Y} \tag{4.36}$$

지금까지 활성슬러지법을 채용하는 공공하수처리시설의 반응조의 설계는 F/M비를 사용하여 정량적인 경험치에 따라 이루어져 왔다. 그림 4.25에 F/M비와 처리수의 수질(BOD)의 관계 예를 나타내었다. 그러나 각 공공하수처리시설 또는 도시마다 F/M비와 처리수의 수질(BOD) 사이에는 상관관계가 있더라도 유입수질과 수온 등이 다르기 때문에 단순히 F/M비로부터 처리수질을 정확하게 예측하는 것은 불가능하다. 표준활성슬러지법의 F/M비 값은 0.2~0.4kgBOD/kgMLSS/day 정도이고, BOD용적부하는 0.3~1.6 kgBOD/m^3/day 정도이다.

(5) 미생물농도

활성슬러지법을 통한 하수처리에서는 미생물이 유기물을 분해・섭취하기 때문에 처

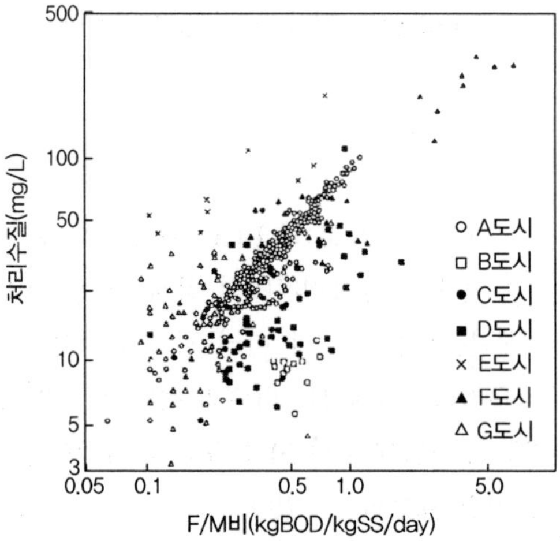

그림 4.25 F/M비와 처리수의 수질(BOD)의 관계

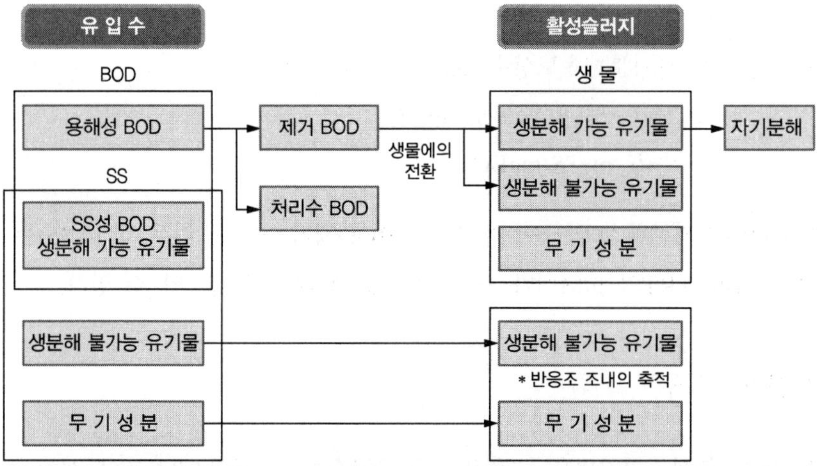

그림 4.26 유입수의 조성과 활성슬러지의 조성의 관계 모형화

리에 관여하는 미생물농도가 가장 중요한 조작 조건의 하나로 된다. 그러나 활성슬러지 중에는 많은 불활성유기물이 포함되어 있기 때문에 미생물만의 농도를 측정하는 것은 불가능하다. 그림 4.26에 유입수의 조성과 활성슬러지의 조성의 관계를 모형적으로 나타내었다. 일반적으로 활성슬러지 미생물농도를 대표하는 것으로서 MLSS농도 또는 MLVSS농도를 사용하고 있지만 유입하수의 조성, 일차침전지에서의 BOD와 SS의 제거율, F/M비, SRT의 대소에 따라 그 비율이 달라진다.

전통적인 활성슬러지공정에서 MLSS는 1,599~3,000mg/L 정도이며 2,000~2,500mg/L

가 가장 일반적이며, 활성슬러지공정에서 MLSS농도를 5,000mg/L 이상으로 설계하는 것은 경제적이지 못하다. 그러나 시스템에 따라서 농도의 조절은 가능하며 순산소활성슬러지공정의 경우 10,000mg/L를 초과하여 운전할 수도 있다. 고형물의 침강성 및 농축특성은 포기조 내 MLSS에 따라 달라지므로 최종적으로 이들 농도를 선택하여 설계하여야 한다.

반응조 내의 MLSS농도(X)는 반응조의 고형물수지로부터 식 (4.37)에 따라 계산할 수 있다.

$$X = \frac{R X_R + S_{ss}}{1 + R} \tag{4.37}$$

여기서, X_R : 반송슬러지의 SS 농도, mg/L

R : 슬러지반송비

유입수의 SS 농도(S_{ss})는 RX_R 값에 비해 너무 작기 때문에 무시한다면, 슬러지반송비(R)는 반송슬러지의 SS 농도(X_R)와 MLSS 농도(X)에 의해 식 (4.38)과 같이 된다.

$$R = \frac{X}{X_R - X} \tag{4.38}$$

그림 4.27에 MLSS농도를 유지하기 위하여 필요한 슬러지반송비와 반송슬러지의 SS 농도의 관계를 보였다. 그림에서 알 수 있듯이, 설정한 MLSS농도가 비교적 낮은(1,500 ~3,000mg/L) 경우 반송슬러지의 SS농도가 낮게 되면 슬러지반송비를 100% 정도로

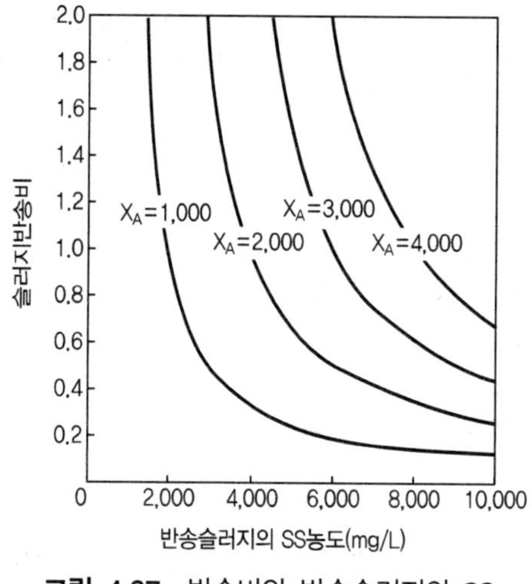

그림 4.27 반송비와 반송슬러지의 SS

할 필요가 생긴다. 또 MLSS농도가 3,000~4,000mg/L로 큰 경우에는 반송슬러지의 SS농도를 150~200% 정도로 비교적 높게 유지할 필요가 있다. 일반적으로 동절기의 활성슬러지의 침강성·농축성의 악화에 따라 반송슬러지의 SS농도는 저하되는 경우가 많다. 특히 사상균 벌킹이 일어나는 경우에는 반송슬러지의 SS농도가 현저히 떨어지게 된다.

(6) 반송비

활성슬러지 반송의 목적은 포기조 내 활성슬러지의 농도를 충분히 유지하여 주어진 시간 동안 요구되는 처리율을 얻기 위함이다. 충분한 반송슬러지 펌프용량을 구비해야 하고 유출수로의 슬러지 고형물의 유실을 방지하는 것도 중요하다. 침전지 하부에서 고형물이 슬러지층을 형성하는 두께는 시간에 따라 변하며, 펌프용량이 불충분하면 최대 유량에서 침전지 전체 깊이로 슬러지층이 채워지기도 한다.

반송률은 포기조의 용적에 영향을 미치지는 않지만 침전지에 영향을 미친다. 반송률은 일반화된 수치가 있을 수 없는데 그 이유는 최적의 반송률은 슬러지의 침강성과 농축특성의 영향을 받기 때문이다. 대규모 처리장에서는 하수유량의 50~100%용량의 반송슬러지 펌프가 설치되고, 작은 처리장은 하수 유량의 150% 정도까지가 설치된다. 슬러지반송비, 즉 반송슬러지의 유량을 산정하기 위한 방법으로는 이차침전지 또는 포기조를 대상으로 한 고형물 물질수지식의 이용, 침전실험자료의 이용, 슬러지층 깊이조절 등을 들 수 있다.

예제 4.11 MLSS 농도 계산

유입설계 BOD 180mg/L인 하수를 포기조 수리학적 체류시간 6시간으로 설계하려고 한다. F/M비를 0.2kgBOD/kgMLSS/day로 설계하는 경우 포기조의 MLSS는 얼마로 해야 하는가?

풀이

유입유량을 Q (m^3/day), 포기조 부피를 V (m^3), 포기조 MLSS 농도를 X (mg/L)라고 하면

$$F = 180Q \times 10^{-3}\text{kg/day}$$

$$V = Q \cdot HRT = Q \cdot \left(\frac{6}{24}\right) = 0.25Q\,\text{m}^3$$

$$M = V \cdot X = 0.25Q \cdot X \cdot 10^{-3}\text{kg}$$

따라서 $F/M = \dfrac{180Q}{0.25QX}$

$$X = \frac{180}{0.25(F/M\text{비})}$$

설계 F/M비가 0.2이므로 대입하면 $X = \dfrac{180}{(0.25)(0.2)} = 3{,}600\,\text{mg/L}$

예제 4.12 반송비와 MLSS 농도

잉여슬러지의 MLSS 농도가 10,000mg/L일 때 포기조의 MLSS를 2,500mg/L로 유지하려면 반송비를 얼마로 운전해야 하는가?

풀이

$$X = \frac{R}{1+R} X_R$$

$$R = \frac{X}{X_R - X}$$

$$R = \frac{2,500}{10,000 - 2,500} = 0.33$$

$\therefore$ R = 0.33 (혹은 33%)

(7) 잉여슬러지 발생량

잉여슬러지량은 유입수 중의 용해성유기물로부터 전환된 활성슬러지와 유입수 중의 고형물로부터 전환된 활성슬러지량의 합계에서 활성슬러지 미생물의 내생호흡에 따른 자기분해량을 뺀 값이며 식 (4.39)와 같다.

$$\begin{aligned} Q_W X_W &= aQ S_o' + bQ S_{ss} - cVX \\ &= (a S_o' + bS_{ss} - c\theta X) Q \end{aligned} \tag{4.39}$$

여기서, Q_W : 잉여슬러지량, m^3/day

X_W : 잉여슬러지의 평균 SS 농도, mg/L

Q : 반응조의 유입유량, m^3/day

V : 반응조의 용적, m^3

X : 반응조의 MLSS 농도, mg/L

S_o' : 반응조로 유입되는 유입수의 용해성 유기물농도, mg/L

S_{ss} : 반응조로 유입되는 유입수의 SS농도, mg/L

a : S-BOD에 대한 슬러지전환율(0.4~0.6), mgMLSS/mgBOD

b : SS에 대한 슬러지전환율(0.9~1.0), mgMLSS/mgSS

c : 활성슬러지 미생물의 내생호흡에 의한 감량을 표현한 대수 (0.03~0.05), day^{-1}

θ : 반응조의 HRT, day

예제 4.13 잉여슬러지 발생량

1차침전지로부터 포기조로 유입되는 하수는 일일 10,000m^3이며, BOD 120mg/L, SS 80mg/L이다. 포기조의 체적이 2,500m^3이며 포기조의 MLSS 농도를 2,400mg/L로 운전하는 경우 발생하는 잉여슬러지의 양(m^3/day)을 구하여라. 단, 유입되는 SS는 2차침전지에서 전부 침전되고, BOD 제거율은 90%이며, 잉여슬러지의 농도는 8,000mg/L로 간주한다.

풀이

식 (4.39)에서 a, b, c를 각각 0.5, 0.95, 0.04로 가정하면

$$Q_w X_w = aQS_o{}' + bQS_{ss} - cVX$$

$$= (0.9)(0.5)(120)\left(\frac{mg}{L}\right)(10{,}000)\left(\frac{m^3}{day}\right)\left(\frac{1kg}{10^6mg}\right)\left(\frac{10^3L}{1m^3}\right)$$

$$+ (0.95)(80)\left(\frac{mg}{L}\right)(10{,}000)\left(\frac{m^3}{day}\right)\left(\frac{10^3L}{1m^3}\right)\left(\frac{1kg}{10^6mg}\right)$$

$$- (0.04)\left(\frac{1}{day}\right)(2{,}400)\left(\frac{mg}{L}\right)(2{,}500)(m^3)\left(\frac{10^3L}{1m^3}\right)\left(\frac{1kg}{10^6mg}\right)$$

$$= 540 + 760 - 240 = 1{,}060\,kg/day$$

잉여슬러지의 농도가 8,000mg/L이고, 부하량 = 유량 × 농도이므로 잉여슬러지 발생량(Q_w)은

$$Q_w = \frac{부하량}{농도} = \left(\frac{1{,}060kg/day}{8{,}000mg/L}\right)\left(\frac{10^6mg}{1kg}\right)\left(\frac{1m^3}{10^3L}\right) = 133m^3/day$$

---

(8) 슬러지 침강성

1) 슬러지지표(SVI)

슬러지지표는 활성슬러지의 침강성을 보여주는 지표로서 광범위하게 사용되며, 간단히 슬러지지표라고 하면 통상 슬러지용량지표(SVI : Sludge Volume Index)를 의미한다. SVI는 반응조 내 혼합액을 30분간 정체한 후 1g의 활성슬러지 부유물질을 포함하는 용적을 mL로 표시한 것이며, 동일한 시료에 대해 MLSS농도 및 활성슬러지 침전율(SV_{30} : 용적 1L의 메스실린더에 시료를 30분간 정체시킨 후의 침전슬러지량을 그 시료량에 대한 백분율로 표시한 것)을 측정하여 식 (4.40)처럼 산출한다.

SVI값이 작을수록 침강성은 양호하며, 실제처리장에서 SVI 100mL/g 이하면 양호한 침강성을 보이는 것으로 간주하고, 150mL/g 이상이면 사상균이 번식하고 있는 것으로 예상한다.

$$SVI = \frac{SV_{30}(mL) \times 10^3}{MLSS\,농도(mg/L)} \tag{4.40}$$

2) 활성슬러지계면의 초기침강속도

활성슬러지의 이차침전지에서 침강성과 농축성을 보다 잘 예측하기 위해서는 침강과정에서의 벽면효과를 가능한 한 적게 하도록 직경과 높이가 큰 침강관에서 정지상태의 활성슬러지 계면 침강곡선을 조사할 필요가 있다. 일반적으로 활성슬러지의 침강곡선은 그림 4.28처럼 정속침강구간과 그에 비해 완만한 감속침강구간으로 나뉜다. 이 정속침강구간에서의 슬러지 계면의 침강속도를 구하고, 활성슬러지의 침강특성을 조사하여 이차침전지에서의 활성슬러지 농축성을 보다 정확하게 파악할 수 있다. 일반적으로 활성슬러지의 초기 침강속도는 수온과 MLSS농도의 영향을 받는다. 즉, 수온이 낮은 동절기에는 사상균의 벌킹이 일어나지 않아도 활성슬러지의 농축성이 저하되고, 반송슬러지의 SS농도가 떨어질 수 있다.

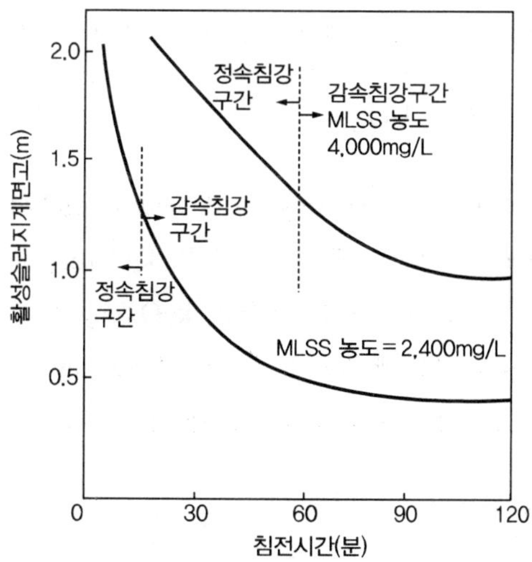

그림 4.28 활성슬러지의 침강곡선

예제 4.14 SVI 계산

MLSS 농도가 3,000mg/L의 포기조 슬러지 1L를 30분간 침강시켰더니 슬러지부의 부피가 280mL로 측정되었다. 이 슬러지의 SVI값을 구하고, 침강성을 판단하라.

풀이

$$\mathrm{SVI} = \frac{280}{3{,}000}(1{,}000) = 93\mathrm{mL/g}$$

$\mathrm{SVI} < 100\mathrm{mL/g}$이므로 침강성은 양호하다.

(9) 송기량

포기의 목적은 활성슬러지 미생물이 유기물질을 산화하고 새로운 세포의 동화작용에 필요한 산소의 공급과 포기조 내 혼합액의 교반을 위한 것이다. 실제 처리장에서 수량 및 수질은 항상 변동하므로 송기량은 포기조에서 안전한 운전관리를 하기 위해서 용존산소농도를 처리장 유입구에서 0.5~1.0mg/L, 유출구에서는 1~3mg/L 정도로 유지하는 것이 바람직하다. 이 용존산소농도를 유지하도록 송기하면 혼합액의 교반도 충분하다. 산소요구량의 산정방법에는 이론적 방법과 경험적인 방법이 있다.

1) 이론적 방법

필요산소량은 탄소화합물(BOD)의 산화 및 활성슬러지 미생물의 내생호흡에 필요한 산소량를 고려하고, 질산화반응이 진행되는 경우에는 질산화에 필요한 산소량도 고려해야 한다. 활성슬러지법의 하수처리에서 필요산소량은 식 (4.41)과 같다.

$$O_D = O_{D1} + O_{D2} + O_{D3} + O_{D4} \tag{4.41}$$

여기서, O_D : 필요산소량(actual oxygen demand), kgO_2/day
O_{D1} : BOD의 산화에 필요한 산소량, kgO_2/day
O_{D2} : 내생 호흡에 필요한 산소량, kgO_2/day
O_{D3} : 질산화 반응에 필요한 산소량, kgO_2/day
O_{D4} : 호기조 유지에 필요한 산소량, kgO_2/day

① BOD의 산화에 필요한 산소량 ; O_{D1}

$$O_{D1} = A(\text{제거BOD}) - K(\text{탈질량}) \tag{4.42}$$

여기서, A : 제거 BOD당 필요한 산소량(0.5~0.7), $kgO_2/kgBOD$
K : 탈질에 의해 소비되는 BOD량(2~3), kgBOD/kgN

② 내생호흡에 필요한 산소량 ; O_{D2}

$$O_{D2} = BVX \tag{4.43}$$

여기서, B : MLVSS당 내생호흡에 의한 산소소비량(0.05~0.15), $kgO_2/kgMLVSS/day$
V : 호기성 반응조 체적, m^3
X : 호기조 MLVSS 농도, kg/m^3

③ 질산화반응에 필요한 산소량 ; O_{D3}

$$O_{D3} = C\ (\text{질산화된 TKN량}) \tag{4.44}$$

여기서, C : 질산화 반응에 의해 소비되는 산소량(4.57), $kgO_2/kg\ N$
질산화된 TKN량 : 유입 TKN량 − 유출 TKN량
− 잉여슬러지에 의한 TKN 배출량

④ 호기조 유지에 필요한 산소량 ; O_{D4}

$$O_{D4} = O_E(1+R+r)Q \times 10^{-3} \tag{4.45}$$

여기서, O_E : 호기조 말단의 산소농도, mg/L
R : 슬러지반송비
r : 내부반송비
Q : 유량, m^3/day

한편, 활성슬러지법에서 BOD산화와 잉여슬러지 발생량만을 고려하여 간단히 계산하는 방법도 있는데 식 (4.46) 및 (4.47)과 같다.

$$O_D = \text{총}BOD_L\ \text{소모량} - 1.42\,(\text{폐슬러지량}) \tag{4.46}$$

여기서, BOD_L : 최종BOD, mg/L

$$O_D = \frac{Q(S_0 - S)}{f} \times 10^3 - 1.42P_x \tag{4.47}$$

여기서, Q : 유량, m^3/day
S_0, S : 유입 및 유출 BOD_5, mg/L
f : BOD_5의 최종BOD(BOD_L) 전환계수(0.7～0.8)
P_x : 잉여슬러지 발생량, kg/day
1.42 : 미생물슬러지의 이론적 최종BOD, mgO_2/mg-biomass

2) 경험적인 방법

경험적으로 공기요구량을 구할 때에는 경우별로 세심한 주의가 필요하나 일반적으로 이용되는 공기요구량은 다음과 같다.

- F/M비 0.3kgBOD/kgMLVSS/day 이상인 경우
  비다공성 산기의 경우 30~50m^3/kgBOD-removal이고, 다공성 산기의 경우 24~36m^3/kgBOD-removal이다.
- F/M비 0.3kgBOD/kgMLVSS/day 이하인 경우
  내생호흡, 질산화, 긴 포기시간 때문에 공기공급량을 75~15m^3/kgBOD-removal까지 증가시킨다. 미국 10주에서는 장기포기법을 제외한 모든 활성슬러지공정에서 일반적인 공기요구량은 최대포기조부하에서 93.5m^3/kgBOD-removal이다.

예제 4.15 공기공급량 계산

일일 20,000m^3/day의 하수를 표준활성슬러지법으로 처리하는 하수처리장의 1차침전지 유출수 BOD (BOD_5) 농도는 200mg/L이다. 처리수의 BOD가 20mg/L이고, 포기조의 HRT가 5.0hr, 잉여슬러지 발생량 = 200m^3/day 잉여슬러지 농도(as MLVSS) = 8,000mg/L이다. MLVSS의 BOD당량이 1.42 mgCOD/mgMLVSS [1]일 때, 포기조의 필요공기량(kg/day) 및 공기주입률(m^3/min)을 식 (4.47)을 이용하여 구하여라. 단, 질산화 등 다른 산화반응에 의한 산소소비는 무시한다.

풀이

BOD_5의 BOD_L 전환계수(f)를 0.8로 가정하면

$$O_D = \frac{(20{,}000)(m^3/day)(200-20)(mg/L)}{0.8} \times (10^{-3}) - 1.42(200m^3/day)(8{,}000mg/L)\times(10^{-3})$$

$$= 2{,}230\,kg\ O_2/day$$

공기의 산소 함량을 23%(w/w)로 가정하면

$$\text{공기주입률}(m^3/day) = \frac{2{,}230\,kg\ O_2/day}{(1.201\,kg/m^3)(0.23)} = 8{,}070\,m^3/day \text{ 또는 } 5.6\,m^3/min$$

만약에 산기장치의 산소전달효율 8%, 안전율 2를 고려하면 설계 송풍기 용량은 다음과 같다.

$$\text{송풍기 용량} = (2)\frac{5.6\,m^3/min}{0.08} = 140\,m^3/min$$

(10) 포기조의 용량

포기조의 용량은 그림 4.29와 같은 순서에 의하여 결정할 수 있다. 포기조의 용량은 계획하수량, 유입수의 BOD농도, F/M비, MLSS농도, 포기시간 등에 의해 정해진다. 포기조의 용량은 변동 인자로서의 유입수의 수질, 처리정도, 제거율, MLSS농도, F/M비

1) $C_5H_7O_2N$ 113g (1몰) 산화에 필요한 산소량은 160g이므로 160/113 = 1.42O_2/g-cell이다.

등을 충분히 고려함과 동시에 건설비 및 유지관리비에 유의해서 각 처리방식에 따라서 주어진 포기시간을 고려한 후 결정한다.

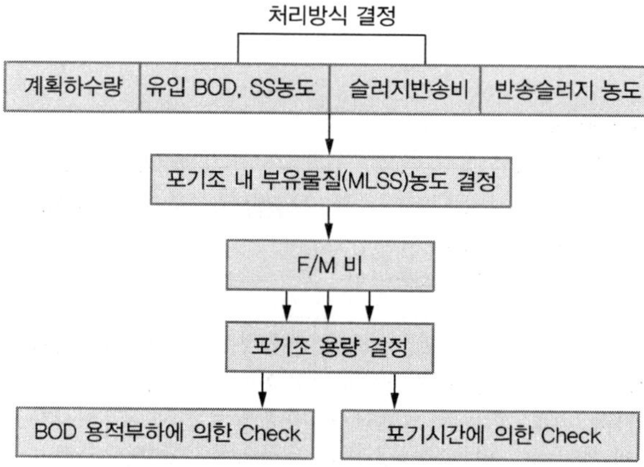

그림 4.29 포기조의 용량 결정 순서

(11) 포기장치의 선택

활성슬러지공법에 사용되는 포기장치는 크게 산기식 그림 4.30과 기계식으로 분류할 수 있다. 이러한 포기장치는 활성슬러지에 산소를 공급시켜야 함은 물론 포기조를 혼합시켜 포기조 내의 MLSS가 침전하지 않도록 하는 역할을 해야 한다. MLSS의 침전방지를 위해 포기조 내의 유속을 대략 0.3m/sec로 해야 하는데, 최소한 0.1m/sec 이상이 되어야만 한다.

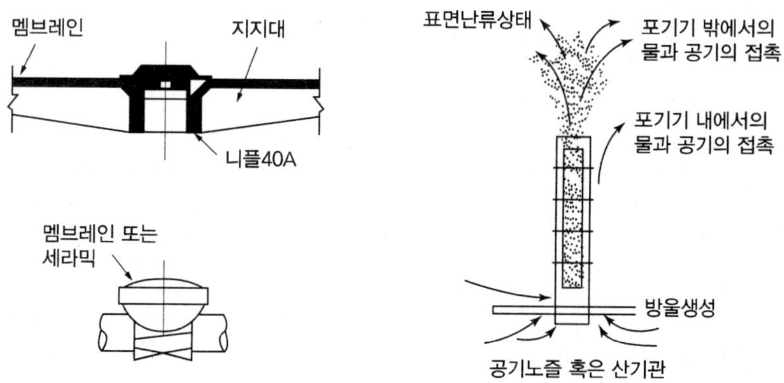

그림 4.30 포기장치

표 4.13에 각종 포기장치의 특성을 나타내었다. 포기장치의 선정에 있어서, 포기장치의 산소공급능력 이외에 포기조 내에 MLSS가 침전되지 않도록 충분한 혼합을 줄 수 있는 능력을 고려한다. 표 4.14는 혼합을 위하여 소요되는 공기량과 소요동력을 나타내고 있다.

표 4.13 포기장치의 종류와 특성

포기조의 종류	특 성	일반적인 포기기의 특성			산소전달효율 (kgO_2/Hp/hr)
		적용범위	장점	단점	
산기식포기조 A) 산기식 a. 미세기포 산기식	매우 작거나 혹은 중간크기의 공기방울을 배출시키며 멤브레인이나 세라믹으로 된 판, 관 및 플라스틱섬유관 또는 백(bag)으로 제작됨	고율, 재래식, 장기포기, 계단식, 수정식, 접촉안정법, 활성슬러지법에 적용됨	혼합정도가 좋고, 유지효과가 있고, 양호한 운전상 유동성으로 공기량을 조절할 수 있음	초기시설비 및 유지관리비가 크며, 공기여과가 필요. 주입된 공기가 나선형으로 이동되므로 반응조의 모양이 한정되어 있음	0.82～1.14
b. 조대기포 산기식	공기방울을 노즐, 밸브, 오리피스관(shear type)으로 방출하여 그 크기가 비교적 크다. 플라스틱에 책밸브(cheak valve)를 설치한 경우도 있다.	미세기포산기와 같다.	산기기가 막히지 않으며, 수온 유지효과와 유지관리가 쉽다.	초기시설비가 크다. 산소전달효율이 낮고 전력비가 비교적 많이 지출된다. 간혹 공기방울이 조정이 안되는 경우도 있다	0.54～0.82
B) 관통형 (tubular)	수직으로 설치된 관통을 통해서 공기가 유출될 때 물과 혼합되는 전단력을 이용한 것으로 플라스틱재료나 금속제품이다.	포기식산화지에 주로 사용된다.	경제성이 있다. 산소전달효율이 높다. 유지관리가 쉽다.	포기조를 잘 혼합시킬 수 있는지가 의문이며 처리효과가 높은 생물학적 처리법에 적용가능여부가 확인되지 않고 있다.	0.82～1.18
C) 젯트(jet)형	노즐을 이용해 압축된 공기와 펌프로 양수된 물을 혼합시키고 분출시킨다.	산기식과 같다.	깊은 포기조에 적합하고, 비용이 그리 높지 않다.	사용하는 포기조의 모양이 제한되어 있으며 노즐이 막히는 경우가 있다.	1.14～1.59
기계식표면 포기조 A) 방사류 저속(20～60rpm)	지속, 직경이 큰 터빈으로 수중에 부상 및 고정형(fixed-bridge)에 설치가능하고 감속기어가 설치된다.	산기식과 같다.	반응조 모양에 크게 구별 받지 않으며 양수용량이 크다.	동절기에 결빙문제가 발생하며 축류형포기조보다 시설비가 고가이며 기아감속기의 유지관리가 힘들다.	0.91～2.04

B) 축류형 고속전동기 (300~1200rpm)	고속직경이 적은 프로펠라식 사용 수중에 부상형 구조로 전동기에 직접 설치한다.	포기식산화지와 재포기조	시설비가 저렴하며 수위변화에도 운전이 쉽고, 운전에 융통성이 있다.	동절기에 결빙문제가 발생하며 유지관리가 어렵고 혼합정도가 불충분할 수 있다.	0.91~1.14
C) 브러시 로터 (brush rotor)	저속, 기어감속기 사용	산화구, 포기식 산화지와 활성슬러지	초기시설비가 중간정도이며, 유지관리가 쉽다.	운전방법에 따라 효율이 검소될 수 있으며 사용되는 반응조 모양에 제한이 있다.	1.14~1.59
수중형 포기기 (submerged turbine)	저속터빈과 압력튜브 혹은 보통관을 통한 압축공기를 주입하는 형식. 고정형(fixed-bridge) 및 자립형으로 설치가능	산기식과 같다.	혼합정도가 좋으며 단위용량당 주입량이 크고, 깊은 반응조에 적용하며 운전에 융통성이 있다. 결빙문제나 유체가 튀지 않는다.	기아감속기와 송풍조가 소요되어 전기료가 많이 든다.	0.77~1.14

주 : 산소주입 가능량은 1기압 20℃에서 깨끗한 물을 기준으로 하였을 때 값이다.

표 4.14 소요동력 및 소요공기량

포 기 형 식	소요 공기량 및 동력
산기식	0.02~0.03m^3/min/m^3-포기조용량
기계식	0.15~0.30W/m^3-포기조용량

(12) 유 · 출입수의 성상

1) 유입수

유입하수의 성상은 유기성하수와 무기성하수로 구분할 수 있으며, 각 사업장의 원폐수성상은 사용원료의 종류나 형태, 생산방법 등에 따라 동일업종이라도 큰 차이가 날수 있으므로 유입수 내 BOD, COD, SS, 총질소, 총인 등의 유입농도를 파악해야 한다. 중금속과 같은 독성물질이 유입되는 경우 미생물에 영향을 주어 적절한 처리가 어렵다. 이들 중금속은 주로 용존성 또는 불용성으로 존재하며 유입수 환경변화에 의하여 용존성으로 전환되어 독성을 미친다. 유기화합물을 포함한 비금속성물질은 충분한 순응을 할 경우에 제거가 가능하나 미생물활성에 영향을 미치는 것은 마찬가지다.

표 4.15 각종 활성슬러지법의 특징

처리방식	특 징	MLSS 농도 (mg/L)	F/M비 (kgBOD/ kgSS/day)	반응조의 수심 (m)	반응조의 형상	HRT (hr)	SRT (day)	비고
표준활성 슬러지법	MLSS 농도 : 1,500~3,000mg/L HRT : 6~8 시간	1,500 ~3,000	0.2~0.4	4~6	사각형 다단완전 혼합형	6~8	3~6	
step aeration법	유입수를 반응조에 분할 유입시켜, 표준활성슬러지법과 동일한 F/M비에도 MLSS 농도를 높게 유지하여 반응조의 용량을 작게 한 방법	1,000 ~1,500 (최종수로)	표준활성슬러지법과 동일함	표준활성슬러지법과 동일함	표준활성 슬러지법과 동일함	4~6	3~6	
순산소 활성 슬러지법	높은 유기물부하와 높은 MLSS 농도를 가능하게 하기 위하여 산소에 의한 포기를 채용한 방법	3,000 ~4,000	0.3~0.6	4~6	사각형 다단완전 혼합형	1.5 ~3	1.5 ~4	
장기포기법	일차침전지를 생략하고, 유기물부하를 낮게 하여 잉여슬러지의 발생을 제한하는 방법	3,000 ~4,000	0.03~ 0.05	4~6	사각형 다단완전 혼합형	16 ~24	13 ~50	일차침전지 없음
산화구법	일차침전지를 생략하고, 유기물부하를 낮게 하며, 기계식교반기를 채용하여 운전관리를 용이하게 한 방법	3,000 ~4,000	0.03~ 0.05	1.5 ~4.5	장원형 무한수로 완전혼합형	24 ~48	8 ~50	호기용적 : 혐기용적 = 0.5 : 0.5 일차침전지 없음
연속회분식 활성 슬러지법	한 개의 반응조로 유입, 반응, 침전, 배출의 각 기능을 행하는 활성슬러지법의 총칭	고부하형에서는 낮고 저부하형에서는 3높음	고부하와 저부하가 있음	6~8	사각형 완전혼합형 시간적인 플러그흐름형	변화폭이 큼	변화폭이 큼	일차침전지 없음
순환식 질산화 탈질법	반응조의 전단에 무산소반응조, 후단에 호기반응조를 설치하여, 후단의 질산화액을 전단에 순환시켜 생물학적 탈질을 행하는 방법	2,000 ~3,000	표준활성슬러지법보다 작음	4~6	사각형 다단완전 혼합형	12 ~16	8 ~12	

혐기호기 활성 슬러지법	반응조의 전단부분을 혐기적으로 교반할 수 있도록 하여, 생물학적 탈인을 행하는 방법	1,500 ~2,000	표준활성슬러지법과 동일함	4~6	표준활성슬러지법과 동일함	6~8	4~6	호기용적 : 혐기용적= 0.75 : 0.25
초심층 포기법	초심층반응조를 채용하여, 공기에 의한 포기의 산소용해효율을 높여, 높은 유기물부하와 높은 MLSS농도를 가능하게 한 방법	2,000 ~4,000	1.0 이하	50~ 150	무종단관 완전혼합형	1.2 이상		

2) 유출수

유출수 중의 유기물함량 및 그 조성은 유출수 특성의 주된 인자이다. 생물학적 공정들의 유출수 내의 유기물 함량은 흔히 다음 세 가지 성분으로 이루어져 있다. 따라서 시설 설계 시에는 다음 특성을 면면히 고려하여야 하고, 현재 및 장래의 법규를 고려하여 규제치를 만족할 수 있어야 한다.

4.4.6 활성슬러지법 처리방식

활성슬러지법의 처리방식은 처리방법의 선정 시 고려사항(4.1.5 참조) 이외에도 시설의 규모, 주변 환경조건, 경제성 등을 고려하여 적절한 방식을 선택한다. 활성슬러지법에는 그 처리 목적에 따라 여러 가지 변법이 실용화되고 있다. 표 4.15는 각 처리방법에 따른 특징을 나타낸 것이다.

(1) 표준활성슬러지법

본법과 관련된 사항은 4.5절 표준활성슬러지법 참조

(2) 점감식 포기법(tapered aeration)

점감식 포기법은 표준활성슬러지공정의 단점인 유입부 부근에서의 산소부족현상을 보완하기 위하여 산소요구량의 변화에 따라 포기조 길이 방향으로 공급하는 공기량을 달리한 것이다. 이 방법은 산기식포기장치를 사용하며, 유입부에 많은 산기기를 설치하고 포기조의 말단부에는 적은 수의 산기기를 설치한다. 일반적으로 최소소요혼합강도는 최소산소요구량보다 크다. 이 공법의 다음과 같은 장점이 있다.

- 송풍기의 용량과 운전비용을 줄일 수 있다.
- 운전제어를 하기 쉽다.
- 설계상에서 질산화를 제어할 수 있다.

(3) 계단식 포기법(step aeration)

그림 4.31과 같이 계단식 포기법은 반송슬러지를 포기조의 유입구에 전량 반송하지만, 포기조 내 F/M비를 균일하게 유지하기 위하여 주입지점을 여러 개 설치하는 방법으로 순간적인 최대산소요구량을 감소시킨다. 주입지점은 2개 이상이며 공정운영상에 융통성이 있다. 이 방법은 포기조의 앞쪽이 뒤쪽보다 산소요구량이 크지만 이것은 표준활성슬러지법에 비해서 상당히 균등한 것으로 나타났다. 특징은 다음과 같다.

- 포기조 용량을 표준법에 비해 작게 할 수 있다(2/3 정도).
- 표준법에 준한 처리수질이 기대되나 처리의 안정성은 표준법에 비해 떨어진다.
- 슬러지 중의 휘발성분의 증가, SVI 감소 및 침전성 증가, 용존산소 공급량 감소 및 과부하를 방지한다.

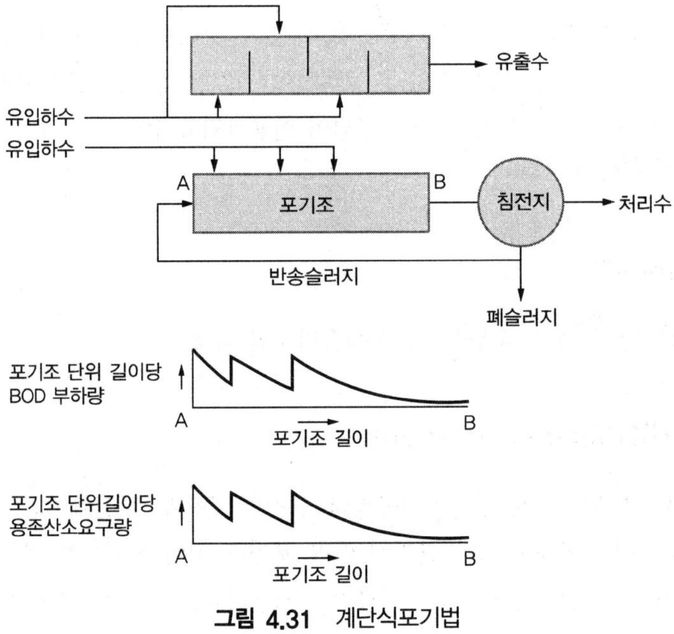

그림 4.31 계단식포기법

(4) 접촉안정법(contact stabilization)

활성슬러지는 F/M비를 적당히 유지하면 응집 및 흡착작용과 응결 형성이 현저하게 높아진다. 접촉안정법은 활성슬러지를 하수와 약 20~60분간(유량 기준) 접촉조에서 포기·혼합하여 활성슬러지에 의해 유기영양물을 흡수·흡착 제거시켜 이차침전지에서 침전시킨 후 활성슬러지를 안정조에서 3~6시간 포기하여 흡수·흡착된 유기물질을 산화시키고 새로운 미생물을 생성해 낸다. 이 방법은 유기물의 상당량이 콜로이드 상태로 존재하는 도시하수를 처리하기 위해 개발되었다. 특징은 다음과 같다.

- 유기물용적 부하율이 증가되고 포기조의 전체 용량이 절약된다(1/2 정도).
- 용존성 유기물이 많은 하수유입 시 흡착시간이 많이 소요되어 접촉조에서 완료되지 못하므로 처리수질이 악화되는 경우가 있다.
- 질산화가 필요한 소도시 하수나 패키지형 처리장에 사용, 공정의 유연성이 높다.

(5) 수정식 포기법(modified aeration)

포기시간을 짧게 하고 혼합액 중의 MLSS농도를 감소시켜 운전하는 활성슬러지법의 변법 중 하나이다. 포기시간이 짧고, 슬러지의 농도도 낮으므로 필요로 하는 공기량도 작고, 전력소비량도 표준활성슬러지법보다 훨씬 적지만 BOD제거율은 50~60% 정도로 낮다. 일반적으로 활성슬러지의 반송비를 5~10%로 낮게 함에 따라 하수 중의 유기영양물과 호기성 미생물과의 비를 높게 해 미생물을 대수성장단계로 유지하여 운전한다.

(6) 산화구(oxidation ditch)법

본법과 관련된 사항은 4.8절 산화구법 참조

(7) 순산소활성슬러지법

본법과 관련된 사항은 4.6절 순산소활성슬러지법 참조

(8) 고속포기식침전법

본법과 관련된 사항은 4.9절 고속포기식침전지법 참조

(9) 연속회분식활성슬러지법

본법과 관련된 사항은 4.7절 연속회분식활성슬러지법 참조

(10) 다단계포기법

다단계포기법은 유입하수 내의 질소를 제거하기 위하여 포기조를 직렬로 여러 개를 연결한 것이다. 예를 들면, 제1단계 포기조에서는 BOD를 제거하고, 제2단계 포기조에서는 질산화시키고, 제3단계 조에서는 혐기성으로 하여 탈질시키는 방법이다.

(11) 고율활성슬러지공법

고율활성슬러지공법은 완전혼합형 반응조에 0.5～2시간의 매우 짧은 체류시간, 높은 슬러지반송비 및 유기물부하를 적용시키는 공법이다. MLSS농도 범위는 4,000～10,000 mg/L 정도이며, F/M비의 경우는 표준활성슬러지공법보다 높게 유지된다. 이 공정은 미생물을 지수증식단계에 있도록 하는 것으로 처리효율은 다소 떨어지나, 높은 처리효율이 요구되지 않는 경우에 경제적인 처리가 가능하다. 공정을 운전할 경우에는 세심한 주의가 요구되는데 부적절한 반송슬러지량이나 높은 고형물부하는 침전지에서 다량의 미생물누출현상(washout)이 발생하기 쉽다.

4.4.7 사상균 제어 방안

(1) 사상균

활성슬러지공정에서 가장 흔한 운전상의 문제점으로는 슬러지의 벌킹(bulking)을 들 수 있다. 대부분의 벌킹 미생물은 사상균이다. 사상균성장의 주요 요인 중의 하나는 포기조 내 유기물농도가 일정농도 이하로 낮은 경우 사상균의 성장 속도가 플록 형성균의 성장속도에 비하여 빠르기 때문이다. 그림 4.32는 이러한 유기물농도에 따른 미생물간의 성장속도의 차이를 보여주고 있다. 그러나 미생물성장은 여러 인자의 영향을 받기 때문에 사상균이 우점종이 될 수 있는 한계농도를 정할 수 없다. 완전혼합형 포기조는 하수가 유입되는 즉시 포기조 내로 분산되어 플러그흐름형에 비하여 유기물농도가 낮아져서 낮은 F/M비가 포기조 전체에 걸쳐 유지되기 때문에 사상균의 성장이 자극되어 벌킹이 발생하기 쉽다. 벌킹을 일으키는 사상균의 종류는 20～30가지가 있으나 가장 우세한

것은 방선균(*actinomyces*)의 일종인 *Nocardia*와 Type 1701, Type 021N 등인 것으로 알려져 있다.

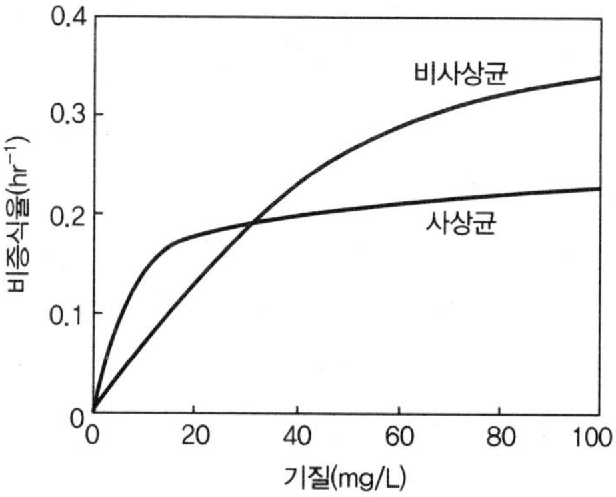

그림 4.32 사상균과 비사상균의 성장곡선

(2) 사상균제어를 위한 포기조 형상

완전혼합형 활성슬러지법은 사상균의 성장이 촉진될 가능성이 높아 플러그흐름형보다 슬러지의 침강분리면에서 불리하다. 따라서 경험적으로 벌킹의 우려가 매우 높은 하수를 대상으로 하는 경우에는 플러그흐름형으로 설계하는 것이 바람직하다. 낮은 F/M비로 운전되는 완전혼합형 포기조를 설치하여야 하는 경우에는 가능하다면 전체시스템에서 적어도 첫 번째 포기조를 플러그흐름형태로 설계하는 것이 도움이 될 수 있다. 또 다른 대안으로는 완전혼합형 포기조를 여러 단으로 분리하는 것도 사상균 성장을 억제하는 방법이 될 수 있다.

(3) 사상균제어를 위한 선택조의 설치

사상균의 성장을 방지하고 조절하는 하나의 방안으로 인정받고 있는 것으로 독립된 포기조 혹은 선택조(selector)를 설치하는 방법이 있다. 기본개념은 일차침전지 유출수와 반송슬러지가 유입·혼합되는 포기조 앞부분에 제한된 용존산소농도 하에서 높은 F/M비를 갖는 포기조, 즉 미생물선택조를 설치하여 사상균의 성장을 억제하고 플록형미생물의 선택적 성장을 도모하는 것이다. 기질의 농도구배가 크기 때문에 용존유기물이 플록형성미생물에 신속히 흡착된다. 용존유기물의 급격한 제거에 따라 사상균의 성장에 필요한 유기물이 적게 된다. 선택적 배양을 위하여 설계수치로 제안되는 초기 F/M비는 20～25kgCOD/kgMLVSS이다.

선택조는 포기식, 무산소(anoxic) 선택조, 혐기성 선택조 또는 두 가지 환경을 사용하는 것으로 구분된다. 호기성선택조를 설계할 경우 최소용존산소농도는 2.0mg/L가 되어야 하고 산소공급능력은 대략 4kg/m^3/day이 되어야 한다. 무산소나 혐기성선택조는 *Nocardia*를 제어하는데 주로 이용된다. 선택조의 접촉시간은 대부분 매우 짧은데 보통 10~30분 범위이다. 선택조의 용적이 너무 작은 경우 유입수 내 용존유기물의 상당부분이 주 포기조로 그냥 넘어가게 된다.

또한 선택조가 너무 큰 경우에는 유입수 내의 용존유기물이 희석되어 F/M비가 너무 낮아지는 결과를 야기한다. 선택조에 대한 표준화된 설계자료는 없는 실정이다. 단지 현재까지 보고된 주요 설계 및 운영자료를 정리하면 다음 표 4.16과 같으며, 설계하기 전에 모형실험을 통한 정확한 설계인자의 도출이 바람직하다.

표 4.16 선택조의 설계자료 예

설 계 요 소	여러 문헌에 제시된 설계자료
• 초기기질농도(첫 번째 포기조)	80mgCOD/L 이상
• 초기 F/M비	20~25gCOD/gMLVSS/day
• 선택조에서 용존성 및 생물학적 분해가능 유기물 제거분률	70~80%
• 선택조와 포기조사이의 기질농도차	25mg/L
• 포기조의 분산수(dispersion number)	0.2 이하
• 선택조유출수 내 용존성 기질의 농도	80mgCOD/L 이하
• 선택조의 분할수	1~5
• 수리학적 체류시간	12~25min

(4) 산소량 및 반송량 조절

포기조의 적정 DO는 2.0mg/L이고, 최소한 0.5mg/L 이상 유지해야 하며, 낮은 SRT는 사상균을 번성시키기도 한다.

(5) 화학제에 의한 사상균 제어

사상균은 포기조나 반송슬러지에 염소 또는 과산화수소 등과 같은 약품을 투여하여 제어할 수 있다. 염소를 사용할 경우에 일반적인 설계치는 수리학적 체류시간 5~10시간을 기준으로 5~15gCl_2/kgMLSS/day의 양을 하루에 3회 정도로 나누어 주입하는 것이 일반적이며, 수시로 슬러지지표(SVI)를 측정하여 이에 대한 보정을 해주는 것이 바람직하다. 이보다 긴 수리학적 체류시간에서는 측류나 포기조를 통해서 주입하는 것이 필요하다.

(6) *Nocardia* 제어

방선균의 일종인 *Nocardia*의 과도한 성장에 의하여 점성질의 갈색거품이 포기조나 침전지의 표면을 덮는 경우가 있는데, 이것은 유출수의 수질을 악화시키고 냄새문제, 안전사고문제 등을 일으킨다. 또한 *Nocardia*는 성장속도가 느린 것이 특징이다. 이 미생물은 낮은 F/M비, 불충분한 슬러지인출로 인한 MLSS농도의 증가(미생물체류시간의 증가), 슬러지 재포기 적용 시의 부적절한 운영에 의해 과도한 성장을 할 수 있다. 또한 높은 MLSS농도로 인하여 과포기 하게 되면 거품이 확산되어 문제를 더욱 악화시킨다.

*Nocardia*를 제어하는 방법에는 다음과 같은 것이 있는데, 미생물체류시간을 감소시키는 방법이 가장 일반적이다.

- 미생물체류시간을 감소시킨다.
- 사상균의 성장을 방해하기 위해 선택조를 설치한다.
- 거품의 축적을 줄이기 위해서 포기량을 줄인다.
- 경쟁상대능력이 있는 미생물을 투여한다.
- 반송슬러지에 염소를 주입한다.
- 거품상부에 직접 염소수 또는 분말차아염소산칼슘을 소포 또는 살포한다.
- 질산화를 유도하거나 화학약품을 투여하여 포기조의 pH를 낮춘다.

4.5 표준활성슬러지법

가정하수의 이차처리를 위해 일찍부터 사용되었다. 포기조 선단에서 반송슬러지와 혼합된 하수는 나사식 유형으로 포기조의 길이방향으로 흐른다. 재래식 활성슬러지법이라고도 하며 처리수질, 시설의 건설비, 운전관리 등을 모두 고려할 때, 중규모 이상의 공공하수처리시설에 경제적인 처리법으로 채용되고 있다. 표준활성슬러지법의 처리계통은 그림 4.33과 같다. 반응조에의 유입수는 반송슬러지와 함께 반응조에 투입되어 조 내에서 혼합되며, 일정시간 동안 연속적으로 포기가 이루어진다. 그 후 활성슬러지 혼합액은 이차침전지에 유출되어 고액분리를 행하게 된다. 이차침전지의 상징수는 처리수로서 월류되고, 침전된 슬러지는 반송슬러지로서 반응조에 이송되어 다시 생물처리에 사용된다. 이 중 일부는 잉여슬러지로서 배출되게 된다.

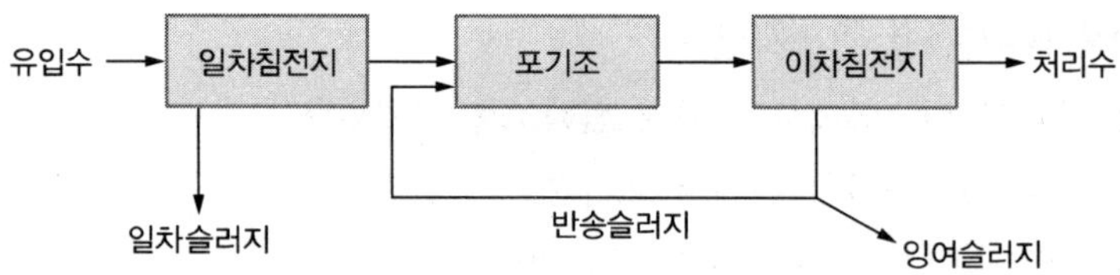

그림 4.33 표준활성슬러지법의 처리계통

4.5.1 반응조의 설계

활성슬러지법의 반응조 설계 순서에는 여러 가지 방법이 있을 수 있다. 여기서는 반응조의 기본적인 설계 방안을 그림 4.34에 나타내었다.

반응조의 용량(V_A)은 유입수량(Q)와 설정된 경험적인 HRT(θ)로부터 식 (4.48)에 의해 구한다.

$$V_A = Q\,\theta \tag{4.48}$$

또, 식 (4.48)과 식 (4.31), 식 (4.32)로부터 다음 식이 유도된다.

$$\theta_c = \frac{\theta X}{aS_o + bS_{ss} - c\theta X} \tag{4.49}$$

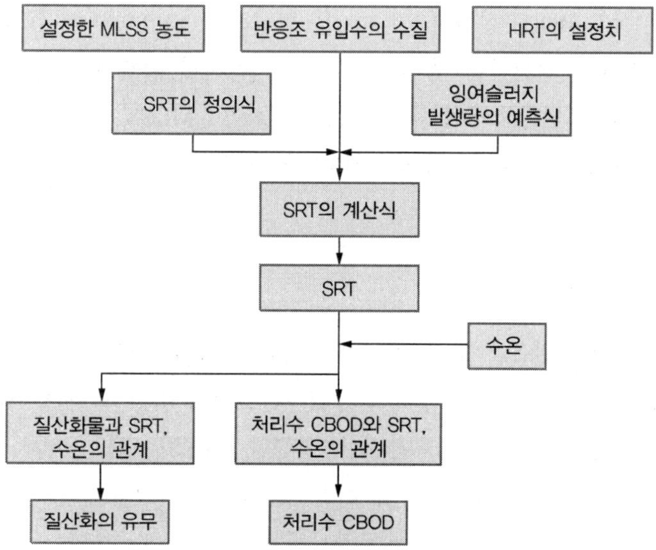

그림 4.34 반응조의 기본적인 설계방법 1

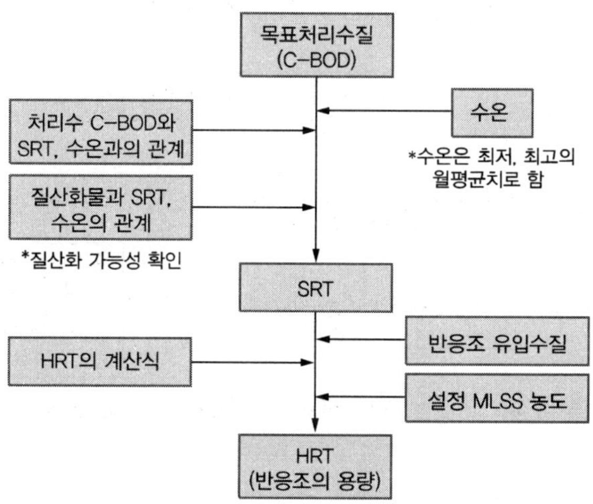

그림 4.35 반응조의 기본적인 설계방법 2

반응조에의 유입수 수질(S_o, S_{ss})을 가정하고, 경험적인 HRT와 MLSS 농도(X)를 설정하여 SRT를 구할 수 있다. SRT와 처리수의 C-BOD, 수온의 관계를 이용하여 처리수질을 예측할 수 있으며 SRT와 질산화율, 수온의 관계를 이용하여 질산화의 유무를 확인할 수 있다. 단, 그림 4.34의 방식에 의해 예측된 처리수질이 목표 처리수질을 만족하지 못하는 경우에는 그림 4.35의 설계 방식에 의해 반응조의 HRT를 결정한다. 다음,

목표 처리 수질(C-BOD, 질산화의 유무)을 설정하고, SRT와 처리수의 C-BOD, 수온과의 관계 및 SRT와 질산화율, 수온의 관계를 이용하여 필요한 SRT값을 결정한다.

SRT가 결정되고 반응조에의 유입수질을 가정하여 MLSS 농도를 설정하면, 식 (4.49)를 변형한 식 (4.50)으로부터 필요한 HRT가 구해진다.

$$\theta = \frac{\theta_c\,(aS_o + bS_{ss})}{(1 + c\theta_c)X} \tag{4.50}$$

HRT가 결정되면 반응조의 용량은 식 (4.48)에 의해 구한다.

그림 4.36은 반응조 설계에 있어서 슬러지반송비의 결정 위치를 나타내었다. 적정한 MLSS농도를 설정하는 것도 중요하지만, 설정한 MLSS농도를 유지하기 위해서 예상되는 반송슬러지의 SS농도에 적합한 슬러지반송비를 결정한다.

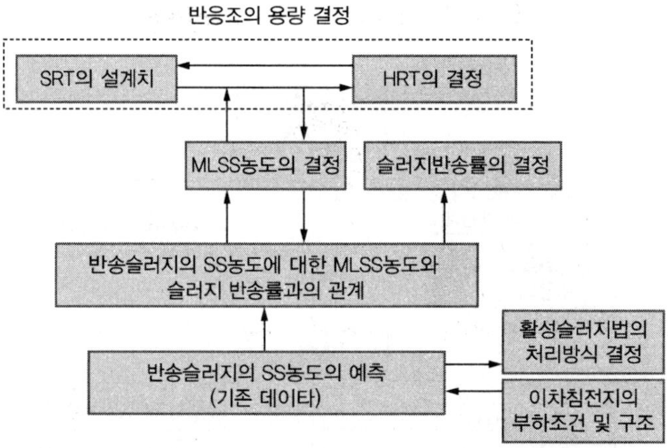

그림 4.36 반응조 용량 계산 시 슬러지반송비의 결정 위치

4.5.2 수리학적체류시간

HRT는 계획하수량에 따라서 결정한다. 따라서 반송슬러지량은 고려하지 않는다. 설정된 HRT와 계획하수량으로부터 반응조 용량이 식 (4.48)에 의해 구해진다. 한편, SRT와 MLSS 농도를 설정하여 식 (4.50)으로부터 반응조의 HRT를 구하는 것도 가능하다. 일반적으로 표준활성슬러지법의 HRT는 6~8시간을 표준으로 한다.

4.5.3 MLSS농도와 슬러지반송비

MLSS 농도는 1,500∼3,000mg/L를 표준으로 하며 농도를 일정하게 유지하기 위한 반송슬러지의 SS농도와 슬러지반송비의 관계는 표 4.17과 같다. 반송슬러지의 SS농도에 대하여 설정한 MLSS농도를 유지하기 위해서 필요한 슬러지반송비는 앞에서 설명한 바와 같이 식 (4.38)로부터 구할 수 있다.

표 4.17 반송슬러지의 SS 농도, 슬러지반송비 및 MLSS 농도의 관계

MLSS농도(mg/L)	필요한 슬러지반송비(%)
1,000	25
1,500	43
2,000	67
2,500	100

주 : 반송슬러지의 SS 농도가 5,000mg/L인 경우

4.5.4 송풍량

필요산소량은 탄소화합물(BOD)의 산화 및 활성슬러지 미생물의 내생호흡에 필요한 산소량에 질산화반응이 진행되는 경우에는 질산화에 필요한 산소량도 고려해야 한다. 활성슬러지법의 하수처리에 있어서 필요산소량은 식 (4.41)과 같으며, 유입수질과 운전방식에 따라 필요산소량은 많이 변한다. 송풍량은 필요산소량과 각 포기장치의 효율로부터 산출한다. 그림 4.37에는 실제 포기조와 공기공급관이 나타나 있다.

그림 4.37 표준활성슬러지법의 포기조와 공기공급관

표 4.18 각종포기장치의 효율의 예

<table>
<tr><th colspan="3">포 기 장 치</th><th>맑은 물에 대한
산소이동효율
EA(%)</th><th>맑은 물에 대한
산소이동동력효율
Er(kg/kWh)</th><th>혼합액에 대한
산소이동효율
EA(%)</th></tr>
<tr><td rowspan="6">산
기
식</td><td rowspan="2">미세
기포</td><td>선회류식</td><td>15～20</td><td>1.8～3.3 (0.50～0.92)</td><td>7.5～(10)</td></tr>
<tr><td>전면포기식</td><td>20～32</td><td>3.0～4.6 (0.83～1.28)</td><td>10～(15)</td></tr>
<tr><td rowspan="2">조대
기포</td><td>2열 배치</td><td>10～13</td><td>1.4～1.6 (0.39～0.44)</td><td>–</td></tr>
<tr><td>1열 배치</td><td>8～10</td><td>1.2～1.5 (0.33～0.42)</td><td>–</td></tr>
<tr><td colspan="2">기포분사식</td><td>15～26</td><td>1.6～2.3 (0.44～0.64)</td><td>15</td></tr>
<tr><td colspan="2">수중교반식</td><td>20～30</td><td>1.5～2.3 (0.42～0.64)</td><td>15</td></tr>
<tr><td colspan="2" rowspan="2">기계교반식</td><td>종축형</td><td>–</td><td>1.8～2.3 (0.50～0.64)</td><td>–</td></tr>
<tr><td>횡축형</td><td>–</td><td>2.0～2.5 (0.56～0.69)</td><td>–</td></tr>
</table>

주) 1. 산기수심은 5m로 한다.
2. 혼합액에 대한 산소이동효율은, 사용경과에 따른 저하를 예상한 값이며, ( ) 안의 숫자는 운전 초기의 효율을 나타낸다.
3. 포기장치의 종류에 따라 EA 값을 적절히 저감한다.

4.6 순산소활성슬러지법

4.6.1 개요

공기 공급방법은 산소공급능력에 한계가 있으므로 포기조 내에서 유지할 수 있는 MLSS농도에 한계가 있다. 하수의 정화능력은 MLSS농도와 관계가 있기 때문에 포기조 내 혼합액의 농도를 높일 수 있다면 포기조를 작게 할 수 있다. 순산소활성슬러지법은 이와 같은 요구를 만족시키기 위해 개발된 처리방식으로, 공기 대신에 포기조에 직접 산소를 공급하는 방법이다. 순산소활성슬러지법은 산소분압이 공기에 비해 5배 정도 높아서 공기에 의해 포기할 경우 포기조 내의 용존산소를 1～2mg/L 정도로 유지하지만, 순산소식 활성슬러지법은 6～10mg/L 정도로 유지할 수가 있다. 즉, 공기 공급에 의한 포기방법에서는 MLSS농도가 1,500～3,000mg/L인 반면에 순산소활성슬러지법의 포기조에서는 MLSS농도가 6,000～8,000mg/L라도 포기조 내의 용존산소 유지가 가능하다.

4.6.2 특징

순산소활성슬러지법의 특징은 다음과 같다.

- 표준활성슬러지법의 1/2 정도의 포기시간으로도 처리수의 BOD, SS, COD 및 투시도 등에서 비슷한 결과를 얻을 수 있다.
- MLSS농도는 표준활성슬러지법의 2배 이상 유지가 가능하므로, BOD용적부하를 1.0～2.0kgBOD/m^3/day 및 F/M비를 0.3～0.6kgBOD/kgMLSS/day로 운전할 수 있다.
- 포기조 내의 SVI는 보통 100mL/g 이하로 유지되고, 슬러지의 침강성은 양호하다.
- 잉여슬러지 발생량은 표준활성슬러지법에 비해서 적다.
- 슬러지의 농축성도 양호하며, 탈수할 때의 여과속도는 표준활성슬러지법과 동일하다.
- 이차침전지에서 스컴이 발생하는 경우가 많다.
- 순산소활성슬러지법의 부지면적은 표준활성슬러지법과 비교해서 직사각형 이차침전지인 경우 15～18% 정도 작게 할 수 있다.

4.6.3 포기조의 설계제원

순산소활성슬러지법의 설계제원은 표 4.19와 같다.

표 4.19 반응조의 설계제원

항 목	제 원
HRT(hr)	1.5～3.0
MLSS 농도(mg/L)	3,000～4,000
F/M비(kgBOD/kgSS/day)	0.3～0.6
슬러지 반송비(%)	20～50
SRT(day)	1.5～4.0

4.6.4 포기조의 형상, 구조 및 수

순산소활성슬러지법의 포기조는 그림 4.38과 같은 구조를 가지고 있으며, 특징은 다음과 같다.

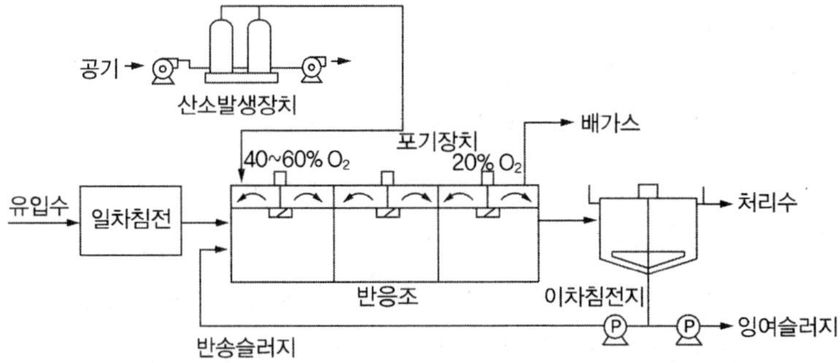

그림 4.38 순산소 활성슬러지법의 포기조 예

(1) 덮개

포기조는 산소의 이용효율을 높이기 위해서 기밀성이 있는 뚜껑을 설치하여 공급되는 산소의 유출을 막는 구조로 한다. 포기조 내 기체의 압력은 통상 약 $50mmH_2O$ 정도를 유지한다.

(2) 주상정류판

포기조 내 각 실에서는 교반날개의 회전에 따르는 혼합액의 단회류방지, 혼합촉진 및 산소전달을 촉진하기 위하여 주상정류판을 설치한다. 이 정류판은 비산혼합액과 접촉하는 면이 있으므로 상부의 기체와 접하는 부분부터 하부의 혼합액과 접하는 부분까지 스테인리스로 표면을 처리하면 부식을 방지할 수 있다.

(3) 통과공

포기조에는 격벽을 설치하는데 다음과 같은 3종류의 개구부를 설치한다.

- 기상부에 설치한 산소가스의 통기공
- 수면부근에 설치한 스컴 통과공
- 혼합액을 유하시키기 위한 액상부에 설치한 통과공

(4) 내식성 재질

조는 보통 수밀한 콘크리트 구조로 하지만 고농도의 산소 및 탄산가스가 축적되어 야기되는 pH 저하에 의한 부식을 방지하도록 콘크리트 배합 등에 충분히 주의를 해야 한다.

4.6.5 순산소포기조의 부대시설

폭발의 위험성이 있는 경우 경보시스템이 작동하도록 하는 것이 필요하며, 제어시스템은 이러한 경보시스템의 작동과 동시기능을 발휘하여 포기조 내부의 산소를 공기로 대체시키도록 할 수 있다. 또한 경제적인 측면에서 포기조 혼합액의 용존산소농도를 센서로 측정하여 산소공급량을 자동적으로 조절할 수 있는 자동제거시스템의 구축도 바람직하다.

4.6.6 포기장치

포기장치의 능력은 포기조에 있어서 필요산소량의 용해 및 혼합액의 교반이 효율적으로 이루어지는가에 좌우된다. 필요능력은 하수의 성상 및 포기조의 형상에 크게 영향을 받기 때문에 교반 날개의 형상 및 길이, 침적심, 회전수, 전동기의 출력 등을 충분히 검토할 필요가 있다. 포기장치에는 산소의 용해를 효율적으로 수행하는 교반날개를 설치하는 것 외에, $H/(W \cdot L)^{0.5}$이 0.3을 넘는 경우에는 활성슬러지의 침전방지 및 조 내에서 교반과 산소확산이 충분히 이루어지도록 보조 교반날개를 설치한다.

4.6.7 산소발생장치

산소발생장치는 공기의 액화분류에 의한 것(심냉분리방식)과 선택적으로 산소를 흡착하는 흡착제를 이용해서 압력변화에 따라 산소를 분리하는 것(흡착분리방식)이 있다. 전자는 대규모방식이고 보통 흡착분리방식을 채택하고 있다. 흡착분리방식에 의한 산소발생장치의 구성은 공기를 가압하는 주공기압축기, 3탑 또는 4탑으로 된 흡착탑, 공기 중의 수분과 유분을 분리하고 제거하는 미스트 분리기(mist separator), 연결배관, 자동변화밸브와 기타 조작용 제어기구, 폐가스(질소가스)의 질소제거장치, 경보장치, 제어판넬 등이 있다. 산소발생장치의 예를 그림 4.39에 나타내었다. 산소발생장치 설치 시 다음과 같은 사항을 고려한다.

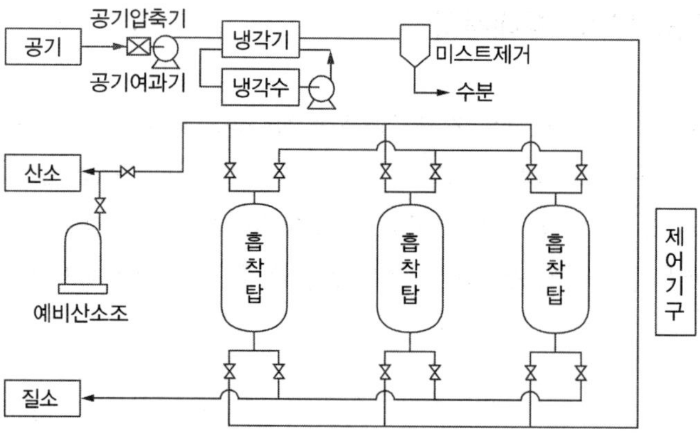

그림 4.39 산소발생장치(흡착분리방식)

(1) 필요산소량과 산소전달효율

산소발생장치의 적정한 용량을 정하는데 있어서는 조 내의 필요산소량을 파악하는 것이 필요하다. 필요산소량은 식 (4.41)로 구할 수 있다. 반응조로의 공급되는 산소 중량 및 체적은 필요산소량과 산소전달효율, 산소가스의 밀도 및 산소가스의 순도로부터 구할 수 있다. 포기조 내에서 산소전달효율은 85~90% 정도로 하는 것이 일반적이다. 한편 산소발생장치의 설계에 있어서는 수량 및 수질의 시간변동을 고려하여 첨두부하(peak loading)에 대해 설계하여야 한다.

$$\text{산소중량}(kgO_2) = (\text{필요산소량 } kgO_2) \times \frac{1}{\text{산소전달효율}} \tag{4.51}$$

$$\text{산소체적}(Nm^3) = (\text{필요산소량 } kgO_2) \times \frac{1}{\text{산소가스밀도}(kg/Nm^3)} \times \frac{1}{\text{산소가스순도}} \tag{4.52}$$

순산소식 활성슬러지법에서 질산화능력은 떨어지는데 그 이유는 상부공기층에 이산화탄소가 축적되고 이산화탄소가 혼합액에 녹아들어 pH가 보통 6.5 이하로 낮아지기 때문이다.

그림 4.40은 F/M비와 제거 BOD당 산소소비량과의 관계를 표시한 것이지만, 실제 공급에 있어 공급산소량에 대한 외국의 각 처리장에 대한 실적을 정리하면 1.1~1.8 kgO_2/kg제거 BOD 정도로 되기 때문에 일반적으로 이 값을 표준으로 사용해도 무방하다.

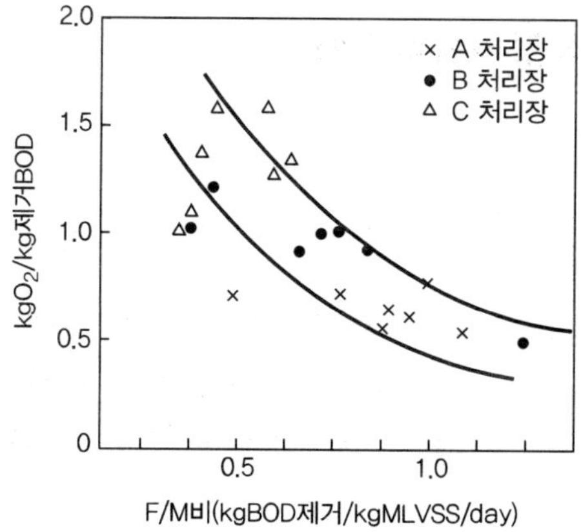

그림 4.40 F/M비와 제거BOD당 산소소비량

(2) 산소저장

액체산소저장설비는 산소발생장치의 점검 시 및 보수 시를 대비한 예비로 설치하는 것으로서 처리장의 규모, 산소구입의 용이성 등을 감안해서 저장용량을 정한다. 이 저장설비는 고압가스취급법의 적용을 받는다. 산소저장조 내의 산소는 1일 0.3% 정도의 비율로 증발하므로 정기적인 보충이 필요하다.

(3) 소음

공기흐름, 자동밸브 등에 의한 소음의 방지대책으로 산소발생장치는 옥내에 설치하지만 차음설비를 설치한다.

4.6.8 이차침전지

이차침전지의 수면적부하는 표준활성슬러지법과 같은 정도 또는 그 이하로 설정하는 것이 적당하다. 순산소활성슬러지법에서는 높은 MLSS 농도를 유지하기 위해서 반송슬러지를 항상 높은 농도로 안정되게 공급할 필요가 있다. 따라서 유효수심은 활성슬러지를 양호하게 농축하기 위해 3m 이상으로 한다. 또한 슬러지 펌프는 용량을 크게 하여 충분히 침적할 수 있는 여유가 있는 것으로 한다.

4.7 연속회분식활성슬러지법

4.7.1 개요

연속회분식(sequencing batch)활성슬러지법은 그림 4.41에 나타나 있는 것과 같이 1개의 회분조에 반응조와 이차침전지의 기능을 갖게 하여, 반응과 혼합액의 침전, 상징수의 배수, 침전슬러지의 배출공정 등을 반복하여 처리하는 방식이다.

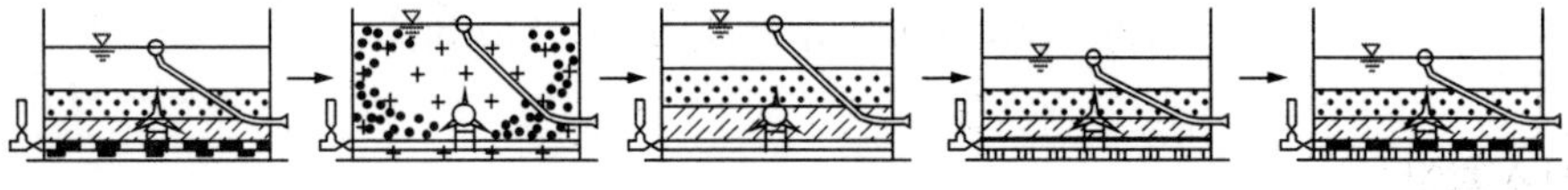

그림 4.41 회분조의 처리공정

4.7.2 구성 및 특징

(1) 구성

연속회분식활성슬러지법의 구성은 그림 4.42와 같다.

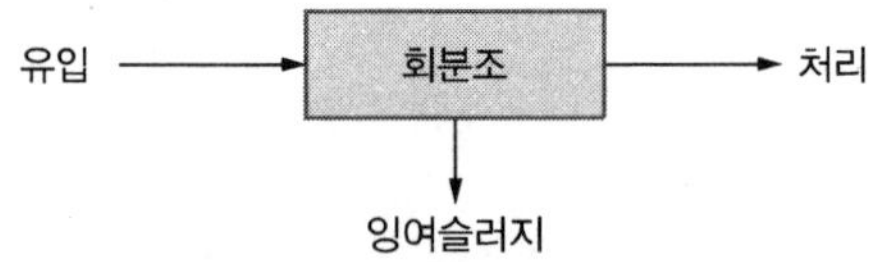

그림 4.42 연속회분식활성슬러지법의 처리계통

소규모에 적용되는 연속회분식활성슬러지법에서는 일반적으로 최대수량에 대한 용량을 기준으로 하므로 유량조정조는 설치하지 않는다. 회분조 내에서의 조대 고형물의 퇴적과 스컴의 부상을 최소화하기 위해 회분조에 유입부에 스크린 등의 설치를 검토한다. 또한 처리수의 방류가 간헐적으로 이루어지므로 처리수조를 설치하고 소포수를 확보할 필요가 있다.

(2) 특징

연속회분식활성슬러지법의 특징은 다음과 같다.

- 유입오수의 부하변동에 강하다.
- 오수의 양과 질에 따라 포기시간 및 침전시간을 조절할 수 있다.
- 고액분리가 잘 이루어진다.
- 운전모드 변형을 통해 질산화 및 탈질반응을 도모할 수 있다.
- 고부하형의 경우 소요되는 부지면적이 작다.

4.7.3 회분조의 형상, 구조 및 수

(1) 형상

회분조는 지폭과 지장의 비를 1 : 1∼1 : 2 정도의 정사각형 또는 직사각형으로 한다. 또한 회분조의 수심에 대해서는 아래와 같은 특성 기인하여 유효수심을 4∼6m 정도로 한다.

- 회분조의 수심을 크게 하고, 유출수심이 커지면 침전시간이 증가한다.
- 배출장치의 구조상의 제약으로 상징수 배출용 수심을 현저히 크게 할 수 없다.
- 활성슬러지 계면상의 최소수심의 제약으로 유출비를 크게 설정할 수 없다.

(2) 구조 및 수

수밀성구조로 하며, 동일조에서 배수와 슬러지 배출을 행하기 때문에 회분조의 수심이 낮아지게 되므로 부력에 대해 안전한 구조이어야 한다. 그리고 청소, 보수 등의 경우를 고려하여 회분조는 원칙적으로 2조 이상으로 한다.

4.7.4 유입방식

(1) 간헐방식

간헐방식은 복수의 회분조를 이용하는 경우에 사용되는 방식으로 침전, 배수 공정에 있어서도 1조는 반드시 오수를 유입할 수 있도록 운전하는 방법이다. 또한 유입오수량의 시간변동에 대처하기 위해 주기 수, 각처리 공정의 공정시간을 타이머 등으로 조정할 수 있도록 한다.

(2) 연속유입식

연속방식은 오수가 모든 공정에 연속적으로 유입된다. 따라서 침전, 배수 공정에 있어서 오수가 미처리된 상태로 방류되지 않도록 반응조의 구조에 유의할 필요가 있다.

이 방식은 유입수량의 변동이 매우 큰 경우에는 1일 1회의 주기로 운전하는 경우도 있다. 또한 1일 수회의 주기로 운전하는 경우는 단락류를 방지하기 위하여 회분조 용량을 크게 할 필요가 있다.

4.7.5 설계제원

회분조의 계획오수량은 계획1일최대오수량으로 하며, 설계제원은 계획오수량에 따라 표 4.20을 표준으로 한다. 일반적으로 활성슬러지계면의 최소수심은 50cm이고, SRT는 15~80일이다. 연속회분식반응조는 높은 F/M비 조건으로 설계할 수 있는 고부하형과 낮은 F/M비 조건으로 설계할 수 있는 저부하형으로 나눌 수 있다.

표 4.20 회분조의 설계제원

항 목	제 원	
	고부하형	저부하형
F/M비(kgBOD/kgSS/day)	0.2~0.4	0.03~0.05
MLSS농도(mg/L)	1,500~2,000	3,000~4,000
유출비(1/m)	1/2~1/4	1/3~1/6
여유고(ϵ)(cm)	50 이상	50 이상
산소요구량(kgO_2/kg-유입BOD)	1.5~2.5	0.5~1.5

표 4.21 부하조건에 의한 특징

구 분		고 부 하 형	저 부 하 형
운전조건	F/M 비	0.2~0.4kgBOD/kgSS/day	0.03~0.05kgBOD/kgSS/day
	주기수	크다(0.2~0.4).	작다(2~3).
	유출비	크다(0.2~0.4).	작다(1/6~1/3).
처리특성	유기물제거	저부하형에 비하여 낮다.	높다.
	질소제거	저부하형에 비하여 낮다.	높다.
	인제거	높다.	고부하형에 비하여 낮다.
발생슬러지량		많다.	적다.
유지관리		부하변동에 대한 내성은 저부하형에 비하여 낮다.	부하변동에 강하고, 운전의 유연성이 높다.
용지면적		회분조의 용량이 작아 용지를 절약할 수 있다.	회분조의 용량이 커서 넓은 용지를 필요로 한다.
적용성		용지면적에 제약이 있는 처리장에 적합하다.	넓은 용지가 있는 처리장에 합하다. 또한 질소의 제거를 필요로 하는 시설에 적용할 수 있다.

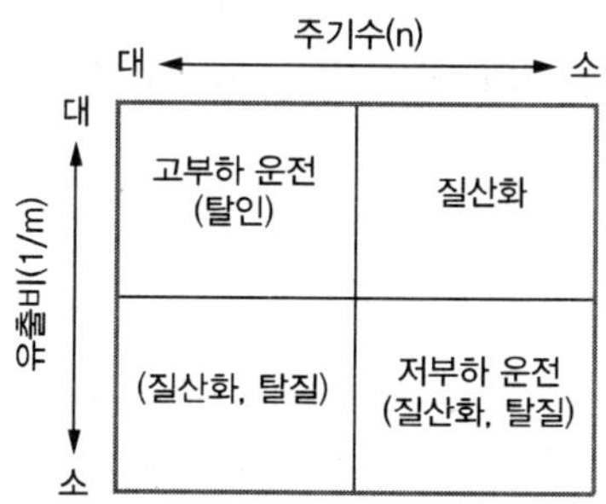

그림 4.43 주기수와 유출비의 조합에 따른 운전상황

고부하형 및 저부하형은 그림 4.43 및 표 4.21에 나타난 바와 같은 특징이 있다. 용지면적이 제한을 받는 등 저부하형이 곤란한 경우는 고부하형으로 한다. 다만, 부하변동이 큰 소규모시설에서는 운전의 유연성 등을 고려하여 저부하형을 검토한다.

4.7.6 F/M비 설계

연속회분식활성슬러지법에 있어서 F/M비는 포기시간을 반응시간과 함께 고려하여,

계획1일최대오수량에 대한 회분조의 유효용량을 V_s라 하고, 식 (4.53)과 같이 정의할 수 있다.

$$F/M비 = \frac{Q_s C_s}{e C_A V_s} \tag{4.53}$$

여기서, Q_s : 계획오수량, m^3/day

C_s : 유입오수의 평균 BOD, mg/L

C_A : 평균 MLSS농도, mg/L

V_s : 회분조의 유효용량, m^3

n : 주기수

T_A : 1주기에서의 포기시간, hr

e : 포기시간비 $\left(e = \frac{nT_A}{24}\right)$

고부하형 및 저부하형의 특징 및 적용성은 표 4.22 및 그림 4.42에 나타나 있는 바와 같은데, 여기서 유출비(1/m)는 회분조에서의 기준수위에 상당하는 수심에 대한 기준수위와 배수종료 시의 수위차의 비이며, 식 (4.54)로 표시하였다(그림 4.45 참조).

$$\frac{1}{m} = \frac{h_2 - h_1}{h_2} \tag{4.54}$$

4.7.7 운전모드설계

(1) 기본사항

연속회분식활성슬러지법의 1주기의 운전은 그림 4.44에 나타나 있는 것처럼 유입, 반응, 침전, 배수, 슬러지 배출 등의 각 공정으로 구성할 수 있다.

1계열 N조를 단위로 하여 연속적으로 유입오수를 받는 각 조에 순번대로 처리를 하고, 유입공정 중에 침전 및 배출을 행하지 않는 것을 전제조건으로 할 때, 각 공정의 소요시간은 다음과 같은 조건을 만족시켜야 한다.

$$T_C \geq T_A + T_S + T_D \tag{4.55}$$

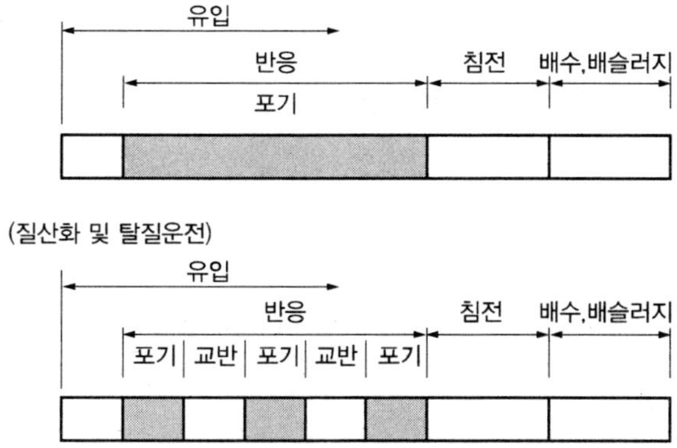

그림 4.44 1주기 내의 각공정

$$T_F = T_C / N \tag{4.56}$$

$$T_C - T_F \geq T_S + T_D \tag{4.57}$$

여기서, T_C : 1 주기의 소요시간, hr
T_F : 1 주기당의 유입시간, hr
T_A : 1 주기당의 포기시간, hr
T_S : 1 주기당의 침전시간, hr
T_D : 1 주기당의 배출시간, hr
N : 1 계열당의 회분조수(단, $N \geq 2$)

(2) 각 공정시간 산정

식 (4.55)에서 1주기의 최소소요시간은 $T_A + T_S + T_D$ 가 된다. 또한 주기수 n은 식 (4.58)에서 구할 수 있다.

$$n = \frac{24}{T_A + T_S + T_D} \tag{4.58}$$

여기서, n은 1, 2, 3 등의 정수값을 갖도록 한다.

1) 포기시간(T_A)

유입오수량(Q_s)과 회분조의 유효용량(V_s), 유출비($1/m$) 및 주기수(n)는 다음과 같다.

$$Q_s = V_s \frac{1}{m} n \tag{4.59}$$

따라서, F/M비를 나타내는 식 (4.53)은 식 (4.60)으로 쓸 수도 있다.

$$\text{F/M비} = \frac{nC_s}{emC_A} \tag{4.60}$$

그리고 식 (4.60)을 이용하여 포기시간(T_A)은 다음 식 (4.61)과 같이 구할 수 있다. 즉, 필요한 포기시간은 F/M비, 유출비 유입BOD 및 MLSS농도를 이용하여 결정하게 된다.

$$T_A = \frac{24C_s}{(\text{F/M비})mC_A} \tag{4.61}$$

2) 침전시간(T_s)

활성슬러지계면의 정속침강이 종료한 시점에서 배수를 행할 경우, 필요한 침전시간 T_S는 식 (4.62)로 구할 수 있다.

$$T_S = \frac{h_2(1/m) + \epsilon}{v_o} \tag{4.62}$$

여기서, h_2 : 기준 수위까지의 수심, m

ϵ : 활성슬러지계면상의 최소수심, m

v_0 : 활성슬러지계면의 초기침강속도, m/hr

식 (4.62)는 활성슬러지 계면의 정속침강구간을 고려한 유출비 1/m의 범위에서 적용할 수 있다. 예를 들어, MLSS농도가 2,000mg/L 정도인 경우에는 슬러지계면이 반응조 수심의 50% 이하가 될 때까지 정속침전이 계속되기 때문에 1/m이 1/2 정도가 될 때까지 식 (4.62)를 적용할 수 있다. 활성슬러지계면의 초기침강속도(v_0)는 MLSS 농도, 수온 등과 관련이 있지만 MLSS농도 2,000mg/L 정도에서는 통상적으로 2~4m/hr가 된다. 또한 배수공정에서 슬러지가 따라 올라오는 것을 억제하기 위하여 상징수배출장치의 월류부하 설정과 활성슬러지 계면상의 최소수심의 설정이 중요하다. 이 최소수심은 상징수 배출장치의 형식에 따라 다르지만 일반적으로 30~60cm이다.

3) 배출시간(T_o)

1주기 당의 배출시간은 배출장치의 설치대수 및 월류부하에 따라 조정될 수 있지만, 배출시간을 짧게 하면 접촉조의 용량 및 방류관거의 단면적이 커지게 되기 때문에 유의할 필요가 있다. 또한, 처리수를 수면 부근에서 배출하는 방식에서는 침전공정 중에도 배출을 개시할 수 있다.

(3) 용량의 산정

연속회분식활성슬러지법에서는 일반적으로 유량조정조를 설치하지 않는다. 이 때문에, 간헐방식으로 유입을 행하는 경우 유입오수량의 시간변동을 회분조 내에 흡수할 필요가 있으며, 회분조의 유량의 산정에 있어서는 유입오수량의 시간변동을 고려한다. 이 유량변동에 대응하는 용량에 대해서는 높이 방향에 의한 조정 방법과 횡방향의 조정에 의한 방법이 있지만, 일반적으로 높이 방향에 의한 조정을 하게 되고 6~8m 수심이 일반적이다.

아래에 유량변동을 높이방향으로 조정하는 경우의 회분조 1조당의 유효용량(V)을 구하는 방법을 나타내었다. 회분조의 바닥으로부터 배수종료수위까지의 수심(h_1)에 해당하는 용량을 V_1, 배수종료수위로부터 계획1일최대오수량에 해당하는 수위(기준수위)까지의 수심($h_2 - h_1$)에 상당하는 용량을 V_2, 기준수위로부터 peak 시의 수위까지의 수심($h_3 - h_2$)에 상당하는 용량을 V_3라 할 때, 유입오수의 시간변동에 대응할 수 있는 회분조의 유효용량 V는 식 (4.63)에 의해 산출될 수 있다(그림 4.46 참조).

$$V = V_1 + V_2 + V_3 \tag{4.63}$$

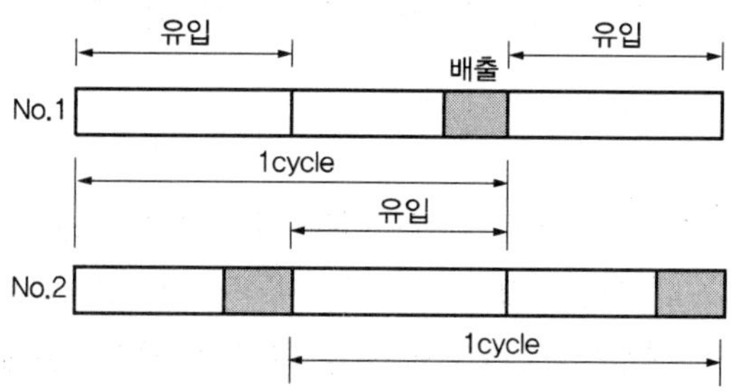

그림 4.45 연속회분식활성슬러지법에서의 유입과 배출의 관계

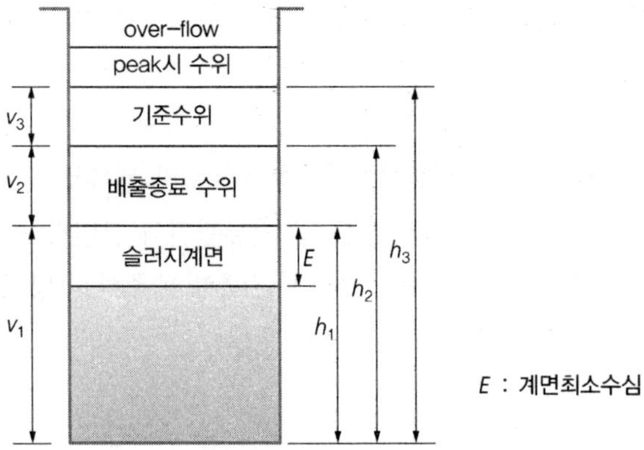

그림 4.46 회분조의 수위

식 (4.63)에서 V_1은 V_2와 유출비(1/m)의 관계로 식 (4.64)와 같이 나타낼 수 있다.

$$V_1 = (m-1)/V_2 \tag{4.64}$$

또한, V_2는 배수종료수위로부터 기준수위까지의 용량에 상당하기 때문에 1계열당의 계획1일최대오수량을 q라 하면, 1주기 당 1개의 회분조에 유입하는 오수량 V_2는 식 (4.65)와 같이 구할 수 있다.

$$V_2 = \frac{q}{nN} \tag{4.65}$$

여기서, N : 1계열당의 반응조 수

한편, 최대수량에 대응하는 용량(V_3)은, 각 회분조의 1주기 당의 유입시간(T_F)에 있어서 평균유입오수량(계획1일최대오수량의 1시간량 × T_F)을 넘는 누계량의 최대량(Δq)에 상당하기 때문에, 최대유량변동비(평균유입오수량에 대한 1주기 내의 최대유입오수량의 비)를 γ라 하면 V_3는 식 (4.66)으로 구할 수 있다.

$$V_3 = \Delta q = (\gamma - 1)V_2 \tag{4.66}$$

여기서, 최대유량변동비의 설정에 있어서는 계획1일최대오수량에 대응하는 시간변동 패턴을 가정하여 오수의 유입개시시간을 변동시키는 것으로 각 모드의 주기의 평균유입오수량의 초과수량을 산정한다. 따라서 유입오수량의 시간변동에 대응할 수 있는 회분조의 유효용량(V)은 식 (4.63)에 식 (4.64) 및 (4.66)을 대입하여 정리하면

$$V = (m-1)V_2 + V_2 + (\gamma-1)V_2 = (m+\gamma-1)V_2 \tag{4.67}$$

가 되며, 식 (4.65)로부터 식 (4.68)을 얻을 수 있다.

$$V = (m+\gamma-1)\frac{q}{nN} \tag{4.68}$$

여기서, 설정된 최대유량변동비 γ를 초과하는 유입변동에 대해서는 최대수위(peak 시 수위)보다 높은 수위가 되기 때문에 그 위부터 월류할 수 있는 구조로 해야 한다.

4.7.8 산기장치 및 송풍량

(1) 산기장치

산기장치는 막히지 않으면서 필요 산소량의 공급, 혼합액의 교반을 충분히 할 수 있는 기능을 가진 것으로 한다. 산기장치로부터의 산소공급량 결정 시 고려사항은 유기탄소화합물의 제거, 자기산화에 필요한 산소량, 질산화반응에 필요한 산소량 및 질산화반응을 저감할 수 있는 산소량 등이다. 산기장치에는 수중교반식, 기액혼합분산식 등이 있으며 기종선정 시 장치의 능력 및 운전방법 등을 고려해 선택한다.

(2) 송풍량

송풍량은 고부하형에서는 유기물의 산화를, 저부하형에서는 유기물의 산화와 내생호흡 및 암모니아성질소의 질산화를 고려하여 결정한다. 저부하형의 경우의 필요산소량은 유입 BOD 1kg당 1.8～2.2kgO_2 정도가 된다.

4.7.9 상징수 배출장치 및 스컴제거장치

상징수배출장치 및 스컴제거장치는 다음의 각 항을 고려하여 결정한다.

- 상징수배출장치는 설정된 배출시간 내에 활성슬러지를 침전시켜서 상징수를 배출할 수 있는 것으로 한다.
- 상징수배출장치의 고장 등에 대비한 비상용 배출장치를 설치한다.

- 상징수배출장치는 스컴유출방지의 기능을 갖는 것으로 한다.
- 스컴제거장치를 설치한다.

(1) 배출장치

배출장치의 구조형식에는 승강방법으로 부유식과 기계식 그리고 승강기능이 없는 고정식이 있다. 그리고 처리수의 배출방법은 반응조의 유출수위와 방류점의 수위 간에 수위차가 충분히 큰 경우에는 자연유하방식의 채용이 가능하며, 수위차가 크지 않은 경우에는 펌프에 의한 강제적인 배출방식을 사용한다.

1) 부유식

부유식은 배수장치의 집수부가 부유구조로 되어 수면에 부상한 상태에서 수위에 따라 승강한다. 따라서 수위가 배출유량에 따라 변동되므로 배출장치의 승강은 수위에 의하여 결정된다. 배출장치의 승강이 자동적으로 조정되므로 장치가 간단하다. 반면 배출유량의 설정 및 배출기능에 영향을 주는 집수부의 끝부분 등에 충분히 주의를 할 필요가 있다.

2) 기계식

기계식은 집수부의 승강을 기계를 사용하여 강제적으로 수행하는 방식이다. 배수유량과 수위는 집수부의 승강속도에 따라 결정된다. 때문에 배출과 수위제어는 확실히 이루어지지만 승강을 위해 동력을 필요로 하고 처리메커니즘이 복잡하다. 또한 배출개시 수위와 정지수위는 수위계에 의한 제어도 검토할 필요가 있다.

3) 고정식

고정식은 가장 간단한 메커니즘으로 될 수 있지만 수위에 따라 배출유량이 변동하므로 집수부를 복수단으로 하여야 하고, 유출비가 작은 시설에 사용하는 것이 좋다. 고정식은 비상시배출장치로서 적합한 방법이다.

(2) 스컴제거기

회분조에는 스컴이 축적되기 쉽기 때문에 스컴의 제거 대책이 필요하다. 그 대책으로는 반응공정 종료 전 5~10분간 소포수를 살포하여 스컴을 침전시키는 방법, 수중기계교반식 및 기액혼합분사식 산기장치의 경우 포기공정 종료 후에 펌프를 정지시키고 공기를 15분간 정도 분출시켜 수면을 교반하여 스컴을 파쇄하는 방법, 스컴제거기 및 부유식펌프 등에 의해 강제적으로 스컴을 제거하는 방법 등이 있다.

4.8 산화구법

4.8.1 개요

산화구(oxidation ditch)법은 일차침전지를 설치하지 않고, 타원형무한수로의 반응조를 이용하여 기계식 포기장치에 의해 포기를 행하며, 이차침전지에서 고액분리가 이루어지는 저부하형 활성슬러지 공법이다. 기계식 포기장치는 처리에 필요한 산소를 공급하는 이외에 산화구 내의 활성슬러지와 유입하수를 혼합・교반시키고, 혼합액에 유속을 부여하여 산화구 내를 순환시켜 활성슬러지가 침강되지 않도록 하는 기능을 갖는다. 산화구법의 처리계통 예를 그림 4.47에 나타내었다.

산화구법은 저부하조건(F/M비 0.03～0.05kgBOD/kgSS/day)에서 운전하므로 고형물 체류시간(SRT)이 길어 질산화반응이 진행되기 쉽다. 또한 산화구 내에 무산소지역을 설치하면 질소의 제거를 기대할 수 있다.

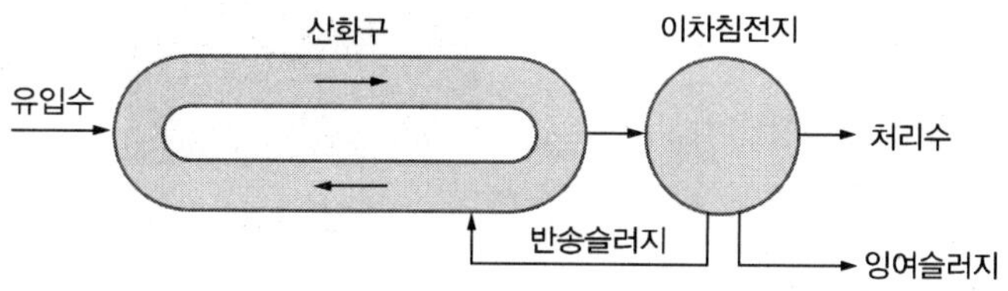

그림 4.47 산화구법의 처리계통 예

4.8.2 특징

산화구법은 다음과 같은 특징을 갖고 있다.

- 저부하에서 운전되므로 유입하수량, 수질의 시간변동 및 수온저하(5℃ 부근)가 있어도 안정된 처리를 기대할 수 있다.

- 70% 정도의 질소 제거가 가능하다.
- 산화구 내의 혼합상태는 용존산소농도는 흐름의 방향에 따라 지배를 받을 수 있지만 MLSS농도, 알칼리도 등은 구내에서 균일하다.
- 슬러지 발생량은 유입 SS량당 대략 75% 정도이다. 이 비율은 표준활성슬러지법과 비교하여 작다.
- 잉여슬러지는 호기성 분해가 이루어지게 되므로 표준활성슬러지법에 비해 안정화된다.
- 체류시간이 길고 수심이 얕으므로 넓은 처리장부지가 소요된다.

4.8.3 용량, 형상, 구조 및 수

(1) 용량

질산화반응이 불가피하게 진행되므로 BOD제거를 안정적으로 수행하기 위해서는 질산화, 탈질반응을 함께 고려하는 것이 일반적이며, 일반적 HRT는 24~48시간이다.

(2) 형상

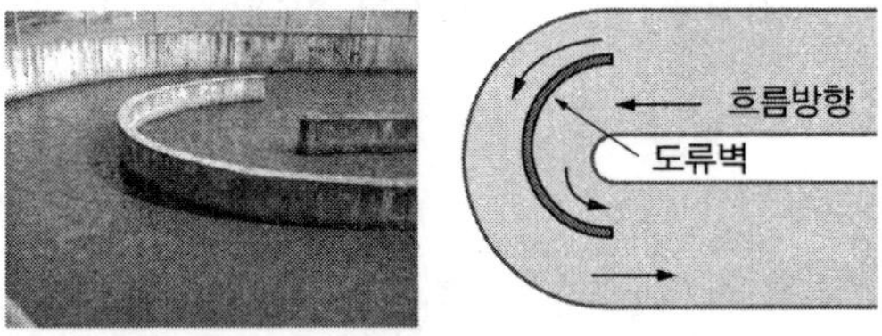

그림 4.48 산화구법과 도류벽 설치

산화구의 형상은 장원형의 무한수로로 한다. 그러나 부지 형상에 의해 형상이 변경되어야 할 필요가 있는 경우에는 수로가 굽은 형태의 무한수로로 하는 것도 가능하다. 수심은 1.0~3.0m 정도를 표준으로 한다. 수로폭은 2.0~6.0m 정도를 표준으로 하지만 이차침전지와의 관계를 고려하여 특별한 경우에는 그 제한을 두지 않는다. 굴곡부에 있어서는 외측의 유속이 내측의 유속에 비해 빠르게 되어 흐름의 정류부가 발생하게 되므로 슬러지의 침강 및 유효용량의 감소 등이 발생하기 때문에, 굴곡부에는 도류벽을 설치하여 내측의 유속을 증대시키는 것이 바람직하다(그림 4.48 참조).

(3) 구조 및 수

철근콘크리트조를 표준으로 하지만 간이 구조로서 아스팔트라이닝, 모르타르라이닝, 석적, 석장, 블럭쌓기 등을 이용하는 것도 가능하다. 그러나 포기 장치의 설치부분은 수류가 격렬하기 때문에 철근콘크리트조로 하여야 한다. 지수는 청소, 보수 등의 경우를 고려하여 2지 이상으로 한다. 단, 유입수량이 적은 경우에는 1지로 할 수도 있다.

표 4.22 산화구법 설계 제원

항 목	제 원
HRT (hr)	24～48
MLSS농도(mg/L)	3,000～4,000
F/M비(kgBOD/kgSS/day)	0.03～0.05
슬러지반송비(%)	100～200
필요산소량(kgO_2/kgBOD)	1.4～2.2
SRT (day)	8～50 *
질산화속도(mgN/gMLSS/hr)	0.2～0.7
탈질속도(mgN/gMLSS/hr)	0.1～0.4
BOD용적부하(KgBOD/m^3/day)	0.08～0.48

* 산화구 내의 호기적 조건 하의 용량에 대한 SRT값을 나타냄.

4.8.4 포기장치 및 부대설비

(1) 유속

포기장치는 산소를 공급하고, 혼합액에 순환유속을 부여하며, 유입하수나 활성슬러지를 혼합 교반한다. 산화구 내의 유속은 최저유속(저부유속) 0.1m/sec 이상, 평균유속 0.25m/sec 정도로 한다. 각 형식에 따라 운전방법이 다르고, 효율이 좋은 산소공급이 수행되는 동력투입밀도(단위혼합액당의 투입동력)의 범위 및 동력투입밀도와 유속 및 유속분포의 관계, 또한 산소공급효율이 다르기 때문에 각각의 특징을 충분히 파악하여 선정할 필요가 있다.

(2) 운전

유기물의 산화 및 질산화, 탈질은 구내의 용존산소농도 상태와 깊게 관련되어 있다.

용존산소농도는 유입하수의 수량, 수질, 수온 및 MLSS 농도에 따라 변화한다. 산소공급량의 조정은 포기장치의 운전방법에 따라서(간헐운전, 운전대수제어 등), 또한 산소공급능력의 제어(회전수 제어, 침적심도의 조절 등)와 연관하여 수행한다.

(3) 부대설비

유입 및 유출구에는 각각 게이트를 설치한다. 또한 포기장치에는 필요에 따라서 위험방지, 비산방지, 점검 등을 위해 덮개 및 보행로를 설치한다.

4.8.5 산화구법용 침전지

(1) 형상

침전지의 형상은 원칙적으로 원형방사류식으로 한다(그림 4.49 참조). 이 방식은 슬러지수집기의 유지관리가 용이하며, 일반적으로 소규모인 경우에 경제적이다.

표 4.23 산화구법 원형 이차침전지 설계 제원

항 목	제 원	항 목	제 원
침전 시간(hr) 유효 수심(m)	6~12 3.0~4.0	수면적 부하(m^3/m^2/day) 월류 부하(m^3/m^2/day)	8~12 25~30

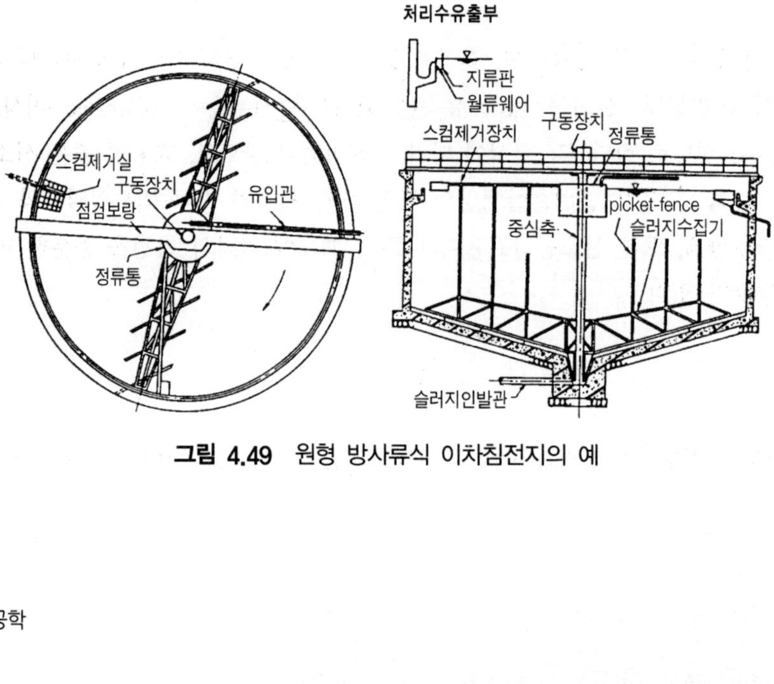

그림 4.49 원형 방사류식 이차침전지의 예

(2) 운전

산화구법의 이차침전지는 연속식을 원칙으로 하지만 간헐식으로 운전하기도 하며, 지수는 원칙적으로 2지 이상으로 한다. 또한 침전지에서는 구내의 MLSS농도를 높게 유지하기 위해 활성슬러지를 충분히 농축할 필요가 있다. MLSS농도가 표준활성슬러지법의 2배 이상으로 계면침강이 지배적이므로 침강 속도가 늦다. 따라서, 수면적부하는 시간최대오수량 유입 시에 $20m^3/m^2/day$이 확보될 수 있게 정한다. 슬러지 계면의 위치를 상대적으로 낮게 유지하기 위해서는 유효수심을 크게 하여야 한다.

4.8.6 산화구법용 침전지의 부대설비

(1) 슬러지수집기

원형방사류식 침전지는 수직분리판(picket fence) 등을 설치함으로써 슬러지의 침강성을 개선하는 것이 좋다.

(2) 스컴제거기

산화구법은 일차침전지를 설치하지 않으므로 스컴이 이차침전지에 유입되기 때문에 스컴제거장치를 설치한다. 또한 이차침전지에서의 스컴 발생을 줄이기 위해 산화구 유입 전에 간격 2~5mm의 미세목 스크린을 설치하기도 한다.

(3) 슬러지인발기 및 슬러지반송설비

반송슬러지펌프 능력은 일최대오수량의 100~200% 정도로 한다. 각 펌프는 예비 포함 2대 이상으로 한다. 슬러지 배관의 최소 구경은 100mm로 한다. 그리고 활성슬러지의 침강성이 악화되어 반송슬러지농도가 낮아지는 경우에는 MLSS농도를 적정히 유지하기 위해 슬러지반송비를 증가시킬 필요가 있다.

4.9 고속포기식침전지법

4.9.1 개요

고속포기식침전지법은 포기조와 이차침전지를 하나의 시설 내에 설치(그림 4.50 참조)하는 방법으로 소규모처리에 적용가능하다. 포기조와 침전지를 분리하여 설치하는 일반 활성슬러지공정과 달리 건설비를 절약할 수 있고, 부지가 협소한 곳에도 설치하기 용이하다. 또한 이 방법은 패키지 형태로 제작이 가능하다.

일차침전지로부터 유입하는 하수는 우선 포기부에서 활성슬러지와 혼합되어 포기된 후 포기부의 위쪽에서 침전부로 유입되고, 여기서 상징액은 침전부의 월류웨어를 통해서 유출되고, 분리된 활성슬러지는 침전해서 침전부의 밑바닥에서 연속적으로 포기부로 반송 순환되도록 한 방식이다.

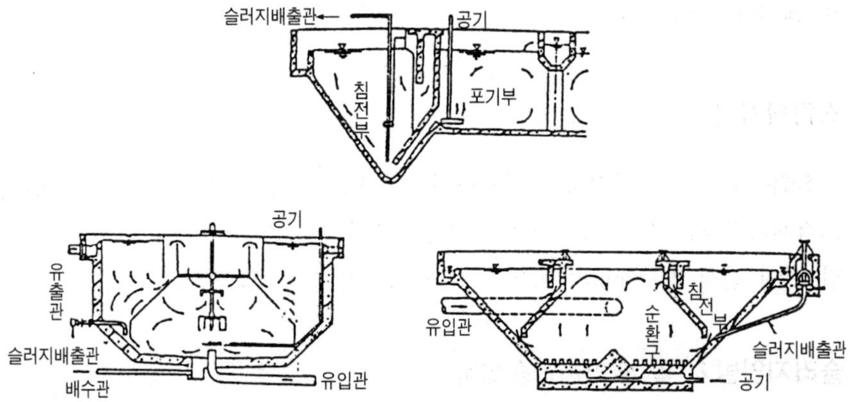

그림 4.50 고속포기식침전지의 종류

4.9.2 형상, 지수 및 구조

고속포기침전지의 형상은 원형, 직사각형 또는 정사각형을 주로 사용한다. 형상의 선택은 처리장의 조건, 공기 공급장치, 교반장치 등에 따라 달라진다. 고장이나 기타 부득이한 상황에 대처하기 위해서 2지 이상으로 하는 것이 좋고, 구조는 수밀성을 유지할 수 있는 구조로 하며, 격벽과 본체간의 수밀성에 각별한 유의가 필요하고, 포기조혼합액을 배수시켰을 경우 부력에 대하여 안전한 구조로 한다. 재질은 철근콘크리트 또는 철판, FRP 등을 사용한다.

4.9.3 체류시간

포기부의 체류시간은 계획하수량에 대하여 2～3시간을 표준으로 하지만, 포기부의 F/M비는 0.2～0.4kg/m^3/day의 범위로 한다. 침전부의 체류시간은 2.0～2.5시간으로 하여 수면적부하가 30～40m^3/m^2/day가 되도록 한다.

4.9.4 포기조 설비

포기장치에는 산기장치와 교반기를 병용하는 방법과 산기장치만을 사용하는 경우가 있다. 이들 방법은 선회류를 일으키기 위한 것으로 교반기의 회전수는 날개의 구조에 따라 다르나 보통 분당 20～50회 정도가 바람직하다. 송기량은 산기장치와 교반기를 병용하는 경우, 계획1일최대하수량 1m^{3}에 대하여 5～8배를 표준으로 하며, 산기장치, 송기관, 송풍기 등을 설치 시 산기식 포기조에서 해당 부분을 고려해서 정한다.

4.10 산화지법

4.10.1 산화지의 종류

(1) 호기성산화지

산화지(Lagoon)는 보통 흙으로 만든, 수심 2～5m의 얕은 연못과 같은 형상으로 산소를 공급하는 표면포기장치만 설치하여 하수를 정화하는 방식이다. 경우에 따라서는 포기장치 없이 수면의 재포기만으로 산소를 공급하는 방식도 있는데 모두 체류시간을 수일～수십 일로 매우 길게 하여 슬러지의 완전산화를 유도하는 것이 특징이다.

호기성산화지의 깊이는 0.3～0.6m 정도이며, 산소는 바람에 의한 표면포기와 조류에 의한 광합성에 의하여 공급된다. 호기성산화지는 전 수심에 거쳐 일정한 용존산소농도를 유지하기 위해 주기적으로 혼합시켜 주어야 한다.

(2) 포기식산화지

산기식 혹은 기계식표면포기기를 사용하며, 지의 깊이는 3～6m, 체류시간은 3～6일 정도이다. 포기식산화지는 임의성산화지보다 높은 BOD부하를 받아들이며, 악취문제가 적고 소요부지 또한 비교적 작은 편이다. 포기식산화지 다음에는 임의성산화지나 침전지를 설치하여 방류수 내의 SS함량을 줄이도록 한다.

(3) 임의성산화지

임의성소화지의 깊이는 1.5～2.5m, 체류시간은 4～10일 정도이다. 임의성산화지에 있어서는 호기성산화지나 포기식산화지와는 달리 부유물질이 산화지 내에서 침전되어 혐기성지역이 형성되도록 하며 혐기성 분해가 이루어지도록 설계된다. 따라서 수면과 대기의 접촉부분은 호기성, 밑바닥은 혐기성이 되어 임의성산화지가 형성된다.

4.10.2 특징 및 장단점

각종 산화지의 장단점 및 특징은 다음의 표 4.24와 표 4.25와 같다.

표 4.24 산화지법의 적용범위 및 장단점

항목	호기성	포기식	임의성
적용범위	영양소제거 용해성유기물질 이차처리수	일반하수 및 공장폐수	일반하수 및 공장폐수
장점	유지관리비 저렴	소요 부지면적이 적고, 냄새가 없으며, 고도처리가 가능하고 운전이 용이함	유지관리비가 저렴하고 효율적임
단점	소요부지가 매우 넓고, 냄새문제발생 가능	비교적 유지관리비가 크고, 처리수의 부유물질의 농도가 크며, 거품이 많음	소요부지가 매우 넓고, 냄새 문제가 있음

표 4.25 산화지법 생물학적 특성

종류	성 질					환 경 조 건				
	미생물	먹이	생성물	소요기간 (day)	냄새	운전온도 (℃)	포기	pH	태양 광선	독성물질
호기성 산화지	조류	CO_2 NH_3	산소 조류	10~20	없음	4~40	특별한 경우에 필요함	6.5~ 10.5	필요	농약, 살충제, 중금속, Cl_2
포기식 산화지	박테리아	탄수화물 단백질	CO_2 NH_3	3~6	없음	0~4	필수	7~9	불필요	농약, 살충제, 중금속, NH_4
임의성 산화지	박테리아	탄수화물 단백질 지방	유기물	4~10	H_2S 및 기타 냄새 유발	0~50	특별한 경우에 필요함	4.5~ 7.5	불필요	농약, 살충제, 중금속

4.10.3 포기식산화지 설계 시 고려사항

(1) BOD제거율

BOD제거율은 미생물체류시간 및 여러 가지 운전요소들에 따라 달라진다. 그러나 포기식산화지의 가장 일반적인 설계방법은 산화지 내의 반응을 일차반응식으로 보고 BOD제거율 또는 소요용적을 산정하는 것인데, 단일 포기식산화지를 사용하는 경우 식 (4.69)와 같다.

$$\frac{S}{S_o} = \frac{1}{1 + K(V/Q)} \tag{4.69}$$

여기서, S : 유출수의 BOD농도, mg/L

S_o : 유입수의 BOD농도, mg/L

K : BOD분해속도상수, day^{-1}

V : 산화지 용적, m^3

Q : 유입유량, m^3/day

일반적으로 알려진 BOD분해속도 상수 K 의 값은 0.5~1.5/day의 범위인데 용존성 유기물인 경우는 분해속도상수가 이보다 높다.

(2) 유출수특성

포기식산화지의 유출수는 유입수 내 함유된 고형물 중 미분해고형물, 미생물플록 그리고 약간의 조류 등으로 구성되며, 일반적으로 활성슬러지공정에 비하여 유출수질이 좋지 않다.

(3) 산소요구량

산소요구량은 유입수성상이나 처리정도에 따라 다르다. 일반 도시하수처리시 유입 BOD제거량의 0.7~1.4배 정도의 산소가 공급되어야 한다.

(4) 온도영향

포기식산화지는 대개 온도변화가 심한 외부에 설치되어 운전되고, 표면포기기에 의한 산소공급을 하기 때문에 온도변화에 상당한 영향을 받는다. 온도가 미치는 가장 큰 영향은 미생물의 활성 저하에 따른 처리효율의 저하와 혼합이 불충분한 구역의 수표면 동결 문제이다. 동결이 예상되는 지역에서는 산화지의 깊이를 크게 하고 운전방법을 변화시킴으로써 온도영향을 최소화한다.

(5) 혼합소요동력

요구되는 동력은 산화지혼합액의 부유상태에 따라 달라진다. 포기에 소요되는 동력은 유기물제거에 소요되는 것과 혼합에 소요되는 것 중 큰 것을 사용하여야 한다. 유기물제거를 위해 포기하는 데만 필요한 동력은 1.2~2W/m^3이고, 혼합액을 부유상태로 유지시키는 데는 12~20W/m^3이 필요하며, 부분적으로 부유시킬 경우 6~8W/m^3의 동력이 필요하다.

4.10.4 포기식산화지의 설계제원

포기식 산화지는 기계식포기장치가 설치되기 때문에 다른 산화지법에 비해 수심이 깊고 체류시간이 짧다.

표 4.26 포기식산화지의 설계 제원

산화지의 형식	완전혼합형	산화지의 지수	1～4
운전방법	병렬식, 직렬식	체류시간	3～6일(무반송)
산화지깊이	2～6m	운전온도	0～30℃
BOD용적부하	10～300kgBOD/ha/day	산소요구량	제거BOD량의 0.7～1.4배

4.10.5 포기식산화지용 포기시설

포기장치는 기계식 또는 산기식을 사용할 수 있으나 주로 기계식 표면포기기를 사용한다. 특히 기계식 표면포기기방식에 의한 포기를 하는 경우에는 열손실이 매우 심하므로 포기방법 선정 시 온도영향에 대한 세심한 주의가 필요하다.

4.10.6 포기식산화지용 침전지

포기식산화지용 침전지를 설계할 경우 아래와 같은 사항을 고려해야 한다.

- 침전지를 설치할 경우 포기식산화지의 특성, 지역적 특성 및 방류수질의 법적규제 등을 고려한다.
- 반송을 고려하며 부지면적이 협소한 곳은 전형적인 침전시설을 설치한다.
- 침전설비 및 부대설비는 활성슬러지공정에 준한다.

4.11 생물막법

4.11.1 개요

생물막공정은 미생물이 담체(supporting material)에 부착상태로 성장하면서 하수 내의 각종 유기물을 효소에 의해 분해하여 이용가능한 유기물로 만든 후 기타 새로운 세포나 최종생성물로 전환시키는 생물학적 공정이다. 여재에 부착된 미생물 중 일부는 탈리되어 침전지로 보내지고, 부유성장식과는 달리 대부분 슬러지는 반송되지 않는다. 부착성장식 공정에서는 처리효율향상과 균일한 유입수질 유지 및 기타 여러 목적을 위하여 처리수를 순환시키기도 한다. 대부분 생물막법은 부유성장식보다 에너지 절약효과가 있고 충격부하에 강하다는 장점을 가지고 있는 반면, 폐색현상, 산소의 원활하지 못한 공급으로 인한 악취, 처리효율의 감소, 온도변화에 민감함 등의 단점도 가지고 있다.

4.11.2 생물막법의 장단점

(1) 장점

- 반응조 내의 생물량을 조절할 필요가 없으며, 슬러지 반송을 필요로 하지 않기 때문에 운전 조작이 비교적 간단하다.
- 활성슬러지법에서의 벌킹 현상처럼 이차침전지 등으로부터 일시적 또는 다량의 슬러지 유출에 따른 처리수 수질악화가 발생하지 않는다.
- 하수량의 증가에 비교적 대응하기 쉽다.
- 반응조를 다단화함으로써 반응효율, 처리의 안전성의 향상이 도모된다.

(2) 단점

- 활성슬러지법과 비교하면 이차침전지로부터 미세한 SS가 유출되기 쉽고, 그에 따라 처리수의 투시도의 저하와 수질악화를 일으킬 수 있다.
- 처리과정에서 질산화 반응이 진행되기 쉽고, 그에 따라 처리수의 pH가 낮아지게 되고, BOD가 높게 유출될 수 있다.
- 생물막법은 운전관리 조작이 간단하지만 한편으로는 운전조작의 유연성에 결점이 있으며, 문제가 발생할 경우에 운전방법의 변경 등 적절한 대처가 곤란하다.

4.11.3 생물막 메커니즘

활성슬러지법에서는 미생물이 플록을 구성하고, 산소와 유기물은 플록 전면으로부터 삼차원적으로 미생물에 공급된다. 이에 대해 생물막법에서는 일반적으로 생물막이 담체상에 평면적인 넓이를 가지고 형성되기 때문에 산소와 유기물은 생물막 표면으로부터 이차원적으로 공급될 수밖에 없다. 또 생물막의 담체로부터 산소와 유기물의 공급이 없기 때문에 생물막법에서는 생물학적인 동력학뿐만 아니라 산소와 유기물 등의 물질이동이 처리반응에 큰 영향을 준다.

(1) 생물막에서의 물질이동

생물막에서의 물질이동을 그림 4.51에 개념적으로 나타내었다. 오수 중의 유기물은 교반·혼합에 따라 생물막 표면으로 움직이며 생물막 내로 확산하는 과정에서 미생물에 의해 분해된다. 한편, 미생물은 이 유기물을 이용하여 증식하고 생물막의 두께가 증가한다. 유기물의 공급량에 비례하여 생물막이 두꺼워지면 담체 부근의 미생물에 충분한 유기물이 공급되지 않으며, 이 부분의 미생물이 내생호흡상의 상태로 된다. 미생물에 의한 유기물의 산화 및 동화에 필요한 산소는 공기 중으로부터 오수에 용해된 후 생물막 표면으로부터 내부로 확산된다. 이 과정에서 용존산소는 미생물에 의해 소비되어 감소되며, 생물막이 담체 부근에서 혐기상태로 되는 경우도 있다. 유기물의 생물학적 분해에 따라 발생하는 CO_2와 기타 반응생성물은 산소와 유기물과는 역방향으로 담체로부터 생물막 표면으로 확산되어 하수 중으로 방출된다.

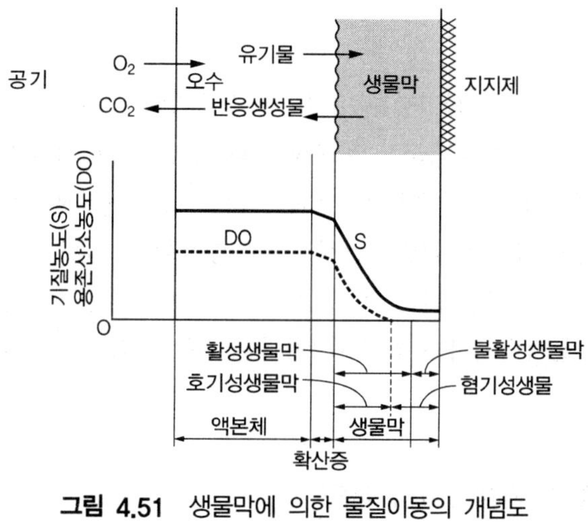

그림 4.51 생물막에 의한 물질이동의 개념도

(2) 생물막의 탈리

내생호흡상태인 생물막과 혐기성상태의 생물막은 담체로의 부착력이 약하며, 이러한 상태가 담체 부근에서 일어나면 생물막의 탈리가 발생한다. 탈리 후 담체 표면에서는 다시 생물막의 형성 및 증식이 시작된다. 또 오수의 교반과 담체의 이동에 따라 생기는 전단력에 의해서도 생물막의 표면부분의 탈리가 일어난다.

(3) 반응조 내의 미생물량의 조정

생물막의 증식과 탈리에 의해 담체 상에 형성된 생물막의 양, 즉 반응조 내의 미생물량이 조건에 따라 자동적으로 조정된다. 또한 슬러지반송이나 슬러지량 조절이 없기 때문에 생물막법은 활성슬러지법에 비해 운전관리상의 조작은 간단하다. 그렇지만 생물막법에서는 반응조 내의 미생물량을 인위적으로 변화시키는 것이 어려우며, 처리가 악화된 경우 반응조 내의 미생물량 조절을 단시간 내에 하는 것은 불가능하다. 특히 운전을 개시할 때마다 담체 상에 생물막을 새로 형성해야 하는 경우, 다른 처리장에서 잉여슬러지를 운반해 와서 순양하는 것이 불가능하기 때문에 정상상태의 처리를 할 수 있을 때까지 비교적 긴 기간이 소요된다.

4.11.4 생물막법의 특징

(1) 생물학적 특징

생물막법에서는 처리에 관여하는 미생물이 생물막이 탈리되지 않는 한 반응조로부터 유출되지 않기 때문에, 증식속도가 비교적 느리고, 활성슬러지법에서는 SRT를 길게 하지 않는 한 시스템 외부로 유출되어 버리는 질산화미생물(암모니아 산화미생물 또는 아질산 산화미생물)도 생물막 내에서 안정적으로 증식할 수 있다. 생물막에서는 통상의 미생물류에 비하여 증식속도가 작은 원생동물이나 미소후생동물도 안정적으로 증식할 수 있다. 그 결과 생물막법에서는 활성슬러지법에 비하여 다양한 생물종이 생물막을 구성하게 된다.

(2) 반응조의 다단화와 단계(step) 유입

생물막에서의 생물상의 다양성은 반응조를 다단화함으로써 촉진된다. 생물막법에서는 미생물이 담체에 부착되어 있기 때문에 생물상의 다단화를 쉽게 이룰 수 있다. 회전원판법이나 접촉산화법에서는 그림 4.52에 나타난 것처럼 반응조를 다단화하는 경우가 많고, 살수여상법에서도 다단화한 예가 있다. 생물막법에 있어서 반응조를 다단화하면 각각의 부하조건에 따른 생물상의 생물막이 각 처리 단계에서 형성된다. 최상류측의 처리단에 있어서는 유기물부하가 가장 높기 때문에 종속영양미생물이 주종을 이루는 비교적 두꺼운 생물막이 형성된다. 하류측 처리단으로 이동됨에 따라 각단에 유입되는 유기물부하가 점차 감소하기 때문에 생물막의 두께가 감소된다. 유기물을 이용하는 종속영양미생물은 하류측 처리단으로 이동됨에 따라 감소하고, 질산화미생물 등의 독립영양미생물이 증가한다.

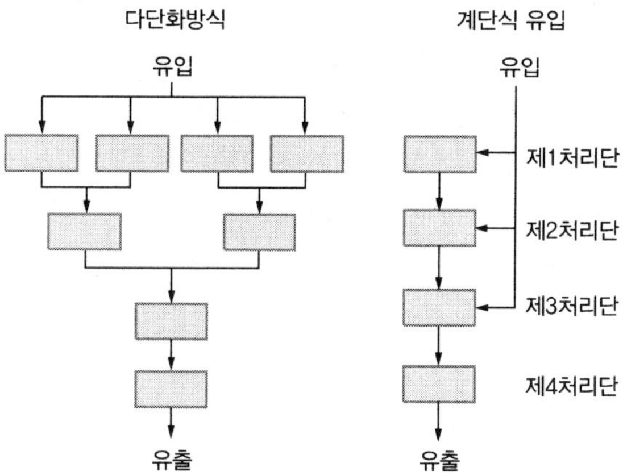

그림 4.52 반응조의 다단화 방식과 단계 유입 예

생물막법에서는 생물막이 형성되어도 상호 적당한 공간이 유지되도록 담체의 형상이나 배치에 여러 가지 방안이 행해지고 있지만, 과부하 등의 이유로 인해 생물막이 지나치게 두꺼워 지고, 담체가 폐색되는 경우가 발생한다. 특히, 플러그흐름형의 반응조 유입 말단부 부근에서 이와 같은 폐색이 발생하기 쉽다. 폐색방지를 위해 처리수를 순환하거나, 유입수량을 증가시키거나, 반응조로 다단계 유입시킨다.

(3) 고액분리상의 특징

하수처리에서의 고액분리 조작에서는 침강입자의 응집성과 농도가 큰 효과를 지니며, 침강형태는 이러한 사항을 변수로 하여 분산침강, 계면침강 또는 압밀침강으로 분류된다. 생물막법 반응조 유출수 중의 고형물은 대부분이 생물막으로부터 탈리된 부착 생물이고, 그 농도는 표 4.27에 나타난 바와 같이 20~150mg/L로 활성슬러지법에 비하여 작다.

표 4.27 활성슬러지법과 생물막법의 이차침전지에서 요구되는 역할의 차이

구 분	활성슬러지법	생물막법
반응조 유출수의 SS농도(mg/L)	1,500~4,000	20~150
고액분리 공정 목적	고액분리와 오니 농축	고액분리
필요 체류시간	길다.	짧다.
반응조 유출수중의 플록 성상	큰 플록	미세 플록 및 탈리된 생물막

탈리된 슬러지는 응집성이 부족하기 때문에 이차침전지에서는 활성슬러지법의 경우와 같은 고액 계면이 형성되지 않고, 각각의 슬러지 입자가 단독으로 침강하는 분산침강의 형태가 된다. 이차침전지 내의 고형물농도는 수면으로부터 지의 저부를 향하여 완만하게 증가하며, 일반적으로 침전지 저부에 수 cm의 압축지역이 형성된다. 이차침전지에서 제거될 수 있는 SS입경은 통상의 침전 시간에서는 약 74μm 이상이며, 미세한 SS를 제거하기 위해서는 수면적 부하를 감소시키는 것만으로는 효과적인 대책이 될 수 없다. 처리수 SS농도를 효과적으로 감소시키고, 투명도를 개선하기 위해서는 스크린, 여과 등의 후처리가 필요하다.

4.12 살수여상법

4.12.1 개요

살수여상은 호기성 부착식 생물학적 처리법의 대표적인 공정의 하나로 자갈, 쇄석, 플라스틱 등의 담체로 채워진 철근콘크리트조 위에 회전분사기(살수기) 혹은 조안에 설치된 고정상 노즐로 하수를 균등하게 살수하여 담체층을 거치면서 하수 내의 오염물질을 제거하는 공정(그림 4.53)이다. 처리수는 살수여상의 종류에 따라 재순환되기도 한다. 살수여상의 정화작용은 담체에 부착된 미생물의 산화작용을 이용하는 것으로 여과작용에 의하여 처리가 되는 것은 아니다. 즉, 살수여상은 부유물과 콜로이드(colloid)성 입자를 응결, 흡착 등에 의하여 제거하고, 용존유기물 중 단당류, 유기산, 알코올 등 소분자 유기물은 살수여상을 통과하는 짧은 시간 동안에 제거한다. 살수여상법의 한 예를 그림 4.54에 표시하였다.

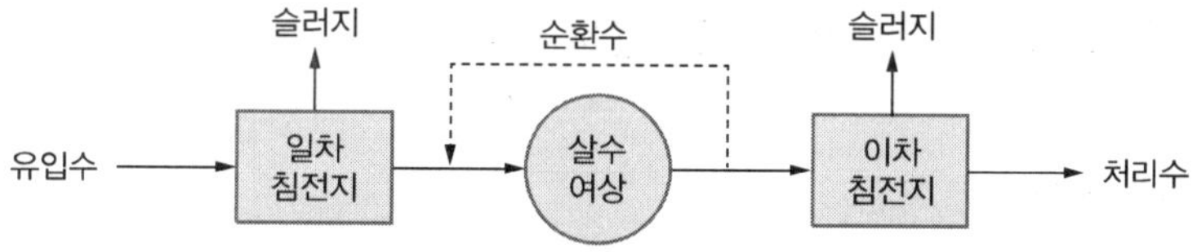

그림 4.53 살수여상법의 흐름도

그림 4.54 살수여상법의 설치 예

4.12.2 살수여상법의 장단점

일반적으로 활성슬러지공정에 대한 살수여상의 장점과 단점은 표 4.28과 같다.

표 4.28 살수여상법의 장단점

장 점	단 점
• 건설 및 유지관리비가 적다. • 유지관리가 용이하다. • 슬러지 발생량이 작다. • 부하변동 및 독성물질의 유입에 강하다. • 자연적인 통풍이 가능할 경우 에너지 절약효과가 있다.	• 처리효율이 낮다. • 소요부지 면적이 크다. • 처리공정의 손실수두가 크다. • 담체폐색현상이 일어날 수 있다. • 산소결핍, 냄새 문제 등이 발생하기 쉽다. • 발생슬러지는 쉽게 안정화되지 않는다.

4.12.3 살수여상의 분류, 특징 및 설계인자

(1) 살수여상의 분류 및 특징

살수여상은 수리학적 부하율과 유기물 부하율에 의하여 표 4.29와 같이 표준, 중간(intermediate), 고율, 초고율 및 약식(roughing) 살수여상으로 나눌 수 있다. 표준법은 통상 1단으로 운전되지만, 고율법은 1단 혹은 2단 여상법으로도 운전되고, 순환수는 연속적 혹은 간헐적으로 반송된다.

순환수에는 이차침전지 유출수와 여상 유출수가 사용된다. 그림 4.55의 흐름도에 고율법에서의 2단 여상방식을 나타내었다.

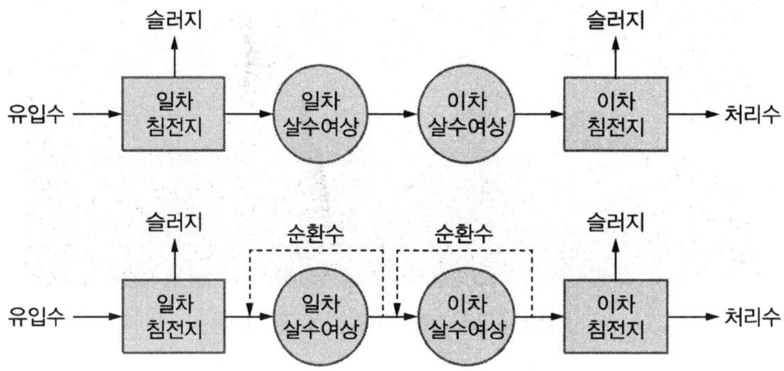

그림 4.55 2단 살수여상 처리 흐름도

표 4.29 살수여상법의 구분과 특성

구 분	표 준	중 간	고 율	초고율	약 식
수리학적부하율 (m^3/m^2/day)	1～3.7	3.7～9.4	9.4～37	14～86	57～171
유기물부하율 (gBOD/m^3/day)	80～240	240～480	480～2,400	48,00 이하	1,600 이상
BOD 제거효율(%)	80～85	50～70	40～80	65～85	40～85
깊이(m)	1.8～2.4	1.8～2.4	0.9～2.4	12 이하	0.9～1.6
질산화 정도	잘 됨	부분적	없음	제한적	없음
탈리	간헐적	간헐적	계속적	계속적	계속적
담체	쇄석	쇄석	쇄석	플라스틱	쇄석/플라스틱
반송	최소로 함	대부분	항상	대부분	없음
파리	많음	일정하지 않음	거의 없음	거의 없음	거의 없음

1) 표준살수여상

다른 살수여상법에 비하여 비교적 BOD제거율이 높고 암모니아성질소의 제거도 이루어진다. 담체는 주로 쇄석과 슬래그를 이용하며, 여상은 원형 또는 직사각형이다. 설계 시 악취 및 파리 등의 발생 가능성을 고려해야 한다.

2) 중간살수여상

고율살수여상과 비슷하며 여상은 원형 또는 사각형이고, 담체는 석재 또는 슬래그를 이용한다.

3) 고율살수여상

BOD제거율은 65~75%수준이나 단위체적당 BOD제거량은 크다. 반응조는 일반적으로 원형이 많이 이용되며, 주로 석재담체를 이용한다. 그리고 처리수를 재순환하며 그 비는 1~2가 일반적이다.

4) 초고율살수여상

플라스틱담체를 주로 이용하며 여상의 높이는 3~12m이다. 보조처리 또는 전처리 시설로 이용되기도 하며, 약식살수여상과 유사하다.

(2) 설계인자

살수여상의 분류에 따른 주요설계인자는 표 4.29와 같다.

4.12.4 담체

살수여상에 사용되는 담체는 다음과 같은 특징을 가지고 있다.

- 담체는 내구성이 있어야 하며 표면이 거칠고, 표면적이 넓은 것을 사용한다. 석영조면암, 안산암, 화강암 등의 쇄석을 사용하거나 또는 플라스틱류 등의 담체를 사용한다.
- 담체는 비표면적이 크고 내구성이 있으며 폐색이 발생하지 않아야 한다.
- 쇄석의 직경은 표준살수여상에서는 25~50mm 정도로 하고, 고율살수여상에 있어서는 50~60mm 정도로 한다. 살수여상의 밑바닥부분의 집수용 유공판으로부터 20~30cm의 높이에는 직경 100~150mm 정도의 쇄석을 설치한다.

표 4.30 각종 담체의 물리적 성질의 비교

담 체	공칭 크기(mm)	비중(kg/m^3)	건조비표면적(m^2/m^3)	공극률(%)
플라스틱시트	600 × 600 × 1,200 600 × 600 × 1,200	32～80 64～96	89～105 138～148	> 95 > 94
쇄석	25～95	1,440	62	50
자갈	50～100	1,600	46	60
플라스틱모형	–	32～64 48～80	82～115 138～164	> 95 > 94

플라스틱 담체　플라스틱 담체 시트　쇄석 담체　슬래그 담체

그림 4.56 살수여상법에 사용되는 담체의 예

- 사용되는 담체는 규정된 크기 이하의 작은 담체가 살수여상에 혼입되어서는 안 된다.
- 플라스틱담체의 충전방식은 균일충전, 불균일충전 담체로 나누어지며 다시 패킹형 담체와 플라스틱모듈로 분류될 수 있다.
- 지지제는 담체의 종류에 따라 달라지며 선정 시 세심한 주의가 필요하다.

4.12.5 BOD부하

BOD부하란 담체의 단위체적당 1일 BOD부하로 나타낸다. BOD부하는 살수부하에 비하여 처리효율에 더 큰 영향을 미친다. 일반적인 BOD부하율은 0.08～8.0kg/m^3/day이지만 여상종류에 따라 큰 차이가 있다. 유입수 BOD 400mg/L 이상인 경우 일반적으로 설계 시 유입수의 BOD농도를 설계기준으로 이용되기도 한다. 고농도의 하수가 유입되는 경우 재순환수에 의한 희석이 이용된다. 산소전달이 원활한 경우 일반적인 재순환율에서 허용되는 최대 BOD농도는 420mg/L이다. 높은 BOD는 미생물층을 두껍게 하고 결과적으로 더 많은 재순환을 필요로 하게 된다. 재순환율이 증가할수록 담체의 깊은 곳까지 유기물이 침투할 뿐만 아니라 담체로부터 고형물을 탈리하게 한다.

4.12.6 살수부하 및 살수강도

살수는 담체의 전면적에 균등하게 연속적으로 실시하며, 살수정지 과정이 있을 경우 되도록 정지기간을 짧게 한다. 유기물을 분해하는 수중미생물은 연속적인 먹이공급과 산소공급이 필요하므로 연속적인 살수가 유리하다. 살수부하(수리학적 부하)는 유기물 부하에 비하여 살수여상 운전에 직접적으로 큰 영향을 주지 못한다.

여상깊이의 증가에 따른 운영효율의 증가는 한계가 있으며 실질적인 처리효율의 증가는 살수부하율을 높여 담체를 골고루 젖어 있게 함으로써 가능하다. 살수여상에서 운영을 최적화하기 위해서는 미생물의 성장을 막고 계속적인 탈리가 일어나도록 여상에 적절히 사수해야 하며 이것은 살수강도, 살수부하에 의해 결정된다.

(1) 살수강도

$$SK = \frac{(1+R)q\,(10^3\,\text{mm/min})}{An\,(60\,\text{min/hr})} \tag{4.70}$$

여기서, SK[2] : 살수강도, mm/pass
R : 재순환율
q : 단위면적당 유입 유량, $m^3/m^2/hr$
A : 살수 아암의 수
n : 회전속도, rev/min

살수강도는 BOD부하량에 따라 달라지는데 BOD부하량 0.5kgBOD/m^3/day에서 SK는 10~30mm/pass지만 BOD부하량이 2.0kgBOD/m^3/day로 증가하면 SK도 40~120 mm/pass로 높게 운전하는 것이 바람직하다.

(2) 살수부하

살수부하란 단위면적당, 단위시간당 살수되는 대상하수량이며, 24시간 동안 그 여상면적에 살수되는 양이다. 살수여상의 효율에 영향을 미치는 살수부하는 하수의 분산, 깊이, 비표면적, 담체의 형태 등에 의존하는 접촉시간과 밀접한 관계가 있다. 플라스틱모듈의 최소 살수부하는 단위면적당 15L/m^2/hr이고 일반적으로 25L/m^2/hr이다. 따라서, 표면적이 80~100m^2 경우 최소 살수부하는 1.2~1.5m^3/hr, 일반적인 값은 2~2.5m^3/hr

2) 독일의 기준 spülkraft에서 따온 말로서 '세척력', '세척강도' 등을 의미한다.

이다. 재순환을 하는 경우의 살수부하는 다음 식 (4.71)과 같다.

$$I = \frac{(1+R)Q}{A} \tag{4.71}$$

여기서, I : 살수부하, $m^3/m^2/day$
A : 여상면적, m^2
R : 재순환율
Q : 계획하수량, m^3/day

4.12.7 살수 설비

살수기는 고정식 노즐과 회전식 살수기, 종방향이동식 살수기가 있으며 회전방식에는 수리적 회전방식과 전동기를 이용한 회전방식이 있다. 살수여상의 형상은 살수기의 종류에 따라 달라지는데, 일반적으로 수리학적 효율이 좋은 살수를 위해서 살수여상은 원형이나 다각형의 반응조가 적당하다.

(1) 회전살수기

살수기 아암의 모양은 유량에 따라 달라지며 내식성, 내구성이 좋고 청소가 용이해야 한다. 여상의 윗부분과 살수기 아암은 150~225mm 정도의 간격이 있어야 하며, 살수기를 통한 손실수두는 0.6~1.5m 정도가 적당하다. 표 4.31은 고율살수여상의 살수기 회전속도이다.

(2) 고정식 노즐

노즐의 폐색 등의 많은 문제점이 있었으나 점차 개선되어 줄어들고 있다.

표 4.31 고율살수여상에서 살수기의 회전속도

수리학적 부하율 ($m^3/m^2/day$)	살수기 아암의 수	
	4개일 때(rev/min)	2개일 때(rev/min)
15	1.0	2.0
20	2.0	3.0
25	2.0	4.0

4.12.8 여상의 밑바닥 및 주벽

(1) 여상의 밑바닥

여상의 밑바닥은 배수블럭, 담체 및 여상이 폐색되는 경우에도 수압에 안전하도록 설계한다. 여상 밑바닥의 기울기는 여재의 크기에 따라 0.5~5% 범위이며, 배수는 여상의 중심이나 혹은 원주위쪽으로 된다. 여상의 밑바닥은 집수를 위해서 철근콘크리트 혹은 토관블럭들이 놓이게 되는데, 흔히 단형블럭들이 사용된다. 그런데 이것은 블록 안에 형성되는 개거(open channel)를 통해서 집수된다. 이러한 집수개거의 단면은 집수소요단면의 2배 이상으로 하여 환기가 잘되도록 한다. 집수블럭의 단면은 그림 4.57과 같다.

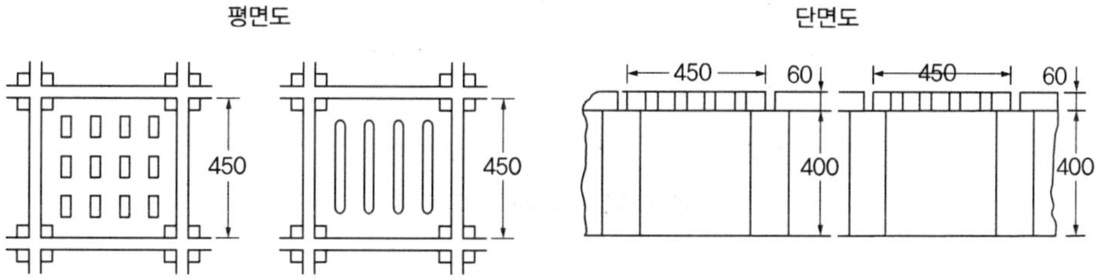

그림 4.57 집수블럭 단면도

(2) 여상의 주벽

여상의 벽은 약 20cm 내지 30cm의 두께를 갖는 철근콘크리트가 흔히 사용되고 있는데, 여재에 의한 압력이나 수압에 대하여 안전한 구조여야 한다. 여상벽의 높이는 여재의 환기와 온도에 영향을 준다. 또한 벽의 밑바닥에는 여러 개의 환기공을 두어 환기가 자유롭게 되도록 하며, 벽의 여유고는 바람에 의한 여상면의 영향을 고려하여 일반적으로 30cm 이상으로 한다. 겨울철에는 여상벽 이외에 방풍벽을 별도로 설치할 수 있다.

4.12.9 자동배수조

살수여상은 가능한 연속적으로 살수하는 것이 좋지만, 유입수량의 변동으로 균등히 살수하기에 필요한 수량과 수두를 확보할 수 없는 경우가 발생하기도 한다. 이러한 경우 자동배수조를 설치해 간헐적인 살수함으로써 필요한 수두와 수량을 확보할 수 있으며, 자동배수조(그림 4.58) 사용 시 고려사항은 다음과 같다.

- 자동배수조의 용량은 살수로부터 중지까지의 1회의 기간이 5~15분 이내가 되도록 한다.
- 자동배수조의 고수위와 저수위의 차는 40~75cm가 표준이며, 자동사이펀의 최소유출량은 최대유출량의 1/2 이하가 되지 않도록 한다.
- 자동사이펀의 최대유출량은 유입하수의 최대유량과 같도록 한다.

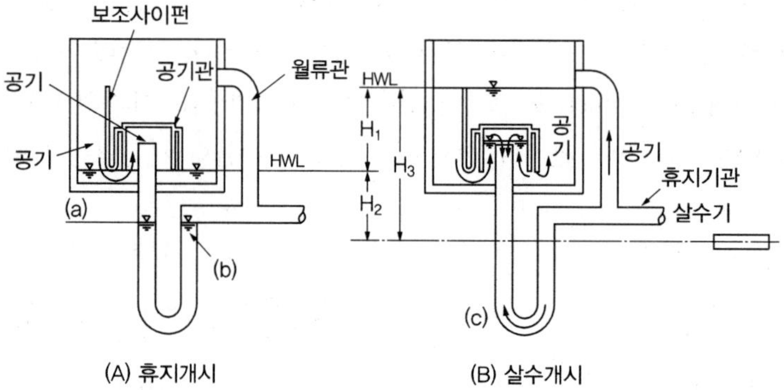

그림 4.58 자동배수조의 예

4.12.10 기타

(1) 재순환

처리수 일부를 순환시키는 것을 재순환이라 하며, 재순환방법에 따라 살수여상은 다양하게 조합가능하다. 재순환율의 범위는 0.5~4.0이며, 4 이상은 실질적으로 비경제적이다. 재순환은 유량 및 부하변동을 줄이고 미생물 접촉시간의 증가 등의 장점이 있다.

(2) 통풍

살수여상은 호기성 생물처리방법의 하나로, 통풍은 설계 시 매우 중요한 사항이다. 자연적인 통풍은 하수와 공기간의 온도, 습도의 차이, 대기와 살수여상 내 공기의 온도차이로 인하여 이루어진다.

(3) 온도

저온은 어떠한 생물학적 처리시설에도 악영향을 미치지만 살수여상의 경우 대기와 접측면적이 크므로 온도의 영향이 다른 생물학적 처리시설에 비하여 훨씬 크다고 할 수 있다. 온도가 저하함에 따라 미생물의 활성이 떨어지게 되고, 이에 따라 처리효율이 감소하게 된다.

4.13 회전원판법

4.13.1 개요

회전원판법은 살수여상법과 같이 생물막을 이용하여 하수를 처리하는 방식으로서, 원판의 일부가 수면에 잠기도록 원판을 설치하고, 이를 천천히 회전시키면서 원판 위에 자연적으로 서식하는 호기성 미생물(이하 "부착생물"이라 함)을 이용하여 하수를 처리하는 것이다. 원판의 약 40%가 하수에 잠긴 상태에서 회전함에 따라 생물막 위의 하수막에 용해되는 공기 중의 산소를 부착생물이 흡수하고, 하수 중의 유기물을 흡착하여 산화 및 동화작용을 통해 하수를 정화시킨다. 또한 원판의 회전으로 인해 부착생물과 회전판 사이에 전단력이 생겨 과잉의 부착생물은 자연적으로 떨어지게(탈리) 된다. 이러한 작용에 의해 회전판 표면이 부착생물로 완전히 폐색되는 것이 방지되며, 회전판에 일정한 두께의 부착생물이 유지된다. 이러한 처리방식의 구조는 얇은 원판을 수평축으로 고정시켜 이를 회전시키는 구동장치와 회전판을 하수에 접촉시키는 조로 구성되어 있다. 회전판 표면에 대한 모식도는 그림 4.59와 같다.

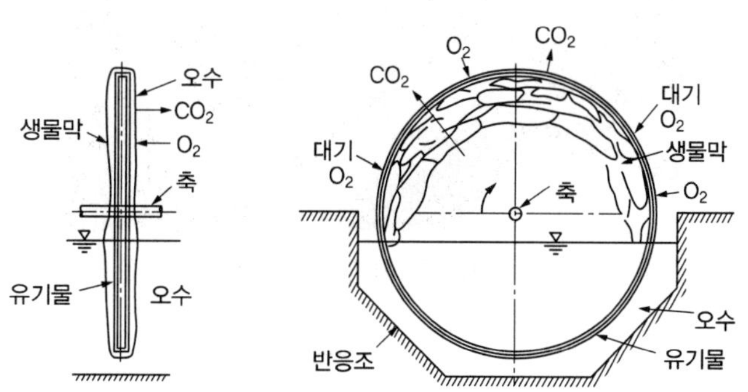

그림 4.59 회전원판 표면의 모식도

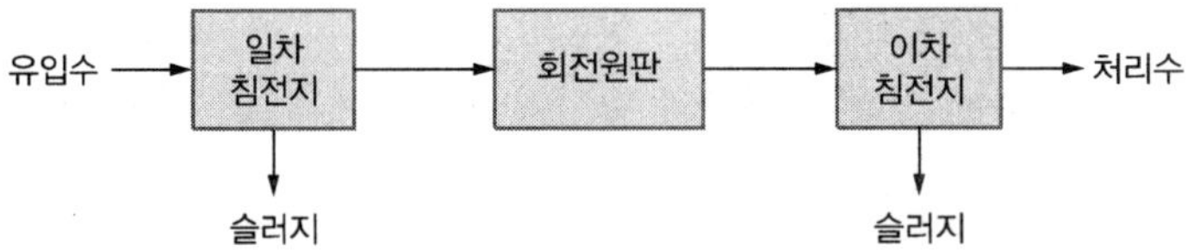

그림 4.60 회전원판법의 흐름도

4.13.2 특징

회전원판법은 다음과 같은 특징이 있다.

- 운전관리상 조작이 간단하다.
- 소비전력량은 소규모 처리시설에서는 표준활성슬러지법에 비하여 적다.
- 질산화가 용이하다.
- 단위 미생물당 유기물부하가 낮고, 긴 미생물체류시간을 유지할 수 있다.
- 벌킹으로 인한 슬러지 유출현상이 없다.
- 이차침전지에서 미세한 SS가 유출되기 쉽고, 처리수의 투명도가 나쁘다.
- 살수여상과 같이 여상에 파리는 발생하지 않는다.
- 슬러지반송이 필요 없다.

그림 4.61 회전원판법의 설치 예

4.13.3 설계 시 고려사항

회전원판공정의 설계 시 고려사항은 유기물부하 및 수리학적부하, 유입수의 특징, 폐수의 온도, 생물막의 조절, 용존산소의 농도, 회전원판공정의 구성요소의 선정 및 설치 등이다. 회전원판공정은 많은 장점에도 불구하고 안정한 처리수질을 확보하지 못하는데, 그 가장 큰 이유가 원판, 회전축에서 베어링에 이르는 회전원판공정의 각 구성요소들의 원활하지 못한 작동 때문이다.

(1) 유입수 특성

설계 시 하수의 특성과 그에 따른 생물학적 처리가능성을 고려해야 하며, 용존성 BOD뿐만 아니라 입자상의 BOD도 반드시 고려되어야 한다.

(2) 하수의 수온

처리효율은 상대적으로 온도에 큰 영향을 받는다. 13℃ 이하의 수온에서 유기물제거 효율은 민감하게 영향 받으며, 특히 성장속도가 느린 독립영양미생물인 질산화 미생물은 수온저하에 매우 민감하다.

(3) 용존산소의 농도

낮은 용존산소농도는 처리효율을 악화시키고 악취를 발생시키므로 2mg/L의 용존산소 농도가 유지되어야 한다. 질산화에 필요한 용존산소농도는 0.5~4.0mg/L이며, 일반적인 최소용존산소농도는 2mg/L이다.

(4) 생물막의 조절

유기물의 부하에 따라 다양한 두께와 색깔의 미생물막이 형성되는데, 원활한 운전을 위한 적절한 두께와 색깔의 미생물막이 유지되어야 한다. 회전속도의 증가, 역회전, 강제포기, 정류판설치, 단계식주입, 화학약품 등을 이용하여 미생물막의 두께를 조절할 수 있다.

4.13.4 회전원판 구성요소

(1) 원판

원판의 재질 및 형상 선정 시 재질은 내식성에 가볍고 자외선에 강해야 하며, 원판의 직경 및 두께는 조립, 운반, 원판재질의 강도 등을 고려하여 결정한다. 회전원판의 간경은 15mm 이상으로 한다.

(2) 회전축

회전축 선정 시 부하, 운전조건, 구조적 특징, 원판조립방법 등이 고려되어야 한다. 회전축의 두께는 13～25mm이고, 길이는 최대 8.2m로 제한되며, 부식방지를 위해 코팅 등의 처리를 해야 한다.

(3) 구동장치

기계식과 포기식으로 구분된 구동장치는 높은 습도에 견딜 수 있어야 하며, 회전속도 조절이 가능해야 한다. 회전속도는 교반효과, 산소공급능력 및 소비전력 등을 고려하여 원판의 원주속도가 0.3～0.6m/sec로 운전된다.

(4) 베어링 및 덮개

베어링은 부식에 강해야 하며 잘못된 선정은 회전축에 무리를 가할 수 있다. 그리고 처리효율의 향상과 안전성 유지를 위해 원판덮개를 설치하는 것이 좋다.

4.13.5 기수 및 처리단수

회전원판의 기수는 일반적으로 유량규모, 점검, 수리, 청소 등을 위해 가동중지와 단계적 시공에 맞추어 결정되지만 보통 2기 이상으로 하는 것이 좋다. 그리고 회전원판은 조 1기를 분할하여 직렬다단으로 되게 하며, 처리단수는 보통 3～4단으로 한다. 또한 회전원판은 운전변수가 적으므로 처리단수의 변경 또는 스텝(step)유입에 의해 운전방법을 변경시킬 수 있도록 하는 것이 좋다. 하수의 유입방향에는 축직각류, 축직각역류, 축평행류의 3종류가 있다(그림 4.62 참조).

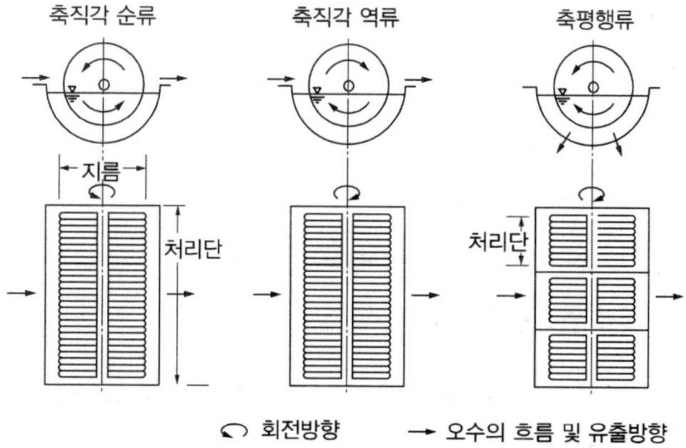

그림 4.62 하수의 유입방향과 원판의 회전방향

4.13.6 조의 형상 및 구조

(1) 형상

조의 단면에는 직사각형 및 반원형이 있다. 직사각형은 탈리된 슬러지가 퇴적하지 않도록 구석에 45도의 헌치를 설치하면 좋다. 회전원판과 주벽 그리고 저부와의 간격은 10~40cm 정도로 하는 것이 좋다. 또한 조에는 세정장치와 배수장치를 설치한다.

(2) 구조

구조는 수밀한 철근콘크리트 구조로 하며, 주벽의 끝은 지면 높이보다 15cm 이상 높게 하여 지표수가 조에 유입되는 것을 방지하도록 한다.

4.13.7 면적 및 조의 용량

(1) 면적

회전원판의 소요면적은 BOD면적부하(일반적으로 5~12g/m^2/day) 또는 유량부하(일반적으로 50~100L/m^2/day)에 따라 산출될 수 있다. BOD면적부하는 회전원판 단위면적당 1일BOD량으로 정의하고 식 (4.72)와 같다.

$$L_A = \frac{Q_S C_S}{A} \tag{4.72}$$

여기서, L_A : BOD면적부하, $g/m^2/day$

Q_S : 계획하수량, m^3/day

C_S : 조 유입수의 평균 BOD농도, mg/L

A : 유효원판면적, m^2

또한 회전원판 단위면적당 1일 공급되는 하수량을 유량부하(I)로 정의하면 회전원판 소요면적(A)은 식 (4.73)으로 구할 수도 있다.

$$A = \frac{Q_S}{I} \times 10^3 \tag{4.73}$$

여기서, I : 유량부하, $L/m^2/day$

(2) 용량

반응조의 용적을 결정할 때 액량면적비(G : 반응조의 실용적과 원판면적과의 비)는 중요한 인자이다. 일반적으로 회전원판의 액량면적비는 $5L/m^2$ 이상이 많다. 조의 소요 용적도 식 (4.74)에서 구할 수 있다.

$$T = \frac{24V}{Qs} = \frac{V}{AI} 24 \times 10^3 = \frac{24G}{I} \tag{4.74}$$

여기서, T : 체류시간, hr

G : 액량면적비, L/m^2

V : 조의 실용적(조의 용적에서 회전원판의 침적부 체적을 뺀 값), m^3

4.13.8 회전원판법의 침전지

지의 형상 및 지수, 구조는 4.2.2를 참조한다. 설계인자는 표 4.32에 나타내었다. 회전원판법은 주로 용해성유기물에 의해 진행되기 때문에 SS는 앞부분의 일차침전지에서 가능한 한 침전 제거시켜 수면적부하를 $25 \sim 50m^3/m^2/day$가 되도록 한다.

표 4.32 회전원판법의 침전지 설계인자

항 목	제 원	
	일차침전지	이차침전지
유효수심(m)	2.5~4.0	2.5~4.0
수면적부하(m^3/m^2/day)	25~50	20~30
월류부하(m^3/m/day)	250 이하	150 이하

4.14 접촉산화법

4.14.1 개요

접촉산화법은 포기조 내에 접촉담체를 충전하여 하수로 담체표면에 생성된 생물막과 순환접촉시키면서 하수 중의 유기물을 미생물의 분해작용을 이용하여 제거시키는 공정이다. 이러한 공정은 기존 활성슬러지공정의 단점인 반응조 내 미생물군을 안정하게 유지하기 힘들고 고액분리가 어려운 점을 보안하기 위하여 개발되었다.

충전제로는 쇄석, 코크스, 대나무 등은 물론 각종 합성수지제 담체들이 개발되어 사용되고 있다. 접촉재 표면의 과잉부착생물은 탈리되어 이차침전지에서 침전분리되지만, 활성슬러지법에서처럼 반송슬러지로서 이용되는 것이 아니라 잉여슬러지로서 인출된다. 담체에 부착된 미생물의 탈리와 담체의 쏠림현상 등을 방지하기 위하여 포기강도가 매우 중요하며, 부유성장하는 미생물의 역할도 무시할 수 없다. 그리고 접촉재의 고정유무에 따라 고정상식과 유동상식으로 구분된다.

4.14.2 특징

접촉산화법의 특징과 장단점을 표 4.33에 표시하였다.

표 4.33 접촉산화법의 장단점

장 점	단 점
• 유지관리가 용이하다. • 조 내 슬러지 보유량이 크고 생물상이 다양하다. • 분해속도가 낮은 기질제거에 효과적이다. • 부하, 수량변동에 대하여 완충능력이 있다. • 난분해성물질 및 유해물질에 대한 내성이 높다. • 수온의 변동에 강하다. • 슬러지 반송이 필요 없고, 슬러지발생량이 적다. • 소규모시설에 적합하다.	• 미생물량과 영향인자를 정상상태로 유지하기 위한 조작이 어렵다. • 반응조 내 담체를 균일하게 포기교반하는 조건설정이 어렵고 사수부가 발생할 우려가 있으며, 포기비용이 약간 높다. • 담체에 생성되는 생물량은 부하조건에 의하여 결정된다. • 고부하 시 담체의 폐색위험이 크기 때문에 부하 조건에 한계가 있다. • 초기 건설비가 높다.

4.14.3 설계 시 고려사항

(1) 접촉담체선정

접촉담체는 비표면적이 크고, 충분한 공극률을 갖고 있는 것으로 한다. 또한 재질은 내식성이 큰 슬러지의 축적에 의한 중량 증가 및 교반 수류에 의해서 변형 및 파손이 발생하지 않을 강도를 가진 것이어야 한다.

(2) 유입하수의 특성

고농도 하수의 유입 시에는 표면적이 크고, 반응용적도 줄일 수 있는 섬모상이 유리하다.

(3) 순환방식

하향류접촉방식과 상향류접촉방식으로 구분할 수 있는데, 전자는 하수가 접촉담체 내를 하향으로 순환하는 방식이고, 후자는 담체의 하부에서의 포기에 의하여 상향류를 일으켜 산소를 공급하는 방식이다. 상향류접촉방식은 탈리가 쉽고, 폐색현상이 적으며 처리효율이 좋다.

(4) 포기방식

포기방식은 선회류포기법과 전면포기 방식으로 나누어지는데, 전자는 후자에 비해 유속이 작고, 접촉담체가 충전될 경우에도 충분히 수류가 얻어지지 않기 때문에 접촉담체의 폐색이 일어나기 쉬우므로 정기적인 역세척이나 과잉의 공기송풍이 필요하다.

(5) 담체충전방식

접촉담체의 충전은 생물막의 부착이 용이하고, 안정하며, 생물막의 폐색을 방지하고 하수나 공기와의 접촉효율을 좋게 하여야 한다. 설치형식은 고정형과 유동상형이 있으며, 고정형에는 그림 4.63에서 볼 수 있듯이 일반적으로 ① 전면설치, ② 양측설치 및 ③ 편측설치의 3종류가 있다. ①의 전면설치형식의 경우에 있어서 공기량은 조 내의 오수를 균일하게 교반하고, 조 유출구에서의 용존산소를 2~3mg/L 정도로 유지하기 위해, 계획오수량의 8배 정도가 필요하다. 그러나 ② 및 ③의 경우는 선회류를 유지하기 위해 송기량을 더욱 늘려야 할 필요가 있다. 고부하운전을 계속하면 생물막이 비대화되어서 접촉재가 막히게 되는 경우가 있다. 이 경우에는 접촉재 바로 밑에 배치한 역세용 공기배관을 통하여 공기로 세척해냄으로써 비대화된 생물막을 탈리시킨다.

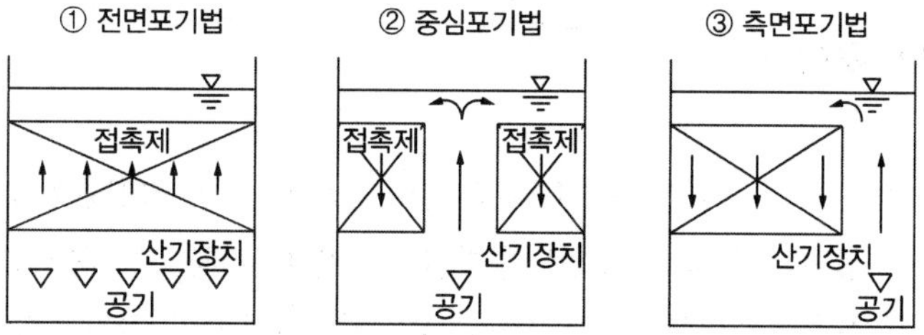

그림 4.63 접촉재의 설치방법

(6) 슬러지인발

접촉산화공정은 슬러지의 발생량이 적다는 이점이 있으나 조 내의 슬러지를 장기간 체류하지 않도록 주의하여야 한다. 하절기에는 인발횟수를 증가시키고 동절기에는 적게 한다.

(7) 기타

다량의 부유물질이 포함된 고농도하수 유입, 독성물질, 온도저하 및 부하변동 시 처리 효율이 저하될 수 있다.

4.14.4 설계인자

처리목적이나 유입수질에 따라 설계제원이 크게 다를 수 있으나 일반적인 설계인자는 표 4.34와 같다.

표 4.34 접촉산화법의 설계인자

BOD면적부하(g/m^2/day)	10~20	BOD용적부하(Kg/m^3/day)	0.25~0.5
유량면적부하(L/m^2/day)	100~200	충전율(%)	50
HRT(hr)	3~6	순환유속(m/min)	3~5

4.14.5 시설의 구성

접촉산화법의 시설구성을 그림 4.64에 나타내었다. 접촉산화법에 있어서 유입수량의 일간변동이 큰 경우는 유량조정조를 설치할 수 있다. 이차침전지에서의 고액분리가 불충분하게 되는 경우에는 경제성, 유지관리성 등을 검토하여 이차침전지 뒤에 여과시설을 설치할 수 있다.

여과의 방법으로는 급속여과지, 스크린, 스트레이너 등이 있다. 또한 조 내에서의 유입수의 단락방지를 하고, 각 실의 기능의 상호보완작용에 의한 처리성능의 향상을 위해 실수는 2실 이상으로 한다. 제1실과 제2실의 용량비는 3 : 2 정도가 바람직하다.

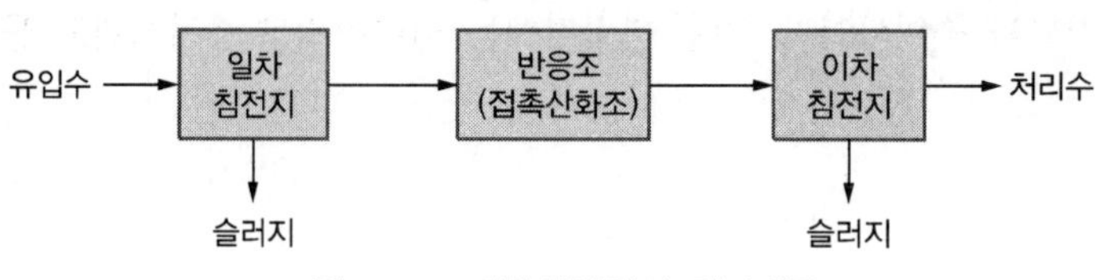

그림 4.64 접촉산화법의 처리계통

4.14.6 반응조의 형상 및 구조

(1) 형상

형상은 장방형 또는 정방형으로 하며, 하수가 조 내의 접촉재 전체에 균등히 접촉되어 양호한 수류상태를 보유하기 위해 조의 폭은 수심의 1~2배 정도로 하는 것이 좋다. 유효수심은 3~5m를 표준으로 한다.

(2) 구조

반응조는 철근콘크리트조로 제작하며, 충진된 접촉재에 오수가 균등히 접촉되어 단락류를 일으키지 않는 형상으로 한다. 또한 바닥부분에 흐름 방향으로 1~2% 정도의 구배를 주어 슬러지를 배제시키는 슬러지배출장치를 설치한다.

4.15 호기성여상법

4.15.1 개요

호기성여상법은 그림 4.65, 그림 4.66에 나타나 있는 것처럼, 3~5mm 정도의 접촉여재를 충진시킨 여상의 상부에 일차침전지 유출수를 유입시켜 여재를 통과하는 사이에 여재의 표면에 부착된 호기성미생물로 하여금 유기물의 분해와 SS의 포착을 동시에 행

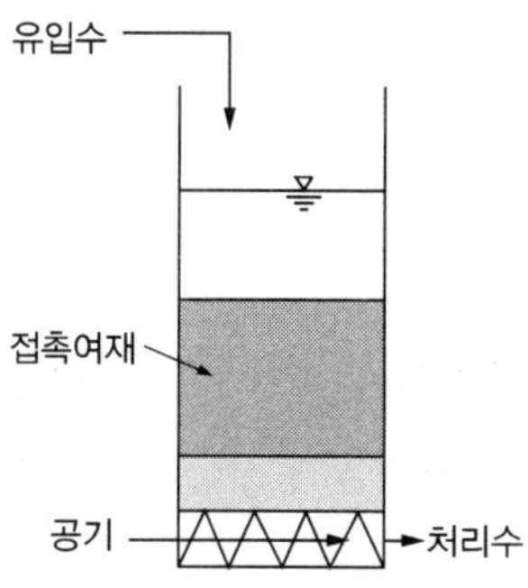

그림 4.65 호기성여상의 구조

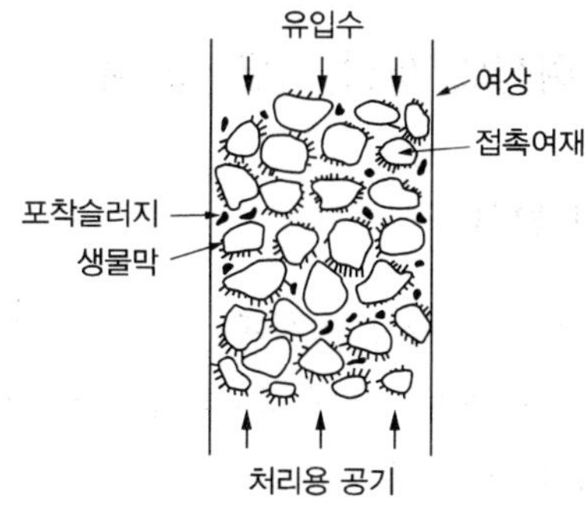

그림 4.66 호기성여상의 단면

하게 하는 처리방식으로 이차침전지는 설치하지 않는다. 미생물의 산화 및 동화작용에 필요한 산소의 공급은 여상하부의 산기장치로부터 이루어진다.

처리시간의 경과와 더불어 포착된 SS와 증식된 미생물에 의해 여상이 폐색되기 때문에, 여과기능을 회복하기 위해서 공기 또는 물을 이용하는 역세척공정이 필요하다.

4.15.2 특징

호기성여상법의 다음과 같은 특징을 가지고 있다.

- 호기성미생물의 흡착작용, 생물분해작용과 여재간을 유하하는 물리적 여과작업의 상승효과로 단시간에 양호한 처리수를 얻을 수 있다.
- 반송슬러지가 필요하지 않고 주된 운전조작사항이 공기량의 조정과 역세척이므로 비교적 용이한 처리방식이다.
- 호기성여상법은 연속회분식활성슬러지법, 장기포기법 및 산화구법 등에 비하여 반응시간이 짧고, 이차침전지를 생략할 수 있기 때문에 소요부지면적이 적다.

4.15.3 시설의 구성

호기성여상법의 시설은 일차침전지 및 호기성여상조와 송풍기, 역세수를 저류하는 처리수조, 역세배수를 저류하는 역세배수조 등으로 구성된다. 일간의 유량변동이 현저한 경우에는 역세배수조에 오수량의 조정기능을 추가시킬 수 있다.

4.15.4 여상의 형상, 구조 및 수

(1) 여상의 형상

유입오수가 여상 전체에 균일한 여과속도로 통수되기 위해서 평면형상을 정방형 및 장방형으로 한다. 여상 내부는 단락류 및 슬러지의 퇴적을 방지하기 위해서 균일한 단면형상이어야 한다.

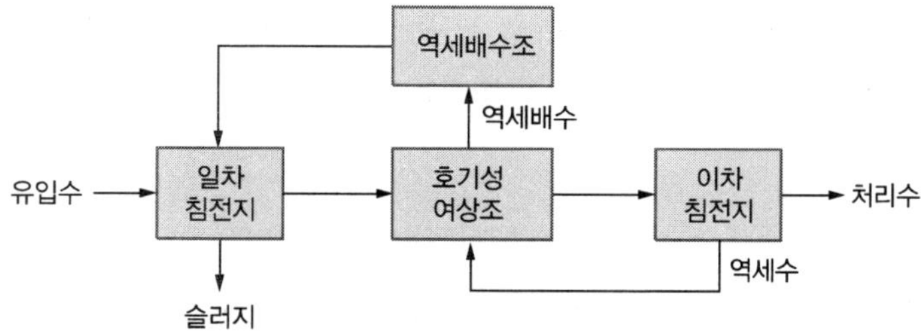

그림 4.67 호기성 여상법의 처리계통

(2) 여상의 구조 및 수

여상조는 다른 처리시설과 마찬가지로 수밀한 철근콘크리트조로 제작한다. 다만, 조의 용량이 매우 작게 되는 경우는 철제조로 제작할 수도 있다. 조의 최상단 높이는 역세척 시 상승하는 수위 및 역세배수 유출트러프의 부착위치 등을 고려하여 결정한다. 그리고 청소, 보수, 역세척 등 통수가 불가능한 경우를 고려하여 2기 이상 설치한다.

4.15.5 설계인자

호기성여상조의 설계 시 다음과 사항을 참고로 한다.

- 일차침전지의 수면적부하는 역세배수에 의한 부하를 고려하여 계획1일최대오수량에 대하여 $30m^3/m^2/day$, 계획시간최대오수량에 대하여 $50m^3/m^2/day$ 이하로 한다.
- 여과속도는 계획오수량에 대하여 25m/day 이하로 한다.
- BOD 용적부하는 계획오수량에 대하여 $2kg/m^3/day$ 이하로 한다.

4.15.6 산기장치 및 송풍량

(1) 산기장치

산기장치로부터 공급되는 공기는 여재 간에 보유되지 않고, 미세한 공기로 공급되어도 모여서 큰 기포로 형성되기 쉬우므로 산기장치는 다공관으로 충분하다. 그러나 공급된 공기가 여층 전체에 균일하게 분산되지 않으면 단락을 야기하여 공기가 공급되지 않은 부분이 혐기성으로 되어 수질이 악화되는 경우가 발생한다. 이를 극복하기 위해 여층

내에 복수의 산기장치를 설치하여 여상 전체에 공기가 공급될 수 있도록 배려해야 한다. 또한 다공관에 여재가 끼지 않도록 구멍지름을 정한다.

(2) 송풍량

호기성여상법에서의 필요산소공급량은 반응시간이 짧기 때문에 대부분이 유입 BOD의 산화에 따라 결정된다. 때문에 유입 BOD 1kg당의 필요산소량은 저부하형 처리방식에 비하여 낮은 0.9~1.4kgO_2이다.

4.15.7 여재 및 여층의 높이

여재의 표면에 형성된 생물막은 오수의 처리역할을 담당하기 때문에 여재로서는 그 표면에 미생물 부착이 용이한 것이 좋다. 또한 역세척을 행하므로 파쇄되거나 하수에 의해 침식되지 않는 내구성이 필요하다. 여재의 입경은 작을수록 오수의 처리효율이 좋지만 반대로 여재사이, 특히 표층부에서는 탈리된 슬러지가 퇴적되기 쉬우므로 역세척 빈도가 많아지게 된다. 또한 입경이 클수록 생물의 부착량이 부족하게 되므로 SS의 포착이 불충분하여 처리수질의 악화를 초래하게 된다. 이러한 이유로 경험적인 최적 입경은 3~5mm이다. 여층의 높이는 여재의 입경이 3~5mm인 경우 2m 정도로 한다.

4.15.8 역세척공정

역세척공정은 여과시간이 경과함에 따라 포착된 SS와 여재 사이에 증식된 생물에 의하여 여상이 폐색되기 때문에 여과기능을 회복하기 위하여 강제적으로 여재를 세정하는 것이며, 공기세정, 공기 및 물의 동시세정, 물세정의 세 가지가 있다. 역세척은 유입유량이 적은 시간대에 표 4.35와 같이 1일 1회 정도하고, 역세배수는 역세배수조에 일시 저류하여 처리기능에 지장이 없는 시간대에 일차침전지의 유입부에 반송한다.

표 4.35 호기성여상법의 역세정 방식

세정방식	세정속도	세정시간
공기세정	공기 50~60$m^3/m^2/hr$	2~4분
공기 + 물 동시세정	공기 50~60$m^3/m^2/hr$, 물 30~40$m^3/m^2/hr$	1~2분
물 세정	물 50~60$m^3/m^2/hr$	3~5분

4.16 고도처리

4.16.1 개요

고도처리는 통상의 유기물제거를 주목적으로 하는 이차처리에서 얻어지는 처리수질 이상의 수질을 얻기 위하여 행해지는 처리이다. 전에는 삼차처리라는 용어가 사용되었는데 이는 활성슬러지법 등에 의한 이차처리를 행한 후 부가적으로 수행되는 처리를 의미하였지만, 요즘은 기술 개발에 의하여 단독 공정으로도 이차처리 이상의 수질을 얻을 수 있는 처리기술들이 많이 등장하였기 때문에 삼차처리라는 용어 대신에 고도처리라는 용어를 사용하게 되었다. 고도처리를 도입하는 이유는 다음과 같다.

(1) 방류수역의 수질환경기준의 달성

도시하천과 같이 고유유량이 적고 하수처리수로서 수량의 대부분이 점유되는 경우와 폐쇄성수역 및 수질의 총량규제가 이루어지는 경우에는 방류수역의 수질환경기준을 달성하기 위하여 BOD, COD, SS, 질소, 인 등을 대상으로 하는 고도처리가 필요하다.

(2) 폐쇄성 수역의 부영양화 방지

만의 안쪽 및 호소 등과 같은 폐쇄성 수역에서는 적조 또는 녹조(water bloom) 등의 발생으로 물이용 시 피해를 방지하기 위해서 그 원인이 되는 질소, 인의 유입부하량을 줄여야 할 필요가 있다. 이와 같은 폐쇄성 수역에 처리수를 방류하는 경우에는 질소, 인을 대상으로 하는 고도처리가 필요하게 된다.

(3) 방류수역의 이용도 향상

방류수역의 다양한 물이용 형태에 따라 고도의 방류수질이 요구되는 경우가 있다. 고도처리의 제거대상물질은 부유물, 유기물, 영양염류 등이 있으며, 각각의 제거대상물질에 대하여 다양한 처리방식이 존재한다.

(4) 처리수의 재이용

하수처리수의 재이용에는 하수처리시설을 운전하는데 필요한 재이용수와 조경용수 등 하수처리시설 이외에 다목적으로 필요한 재이용수로 구분되며, 그 이용목적에 따라 처리대상물질이 다르게 된다. 따라서 각 용도에 맞는 고도처리를 행하는 것이 필요하다. 고도처리시설 설치 시 다음 사항에 대해서 검토하여야 한다.

① 기존하수처리시설에 고도처리시설을 설치하고자 할 때에는 기본설계 과정에서 처리장의 운영실태에 대한 정밀분석을 실시한 후 이를 근거로 사업추진방향 및 범위 등을 설계에 반영하고, 그 결과가 수록된 설계보고서를 설계자문 요청 시 제시하여야 한다.

② 기존하수처리시설의 고도처리시설 설치사업은 운전개선방식에 의한 추진방안을 우선적으로 검토하되, 방류수수질기준 준수가 곤란한 경우 시설개량방식으로 추진하여야 한다.

③ 기존하수처리시설에 고도처리시설을 설치할 경우에는 하수처리시설의 부지여건을 충분히 고려하여 고도처리시설 설치계획을 수립하여야 한다.

④ 기존하수처리시설에 고도처리시설을 설치할 경우에는 기존 시설물 및 처리공정을 최대한 활용하여 중복투자가 발생되지 않도록 하여야 한다.

⑤ 표준활성슬러지법이 설치된 기존처리장에 고도처리시설을 도입할 경우에는 개선대상 오염물질별 처리특성을 감안하여 효율적인 설계가 되도록 하여야 한다.

⑥ 신설하수처리시설에 고도처리시설을 설치할 경우의 검토사항도 기존하수처리시설에 고도처리시설을 설치할 때의 검토사항을 동일하게 적용한다.

4.16.2 처리방식의 선정

고도처리의 처리방식은 처리대상에 따라서 일반적으로 아래와 같은 공법들 중에서 선정하게 되지만, 아래에 제시된 공법들 이외에도 현재 여러 신기술들이 국내외에서 연구개발되고 있다. 따라서 처리장의 방류수역 조건, 경제성, 유지관리의 용이성 등 제반조건을 고려하여 적절한 공법을 선정해야 한다.

(1) 잔류 SS 및 잔류 용존유기물 제거공정

잔류 SS 및 잔류 용존유기물 제거공정으로는 표 4.36과 같은 방법들이 있다.

표 4.36 잔류 SS 및 잔류 용존유기물 제거 방법

구 분	공 법	구 분	공 법
잔류 SS 제거	급속여과법	잔류 용존유기물 제거	막분리법
	기계식 표면여과기		활성탄흡착법
	막분리법		오존산화법
	응집침전법		

(2) 질소제거공정

1) 물리 · 화학적 질소제거공정

질소제거에 사용되는 물리 · 화학적 공정으로는 암모니아 탈기법, 파과점염소주입법 및 선택적 이온교환법 등이 있다.

2) 생물학적 질소제거공정

질산화와 탈질과정을 거쳐 처리하는 생물학적 처리공정은 탈질수소공여체에 의한 방법과 기타로 구분될 수 있다. 탈질수소공여체에 의한 방법으로는 순환식질산화탈질법, 질산화내생탈질법, 외부탄소원탈질법 등이 있다.

그 외의 공정으로는 단계혐기호기법, 연속회분식활성슬러지법, 간헐포기법, 산화구법, 탈질생물막법 등이 있다.

(3) 인 제거공정

인 제거공정으로는 화학적공정과 생물학적공정이 있으며 표 4.37과 같이 나타낼 수 있다.

표 4.37 인 제거공정

구 분		공 법
화학적 공정		응집침전법
		응집제첨가활성슬러지법
		정석탈인법
생물학적 공정	mainstream 공정	혐기호기활성슬러지법
	sidestream 공정	반송슬러지탈인화학침전법

(4) 질소 · 인 동시제거공정

질소와 인의 동시제거는 물리화학적 및 생물학적으로 가능하며 일반적으로 물리 · 화학적공정에 의한 난분해성유기물, 색도 등을 제거할 때 질소와 인이 일부 제거되기도 한다. 생물학적 질소 · 인 동시제거공정을 표 4.38에 나타내었다.

표 4.38 생물학적 질소 · 인 동시제거공정

구 분		공 법
생물학적 공정	mainstream 공정	혐기무산소호기활성슬러지법
		응집제 병용 순환식질산화탈질법
		응집제 병용 질산화내생탈질법
	sidestream 공정	반송슬러지탈질탈인화학침전법

4.17 잔류 SS 및 잔류 용존유기물 제거

4.17.1 급속여과법

(1) 개요

급속여과법은 안정된 처리성능을 얻을 수 있고, 운전도 용이하며, 2차 처리수질의 향상을 기대할 수 있는 고도처리의 기본공정이다. 급속여과법은 모래, 모래와 안트라사이트, 섬유사, 폴리에틸렌 등의 여재로 이루어진 여층에 비교적 높은 속도로 유입수를 통과시켜 부유물을 제거하는 방법이다.

활성슬러지법 등에 의한 하수의 2차 처리수에는 통상 5～20mg/L 정도의 미생물플록을 주체로 한 SS가 포함되어 있다. 이 SS를 제거하면 더욱 청정한 처리수를 얻을 수 있다. 또한 질소, 인 제거를 목적으로 한 처리공정의 처리수 중에 포함된 SS를 제거함으로써 보다 안정된 질소, 인 제거를 기대할 수 있다. 더욱이 처리수의 재이용에 있어서 SS의 제거로 탁도가 감소되어 처리수의 미관이 향상되며, 소독 전에 부유물을 제거함으로써 소독의 효과가 증가한다.

표 4.39 급속여과의 분류

분류		여 과 층		여과방향	역세척	특징
		여재종류	여재			
일반	반연속	단일여재	모래	하향	회분식	폐색이 빠름
	반연속	2여재	모래와 안트라사이트	하향	회분식	여과지속시간이 길어짐
	반연속	여러 여재	모래, 안트라사이트, 석류석	하향	회분식	여과지속시간이 길어짐
심층	반연속	단일여재	모래	하향	회분식	탁질 억류량이 많고 여과지속시간이 길어짐
	반연속	단일여재	모래	상향	회분식	탁질 억류량이 많고 여과지속시간이 길어짐
	연속	단일여재	모래	상향	연속	모래층이 물과 반대방향으로 이동함

급속여과지의 형식은 주로 3가지의 요인에 의해 다음과 같이 분류할 수 있다.

① 여과압의 확보방법에 따라서 – 중력식 및 압력식
② 여과 방향에 따라서 – 하향류, 상향류
③ 여층의 움직임에 따라서 – 고정상 및 이동상

처리장 내 재이용을 위한 여과에는 압력식 여과가 많이 사용되며, 고도처리 및 다목적 재이용을 위한 여과에는 고정상 및 이동상을 포함한 중력식 하향류 또는 상향류 여과가 많이 사용된다.

(2) 설계수량 및 역세척

여과지 설계 수량은 표 4.40과 같다. 여과속도는 2차 처리수와 여과수의 수질, 여재의 SS의 포획능력 및 여과지속시간이 다르므로 유지관리 및 경제성을 고려하여 여과속도를 정한다. 여과지 유입수의 SS농도를 알기 어려울 때는 약 20mg/L로 가정하기도 한다.

모래여과기인 경우 여과속도는 일반적으로 300m/day 이하를 사용하나 폴리에틸렌,

표 4.40 설계수량

시 설	계획여과량	적 용
급속여과지	계획일최대여과수량	시설규모, 세척용 펌프, 송풍기
처리시설 연결관거	계획시간최대여과수량	원수양수 펌프

섬유사인 경우 역세척 수의 발생량을 적도록 개발하여 여과지속시간을 짧게 하는 대신 여과속도를 약 500m/day까지 사용하기도 한다.

여과를 시작한 후 역세척 하기 전까지 여층에 포착된 SS를 SS포착량이라고 한다. SS 포착량은 하향류 여과에서 2∼5kgSS/m^2 정도이며, 상향류에서는 사용여재가 더 굵고 여층길이가 길기 때문에 이보다 값이 커진다. 여과지 폐색이 증가하여 여과수두가 커지면 여과능력의 재생을 위하여 여층을 역세척한다. 역세척은 여층의 하부에서 역세척수를 주입하여 여층의 상부에서 배수하는 방법이 일반적이다. 역세척의 방법으로는 여재 및 그 방법에 따라 조금씩 차이는 있으나 역세척수(여과수 또는 2차 처리수)만으로 역세척하는 방법과 역세척수와 공기세척을 병용하는 방법으로 대별할 수 있다.

급속모래여과에서는 역세척을 촉진하기 위해 하향류식 여과에서는 표면세척과 공기세척을 함께 하고, 상향류식 여과에서는 여층의 하부에서 역세척수와 공기를 동시에 주입하여 세척한다.

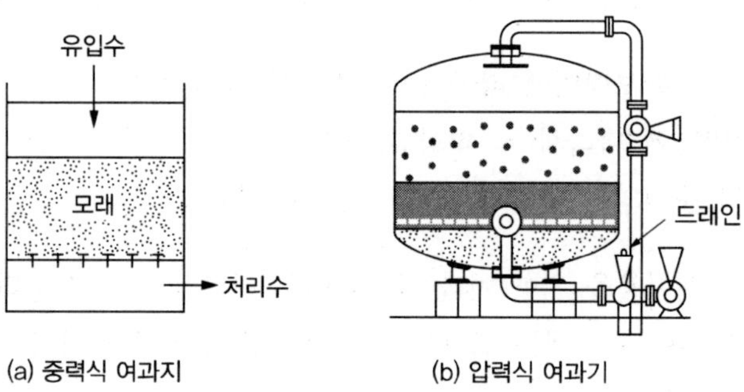

그림 4.68 여과장치의 예

4.17.2 기계식 표면여과

(1) 개요

표면여과(surface filtration)는 물을 얇은 여과필터에 통과시킴으로써 물속의 입자상 물질을 걸러내는 것으로서, 체거름(sieve) 작용이 주요 메커니즘이다. 여과필터로 사용되는 것으로는 섬유, 직물, 인조섬유 등이 있다. 여과막(membrane)도 표면여과의 한 종류라 할 수 있는데, 여재의 공극 크기가 다르다. 표면여과기 필터의 공극은 보통 10∼30 μm 정도이며 여과막은 보통 0.0001∼1.0μm 정도이다. 표면여과기에는 디스크필터(discfilter, DF), 섬유여재 디스크필터(cloth-media discfilter, CMDF) 등이 있다.

(2) 디스크필터

디스크필터는 두 개의 평형한 필터 디스크와, 디스크 사이 공간이 한 세트로 이루어져 있다. 그리고 이러한 디스크필터 여러 개가 모여 한 모듈을 형성한다. 유입수는 디스크와 디스트 사이의 공간으로 유입되고, 디스크필터를 통과하여 디스크 면에 수직으로 유출된다. 여재 표면은 약 60~70%가 물에 잠긴 상태로 운전되며, 손실수두에 따라 다르기는 하지만 1~8.5rpm으로 회전한다. 디스크필터는 간헐적 혹은 연속 역세척이 가능한 구조로 되어있다.

연속 역세척 방식은 회전에 의해 디스크필터가 공중에 노출될 때, 노출된 필터에 고압세척수를 분사함으로써 세척이 이루어진다. 필터에 붙어있던 부유물과 찌꺼기들은 고압세척수에 의해 분리되어 역세척수 트라프(trough)에 모여 밖으로 배출된다. 세척된 디스크는 회전에 의해 다시 물속으로 들어가고 여과를 계속하게 된다.

간헐적으로 역세척하는 방식은 여과의 수두손실이 정해진 수준에 도달하면 고압세척수가 분사되는 형식이다.

(3) 섬유여재 디스크필터

섬유여재 디스크필터는 수조 안에 수직으로 세워진 여러 장의 섬유여재 필터로 이루어져 있다. 유입수는 수조 안으로 들어온 후 섬유여재 필터를 통과하여 디스크필터 안으로 들어가면서 여과되고, 여과수는 디스크필터 중앙에 있는 파이프로 모여 유출된다. 디스크는 완전히 물에 잠겨서 운전된다. 부유물질이 섬유여재 표면과 내부에 축적됨에 따라 여과저항이 증가하게 되고, 미리 정해진 수준에 도달하면 역세척을 실시한다.

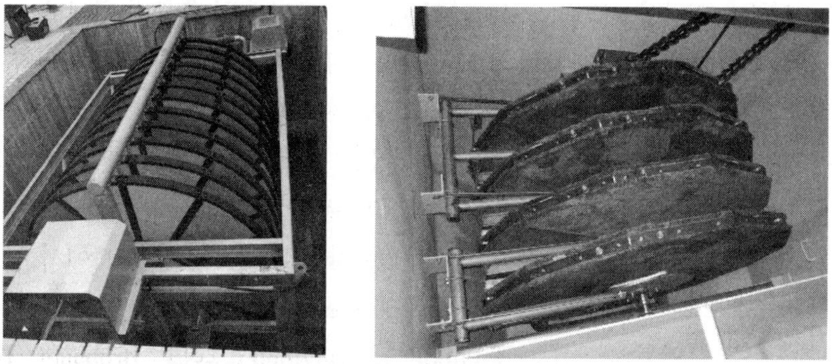

(a) 디스크필터 (b) 섬유여재 디스크필터

그림 4.69 표면여과기의 종류

역세척은 다음과 같다. 디스크필터가 1rpm 정도로 회전하며, 디스크필터 표면을 향해 양쪽으로 설치된 진공흡입헤드를 통해 여과의 반대방향으로 물을 빨아들인다. 이 때 필터 표면과 내부에 쌓인 부유물질이 함께 헤드 안으로 빨려 들어가며 제거된다. 한편, 흡입세척만으로 불충분할 때는 고압분사세척을 병행하는 방법도 있다.

4.17.3 활성탄 흡착법

(1) 개요

활성탄(activated carbon)은 다양한 종류의 유기화합물을 흡착하므로 정수처리, 하수의 고도처리 그리고 유기산업폐수의 처리에 광범위하게 사용되고 있다. 하수의 활성탄 처리는 일반적으로 정상적인 생물학적 처리를 거친 물의 최종처리 공정으로 이용되고 있으며, 이때 활성탄은 잔류용존유기물의 제거에 사용된다. 흡착이란 흡착제(adsorbent)를 사용하여 용액으로부터 오염물을 제거하는 것으로서 흡착장치는 회분식(batch), 컬럼식(고정상과 역류이동) 또는 유동층 흡착조 등이 있으며, 하수처리에서 사용되는 활성탄은 과립 형태의 입상활성탄을 일반적으로 사용하고 있다.

(2) 흡착

1) 원리

흡착은 통상 물리적 흡착과 화학적 흡착으로 분류되는데, 물리적 흡착은 주로 van der Waals힘에 의하여 가역적으로 발생한다. 즉, 용질과 흡착제 사이에서 분자의 인력이 용질과 용매사이의 인력 보다 클 때 용질은 흡착제표면에 달라붙게 된다. 활성탄에 의한 흡착은 이와 같은 물리적 흡착의 대표적인 예이다. 화학적 흡착은 화학반응이 흡착제와 흡착된 용질 사이에서 발생하며, 그 반응은 보통 비가역적으로 하수처리의 경우에는 매우 미약하므로 고려하지 않는다. 흡착제에 흡착될 수 있는 흡착질의 양은 흡착질의 농도와 온도의 함수이다. 일반적으로 흡착되는 물질의 양은 일정 온도에서 농도의 함수로 나타내는데 이를 흡착등온선(adsorption isotherm)이라 한다. 실험 등온선 자료를 나타내는데 자주 쓰이는 식으로는 Freundlich, Langmuir 그리고 Brunauer, Emmet 및 Teller (BET 등온선) 등의 식이 있다. 활성탄을 이용한 하수처리에서는 Freundlich와 Langmuir의 식이 주로 사용된다.

① Freundlich 등온흡착식

실험식으로서 식 (4.75)와 같다.

$$q_e = \frac{x}{m} = K_F C_e^{\frac{1}{n}} \tag{4.75}$$

여기서, x : 흡착된 용질의 양, mg

m : 흡착제(활성탄)의 양, g

q_e : 흡착제단위 질량당 흡착된 용질의 질량, mg/g

C_e : 용질의 평형농도, mg/L

K_F , $\frac{1}{n}$: 상수

위의 식은 log그래프상에서 x/m을 y측에, C_e를 x축에 놓았을 때 직선으로 나타남을 알 수 있다. 이 직선의 기울기(1/n)로부터 n값을 구할 수 있고, K_F 값은 절편으로부터 구한다.

② Langmuir 등온흡착식

이론적으로 유도한 것으로 식 (4.76)과 같다.

$$q_e = \frac{x}{m} = \frac{Q^o bC_e}{1 + bC_e} \tag{4.76}$$

여기서, x : 흡착된 용질의 양, mg

m : 흡착제(활성탄)의 양, g

q_e : 흡착제 단위 질량당 흡착된 용질의 질량, mg/g

C_e : 용질의 평형농도, mg/L

Q^o, b : 상수

2) 영향인자

활성탄은 원료 및 활성화방법에 따라 그 흡착능력이 다르다. 활성탄과 액체간의 흡착에 영향을 미치는 요소들을 열거하면 용질에 대한 활성탄의 인력, 용매에 대한 활성탄의 인력, 용질에 대한 용매의 용해능력, 분자의 회합(association), 이온화, 두 물질간의 경계면에서 정위(orientation)에 대한 용매의 영향, 여러 종류의 용질이 존재하는 경우 흡착면에 대한 상호경쟁, 공흡착(co-adsorption), 분자의 크기, 활성탄의 공극크기 분포, 활성탄의 표면적, 용질의 농도 등이다.

예제 4.16 활성탄 흡착

TOC의 활성탄 등온흡착실험결과 Freundich식이 잘 맞았다. 만일 TOC농도 5mg/L인 2,000m^3/day의 처리수를 활성탄흡착으로 1mg/L로 낮추어 재이용하고자 하는 경우 활성탄 소모량(kg/day)을 구하라. 단, 흡착평형계수 $K_F = 74.64$, $1/n = 0.186$, q_e 및 C_e의 단위는 각각 mg/g, mg/L이며, 접촉시간은 무한대로 간주한다.

풀이

$$C_e = 1\,mg/L$$

$$q_e = K_F\,C_e^{\frac{1}{n}} = 74.64(1)^{0.186} = 74.64\,mg/g$$

$$\text{제거되어야 할 TOC의 양} = (2{,}000\,m^3/day)(5-1)(mg/L) = 8{,}000\,g/day$$

$$q_e = \frac{x}{m}\ \text{이므로}\ 74.64\,mg/g = \frac{8{,}000\,g/day}{m}$$

$$\therefore\ m = \frac{8{,}000}{74.64} = 107\,kg/day$$

(3) 유입수 및 활성탄 특성

1) 유입수의 특성

유입수는 가능한 한 균등한 수질과 유량을 유지해야 한다. 그리고 처리효율에 악영향을 줄 수 있는 부유물질, BOD, 계면활성제, 용존산소 등을 고려해야 한다.

2) 활성탄의 특성

활성탄 흡착은 활성탄의 원료와 활성화과정에 따라 크게 달라진다. 활성탄은 분말활성탄과 입상활성탄으로 분류되며, 일반적으로 낮은 pH에서 저분자물질, 불포화유기물에 대해 흡착능이 우수하다.

(4) 흡착탑설계

활성탄 흡착탑은 유입양식, 유체의 흐름, 활성탄의 상태 등에 따라 구분된다. 유입수의 가압여부에 따라 가압식과 중력식, 유입수의 유입위치에 따라 상향식과 하향식, 활성탄의 상태에 따라 고정상과 유동상으로 나누어진다. 그리고 활성탄의 크기는 접촉시간, 수리학적 부하율, 활성탄층의 깊이, 흡착탑의 수에 따라 결정된다.

1) 접촉시간

접촉시간은 활성탄에 의해서 점유된 부피를 기준으로 계산된다. 고도처리의 경우 유출수의 목표COD가 10～20mg/L이면 15～20분의 접촉기간을 주고, 5～15mg/L이면 30～35분의 접촉시간을 준다.

2) 수리학적 부하율

상의 단면 $1m^2$에 대하여 상향식인 경우 2.5～6.8L/sec, 하향식인 경우에는 2.0～3.3 L/sec의 수리학적 부하가 적용된다. 실제 운영 시 압력은 상의 깊이 0.3m당 $0.07kg/cm^2$ 이상이 되는 경우가 드물다.

3) 활성탄층의 깊이

상의 깊이는 주로 접촉시간에 따라 많이 변하는데 3～12m 정도이며, 최소 깊이는 3m 이하가 되어서는 안 된다. 활성탄층의 깊이는 4.5～6m가 보통이며, 역세척 시나 유동상의 경우 10～50%의 팽창을 고려하여 여유고를 두어야 한다.

4) 흡착탑의 수

최소한 2개의 흡착탑을 병렬로 배치해야 한다. 이렇게 해야만 1개의 흡착탑을 재생시키거나 새로운 활성탄으로 교환할 때 나머지 1개로 하수처리를 계속할 수 있게 된다.

(5) 흡착탑 운영방법

활성탄흡착탑에는 운영방법에 따라 여러 가지로 분류될 수 있다. 첫째로 동력요구에 따라 중력식과 압력식이 있는데 가능하다면 중력식으로 하는 것이 운영비가 적게 요구된다. 둘째로 유체의 흐름에 따라 상향식과 하향식으로 구분되며, 마지막으로 활성탄층이 고정되는지 아니면 팽창되는지에 따라 고정상과 유동상으로 구분된다.

1) 상향류식 활성탄 흡착탑

하수가 밑에서 위로 흐르기 때문에 활성탄이 유기물을 흡착함에 따라 활성탄 입자의 겉보기 비중과 입자의 밀도가 증가하여 흡착탑의 바닥 또는 유입구로 소모된 활성탄을 떨어뜨리려는 경향을 가지게 된다. 그리고 상향식에서는 하향식에 비하여 유출수에 미세한 탄소입자를 더 많이 함유한다.

2) 하향식 활성탄 흡착탑

통상 2~3개의 흡착탑이 직렬로 연결되어 사용되며, 유체의 흐름이 바뀌어도 계속 사용할 수 있도록 배관되어 있다. 하향식을 채택하면 유기물의 흡착과 여과가 동시에 일어나는 이점이 있지만 배관이 좀 더 복잡하기 때문에 시설비의 절감은 기대할 수 없다. 여과는 상향식에 비해서 잘되는 장점도 있지만 부유물이 많을 경우 손실수두가 커지고 활성탄의 흡착능력이 감소되는 단점이 있다.

3) 고정상흡착탑

하수 내의 부유물이 축적되므로 역세척이 필요하다. 고정상에서 상향식이면 부유물이 상의 바닥에 모여 역세척으로도 제거하기 어려우므로 통상 하향식으로 하며, 상의 바닥에는 모래나 자갈을 깔아서 활성탄층을 지지하도록 할 수도 있다.

4) 유동상흡착탑

상향식흡착탑에서는 하수가 밑에서 위로 흐르며, 활성탄층은 유동상이 되도록 하여 부유물이 층 내에 축적되지 않도록 한다. 흡착능력이 소모된 활성탄은 밑에서 제거되므로 새로운 혹은 재생된 활성탄을 그 만큼 위에서 보충시켜야 한다. 유동상에서 유기물제거율은 고정상과 비슷하지만, 반면에 낮은 펌프압력이 요구되고 휴지기간이 짧으며, 활성탄 표면의 포기가 보다 쉽다.

(6) 역세척

역세척은 흡착탑 내에 축적된 부유물을 제거하기 위하여 충분한 양의 물을 통과시킴으로써 실시되는데, 역세척률과 횟수는 수리학적 부하, 하수 내 부유물질(SS)의 성질과 농도, 탄소입자의 크기 그리고 접촉방법에 의하여 좌우된다. 역세척 회수는 시간간격, 손실수두, 탁도와 같은 운전기준에 따라 결정되고, 역세척시간은 대략 10~15분이다.

1) 상향식흡착탑

상향식의 충전상에서 축적된 부유물을 제거하기 위해서는 두 가지 단계를 거쳐야 한다. 먼저 상을 임시로 하향식으로 운영함으로써 바닥에 축적된 부유물을 느슨하게 하며,

그 다음에 상의 중앙에 축적된 부유물을 상을 팽창시켜서 제거해야 한다. 상의 바닥이 부유물에 의하여 막히는 것을 방지하기 위하여 역세척시간이 더 길어야 하고 수질이 좋은 물을 대량 사용해야 한다. 역세척시간은 일반적인 흡착탑의 역세척시간인 10～15분보다 두 배 더 길다.

2) 하향식흡착탑

하향식흡착탑은 부유물의 축적 때문에 주기적으로 역세척으로 철저히 실시해야 한다. 일반적으로 역세척수의 양은 층의 두께가 0.8m인 경우 처리된 물의 5% 이하이며, 층의 두께가 4.5m인 경우에는 10～20% 정도 된다. 입상 활성탄에서 일반적인 역세척수의 유량은 8 × 12 또는 12 × 30체눈(mesh)의 활성탄에서 8.2～13.7L/m^2/sec이다.

(7) 미생물에 의한 영향

미생물은 흡착능력과 유기물제거 능력이 있기 때문에 미생물의 활동은 흡착현상과 밀접한 관계를 가지고 있다. 따라서 흡착탑 내의 활성탄층에 미생물이 번식할 경우 예측했던 활성탄 값보다 유기물 흡착능력이 50～100% 더 클 수도 있다. 이런 경우 예측했던 흡착능력이 다 소모된 후에도 미생물의 활동 때문에 흡착은 계속 일어나게 된다. 흡착탑에서 용존산소공급이 불충분하면 혐기성상태가 발생할 수도 있다. 이러한 경우 질산염, 황산염, 탄수화물 등의 산화물과 미생물에 의하여 잘 분해되는 유기물이 함께 존재하면 이들 산화물과 유기물이 혐기성 미생물에 의하여 반응하여 질소, 황화수소, 메탄가스 등이 발생하게 되고, 발생된 가스는 유출수의 수질을 악화시킨다.

(8) 활성탄 교환 및 제거

활성탄의 주입량은 표 4.41처럼 유입수질에 따라 주입되는 양은 다르므로 사용된 활성탄은 제거되어야 한다. 하향식흡착탑에서는 모든 활성탄을 한꺼번에 제거하고, 다시 재생된 활성탄 또는 새로운 활성탄을 채운다. 그러나 상향식유동상흡착탑에서는 재생시키기 전에 활성탄을 최대한 이용하기 위하여 전체의 5～25%를 한 번에 제거한다. 흡착탑에서 활성탄을 제거할 때 층이 수평이 되도록 일정하게 제거해야 하는데, 그림 4.70과 같이 흡착탑의 밑 부분을 원추형으로 하고 물분사 설비를 하면 이 목적을 달성할 수 있다. 이때 활성탄층을 지지하기 위한 자갈이 활성탄과 함께 제거되지 않도록 주의해야 한다.

표 4.41 활성탄 흡착탑의 유입수 수질에 따른 활성탄 주입량

전 처 리	활성탄 주입률(g/m^3)
응집, 침전, 여과된 활성슬러지 유출수	24~48
여과된 이차 유출수	48~72
응집, 침전, 여과된 유입하수	72~216

주) 각 재생싸이클 동안의 활성탄 손실은 5~10%이다.

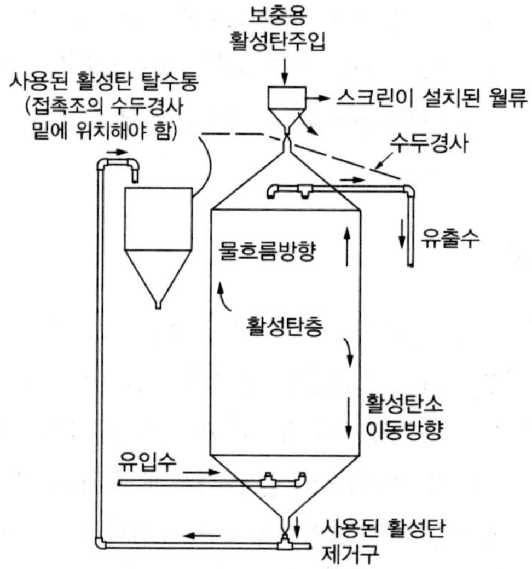

그림 4.70 상향식 흡착탑

(9) 활성탄재생

활성탄을 흡착제로 사용하면 공극이 유기물에 의해서 점유되므로 활성탄의 흡착능력은 저하되게 된다. 따라서 활성탄을 재생시켜야 하는데 재생활성탄의 흡착능은 새활성탄에 비하여 다소 떨어진다. 활성탄의 재생방법은 흡착제의 제거, 또는 증발을 위한 낮은 압력의 증기 통과, 용매로 피흡착제 추출, 열처리, 산화가스에 활성탄을 노출시키는 방법 등이 있으며, 가장 대표적인 재생방법은 열처리방법으로 재생률은 90~95% 이상이다. 재생공정에서 발생하는 반송수는 폐수처리공정에 유입되므로 농도와 유량을 고려해야 한다.

4.17.4 막분리법

(1) 개요

압력차에 의해서 막(membrane)을 통과시켜 물질을 분리하는 방법으로 막의 두께는 보통 0.05~2mm 정도이다. 한외여과(ultrafiltration)시설은 고분자량 물질의 분리를 목적으로 하며, 역삼투(reverse osmosis)시설은 저분자량과 이온영역까지의 분리를 목적으로 한다. 나노여과(nanofiltration)는 역삼투의 변형으로 분리범위도 역삼투와 비슷하나 주로 조대 유기분자들이 제거된다. 정밀여과(microfiltration)에서 분리되는 입경이 가장 크며 주로 부유물, 박테리아, 효소 등이 제거된다.

(2) 특징

막분리는 용질의 입자가 단순히 기계적으로 막의 표면에 부착되는 방법과 막표면이나 내부에 흡착되는 방법으로 나뉜다. 부착·흡착된 입자는 모두 용매의 투과속도를 저하시키지만 전자에 의해 제거된 입자는 비교적 간단히 역세척에 의해 제거된다. 그러나 흡착에 의한 막힘은 적절한 약품처리에 의해서만 제거 가능하다.

막분리시설에서는 고압축의 제거물질이 농축되기 때문에 시간이 지날수록 막면에 제거물질이 침착하여 겔층이 형성된다. 겔층의 형성은 막면을 막히게 하기 때문에 막면을 세척하지 않으면 안 된다. 하수의 고도처리에서는 일반적으로 원수 중의 SS, 콜로이드 입자(탁도유발물질), 고분자 유기물 및 박테리아 등이 막의 세공을 통과할 수 없기 때문에 농축액으로 분리되나, 무기염류나 저분자량의 유기물은 투과수와 함께 막을 통과한다. 역삼투막의 투과수는 무취, 무색투명하고, 수도물과 같은 외관을 띠며, 입자성 용존성 물질이 대부분 제거되는 반면, 한외여과막의 투과수는 약간의 색도와 악취가 남아있고 무기물 및 미생물류도 거의 제거되지 않는다.

(3) 고려사항

1) 막분리 공정의 종류

막분리 공정에는 정밀여과(MF, microfiltration), 한외여과(UF, ultrafiltration), 나노여과(NF, nanofiltration), 역삼투(RO, reverse osmosis), 투석(dialysis), 전기투석(ED, electrodialysis) 등이 있다. 막분리 공정은 또한 여러 방식으로 분류할 수 있는데, 막의 재질

(material), 여과 동력(driving force), 분리 메커니즘, 여과 공극 크기 등으로 나눌 수도 있다.

많이 사용되는 막은 대부분 미세한 공극이 형성되어 실제 여과 기능을 하는 0.15～0.20μm 두께의 얇은 필름이, 이 필름을 지탱하는 지지층(약 100μm) 위에 형성되는 구조이다. 재질은 주로 셀룰로오스-아세테이트, 폴리아마이드와 같은 유기성 고분자 물질로 만들어진다.

여과 동력으로는 주로 가압 방식을 사용하는데 전기투석 같은 경우는 전기를 이용한다.

정밀여과는 공극 크기가 0.08～2.0μm 정도이고, 한외여과는 0.005～0.2μm 정도이다. 정밀여과는 부유물질이나 탁도, 박테리아 등을 제거하는데 사용되며, 한외여과는 분자량이 큰 유기물이나 단백질, 바이러스 등을 제거할 수 있다. 이 두 막의 경우 제거 메커니즘은 주로 공극에 의한 체작용(sieving)이다. 반면에, 나노여과이나 역삼투막은 공극이 0.01μm 이하로서 매우 작은 분자량의 분자나 색도물질, 양이온이나 음이온, 염분 등을 제거할 수 있다. 분리 메커니즘은 체작용도 있지만 막 표면에 이온이나 입자가 고농도로 농축되어 이것이 또 하나의 여과층을 형성한다.

그러므로 막분리 공정을 도입하는 목적 및 제거하고자 하는 대상 물질의 종류나 한계에 따라 적절한 막분리 공정을 선택하도록 해야 한다.

2) 투과능력

막의 공극을 통과하는 투과수량은 보통 플럭스(flux)로 나타내며, 막 단위면적당 투과하는 물의 양으로 표시한다. 투과능력에 영향을 미치는 요소는 여러 가지가 있는데, 투과수량은 공극의 크기 및 공극률, 막간 압력차에 비례하고, 막 스킨의 두께와 물의 점성에 반비례한다. Hagen-Poiseuille 공식은 공극을 통과하는 유체의 압력강하를 계산하는 방법이며, 이 공식을 분리막에 적용하면 플럭스는 다음과 같이 계산할 수 있다.

$$J = \frac{\epsilon\, d_p^2\, \Delta P_T}{32 \Delta x\, \mu} \tag{4.77}$$

여기서, J : 막 단위 면적당 투과수의 flux, $m^3/m^2/sec$

d_p : 공극의 평균 지름, m

ϵ : 막의 공극률, m^2/m^2

ΔP_T : 가해진 압력(trans membrane pressure) ; $P_F - P_P$, Pa (1Pa = 1N/m^2)

μ : 유체의 점성, kg/m/sec

Δx : 막 skin의 두께, m

수온에 따라 물의 점성계수가 변하므로 수온은 투과능력에 영향을 미친다. 수온과 점성계수는 서로 반비례하므로 온도가 낮을수록 투과능력은 떨어진다. 분리막 사이의 압력차가 클수록 투과능력은 커진다. 투과능력과 막간차압은 비례관계에 있지만 막간차압을 증가시킬수록 투과능력이 정비례하여 증가하지는 않는다. 가압형 여과방식에서의 막간차압의 운전 범위는 MF막 $2kg/cm^2$ 이하, UF막 $3kg/cm^2$ 이하, NF막 5～$15kg/cm^2$ 내외, 그리고 RO막 약 $30kg/cm^2$ 이상이다. 그리고 흡입여과방식에서는 $-0.6kg/cm^2$ 이상으로 운전한다.

회수율은 물리세정 빈도 등에 의해 영향을 받으며 물리세정 빈도는 원수 수질, 투과능력 등의 영향을 받는다. 모듈 형식에 따라 다르지만 일반적으로 MF 및 UF막 시스템의 회수율은 약 90% 이상이다.

예제 4.17 막분리장치의 설계

다음의 UF 카달로그 자료로부터 flux를 계산하시오.

- 제품명 : Hina-UF-250
- Material : Acrylic copolymer
- Pores/cm^2 : 3.0×10^9
- ΔP_T : 100kPa (100kPa = 1,000bar)
- Δx : 0.2μm
- Mean Pore Dia. (Å) : 175
- M.W. Cut-off : 100,000
- Surface porosity : 0.75%
- T : 20℃

풀이

$$J = \frac{\epsilon d_p^2 \Delta P_T}{32 \Delta x \mu} \quad \text{(Hagen-Poiseuille)}$$

$\epsilon = 0.75 \times 10^{-2}$

$d_p = 175\,\text{Å} = 175 \times 10^{-10}\,m$

$\Delta x = 0.2\mu m = 0.2 \times 10^{-6}\,m$

$\Delta P_T = 100kPa = 1.0 \times 10^5\,Pa$

$\mu(20℃) = 1.0 \times 10^{-3}\,Pa \cdot sec$

따라서, 이 값들을 Hagen-Poiseuille 공식에 대입하면

$$J = \frac{(0.75 \times 10^{-2})(175 \times 10^{-10})^2(1.0 \times 10^5)}{(32)(0.2 \times 10^{-6})(1.0 \times 10^{-3})} = 3.59 \times 10^{-5}\,m^3/m^2/sec$$

또는

$J = 129\,L/m^2/hr$

만약 공극률이 주어지지 않은 경우 공극률을 계산하여 사용할 수도 있다.
공극을 원형으로 가정하면 공극률은 다음과 같이 계산된다.

$$\epsilon = N\frac{\pi}{4}d_p^2 = (3 \times 10^{13})\frac{3.1416}{4}(175 \times 10^{-10})^2 = 0.722 \times 10^{-2}\,(0.722\%)$$

3) 운전

막분리 시설의 운전 방법은 간단하여, 유입수를 펌프로 가압하여 막분리 모듈 안에서 계속 물이 순환하게 하면 된다. 여과가 지속되어 여과수가 생산될수록 농축수도 증가하는데, 막 표면에 여러 성분이 축적되면서 여과 저항이 증가한다. 이를 파울링이라고 한다. 파울링이 증가하면 투과량이 감소하게 되는데, 투과량을 일정하게 유지하려면 여과 압력을 더 늘려야 한다. 파울링이 저절로 감소하는 경우는 없으므로 여과 저항이 일정 수준에 이르면 여과를 중지하고 역세척이나 화학적 세정 등을 실시하여 파울링을 제거하고 다시 여과를 계속한다.

정밀여과나 한외여과는 그림 4.71과 같은 방식으로 운전하는 것이 일반적이다. 유입펌프에 의해 물은 막 표면에 대해 수평방향으로 흐르며 여과되는데 이를 교차흐름방식(cross flow)이라고 한다. 가압펌프로 가압된 물은 순환계를 통해 순환하면서 여과가 이루어지고 농축액의 일부는 별도의 배출관으로 배출된다. 역세척이나 화학적 세정을 실시하는 경우도 배출관을 통해 외부로 배출된다.

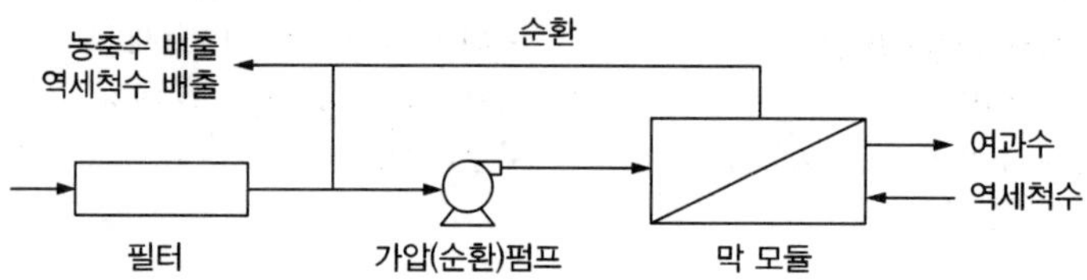

그림 4.71 막분리 공정의 운전 모드

(4) 분리막 모듈의 형식

막에는 막 자체만으로 구성된 것, 얇은 막과 그것을 지지하는 다공층이 하나로 되어 있는 비대칭막, 얇은 막과 지지막을 별도로 만들어 조합시킨 복합막이 있다. 복합막은 얇은 막과 지지막의 조합을 자유롭게 할 수 있기 때문에 최근 개발이 이 경향으로 향하고 있다. 이러한 투과막을 공업적으로 이용 가능하도록 한 장치를 모듈이라 한다.

1) 판형(Plate and Frame)

판형은 그림 4.72 (a)에 나타낸 것과 같이 평면상의 막을 여러 장 겹쳐서 조이는 형이며, 구조가 간단하고 조립되어 있어서 분해하여 보수하기가 용이하다. 한외여과용막에 주로 사용되고 대상 원액은 슬러지에서 고분자용액까지 비교적 폭이 넓다. 물리적 세척은 불가능하고 약품세척을 실시한다.

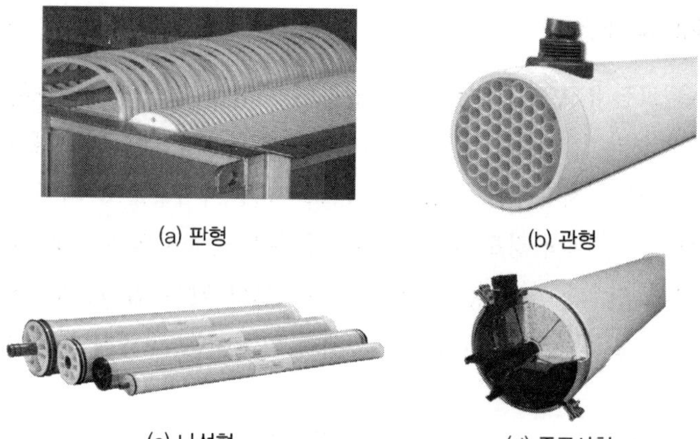

(a) 판형 (b) 관형 (c) 나선형 (d) 중공사형

그림 4.72 분리막 모듈 형식

2) 관형(Tubular)

관형은 그림 4.72 (b)에 나타낸 것과 같이 원통형으로 만들어진 막을 같은 원통형의 통수성을 갖는 내압지지체의 내측 또는 외측에 장착하고 있다.

내경은 10~20mm, 길이는 1.5~3m의 것이 많이 사용되고 있다. 세척이 용이하며 물리적 세척법을 적용할 수 있다. 약품세척도 수시로 병용한다. 막교환은 용이하지만 막면적당 장치용량이 크고 설비용적도 커진다. 통상 고유속으로 운전하기 때문에 여과량당 소비동력이 크다.

3) 나선형(Spiral Wounded)

나선형(소용돌이상) 모듈은 그림 4.72 (c)에 나타낸 것과 같이 막, 막지지체, 스페이서, 투과액 채수관 등으로 이루어진다. 2장의 평막 사이에 통수성 지지물질을 끼워 넣고, 막의 외측 면에는 망상의 스페이서를 겹치고 막의 세 변을 접착제로 봉하여 투과액 채수관을 중심으로 말아 넣은 것이다. 원수는 스페이서부에 들어가고, 막을 통과한 액은 지지체부에서 투과액 채수관을 통과하여 배출된다.

나선형 모듈은 모듈당 막면적이 크고 투과속도도 빠르기 때문에 장치의 콤팩트화가 가능하다. 스페이서는 활류촉진효과를 갖고 있기 때문에 막으로의 공급량이 적어도 막면에서의 유속이 커지고 염분이 막표면 부근에 농축되어 염분제거율이 저하되는 농도분극현상을 방지할 수 있다. 따라서, 소비동력이 적게 드는 에너지절약형이다. 반면 유로단면이 작기 때문에 유로폐색을 방지하기 위한 전처리를 필요로 한다.

4) 중공사형(Hollow Fiber)

중공사형은 그림 4.72 (d)에서 볼 수 있듯이 내면적 중의 한 면 또는 외측면이 0.1~1 μm 정도의 활성막면으로 되어 있는 중공사 여러 개를 하나의 모듈에 수납하고 있다. 다른 형식과는 달리 지지체를 사용하지 않고 자기 지지구조로 되어 있기 때문에 막 자체에 어느 정도의 기계적 강도가 요구된다. 원수가 중공사의 외측과 내측에 공급되는 두 가지 형이 있다. 단위용적당 유효면적이 크고, 보다 낮은 압력으로 소정의 처리 능력을 달성할 수 있어 소비동력이 적다. 출구측에서 압입하는 역세척과 약품세척을 실시한다.

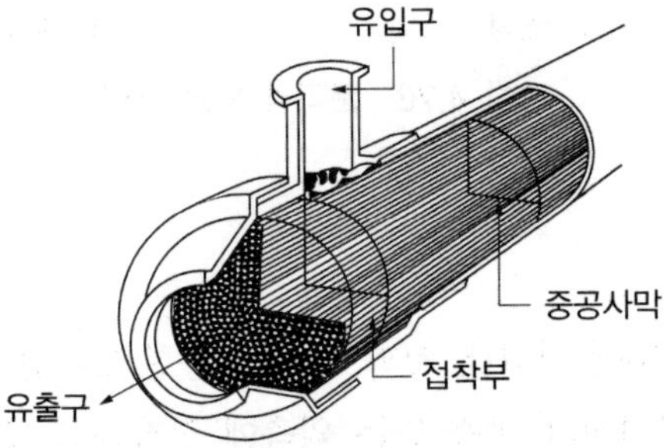

그림 4.73 외측유입식 중공사형 모듈

(5) 하수처리에 분리막 적용

요구되는 처리수 수질이 점점 높아지고 새롭고 경제적인 수준의 막이 개발되면서 하수처리분야에서도 막의 적용 기술이 급속하게 증가하고 있다. 또한, 앞으로도 분리막을 이용한 하수처리기술은 계속 확대될 것으로 전망된다. 하수처리공정에 분리막을 이용하는 분야는 호기성 생물학적 처리, 혐기성 생물학적 처리, 멤브레인 포기막, 살균 전처리 그리고 나노여과나 역삼투막 여과의 전처리 등 다양하다. 호기성 생물학적 처리는 활성슬러지법과 같은 공정에서 고액분리에 침전지 대신 분리막을 적용하는 것으로서 막분리활성슬러지법(MBR)으로 흔히 불린다. 혐기성 생물학적 처리에서도 막은 고액분리 수단으로서 사용된다. 막을 산기관(diffuser) 대신 사용할 경우 미세기포가 가능하여 산소 전달 효율이 높아지며, 특히 순산소 활성슬러지법의 산소 공급에 평판막, 중공사막, 관형막 모듈을 사용하면 막 표면에 미생물이 서식하고 산소가 직접 생물막에 공급되는 방식으로 산소이용효율이 높다. 이러한 공정을 막포기생물막법(membrane aeration bio-reactor, MABR)이라고 부른다.

표 4.42 하수처리에 분리막 기술 적용 시 장단점

장 점	단 점
• 응집침전에 비해 약품 사용량이 적다. • 일반적인 하수처리공법에 비해 부지면적이 50~80% 덜 소요된다. • 자동 운전이 가능하다. • 저압에서도 여과가 가능한 새로운 막의 개발로 동력비가 일반적인 하수처리공법 수준으로 낮다. • 원생동물이나 기생충 알 등을 제거할 수 있고, 세균이나 바이러스도 일부 제거된다.	• 전기 소모량이 많고, 특히 고압 시스템의 경우 에너지 요구량이 많다. • 막의 파울링 방지를 위해 전처리가 필요할 수 있으며, 이 때문에 전처리 설비 및 부지 증가에 따른 비용이 상승된다. • 여과 잔류물과 고농도 농축액 처리가 필요하다. • 막의 유효기간이 있어 3~5년마다 교체가 필요하다. • 스케일 발생 가능성이 있다. • 시간이 지날수록 투과량이 감소한다.

분리막은 처리수재이용(Effluent reuse) 분야에도 적용할 수 있다. 하수처리장 처리수를 정밀여과막으로 여과한 후 다시 나노여과막으로 재차 여과하는 경우 병원균 제거가 확실하여 재이용수로서 활용하는데 무리가 없으며, 요구 수질이 까다로운 지하수 보충수로 사용할 정도의 처리수도 얻을 수 있다. 나노여과막으로 하수 처리수를 여과할 경우 다가이온의 제거가 가능하여 물의 경도 또한 낮아질 수 있고 처리수 재이용의 응용 범위가 넓어진다.

하수처리에 분리막을 적용할 때는 목표수질이나 적용 목적에 따라 분리막의 종류가 달라지므로 막의 특성이나 운전 조건을 잘 비교하여 선정하는 것이 바람직하다. 하수처리에 정밀여과막이나 한외여과막을 적용할 때의 장단점은 표 4.42와 같다.

분리막의 적용 시 항상 거론되는 문제가 바로 막의 파울링(fouling) 발생이다. 파울링은 폐색이라고 불리기도 하지만 '구멍이 막히는 현상'을 포함하는 보다 다양한 원인들로 인해서 막의 투과율이 떨어지는 현상을 말하므로 여기서는 파울링이란 용어를 그대로 사용하기로 한다. 파울링은 막 표면에 유입 원수의 오염물질들이 쌓이고 축적되는 것을 말한다. 오염물질은 막 표면에 가까울수록 농도가 높아지는데 농도 경사에 따라 여과의 반대 방향, 즉 막 표면에서 원수 방향으로 농도 경사가 형성되어 여과의 저항으로 작용하는 것이다. 따라서, 막 표면에 형성되는 오염물질의 농도가 높을수록, 그리고 형성되는 오염물질 층의 두께가 두꺼울수록 투과율은 감소하게 된다.

막의 파울링은 설계와 운전에 중요한 인자로서 전처리의 유무, 세척 필요성, 운전조건, 비용 그리고 운전 및 유지관리와 모두 관련이 있다. 파울링은 오염물질 자체가 막 표면에 쌓이는 것도 있고, 물의 여러 성분이 서로 화학작용을 일으켜서 생성된 화학적 침전물이 쌓이는 것도 있다. 화학적 침전물은 대부분 칼슘이나 탄산과 관련된 스케일(scale) 형성이 주된 원인인 경우가 많다. 막 재질에 따라서는 막 자체가 물 속 특정한

화학 성분과 반응하기도 하고, 막이 미생물과 반응하여 변성되기도 한다.

파울링에 대한 대책은 보다 공극이 큰 분리막으로 전처리하는 방법, 역세척하는 방법, 막 표면을 약품 세정하는 방법 등이 있다. 전처리는 부유물질이나 박테리아를 미리 감소시키는 것으로 막 표면에 오염물질이 축적되는 것은 줄이는 효과가 있다. 화학적 침전물 생성을 예방하기 위해서 원수의 각 성분들의 농도를 측정하고, 용해도 이상으로 각 성분들의 농도가 증가하지 않는 수준에서 운전하는 방법도 있다. 그리고 화학적 침전물이 생성되어 축적된 경우라면 산화제나 용해제 등 화학약품을 사용하여 침전물을 다시 녹여내는 방법도 있다. 파울링을 제거하는 가장 보편적인 방법은 역세척이다. 막의 재질이나 구조 등으로 인해 역세척이 불가능한 분리막도 많이 있지만, 박 제조 기술의 발달로 역세척이 가능한 막이 많이 개발되어 있다. 역세척은 여과수나 깨끗한 물을 여과 반대 방향으로 주입하여 축적된 오염물질을 밀어내는 방식으로서 물 역세척도 있고 물, 공기 혼합 역세척도 있다.

(6) 막분리 활성슬러지법(MBR)

표준활성슬러지법은 이차침전지에서 중력으로 고액분리를 하고 침전된 슬러지는 반송 또는 반출하며, 상징수를 처리수로 배출하는데, 슬러지의 침강성이 나빠지면 미생물이 유실되고 처리수 수질은 악화된다. 슬러지의 침강성은 MLSS 농도와 관련이 있어 MLSS를 수천 mg/L 이상으로 운전하는 것이 불가능하였다. 막분리 활성슬러지법(Membrane bioreactors, MBR)은 다른 하수처리공법에 비해 비교적 새롭게 도입된 방법으로 생물반응조와 분리막을 결합하여 매우 확실한 처리수 수질을 얻을 수 있는 방법이다. 분리막을 도입함으로써 이차침전지는 불필요하며 MLSS를 고농도로 운전할 수 있다. 사용되는 막은 정밀여과막 또는 한외여과막이다.

막분리 활성슬러지법은 막모듈과 생물반응조의 결합 형식에 따라 침지형(immersed or internal)과 외부형(external)으로 나눌 수 있다.

침지형은 판형 혹은 중공사형 막 모듈이 주로 사용되며 분리막 스킨층이 생물반응조에 노출되어 있고, 흡입펌프의 진공압력으로 막 모듈 밖에서 모듈 안쪽으로 흡입 여과되는 형식이다. 반면에, 외부형은 막 모듈이 생물반응조 밖에 별도로 설치되며, 혼합액은 가압펌프에 의해 막 모듈로 압송되며 여과된다.

중력식 침전지 대신 분리막을 사용함으로써 사상균(filamentus microorganisms) 증식에 따른 벌킹(bulking) 발생 문제나 침강성 불량 문제가 해결되고, 포기조의 MLSS 농도를 높게 유지할 수 있다. MBR에서는 MLSS 농도를 표준활성슬러지법보다 훨씬 높은

15,000~25,000mg/L까지 높게 운전할 수도 있으나 경제성이나 운전상의 효율을 고려하면 8,000~10,000mg/L 정도가 적당하다고 알려져 있다. MLSS를 높게 운전할수록 반응조의 크기를 줄일 수 있는 장점이 있지만, 막의 투과율은 MLSS 농도에 반비례하는 경향이 있으므로 MLSS를 높게 유지하려면 그만큼 설치해야 하는 분리막의 수가 많아지기 때문이다.

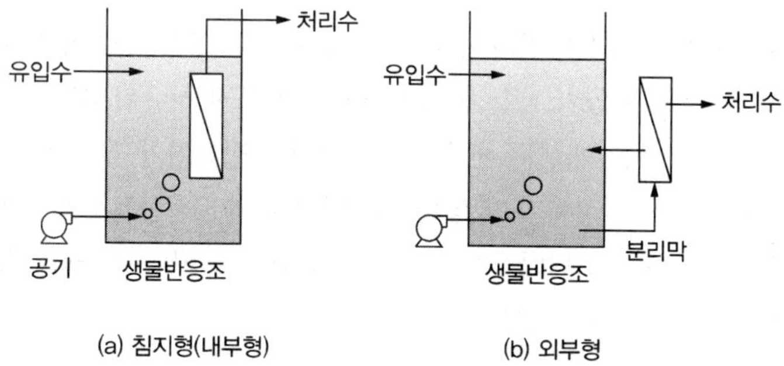

그림 4.74 막분리 활성슬러지법의 형식

4.18 질소제거

4.18.1 물리화학적 질소제거

(1) 암모니아 탈기법

1) 개요

암모니아성질소는 수중에서 주로 이온상태로 존재하는데, pH가 높을 때에는 가스상태로 변환하기 때문에 암모니아성질소를 탈기법으로 제거할 수 있다. 유입수에 석회를 주입하여 pH 10.5~11.5 범위의 높은 pH를 유지하고, 탈기탑(stripping tower)에서 많은 양의 공기를 순환하여 암모니아를 기체상태로 전환함으로써 암모니아성질소를 제거할 수 있다.

2) PH변화에 따른 운전특성

암모니아성질소는 수중에서 암모늄이온 및 유리암모니아 상태로 존재하며, pH에 따라 용액 속의 평형이 다음과 같이 변화한다.

$$NH_4^+ \rightleftarrows NH_3 + H^+ \tag{4.78}$$

그림 4.75는 암모니아성질소가 암모니아 가스상태로 변환되는 경우의 온도 및 pH의 영향을 나타낸 것이다. pH 12에서는 대부분이 유리암모니아로 존재한다. 그림과 같이 암모니아를 탈기법으로 제거하기 위한 최적의 pH 범위는 10.5~11.5이다. 암모니아 탈기법은 물리－화학적 처리 방법과 병행하여 사용할 수 있다. 고농도의 석회주입 응집의 경우 높은 pH를 가지고 있기 때문에 탈기법에 유용하게 사용될 수 있지만, 생물학적 처리 후에 탈기법을 사용할 때에는 생물학적 처리에서 질산화가 일어나지 않아야 한다. 만일 생물학적 처리에서 질산화가 발생한다면 암모니아가 질산성질소 또는 아질산성질소로 변환되므로 수중에 암모니아성질소 농도가 감소하게 된다. 이러한 질소의 변환이 탈기법의 질소제거율을 저하시킨다.

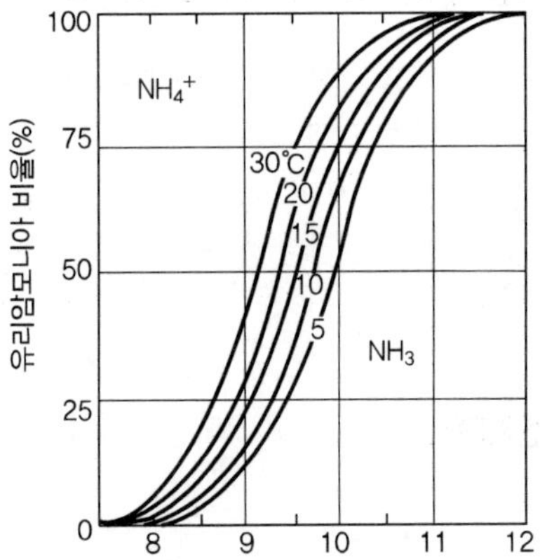

그림 4.75 pH와 암모니아성질소의 존재 형태

3) 설계인자

① 담체충전

암모니아 탈기탑의 충전방법은 10~400mm의 나무판, 플라스틱관 및 격자형폴리프로필렌 등을 사용한다. 일반적으로 각각의 격자는 40~100mm의 수평여유와 50~100mm의 수직 여유를 두지만, 암모니아 제거율을 증대시키기 위해서는 여유 공간을 좁게 한다. 또한 많은 공기량이 필요하므로 공기의 마찰손실을 물의 수두손실인 50~75mm보다 작게 한다. 충전 깊이는 6~7.5m 정도가 일반적이다.

② 수리학적부하

각각의 충전담체간의 여유공간과 형태에 따라 허용부하율에 차이가 있다. 부하의 범위는 0.7~2.0L/m^2/sec의 수리학적 부하율이 사용되지만, 1.3L/m^2/sec 이상일 경우 제거효율이 저하된다.

③ 공기소요량

탈기탑은 그림 4.76과 같이 유입수와 공기의 유입방식에 따라 역류형 또는 교차류형 방식이 있다. 암모니아성질소를 제거하기 위하여 탑 내의 많은 공기가 순환되어야 하므로 공기소요량은 유입수량의 2,200~3,800배 정도가 요구된다. 암모니아 탈기탑의 충전이 6~7.5m일 경우 물의 낙하 압력은 13~38mm이다.

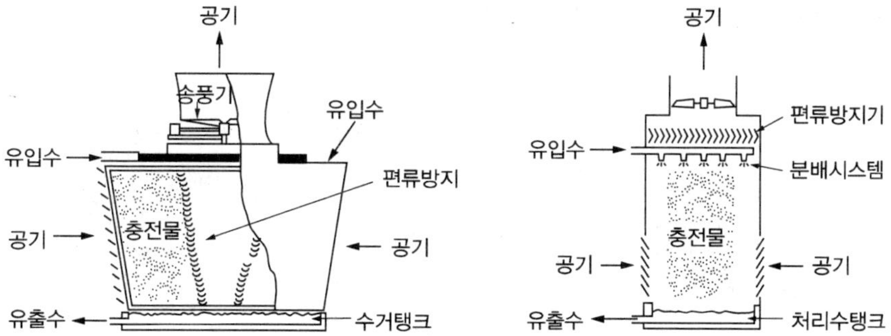

그림 4.76 암모니아 탈기탑

④ 온도

암모니아성질소 제거효율에 영향을 미치는 중요한 인자는 온도이다. 온도가 저하한 경우 저하하기 전과 동일한 제거효율을 얻기 위해서는 공기소요량이 상당히 증가된다. 암모니아 탈기탑 내의 공기온도가 0℃ 이하인 경우 탈기탑 내부가 동결되어 탑 내의 기체와 액체간의 접촉면의 형태가 변화하게 되어 효율은 더욱 감소하게 된다.

⑤ 스케일 형성

대부분 암모니아를 탈기시키는 경우 탑 내 및 유입관 내에 탄산칼슘의 스케일 형성과 같은 문제점들이 발생한다. 스케일의 정도에 따라 스케일 제거방법에 차이가 있는데, 단단하지 않은 스케일은 산으로 세척하거나 노즐을 사용하여 물을 뿌림으로써 제거가 가능하다.

(2) 파과점염소주입법

1) 개요

파과점염소주입법(breakpoint chlorination)은 유입수에 염소를 주입하여 암모니아성 질소를 산화시켜 질소가스나 기타 안정화된 화합물로 전환시키는 방법이다.

2) 원리

암모니아성질소를 함유하고 있는 유입수에 염소를 주입하면 암모니아는 차아염소산과 반응하여 클로라민(chloramines)을 형성한다. 여기서 파과점(breakpoint) 후에도 염소를 계속 주입하면 질소가스로 변환되지만, 질소가 산화되기 전에 쉽게 산화되는 유기물질이나 F^{2+}, Mn^{2+}, H_2S 등을 우선적으로 산화시켜야 하는 문제점이 있다. 일반적인 파과점염소주입곡선은 그림 4.77과 같다.

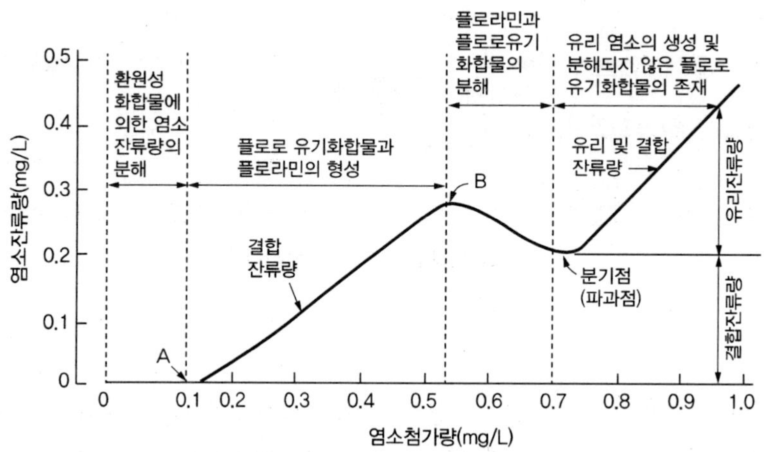

그림 4.77 파과점 염소주입 곡선

파과점은 암모니아의 농도가 0에 가깝게 되며, 총잔류염소가 최소가 되는 곳에서 발생한다. 이론적으로 1mgN/L의 암모니아를 산화시키는데 필요한 염소의 양은 7.6mg/L이지만, 실제로 이 비율은 8 : 1에서 10 : 1까지 증가한다. 다음 반응식은 암모니아가 염소의 산화로 인하여 질소가스로 변환되는 것을 나타낸다.

$$Cl_2 + H_2O \rightarrow HOCl + HCl \quad (4.79)$$

$$NH_4^+ + HOCl \rightarrow NH_2Cl + H_2O + H^+ \quad (4.80)$$

$$2NH_2Cl + HOCl \rightarrow N_2 + 3HCl + H_2O \quad (4.81)$$

전체반응은 다음과 같이 표현된다.

$$2NH_4^+ + 3Cl_2 \rightarrow N_2 + 6HCl + 2H^+ \tag{4.82}$$

3) 설계 시 고려사항

① 접촉시간 및 적정 pH의 유지

실질적으로 암모니아성질소 1mg/L의 산화에 필요한 염소량은 약 9mg/L로 많은 양의 염소를 필요로 하기 때문에 pH가 저하된다. 낮은 pH조건에서는 반응속도가 느리므로 암모니아성질소의 농도가 높을 경우에는 파과점까지 도달하기 위하여 pH 7 정도를 유지하고, 접촉시간을 짧게 하여야 한다. 그 이유는 pH 6.5 이하에서 monochloramine (NH_2Cl)이 차아염소산과 반응하여 dichloramine을 형성하여 최종적으로 nitrogen trichloride를 생성하기 때문인데 이것은 독성이 있으며, 악취를 발생한다.

② 적정염소주입 설비

염소발생 및 주입장치의 규모는 유입수의 암모니아성질소농도와 처리 정도에 의하여 결정된다. 파과점까지 도달하는데 불충분한 양의 염소가 주입되면 형성된 클로라민은 유출되기 전에 파괴된다. 따라서 설계 시에는 잔류염소를 고려하여 염소주입에 따른 유출수의 계속적인 모니터링이 가능한 설비와 설정잔류염소를 유지하기 위하여 염소주입장치의 주입속도 조절설비를 포함하여야 한다.

③ 유량조정 및 처리수의 탈염소화

성능을 최적화하고 시설비를 최소화하기 위하여, 일반적으로 유량조정이 요구된다. 또한 염소화합물이 자연수계에 배출되는 경우 잠재적으로 독성문제가 초래될 수 있으므로 유출수의 탈염소화(dechlorination)가 필요할 수 있다.

(3) 이온교환법

1) 개요

하수처리에서 이온교환법(ion exchange)은 주로 암모니아성 질소에 대해 선택성이 높은 지오라이트(zeolite) 등을 사용하여 수중의 암모니아성 질소를 제거하는 방법이다. 이온교환에 의한 암모니아성 질소의 제거는 유입수에 다른 양이온이 존재할 때 그 처리 효율이 떨어지는 단점이 있으나, 천연 지오라이트의 일종인 클리노프틸로라이트(clinoptilolite)는 다른 양이온이 공존하는 상황에서도 암모니아에 대한 선택성이 높기 때문에 최근에 더욱 연구가 활발하다.

국내에서는 천연 지오라이트를 비료 또는 토양개량제 등으로 주로 사용하고 있으나 영일만과 구룡포 등지에서 우수한 암모니아 제거능력을 가진 클리노프틸로라이트가 많이 매장되어 있음이 확인되어 하수처리에 대한 적용전망을 밝게 해준다.

지오라이트 이온교환 반응은 지오라이트의 양이온(주로 Na^+, K^+, Ca^{2+})과 물속의 암모늄이온이 서로 치환되는 반응으로 식 (4.83)과 같이 나타낼 수 있다.

$$Z-Na^+ + NH_4^+ \rightarrow Z-NH_4^+ + Na^+ \tag{4.83}$$

지오라이트는 산화알루미늄($AlO_{4\text{-}5}$)과 산화규소($SiO_{4\text{-}4}$)의 사면체가 골격을 이루고 있다. 지오라이트의 일반적인 화학식은 $M_x D_y (Al_{x+2y} Si_{n-(x+2y)} O_{2n}) \cdot mH_2O$로 나타낼 수 있다. 여기에서 괄호 부분이 지오라이트의 골격을 이루는 부분(식 4.84의 Z에 해당함)이며, M (Li^+, Na^+, K^+ 등의 1가 양이온)과 D (Mg^{2+}, Ca^{2+}, Sr^{2+}, Ba^{2+} 등 2가 양이온)는 이온교환 반응에서 다른 양이온과 치환될 수 있는 부분이다. 암모늄이온에 대한 선택성이 좋은 클리노프틸로라이트의 경우 M과 D는 주로 Na^+, K^+, Ca^{2+}가 주를 이루나 그 함유비는 산지에 따라 달라진다고 한다. 또한, Si/Al 비는 이온교환능(exchange capacity)과 밀접한 관련이 있으며, Si/Al비가 낮을수록 이온교환능은 높은 것으로 알려져 있다. 클리노프틸로라이트의 Si/Al비는 2.7~5.3 정도이다.

2) 영향인자

① pH

pH는 지오라이트 이온교환에 상당한 영향을 미친다. 일반적으로 낮은 pH에서는 수소이온과 암모늄이온이 경쟁하여 효율이 떨어지고, 반대로 높은 pH에서는 암모늄이온이 그림 4.75와 같이 암모니아 형태로 변화되기 때문에 이온교환이 일어나지 않게 된다. 따라서 이온교환이 원활히 일어나기 위해서는 유입수의 pH를 적정범위로 유지시켜 주어야 한다. 적정 pH 범위는 4~8 정도인 것으로 알려져 있다.

② 수리학적 부하

수리학적 부하란 단위시간당 단위 이온교환탑 체적당 유입되는 암모니아의 양을 말하며, 유입유량 및 유입 암모니아 농도에 의해 결정된다. 일반적으로 유량이 증가하면 암모니아와 지오라이트간에 접촉시간이 짧아져서 충분한 이온교환이 이루어지지 않는다. EPA 보고서에 따르면 유량이 20BV/hr 이하일 때에는 교환성능에 저하가 나타나지 않으나, 20BV/hr를 초과하게 되면 초기에 상당량의 암모니아 누출

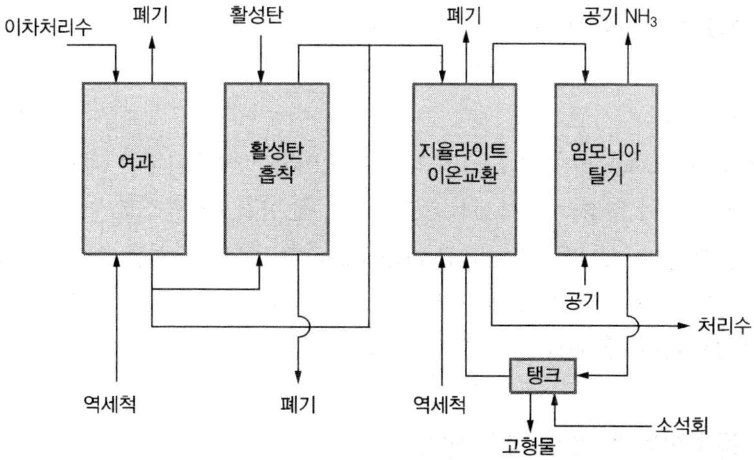

그림 4.78 지오라이트 교환수지에 의한 암모니아성질소 제거 방법

이 있다고 한다.

③ 온도

하수에서 질소를 제거할 때 생물학적 방법이나 탈기법은 동절기에 처리효율이 떨어지는 단점이 있다. 그러나 이들에 비해 이온교환법은 낮은 온도에서도 성능감소가 나타나지 않으며, 오히려 수온이 내려감에 따라서 이온교환능력이 향상된다는 보고도 있다. 이 때문에 동절기 등 비상시를 대비한 보조시설로서 지오라이트 이온교환법을 이용하는 경우도 있다.

④ 재생

지오라이트의 재생은 운전과정에서 흡착된 암모늄 이온을 다시 탈착시키는 과정을 말하며 화학적 재생과 생물학적 재생으로 나눌 수 있다. 화학적 재생은 고농도의 경쟁이온을 유입시켜 암모늄 이온을 탈착시키고 그 자리에 경쟁이온이 부착되는 것을 말한다. 재생수는 보통 나트륨이온(Na^+), 칼슘이온(Ca^{2+})을 사용하는데 칼슘이온의 경우는 나트륨이온보다 지오라이트의 선택성의 크기가 작고, 확산속도도 느려 재생에 더 오랜 시간이 소요된다. 화학적 재생은 높은 pH 영역(10~12)과 중성 pH 영역(6~8)의 두 가지 조건이 있다. 생물학적 재생은 앞에서 설명한 질산화 미생물을 이용하여 암모늄 이온을 질산성 질소로 산화시킴으로써 암모늄 이온을 지오라이트로부터 탈착시키는 것을 말한다. 생물학적 재생에는 따라서 생물학적 질소제거의 원리인 질산화 및 탈질이론이 그대로 적용된다.

4.18.2 생물학적 질소제거

생물학적 질소제거원리는 크게 두 부류로 나누어진다. 첫째는 미생물의 동화작용(Bacterial assimilation)에 의한 질소제거 방법이고, 둘째는 유입 폐하수 내의 암모니아와 유기질소 등이 일정조건 하에서 질산성질소와 아질산성질소로 변화되어 유출수에 얼마만큼 존재하느냐에 따른 질산화(Nitrification)과정과 질산화를 거친 질산성질소 등이 처리시스템에서 환원되어 대기 중에 질소가스로 배출됨으로써 질소화합물을 제거하는 탈질소화(Denitrification)과정으로 구분된다.

(1) 미생물 동화작용에 의한 질소 제거

암모니아는 미생물의 성장에 필요한 필수영양소로 미생물에 의한 암모니아 제거속도는 미생물의 증식속도에 비례한다. 따라서 미생물에 의한 질소제거량은 유입 폐하수의 탄소원의 농도 및 처리시스템의 운전조건에 따라 좌우된다. 미생물이 이루고 있는 질소의 양은 세포구성에 따라 다르나 미생물 건조무게의 약 12.5%에 해당된다. 그림 4.79는 미생물에 의한 질소원의 변화과정을 요약한 그림이다.

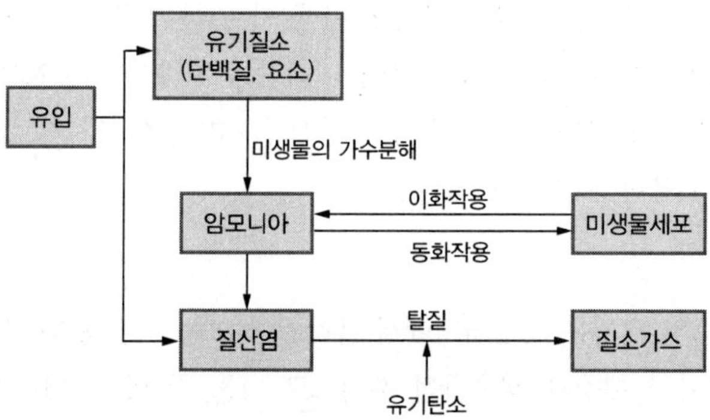

그림 4.79 생물학적 처리공정에서의 질소변형과정

(2) 질산화 개요

질산화에 관련된 주요 세균의 속은 *Nitrosomonas*와 *Nitrobacter*의 두 종류이며, 이들 세균은 자가영양균(Autotrophic organism)으로 무기질소화합물을 산화하여 필요한 에너지를 얻고 있는데, 유기성탄소보다는 이산화탄소를 이용하여 세균의 성장에 필요한 세포성분을 합성한다. *Nitrosomonas*는 암모니아를 아질산으로 산화시키며, *Nitrobacter*는 아질산염을 질산염으로 산화시키는데 각각 작용한다. 그 반응은 다음과 같다.

$$2NH_4^+ + 3O_2 \xrightarrow{\text{Nitrosomonas}} 2H_2O + 2NO_2^- + 4H^+ + \text{New cells} \tag{4.84}$$

$$2NO_2^- + O_2 \xrightarrow{\text{Nitrobacter}} 2NO_3^- + \text{New cells} \tag{4.85}$$

$$NH_4^+ + 2O_2 \rightarrow NO_3^- + H_2O + 2H^+ \text{ (over all)} \tag{4.86}$$

$$1.83\,O_2 + NH_4^+ + 1.98\,HCO_3^- \longrightarrow 1.04\,H_2O + 0.98NO_3^- + 1.88\,H_2CO_3 + 0.021\,C_5H_7NO_2 \tag{4.87}$$

식 (4.84)와 (4.85)는 세포합성을 고려하지 않았을 때의 아질산화 및 질산화 화학반응식이며, 식 (4.86)은 암모니아성 질소의 산화 전체반응식이다. 식 (4.87)은 질산화미생물 세포합성을 고려했을 경우의 화학양론식이다.

식 (4.84)의 반응에서는 *Nitrosomonas*가 우점종의 세균으로 작용하며, 식 (4.84)의 *Nitrobacter*가 아질산염을 질산염으로 산화시키는데 작용하게 된다. 위의 반응단계는 단계별반응이 아닌 총괄에너지반응 형태로 이루어지며, *Nitrosomonas*는 1mole의 암모니아를 산화시킴으로써 58～84kcal의 에너지를 얻는다. 반면 *Nitrobacter*는 1mole의 아질산염을 산화시키며 15～20kcal의 에너지를 얻는다. 따라서 *Nitrosomonas*가 *Nitrobacter*보다 더 많은 에너지를 얻을 수 있고, 단위 에너지당 합성하는 세포가 일정하다고 하면 *Nitrosomonas*가 *Nitrobacter*보다 많은 세포를 합성한다. *Nitrosomonas*와 *Nitrobacter* 등과 같은 질산화균에 종합적인 산화-합성에 관련된 증식계수는 암모니아성질소 1g을 산화시키는데 *Nitrosomonas*의 경우 0.05～0.029gVSS/gNH$_3$-N, *Nitrobacter*는 0.02～0.08g VSS/gNH$_3$-N 정도의 세포를 합성한다. 또한 질산화미생물의 증식속도는 수온, 용존산소농도, pH 등에 의해 크게 영향을 받는다.

(3) 질산화공정

질산화공정은 C-BOD제거와 질산화기능의 분리정도에 따라 분류될 수 있는데, C-BOD제거와 질산화가 하나의 반응조에서 일어나는 것을 단일단계(single-stage) 질산화공정, 다른 반응조에서 일어나는 것을 분리단계(separated-stage) 질산화공정이라 하며, 이에 대한 비교를 표 4.43에 정리하였다. 공정의 선택은 기존 처리장의 증설 또는 신설 처리장의 건설 여부, 방류수의 질소 농도 규제 기준, 계절별 또는 연중 규제기준의 설정 여부, 운전온도의 범위 및 경제성 등을 고려하여 결정하여야 한다. 부착성장식 공정으로는 살수여상, 회전원판, 호기성 여상 등이 있다.

표 4.43 질산화공정의 비교

공정의 형태		장 점	단 점
단일 단계 질산화	부유 성장식	• C-BOD와 암모니아성질소 동시제거 가능 • BOD/TKN 비가 높아서 안정적인 MLSS 운영 가능	• 독성물질에 대한 질산화 저해 방지 불가능 • 온도가 낮을 경우에는 반응조 용적이 매우 크게 소요 • 운전의 안정성은 미생물 반송을 위한 이차침전지의 운전에 좌우됨
	부착 성장식	• C-BOD와 암모니아성질소 동시제거 가능 • 미생물이 여재에 부착되어 있으므로 안정성은 이차침전과 무관	• 독성물질에 대한 질산화 저해 방지 불가능 • 유출수의 암모니아농도가 약 1~3mg/L 정도임 • 추운 기후에서의 운전은 비실용적
분리 단계 질산화	부유 성장식	• 독성물질에 대한 질산화 저해 방지 가능 • 안정적 운전 가능	• BOD/TKN의 비가 낮을 때는 세심한 슬러지 관리가 필요 • 운전의 안정성은 미생물 반송을 위한 이차침전지의 운전에 좌우됨 • 단일단계 질산화에 비해 많은 단위공정 필요
	부착 성장식	• 독성물질에 대한 질산화 저해 방지 가능 • 안정적 운전 가능 • 미생물이 여재에 부착되어 있으므로 안정성은 이차침전과 무관	• 추운 기후에서의 운전은 비실용적 • 단일단계 질산화에 비해 많은 단위공정 필요

(4) 질산화공정의 영향인자

1) 알칼리도와 pH

질산화반응은 알칼리도(HCO_3^-) 소비반응이므로 질산화가 진행되면 알칼리도는 줄어들게 된다. 알칼리도는 pH 변화를 완충시키는 역할을 하기 때문에 알칼리도가 충분하지 않거나 부족하게 되면 pH는 떨어지게 된다. 암모니아성 질소 1mg 산화에 필요한 알칼리도는 $CaCO_3$로 7.14mg이므로 질산화가 계속되면 알칼리도 감소 및 pH 저하가 일어나는 것이다. 일반적인 하수처리에서는 유입하수 중에 알칼리도가 수십~수백mg/L 정도로 존재하므로 질산화반응이 저하하거나 pH가 중성 이하로 감소하지는 않지만, 암모니아성 질소농도가 높은 축산폐수 등이 높게 유입될 때에는 알칼리도를 별도로 주입해야 한다.

2) 용존산소

DO농도는 질산화균의 최대비성장률에 영향을 주는 것으로 알려져 있고, DO가 높을

수록 질산화도 잘 된다. 특정조건 하에서 수중의 DO농도가 0.5mg/L 정도인 경우에도 완전한 질산화가 이루어질 수도 있다. 질산화율을 증가시키기 위해서는 DO농도를 증가시키거나 처리장의 포기조 체류시간을 늘여줌으로써 해결이 가능하다.

3) 온도

질산화가 이루어지는 온도의 범위는 대략 4∼45℃ 범위이며, 질산화율은 온도의 변화에 따라 매우 민감하게 변화한다. 특히, Van't Hoff-Arrhenius 방정식에 의하면 온도를 10∼30℃ 범위에서 변화시켰을 때 질산화균의 최대비성장률은 온도가 10℃ 상승할 때마다 약 2배씩 증가되는 것으로 나타난다. 이러한 질산화율에 대한 온도의 영향은 질산화균이 온도의 변화에 따라 민감하게 작용하기 때문이며, 특히 겨울철과 같이 하수의 수온이 12℃ 이하로 떨어지는 경우에는 질산화율이 50% 이하로 감소하기도 한다.

4) BOD_5 / TKN Ratio

슬러지 처리공법에서 유입수의 탄소성분과 암모니아의 비는 질산화 능력에 높은 상관성을 가지고 있다. 특히, Single sludge process의 경우 반응기 내 MLVSS에 존재하는 질산화균의 성장률은 BOD_5/TKN 비가 증가할수록 처리공정 내에 질산화균 비율이 감소된다.

5) SRT

*Nitrobacter*의 성장은 아질산염농도의 영향을 받게 되므로 수중의 암모니아농도와 아질산염의 농도는 질산화율에 영향을 미치게 된다. 질산화균의 최대성장률은 종속영양박테리아(Heterotrophic bacteria)의 최대성장률의 1/10∼1/20 정도로 낮기 때문에 질산화효율을 증진시키기 위해서는 처리공정 내 SRT를 충분히 길게 유지하여야 한다.

6) 억제인자

질산화 억제인자로는 중금속이나 일부의 유기물질을 들 수 있으며, 이들이 질산화균에 독성을 나타낸다. 표 4.44는 질산화균에 독성을 나타내는 물질을 요약한 것이다. 일반적으로 정상적인 도시하수처리의 경우 완전한 질산화가 일어나게 되나, 일시적인 산업폐수의 유입이나 고농도 암모니아 등의 유입으로 인해 질산화균에 악영향을 줄 수도 있다. 이러한 경우에는 안전처리율을 고려하여 고농도의 폐수를 희석처리해 주어야 한다.

표 4.44 질산화 저해 물질

Organics	Inorganic	Metal
Thiourea	Free Cyanide	Zinc
Thiosemicarbazide	Perchlorate	Copper
Thioacetamide	Thiocyanate	Mercury
Methyl isothiocyanate	Sodium cyanide	Chromium
Sodium methyl	Sodium azide	Nickel
Dithiocarbamate	Hydrazine	Silver
dithiooximide	Sodium cyanate	Cobalt
Allyl isothiocyanate	Potassium chromate	Cadimium
Mercaptobenzothiazole phenol	Arsenic(trivalent) fluoride	Lead

(5) 탈질개요

탈질은 질산화를 거치면서 생성된 질소산화물이 전자수용체로 사용되어 질소가스로 전환되는 과정으로, 가스상 질소물질은 질소가스 뿐만 아니라 Nitrous oxide나 이산화질소까지 포함한다. 탈질소화에 작용하는 미생물은 *Pseudomonas*, *Micrococcus*, *Achromobacter*, *Bacillus* 등으로 이들 세균은 무산소상태에서 필요한 산소를 질산염이나 아질산염으로부터 공급받게 된다. 이들 세균은 질산염이나 산소를 전자수용체로 사용하므로 종속영양세균에 속한다. 탈질의 탄소원으로 메탄올을 사용하는 경우의 반응식은 다음과 같다.

$$NO_3^- + 0.333CH_3OH \rightarrow NO_2^- + 0.667H_2O + 0.333CO_2 \quad (4.88)$$

$$NO_2^- + 0.5CH_3OH \rightarrow 0.5CO_2 + 0.5H_2O + 0.5N_2 + OH^- \quad (4.89)$$

전체반응은

$$NO_3^- + 0.833CH_3OH \rightarrow 0.833CO_2 + 1.167H_2O + 0.5N_2 + OH^- \quad (4.90)$$

식 (4.88)은 질산화과정을 거치면서 생성된 질산성질소가 탈질균에 의해 전자수용체로 사용되어 아질산성질소로 환원되는 반응식을 표현한 것이다. 환원된 아질산성질소는 식 (4.89)의 반응에 의해 질소가스로 방출되게 된다. 위의 두 식의 반응은 질산화과정에서와 마찬가지로 단계별 반응이 아닌 총괄에너지 반응 형태로 이루어진다. 총괄적인 반응 관계는 식 (4.90)으로 표현되며 1mg의 질산성질소가 탈질될 때 3.57mg as $CaCO_3$의 알칼리도가 생성된다.

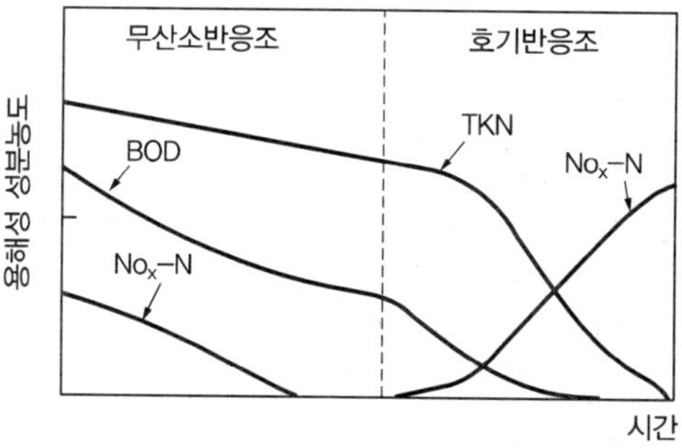

그림 4.80 생물학적 탈질

그림 4.80은 탈질에 따른 질소변화를 나타낸다. 질산화반응이 미생물의 동화작용(Bacterial assimilation)이라고 하면, 탈질화 반응은 미생물의 이화작용(Bacterial dissimilation)으로 대별된다고 할 수 있다. 탈질소화 과정의 세포합성과 에너지관계를 보면 산소와 질산염 중 산소를 전자수용체로 이용하는 것이 질산염을 이용하는 것보다 많은 에너지를 얻을 수 있는 조건이 된다. 전자수용체로 산소와 질산염을 이용하였을 경우 포도당 1mole 당 생성되는 에너지양은 질산염이 570kcal, 산소가 686kcal로 산소를 전자수용체로 이용하는 것이 탈질균에 유리하다. 따라서 탈질소화를 위해서는 무산소상태를 유지하여 질산염을 전자수용체로 사용하도록 해주어야 질소를 제거할 수 있다.

(6) 탈질공정

질소제거공정의 설계 시에는 하수특성, 현장여건 및 각 공정의 특성을 파악한 후 최적공정을 선택해야 하는데 표 4.45에 각 탈질공정의 장단점을 비교하였다.

표 4.45 탈질공정 비교

공정의 형식	장 점	단 점
내생탄소원을 사용하는 부유성장식 공정 질산화-탈질 혼합처리	• 메탄올 불필요 • 적은 수의 단위공정 소요 • 생물학적 인제거에 적용가능 • 사상균 조절용이	• 탈질률이 낮음 • 체류시간이 길고 구조가 큼 • 운전의 안전성은 침전지와 관계 • 질산화를 위하여 용존산소 필요
하수 내 탄소원을 사용하는 부유성장식 질산화-탈질 혼합처리	• 메탄올 불필요 • 적은 수의 단위공정 소요 • 사상균 조절용이 • 생물학적 인제거에 적용가능	• 탈질률이 낮음 • 체류시간이 길고 구조가 큼 • 운전의 안전성은 침전지와 관계 • 질산화를 위하여 용존산소 필요

표 4.45 (계속)

공정의 형식	장 점	단 점
질산화단계 후 메탄올을 사용하는 부유성장식 공정	• 탈질률 우수 • 구조 및 운전이 간단 • 처리순서의 제약이 적음 • 잉여 메탄올의 산화용이 • 고도의 질소제거 가능	• 메탄올 필요 • 운전의 안전성은 침전지와 관계 • 비교적 많은 단위공정 필요
질산화단계 후 메탄올을 사용하는 부착성장식 공정	• 탈질률 우수 • 구조가 간단 • 운전이 안전 • 처리순서 제약이 적음 • 고도의 질소제거 가능	• 메탄올 필요 • 잉여 메탄올의 산화공정 어려움 • 비교적 많은 단위 공정 필요

(7) 생물학적 질산화와 탈질에 의한 질소 제거 개요

생물학적 질소 제거는 암모니아성 질소가 호기성 조건에서 질산성 및 아질산성질소로 변환되었다가 다시 무산소조건에서 탈질반응이 일어나 질산성 아질산성질소가 질소가스 등으로 환원됨으로써 질소의 제거가 이루어지는 2단계 공정에서 이루어진다. 그리고 탈질반응은 분해가능한 탄소원과 질산성질소가 존재해야 가능하므로 탄소원공급 유무에 따라 혼합공정과 분리식공정으로 구분 지을 수 있다. 질소제거를 위한 여러 가지 방법 중에서 생물학적 질산화-탈질이 가장 많이 선호되는 이유는 처리효율이 높고, 공정의 안정성과 신뢰도가 높으며, 공정운전이 비교적 쉽고, 부지소요면적이 적으며 경제적이기 때문이다.

1) 질산화 - 탈질 혼합공정

탈질 시 외부유기탄소원이 없어도 하수 내의 탄소원을 이용하여 탄소성유기물제거와 질산화-탈질 과정이 하나의 단위공정에 이루어진다. 대부분의 질산화-탈질혼합공정들은 하수 내의 탄소유기물을 제거하는 미생물의 내생호흡으로 인하여 미생물세포에 남아있는 탄소도 탈질에 이용하며, 총질소의 60~70%를 제거할 수 있다. 질산화 탈질 혼합공정에서 탈질률은 분리식공정의 약 1/2로서, 내생탄소원을 사용하는 경우에는 탈질률이 0.017~0.048kg NO_3-N/KgMLSS/day 정도이다. 대표적인 예로는 Bardenpho공정, 산화구, 간헐식포기 등이 있다.

2) 질산화 - 탈질 분리공정

질산화－탈질 분리공정은 탈질을 유도하기 위하여 외부탄소원을 사용하지만, 필요 이상의 외부탄소원 주입 시에는 유출수의 수질 악화를 초래하므로 설계 및 운전 시 주의가 필요하다. 외부탄소원이 필요한 대표적인 공정으로는 회전원판법, 탈질여상공정, 유동상공정 등이 있다.

4.19 인제거

인은 미생물의 신진대사에 중요한 요소이기 때문에 생물학적 처리공정에서 충분량이 존재하여야 한다. 그러나 방류수 내 인이 과도하게 존재할 경우에는 방류수역 내 수서생물의 과다성장을 초래하는 등 부영양화를 유발시킬 수 있고 심미적으로 불쾌감을 주는 원인이 된다. 인은 유기물 내의 유기성인 형태와 세제 내의 복합 무기성 인(poly-P) 및 용존성 인(PO_4-P) 등의 형태로 존재하지만, 인의 순환에서 최종적인 산물은 용존성 인의 형태이기 때문에 화학약품에 의한 침전 및 생물학적 인제거 공정에 의하여 제거할 수 있다.

4.19.1 화학적 인제거 공정

(1) 응집침전법

인제거 기작은 3가금속이온이 하수 중의 3가인산이온과 반응하여 난수용성의 인산염을 생성한다. 응집제로는 황산알루미늄, 폴리염화알루미늄(PAC), 염화제이철, 황산제일철 등이 있다. 제거공정은 응집제와 하수와의 혼합, 플록 형성, 침전분리과정으로 이루어졌다.

응집반응의 한 예는 다음과 같다.

$$Al_2(SO_4)_3 \cdot 14H_2O + 2H_2PO_4^- + 4HCO_3^- \rightarrow 2AlPO_4 + 4CO_2 + 3SO_4^{2-} + 18H_2O \tag{4.91}$$

응집제 첨가 위치는 알루미늄염, 제이철염 등을 사용하는 경우는 반응조의 말단부분에서 주입하고, 제일철염을 사용하는 경우에는 제일철이 반응조의 말단부분에서 제이철로 산화될 수 있는 위치에서 주입한다. 응집제의 선정은 응집제의 성질, 처리시설의 특성, 응집제의 가격 등을 고려하여 선정하며, 응집제 첨가량은 목표 처리수 인농도와 응집제 몰비의 관계로부터 설정한다. 또한 슬러지발생량은 알루미늄염을 사용하는 경우는 첨가한 알루미늄량의 5배 정도의 SS가, 철염을 사용하는 경우에는 첨가된 철의 3.5배 정도의 SS가 발생하여 잉여슬러지량이 증가하게 된다. 적절한 응집제를 선택하면 용해성 총인농도 0.3mg/L 이하, 총인농도 0.5mg/L 이하의 처리수를 얻을 수 있다.

(2) 정석탈인법

정석탈인법의 인 제거원리는 어느 물질의 과포화용액에 그 물질의 결정을 넣으면 용질이 결정을 핵으로 하여 석출되는 원리를 응용한 것으로 비교적 고농도의 인(10mg/L 정도)을 함유하고 있는 유입수로부터 1mg/L 정도의 비교적 낮은 농도의 인을 함유하는 유입수까지 적용가능한 방법이다. 정인산이온과 칼슘이온은 난용해성의 염인 하이드록시 아파타이트($[Ca_{10}(OH)_2(PO_4)_6]$, 이하 「아파타이트」라 칭함)를 생성하는데 화학적인 반응식은 식 (4.92)와 같다.

$$10Ca^{2+} + 6PO_4^{3-} + 2OH^- \rightarrow Ca_{10}(OH)_2(PO_4)_6 \quad (4.92)$$

그림 4.81에 나타나 있는 바와 같이 인산과 칼슘이 혼합된 용액은 각 성분의 농도에 따라서 아파타이트를 검출하는 경계, 즉 용해도 곡선이 존재한다. 또한 준안정지역이 존재하여 이 지역의 경계 이상으로 칼슘이온을 첨가하면 아파타이트가 응집침전 되기 시

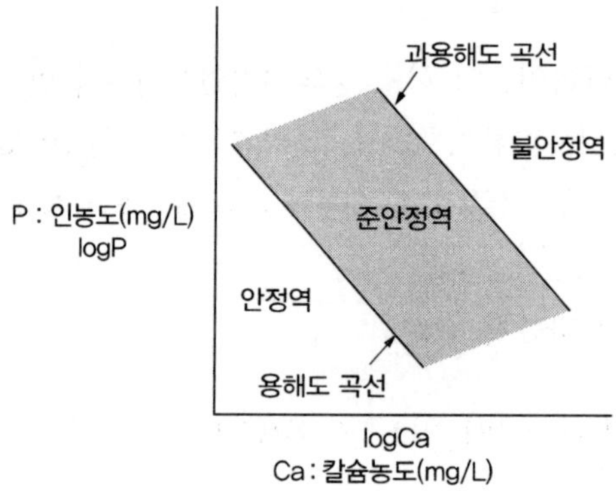

그림 4.81 정석반응과 인산, 칼슘이온(pH 일정)

작한다. 그 결과 인산과 칼슘이 제거된다. 정석탈인법의 이점은 응집침전법에 비하여 석회의 주입량을 30~90mg/L로 적게 할 수 있으며, 따라서 슬러지의 발생이 적어지게 된다. 이차처리수 중의 총인 농도를 0.5mg/L 이하로 할 수 있지만, 탈인 성능은 설정 pH, 칼슘농도, 수온, 원수 중의 방해물질, 접촉시간, 종결정의 성질에 따라 지배된다. 또한 하수 중에 포함되어 있는 총 탄산이온의 알칼리도가 정석반응을 방해하기 때문에 전단에 산첨가에 의한 탈탄산공정이 필요하다.

4.19.2 생물학적 인제거

(1) 원리

하수처리에서 생물학적 인제거란 용존상태의 인을 입자상태의 인으로 고정되도록 함으로써 배출수의 인농도를 낮추는 것을 의미한다. 생물학적 인제거는 혐기조건에서 인을 방출하고 호기조건에서 방출량보다 많은 인을 섭취하는 특정한 미생물에 의해 이루어진다. 인축적 미생물은 *Acinetobacter*가 그 대표적으로 세포 내부에 그래뉼 형태의 다중인산염(poly-P)을 저장하고 있다.

*Acinetobacter*는 혐기조건에서 단쇄지방산(SCFA, short chain fatty acids)을 섭취하여 세포 내 유기물의 일종인 PHB (poly-β-hydroxybutyrate) 형태로 저장할 수 있는데, 이때 세포 내 인을 수중으로 방출함으로써 수중의 용존 인농도는 증가한다. 호기조건에서 *Acinetobacter*는 세포 내 저장된 PHB를 분해하며 이화나 동화대사에 사용하는데 이때는 많은 양의 ATP가 필요하게 되어 수중의 용존 인을 세포 안으로 흡수하게 되고 수중의 용존 인농도는 감소하게 된다. 특히, 호기조건에서는 혐기조건에서 방출한 인의 양보다 많은 양의 인을 섭취하게 되는데 이러한 혐기-호기가 반복적으로 교차하면 인 제거 미생물의 세포 내 인농도는 계속 증가하게 된다. 따라서 생물학적인 방법으로 인을 제거하는 경우에는 혐기조건과 호기조건이 반복 교차하는 상황이 반드시 필요하다.

그림 4.82에 혐기조건에서 호기조건으로 교차하는 과정에서의 SBOD와 용존 인인 orthophosphorus의 농도변화를 도식적으로 표시하였으며, 표 4.46에는 혐기 및 호기조건에서의 인 대사과정을 요약하여 설명하였다.

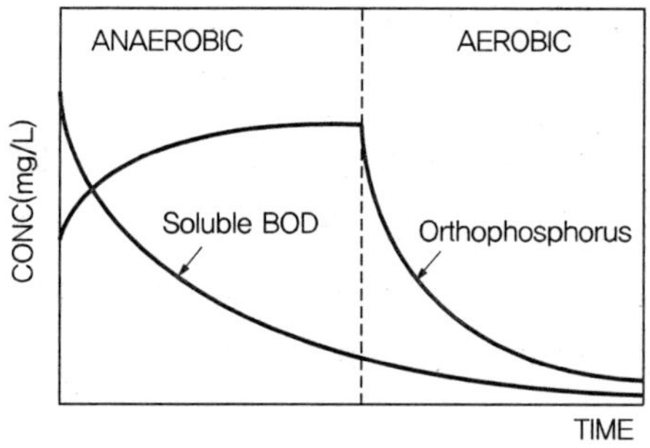

그림 4.82 용해성 BOD와 인의 관계

표 4.46 생물학적 인제거 과정

단 계		반 응
혐기성 단계	발효	• SBOD가 임의성 미생물에 의해 SCFA로 변환
	인방출	• SCFA가 세포 내로 이동 • 인의 방출 • SCFA가 PHB로 변환되어 축적
호기성 단계	인섭취	• PHB 산화 • 용액에서 인제거
	새로운 세포 합성	• 인이 풍부한 세포 형성
인제거	과잉섭취 인 폐기	• 잉여슬러지 폐기에 의해 인제거

(2) 인제거공정의 영향인자

1) 용존산소

호기성상태에서 인 축적 미생물들은 세포 내로 흡수한 산소를 이용하여 혐기성상태에서 생성한 PHB 또는 외부의 유기물과 반응해 용존 인(Soluble phosphorus)을 세포 내에 폴리인산염(Polyphosphate)으로 저장시키면서 필요한 에너지를 생산하게 된다. 한편, 인의 방출이 일어나는 혐기성조건에서는 용존산소가 존재하지 않는 조건을 조성함으로써 효과적인 인제거 과정이 이루어지게 된다. 생물학적 질소·인제거공정에서 방류수 내 TP를 1mg/L 이하로 유지하기 위해서는 호기성상태에서의 용존산소농도는 1.5~3.0mg/L의 범위로, 그리고 혐기성상태에서는 용존산소가 존재하지 않는 조건을 유지하여야 한다.

2) 온도

생물학적 인제거시 5℃에서 제거된 인의 총량은 15℃에서 제거된 것보다 40% 많다고 보고하였다. 또한 온도를 10℃에서 30℃까지 증가시키면서 활성슬러지의 인제거 효율을 평가한 결과, 저온에서 더 효과적인 인제거 효율을 나타내었다는 보고도 있다. 따라서, 인제거 미생물은 고온보다는 저온에서 높은 활성을 유지하는 것으로 판단되며 이를 적절히 응용할 경우 제거효율을 높일 수 있을 것이다.

3) pH

*Acinetobacter*에 대한 순수 배양연구에서 pH가 8.5일 때의 최대비성장률이 pH 7.0일 때에 비해서 42% 정도 높았으며, pH 6.0 이하에서는 미생물의 성장이 일어나지 않았다는 연구결과가 있다. 또한 pH를 5에서 8로 변화시켜 운전한 결과, 인제거 효율이 42%에서 92%로 증가한다는 연구결과도 있다. 그리고 pH 6.5 이하에서는 인의 섭취가 감소되고, pH가 5.2 이하로 떨어지면 미생물의 인섭취 활성도가 상실된다.

4) 설계인자

생물학적 인제거 공정의 중요한 설계인자는 슬러지 체류시간(SRT), 혐기성 체류시간, 호기성 체류시간이다. 처리공정 설계 시 유기물의 제거, 질산화와 탈질소화를 고려한다면 긴 SRT가 요구되지만, 인제거의 경우에는 SRT를 길게 할 경우 슬러지 발생량을 감소시킨다는 장점이 있는 반면에, 과량의 인을 섭취한 슬러지의 폐기를 통해 얻어지는 인의 제거효율을 저하시키는 단점을 유발시킨다. 또한 혐기 및 호기체류시간에 관한 연구에서는 호기성체류시간은 1~2시간 정도면 인제거가 가능하고, 혐기조체류시간이 너무 길 경우 SCFA가 부족하게 되어 호기조의 인과잉섭취에 필요한 탄소원부족을 야기해 인방출이 저해된다.

5) 기질

생물학적 인제거시 오폐수 내에 아세트산이나 프로피온산이 다량 함유되어 있는 경우 인제거율이 높은 것으로 알려져 있다. 이는 미생물 내로 흡수되는 유기물의 형태가 아세트산이나 프로피온산과 같은 단쇄지방산일 경우 미생물 내부로의 흡수가 용이하게 되어 인의 방출을 증가시키기 때문이다. 63%의 아세트산과 37%의 프로피온산으로 구성된 SCFA를 첨가한 결과, 1g의 인을 제거하는데 소모된 SCFA의 양은 6.4g이었다고 하는 보고와 6.7g의 SCFA당 1g의 인이 제거되었다는 연구결과가 있다.

6) 질산성질소의 영향

혐기성조에 질산성질소가 유입될 경우 정상적인 인의 방출과 유기물의 제거, PHB의 축적이 이루어지지 않고, 오히려 미생물들이 탄소원과 질산성질소의 산소를 이용하여 무산소조에서와 같이 탈질반응이 일어난다.

(3) 혐기호기활성슬러지법

활성슬러지 미생물의 인 과잉섭취현상을 이용한 생물학적 탈인법으로 혐기호기활성슬러지법(A/O)이 있다. A/O공정은 Anaerobic－Oxic을 말하며 반응조 일부를 용존산소가 존재하는 호기성 상태(Oxic)와 용존산소가 없는 혐기상태(Anaerobic)로 유지하고 이를 반복시켜 활성슬러지 중의 인 함유율을 증가시킴으로써 인을 제거하는 방법이다. 그림 4.83과 같이 이차침전지의 반송슬러지는 혐기조 전단부로 유입되고 하수와 혼합된다. 혐기조에서는 미생물에 의한 유기물의 흡수가 일어나면서 인이 용출된다. 호기소에서는 인의 과잉섭취과 함께 유기물의 산화가 일어난다. 호기조의 체류시간을 길게 주면 질산화를 이룰 수 있다. 참고적으로 유출수의 인농도는 주로 하수 내의 BOD와 인의 비율과 관련이 있는데, 하수의 경우 BOD : P의 비가 10 : 1 이상이면 유출수의 용존성 인산염농도는 1mg/L 또는 그 이하가 가능하다. BOD : P의 비가 10 : 1 이하인 경우 유출수 내 인농도를 낮게 하기 위하여 응집제를 공정 내에 주입할 수 있다. 일반적인 설계기준으로는 표 4.47과 같다.

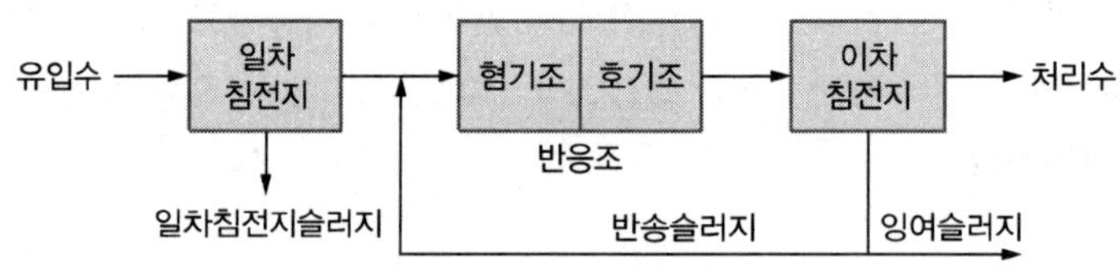

그림 4.83 A/O공정

표 4.47 A/O 공정 설계 인자

F/M비	0.2～0.7kgBOD /kgMLSS / day	슬러지반송	25～40 (유입수의 %)
MLSS	2,000～4,000mg/L	HRT	혐기조 : 0.5～1.5 h, 호기조 : 1～3 h

4.20 질소 · 인 동시제거

4.20.1 생물학적 질소 · 인 동시제거

(1) 각 공법의 개요

1) 혐기무산소호기활성슬러지법

혐기무산소호기활성슬러지법은 혐기(Anaerobic), 무산소(Anoxic), 호기(Oxic) 반응조가 순차적으로 배치되어 있는 구조로서 A2O공정이라고 부른다. 유입수와 반송슬러지는 혐기조로 유입되고 혐기조에서는 유입수에 포함된 유기물(탄소원)을 이용한 인 방출이 일어난다. 호기조에서는 유기물의 산화 및 질산화가 이루어지고 특히 인축적미생물의 인과잉섭취가 이 단계에서 일어난다. 내부반송에 의해 호기조 혼합액은 무산소조로 반송된다. 무산소조에서는 유입수에 포함된 유기물을 이용한 탈질이 일어난다.

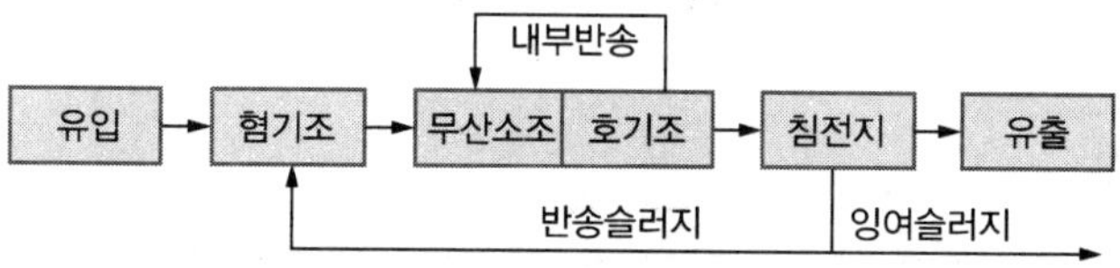

그림 4.84 A2O공정

혐기무산소호기활성슬러지법으로는 일반적인 도시하수에 대하여 일차침전지 유출수를 기준으로 총질소 60~70%, 총인 70~80%의 제거율을 기대할 수 있지만 유입하수의 BOD/P비, SRT, HRT, 수온 등 여러 영향인자에 따라 달라진다.

수정 Bardenpho공정이나 UCT공정, 수정UCT공정, VIP공정은 모두 A2O공정을 근간으로 하여 질소나 인의 제거율을 높이기 위해 반응조의 수나 내부반송 방법 및 위치 등을 변형한 방법이라 할 수 있다.

2) 수정Bardenpho공정

무산소－호기－무산소－호기의 Bardenpho공정에 혐기조를 추가하여 탈질, 탈인을 생물학적으로 동시에 이루기 위한 공정이다. 반송슬러지는 유입수와 함께 혐기조로 유입되어 인이 방출되고, 무산소조에서는 질산성질소의 탈질이 이루어진다.

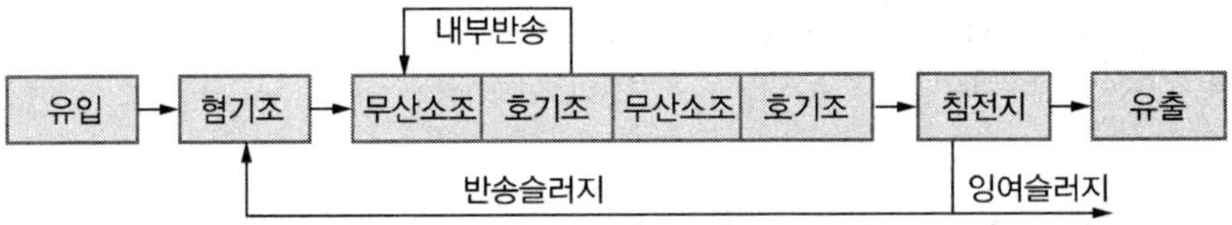

그림 4.85 수정 Bardenpho공정

3) UCT공정

A2O공정과 유사한 공정이지만 반송슬러지가 직접 혐기조로 유입되지 않고 무산소조로 순환되고, 무산소조의 혼합액이 혐기조로 다시 내부순환된다. 반송슬러지에도 상당량의 질산성 질소가 포함되어 있는데 반송슬러지를 무산소조로 반송시킴으로써 혐기조에의 질산성질소 유입이 방지되어 혐기조의 무산소화를 방지할 수 있다.

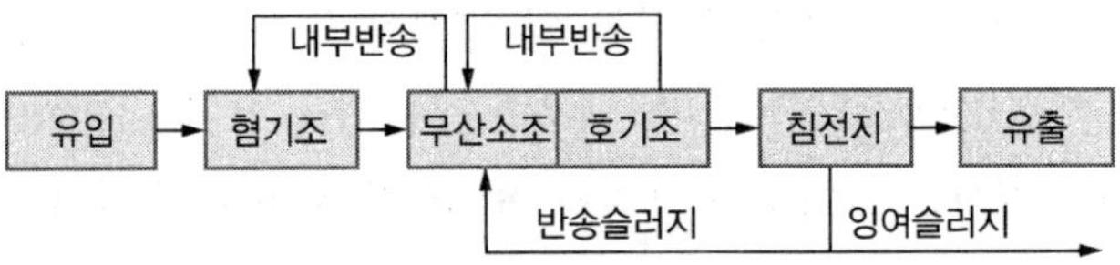

그림 4.86 UCT공정

4) 수정 UCT공정

무산소단계가 두 개의 반응조로 나뉘어져 있다. 반송슬러지는 첫 단계의 무산소조로 유입되고, 포기조에서 반송되는 내부의 혼합액 반송은 두 번째 무산소조로 유입된다. 수정 UCT공정의 목적은 무산소조의 한계수리학적 체류시간을 1시간 정도로 하여 혐기조로 반송되는 질산성질소를 완전히 제거하여 인 제거를 원활하게 수행할 수 있도록 하는 것이다.

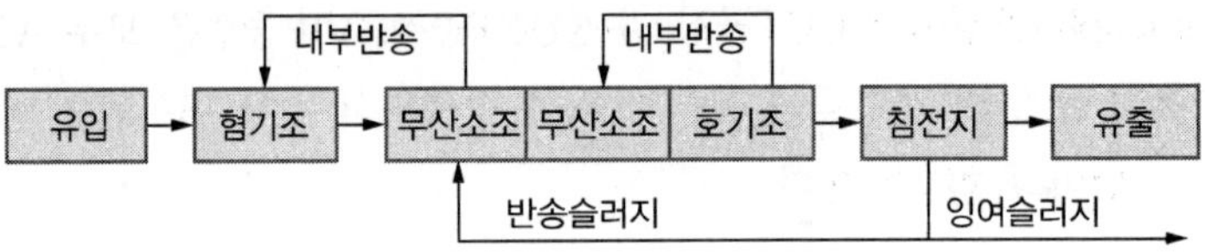

그림 4.87 수정UCT공정

5) VIP공정

A2O 및 UCT공정과 유사하지만 재순환 방법에 차이가 있다. 호기조에서 질산화된 혼합액은 반송슬러지와 함께 무산소조의 입구로 순환되며, 무산소조의 혼합액은 혐기조

로 반송된다. 한편 유입수 내의 일부 유기물은 혐기조에서 혐기성 분해되어 전체공정의 산소요구량을 감소시킬 수 있다.

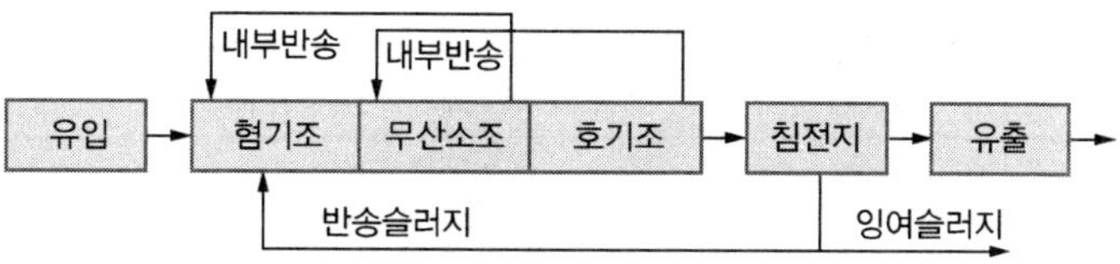

그림 4.88 VIP공정

(2) 공법별 특징 및 설계인자

표 4.48에는 생물학적 질소 · 인 동시 제거공정의 특징과 운전인자가 각 공정별로 요약되어 있다.

표 4.48 생물학적 질소 · 인 동시 제거공정

공정	변경사항	특 징	운전인자
A2O	• A/O공정에 무산소조 설치	• 내부반송을 통하여 탈질 및 인방출 저해 감소 • 제거율은 A/O에 비해 약간 떨어짐 • 인농도가 안정되지 못할 경우 화학적 처리나 여과 장치 첨가	• HRT(h) : 혐 0.5~1.5, 무 0.5~1, 호 3.5~6 SRT : 4~27일 • 내부반송비 : 100~300% • 슬러지반송비 : 20~50%
Modified Bardenpho	• 전단부에 혐기조 설치	• 인제거율을 높임 • 일차무산소조 : 유입수 중의 유기물을 전자 공여체로 탈질수행 • 이차무산소조 : 내생탄소원을 이용하여 탈질	• HRT(h) : 혐 1~2, 무1 2~4, 호14~12, 무2 2~4, 호2 0.5~1 • 슬러지반송률 : 50~100% • 내부반송률 : 400%
UCT	• bardenpho공정 수정 • A2O공정과 달리 무산소조로 슬러지 반송	• 반송슬러지 내 질산성질소로 인한 혐기조로 인을 방출해 방지 • TKN/COD비율이 0.08 이상인 경우에도 인제거가 가능	• F/M비 : 0.1~0.2gBOD/gMLSS • SRT : 10~30일 • HRT(h) : 혐 1~2, 무 2~4, 호 2.5~4
Modified UCT	• UCT공정에 무산소조 추가 설치	• 질산성질소에 의한 혐기조에서의 저해 방지기능 추가 • 무산소조1 : 반송슬러지 내의 질산성 질소농도를 낮춤 • 무산소조2 : 호기조에서 반송된 질산성질소를 탈질	• HRT(h) : 혐 1~2, 무1 2~4, 무2 2~4, 호 4~12 • 슬러지반송률 : 50~100% • 내부반송률 : 100~600%

VIP	• 순환방법 변경	• UCT공법에서 이차 내부반송을 무산소조로 보내지 않고 반송슬러지관에 주입 • 2개 이상의 완전혼합조를 직렬로 연결하여 Plug-flow이 발생하도록 함 • 호기조에서 잔류 유기물 농도가 높게 유지되어 인의 흡수속도가 증가함	• HRT(h) : 혐 1~2, 무 2~4, 호 2.5~4 • 슬러지반송률 : 50~100% • 내부반송률 : 200~400% • SRT : 5~10일

4.20.2 응집제와 생물학적처리의 병용

(1) 응집제 병용 순환식질산화탈질법

표준 도시하수의 경우 유입수(일차침전지 유출수)에 대한 총질소 제거율은 60~70%, 총인 제거율은 70~80%를 기대할 수 있다(그림 4.89 참조).

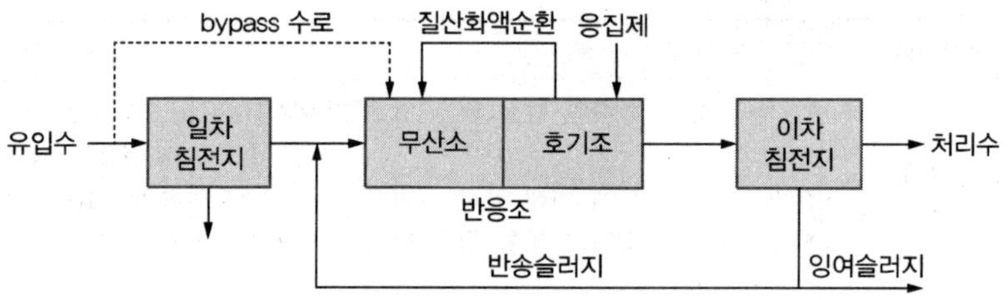

그림 4.89 응집제 병용 순환식질산화탈질법의 처리계통

(2) 응집제 병용 질산화내생탈질법

표준 도시하수의 경우 유입수(일차침전지 유출수)에 대한 총질소 제거율은 70~90%, 총인 제거율은 70~80%를 기대할 수 있다(그림 4.90 참조).

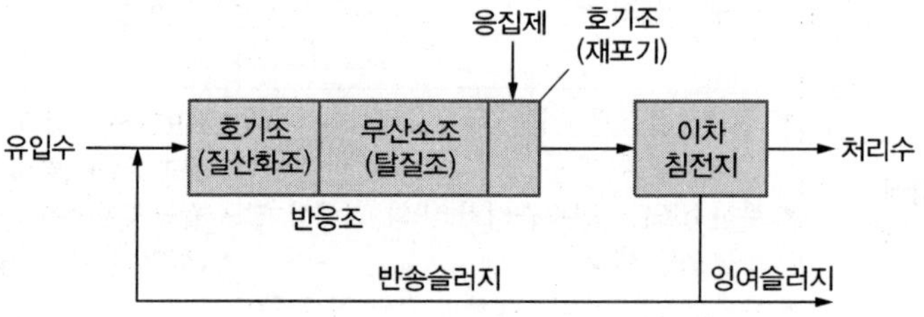

그림 4.90 응집제 병용 질산화내생탈질법의 처리계통

(3) Sidestream 공정

질소와 인을 동시에 제거하고자 고안된 sidestream 공정은 기존의 Phostrip 공법에서 탈인조 앞에 탈질조를 설치하여 탈질과 후속되는 탈인조에서 질산성질소의 영향을 최소화하여 탈인 효율을 높인 수정 Phostrip 공법, 이에 더하여 포기조 이전에 미생물 선택조를 추가하여 낮은 F/M비에 의한 사상성미생물의 슬러지벌킹을 방지하는 공법(P/L공법) 등이 있다. 수정Phostrip공법을 그림 4.91에 나타내었다.

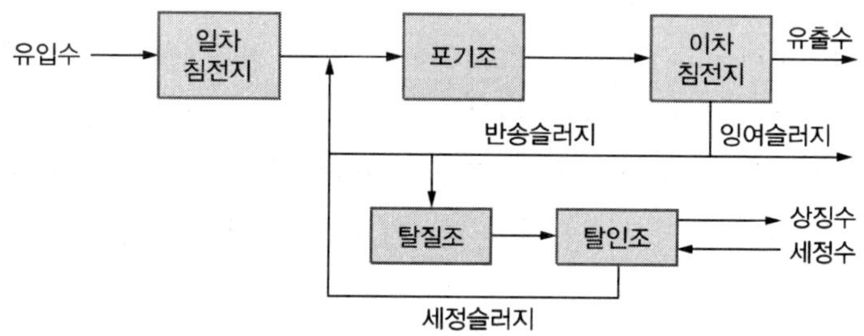

그림 4.91 질소 · 인 동시제거 sidestream 공정(수정 Phostrip 공법)

4.20.3 기타

질소 · 인 동시제거가 가능한 기타 공법으로는 연속회분식 활성슬러지법, 간헐포기식 활성슬러지법 등이 있으며, 기존 표준활성슬러지법으로 운영되던 공공하수처리시설의 고도개량 시 부족한 체류시간 보완을 위한 유동상 및 고정상 담체공법 등이 적용된 사례가 있다. 또한, 최근 분리막 기술의 발달과 방류수수질기준의 강화에 따라, 분리막공법이 소규모로부터 중대규모시설에 이르기까지 적용되는 추세에 있다.

이밖에도 특허법 및 실용신안법의 규정에 의하여 등록된 특허 및 실용신안 기술, 건설기술관리법 제18조의 규정에 의해 지정된 신기술, 기술개발촉진법 제2조 제4호에 의해 지정된 국산신기술(KT), 공업발전법 제15조 및 동법 시행령 제14조에 의한 신기술(NT) 및 품질인증 기술, 공업 및 에너지기술개발조성에 관한 법률 시행령 제15조의 규정에 의한 K마크 품질인증 기술, 기타환경부장관이 인증하는 신기술 및 국책과제, G7과제로서 연구 진행 중인 신기술 등 다양한 기술들이 연구 개발되고 있다.

4.21 소독

4.21.1 개요

공공하수처리시설에서 시행되는 소독의 목적은 처리 중에 생존할 우려가 있는 병원성 세균을 사멸시켜 처리수의 위생적인 안전성을 높이는데 있다. 사람의 대변 1g에는 10^{12} 마리 정도의 생물체가 존재하며, 그 중 총 대장균 군수는 $10^7 \sim 10^9$마리, 그리고 분변성 대장균은 $10^6 \sim 10^9$마리 정도인 것으로 알려져 있다. 한편 가정오수의 처리정도에 따른 대장균 군수의 변화는 표 4.49에 제시되어 있다. 하수 내에는 각종 세균들이 대단히 많이 존재하므로, 일반적인 하수처리과정에서 99%의 높은 율로 제거된다 하더라도 처리수에는 여전히 많은 수의 세균들이 존재하기 때문에 결국 소독이 필요하게 된다.

표 4.49 가정오수의 처리정도에 따른 대장균군수의 변화

수 질	BOD (mg/L)	TSS (mg/L)	Total N (mg/L)	Total Coliforms (#/100mL)	Fecal Coliforms (#/100mL)
원 수	200	200	35	$10^7 \sim 10^8$	$10^6 \sim 10^7$
일차처리수	130	100	30	$10^7 \sim 10^8$	$10^6 \sim 10^7$
이차처리수	20	20	20	$10^5 \sim 10^6$	$10^4 \sim 10^5$
이차처리 후 여과수	12	5	18	$10^4 \sim 10^5$	$10^3 \sim 10^5$
질산화수	7	10	18	$10^4 \sim 10^5$	$10^3 \sim 10^5$
질산화 후 여과수	5	5	18	$10^4 \sim 10^5$	$10^3 \sim 10^5$

4.21.2 소독방법

소독방법의 선택 시에는 소독제의 물에 대한 용해도, 소독력, 잔류독성의 유무, 가격, 취급의 용이성 등을 고려해야 한다. 이들 요구조건을 만족시킬 수 있다고 현재까지 알려져 있는 방법으로서는 염소, 이산화염소, 오존 및 자외선 조사법 등이다.

(1) 물리적 방법

가열, 자외선(UV) 조사, 감마선 조사, X선 조사

(2) 화학적 방법

- 할로겐족 산화제 : 액화염소, 차아염소산나트륨, 클로라민, 이산화염소 등 각종 염소계화합물
- 비할로겐족 산화제 : 오존, 과산화수소
- 금속 : 은이온, 동이온

4.21.3 각종 소독방법의 비교

각 소독방식들의 장단점 및 효과를 요약하면 표 4.50과 같다.

표 4.50 각 소독방식의 장단점 및 효과 비교

고려사항	Cl_2	NaOCl	ClO_2	O_3	UV
시설규모	전규모	중・소규모	중・소규모	대・중규모	중・소규모
소독처리 시 응용 단계	모든 단계	모든 단계	이차처리	이차처리	이차처리
장비의 신뢰성	좋음	좋음	좋음	아주 좋음	아주 좋음
기술의 상대적 복잡성	간단~보통	보통	보통	복잡	간단~복잡
안전성, 현장으로의 운반	위험 필수적	안전 필수적	위험 필수적	안전 보통	안전 최저
박테리아 사멸	좋음	좋음	좋음	좋음	좋음
바이러스 사멸	나쁨	나쁨	좋음	좋음	좋음
어독성	독성	독성	독성	가능성 없음	무독성
유해 부산물	있음(THM)	거의 없음	있음	가능성 없음	없음
잔류성	길다	길다	보통	없음	없음
접촉시간	길다 30~60분	보통 10~15분	보통-길다	보통 10~20분	짧다 1~5초
용존산소에 대한 기여	없음	없음	없음	기여	없음
암모니아와의 반응	반응	반응	무반응	반응(높은 pH에서만)	무반응
색도제거	보통	보통	제거	제거	제거 안 됨
용존고형물의 증가	증가	증가	증가	증가 안 됨	증가 안 됨
pH 영향	있음	없음	없음	약간 (높은 pH)	없음
유지・관리의 민감성	최소	최소	높음	높음	보통
부식성	있음	있음	있음	있음	없음

4.21.4 염소처리

(1) 개요

원소상태의 염소는 보통의 온도와 압력에서 독성이 있는 기체이며, 수분이 존재하면 부식성이 매우 강하므로 높은 압력 하에서 건조한 액체로 저장된다. 또한 염소가스는 공기보다 약 2.5배 무거우며 자극성이 강한 냄새를 가진다. 염소가스는 비폭발성, 비가연성이지만 250℃의 높은 온도에서는 연소를 도울 수도 있다.

염소의 특성은 표 4.51～표 4.53과 같다. 염소는 특수 제작된 강철제 고압용기에 압축된 액체상태로 저장하여 사용한다. 액체 염소는 비가연성으로 깨끗한 호박색을 띠며, 물보다 1.5배 무겁고, 기화하면 부피가 460배로 늘어난다. 보통 액체염소는 불순물 및 수분함량에 있어서 제한을 받게 되는데, 불순물이 있으면 염소주입기를 폐색시키게 되고 수분은 염소와 반응하여 부식성이 강하게 되므로 주의를 요한다.

표 4.51 염소가스의 특성

항 목	특 성	항 목	특 성
외관	황록색	임계압력	$76.1 kg/cm^2$
비중	2.491 (공기 1, 0℃)	1L의 무게	3.166g (0℃)
비등점	－33.6℃	물 1L의 대한 용해량	4.61L (0℃)
임계온도	144℃	분자량	70.91

표 4.52 물 1L에 대한 염소가스의 용해량

온도(℃)	용해량(L)	온도 (℃)	용해량(L)	온도 (℃)	용해량(L)
0	4.610	25	2.019	60	1.023
10	3.148	30	1.799	80	0.683
15	2.680	40	1.438	100	0
20	2.299	50	1.225		

표 4.53 염소가스가 인체에 미치는 독성

감 응 정 도	mg/L	염소(cm^3) / 공기(cm^3)
장시간 작업에 견딜 수 있는 한계	0.003	1.0
냄새를 맡을 수 있다.	0.010	3.5
0.5～1.0시간 작업에 견딜 수 있는 한계	0.012	4.0
목구멍에 자극을 준다.	0.040	14.0
0.5～1.0시간 작업에 생명이 위험	0.04～0.06	14～21
기침이 심하게 난다.	0.080	28
0.5～1.0시간 작업 시 사망	0.1～0.15	35～50
즉시 사망한다.	2.5～2.8	900～1,000

(2) 반응

하수에 염소를 주입하면 여러 가지 반응이 동시에 일어나지만 온도, pH, 하수의 완충력, 염소의 특성에 따라 반응에 영향을 끼친다. 염소가스를 물에 주입하면 반응은 식 (4.93) 및 식 (4.94)와 같이 된다.

$$\text{가수분해 : } Cl_2 + H_2O \rightleftarrows HOCl + HCl \tag{4.93}$$

$$\text{이온화 : } HOCl \rightleftarrows H^+ + OCl^- \tag{4.94}$$

HOCl과 OCl^-의 비는 수용액의 최종 pH에 의하여 결정되며 그 변화가 그림 4.92와 같다. 그리고 하수 내에는 각종 오염물이 존재하는데, 그 중에서 S^{2-}, HS^-, SO_3^{2-}, NO_2^-, Fe^+ 등과 같은 환원상태의 무기물은 염소와 즉시 반응하여 염화물을 형성함으로써 소독을 위한 염소의 양을 감소시킨다. 하수는 또한 상당한 양의 암모니아를 함유하는데 염소가 주입되면 상호 반응하여 클로라민(chloramine)화합물을 형성한다. 그 반응은 식 (4.95), (4.96) 및 (4.97)과 같다.

$$NH_3 + HOCl \rightarrow NH_2Cl\text{(monochloramine)} + H_2O \tag{4.95}$$

$$NH_2Cl + HOCl \rightarrow NHCl_2\text{(dichloramine)} + H_2O \quad 4.96)$$

$$NHCl_2 + HOCl \rightarrow NCl_3\text{(nitrogen trichloride)} + H_2O \tag{4.97}$$

이러한 반응은 pH, 온도, 접촉시간, 초기의 염소와 암모니아의 비 등에 크게 영향을 받으며, 이들도 소독작용이 있다. 또 염소는 하수 내의 암모니아 외에도 아미노산, 단백

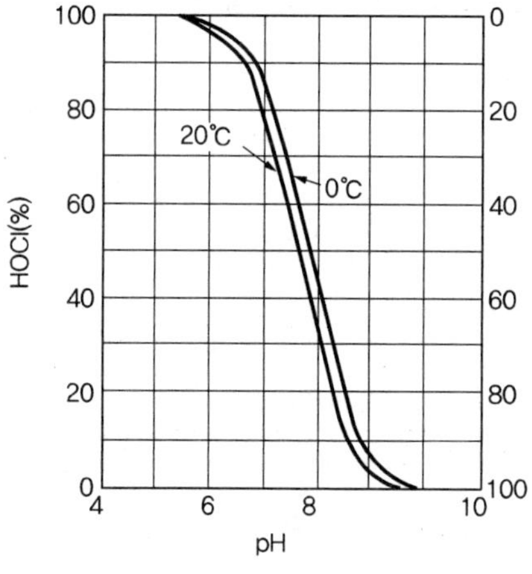

그림 4.92 HOCl과 OCl^-의 관계

질 등과 반응하며, 하수가 공장폐수를 함유하면 페놀(phenol) 등의 오염물과도 반응하므로 염소 소모량이 증가하게 된다. 암모니아를 함유한 물에 염소를 첨가하였을 때의 단계적 현상은 앞의 그림 4.77과 같다.

(3) 주입위치

소독용 염소는 염소접촉조의 입구나 혹은 그림 4.93에 주어진 바와 같이 접촉조 앞에 별도로 설치된 염소주입조에 주입되며, 주입되는 즉시 하수와 잘 혼합되도록 하는 것이 소독효과를 크게 한다. 그러나 접촉조에서 단회로를 방지하기 위하여 가능한 한 혼합이 일어나서는 안 된다. 염소주입조에서의 혼합은 그림 4.94와 같이 수리학적 도수를 이용하여 실시될 수 있는데 그렇지 못한 경우에는 혼합기를 설치하는 것이 좋다.

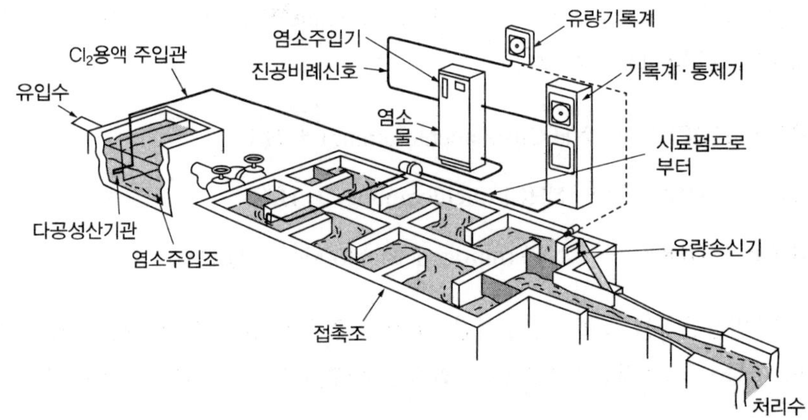

그림 4.93 폐회로통제 시스템

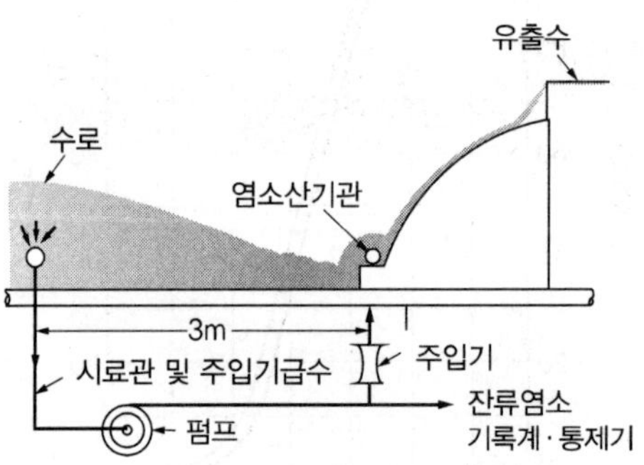

그림 4.94 수리학적 도수를 이용한 염소주입 및 혼합

(4) 주입량

일반적으로 염소소독시설의 설계에서 맨 먼저 고려해야 할 사항은 처리장에서 요구되는 염소의 양으로, 소독을 위하여 요구되는 염소주입은 처리되는 하수의 수질에 따라 다르고, 결정된 주입률은 주어진 접촉시간에서 요구되는 소독효과를 줄 수 있어야 한다. 그러나 잔류염소가 과다하게 투입되면 비경제적일 뿐만 아니라 방류수역의 수생생물에 영향을 미치기 때문에 방류수역의 수질오염 한계를 초과하지 않는 정도로 한다. 각종 하수의 소독에 요구되는 염소주입농도는 일반적으로 표 4.54와 같다.

표 4.54 염소주입률

하수의 종류	주입률(mg/L)
유입하수	7~12
일차침전지 유출수	7~10
이차처리수	2~ 4

(5) 접촉조

접촉조의 주목적은 주입된 염소에 의하여 박테리아의 수가 허용치로 감소될 수 있도록 충분한 체류기간을 부여하는 것이다. 염소의 소독효과는 하수의 성질, 접촉시간, 혼합도, 온도 및 염소주입률에 의해서도 영향을 받는다. 소독효과를 높이기 위해서는 접촉시간은 최저 15분간으로 하고, 염소를 충분히 혼합 및 접촉시킬 필요가 있다. 또 방류관거에서 접촉시간이 충분히 확보되는 경우에는 접촉조를 생략하는 것도 가능하다. 접촉조는 단회로가 생기거나 사공간(dead space)이 형성되지 않는 플러그흐름형의 구조로 한다. 소독을 대상으로 하는 하수량은 계획1일오수량으로 하는 것이 좋으나 합류식에 있어서는 강우량에 따라서 수중의 대장균수가 현저하게 변동하기 때문에 그 관계를 미리 고려해 둘 필요가 있다.

그림 4.95 염소접촉조

(6) 중화설비

염소는 독성이 강하기 때문에 누출 및 기타의 사고에 대비하여 방독 및 제해시설을 고려하여 설계한다. 염소저장시설로 100kg 용량의 실린더를 사용하는 경우에는 새어나오는 염소의 검출, 중화 및 흡수용의 약품류를 비치하여 두어야 하며, 1ton 용량의 실린더나 저장탱크를 사용하는 경우에는 염소의 누출에 대비하여 누출검지기, 중화반응탱크 및 배풍기 등의 중화시설을 설치한다. 중화장치의 능력은 누출염소를 충분히 중화시켜 무해하게 할 수 있어야 한다.

(7) 문제점

염소는 독성가스로서, 액화시켜 고압용기로 저장, 이용되기 때문에 취급에 주의해야 하고, 고압가스안전관리법에 의해 고압가스 사용시설 및 저장시설로 구분되어 규제를 받아야 하며, 안전설비 및 제해설비를 갖추어야 한다. 염소처리는 원래 탈취의 목적으로 공공하수처리시설에서 사용되기 시작했으며, 최근에는 염소처리 시 발생하는 발암물질인 THM의 위해성, 환경에 미치는 이차적 독성, 수생 생물에 대한 영향 등으로 인하여 염소소독에 대한 재검토 작업이 각국에서 활발히 전개되고 있다. 염소처리된 공공하수처리시설 유출수의 수생 생물에 대한 독성은 첨가된 염소량뿐만 아니라 잔류염소의 농도 및 종류에 의해서 결정되는 것으로 알려져 있다. 염소처리된 하수는 수생생물에 대하여 급성 및 만성의 독성을 나타내거나 물고기의 종류를 감소시킬 수 있다. 또한 하수처리 시 바이러스 제거는 염소처리보다 흡착작용에 의한 영향을 크게 받으며, 대장균은 염소처리로 대응이 가능하나 아메바이질원충(*E. Histolytica*) 및 장티푸스 병원균은 제거가 불충분하다. 따라서 이들 병원균은 염소처리에 대하여 대장균보다 강한 내성을 보이기 때문에 대장균이 검출되지 않더라도 병원균은 존재할 수 있다.

4.21.5 이산화염소

이산화염소(ClO_2)는 일반적으로 사용되고 있는 열처리, 자외선 조사 및 오존(O_3) 주입 등의 소독방법과는 달리 지속적인 소독력을 가진 대체 소독제로서 정수처리에는 이미 많이 사용하고 있다. 적황색의 가스 또는 완충용액의 형태로 되어 있으며, 상온에서의 용해도는 2.9gClO_2/L이고 밀도는 2.4로 공기보다 무겁다. 이산화염소는 표 4.55에 주어진 바와 같이 물에 쉽게 녹고 냄새가 없으며, 산화력이 강하고, pH에 의한 영향을 받지 않을 뿐만 아니라 할로겐 화합물을 생성하지 않는다는 장점이 있다.

표 4.55 염소와 이산화염소의 특성 비교

특 성	이산화염소	염 소
사용상태	완충용액	액화가스
살균력 (대장균 99% 이상 살균기준)	pH = 8.5에서 0.25ppm 주입 시 20초 내	pH = 8.5에서 0.25ppm 주입 시 60초 내
냄새발생농도	17ppm부터	0.35ppm부터
THM 생성농도	없음	10시간 반응 시 0.25mol/L
음료수 살균 시의 사용농도	0.1에서 0.2ppm	0.2에서 0.4ppm
산화력(이론치)	염소의 2.5 배	1.0

4.21.6 차아염소산나트륨

차아염소산나트륨은 시판용을 주입하는 방법과 현장에서 염수 또는 해수를 원료로 해서 전기분해에 의한 방법으로 차아염소산나트륨을 생산해서 주입하는 방법이 있다. 시판용을 사용하는 경우에는 구입 및 운반에 따른 문제점을 충분히 검토한다. 해수를 이용하는 경우에는 수질 문제를 고려해야 하며, 특히 염소이온농도가 높고 불순물이 적은 것이어야 한다. 차아염소산나트륨용액은 일반적으로 수산화나트륨용액에 염소가스를 흡수시켜 제조한다. 보통 시판되고 있는 것은 유효염소가 5~12%인 수용액으로 황갈색의 투명한 액체이고, 염소와 유사한 특유의 냄새를 갖는다. 또한 수용액 이외에도 무수물 및 수화물이 있으며 이들도 황갈색의 결정으로 조해성이다. 또한 상온에서 불안정한 화합물이며, 가용염소(available chlorine)의 양에 따라 분해정도가 다르나 통상 가용염소가 10~15%인 경우 최대저장기간을 60~90일로 보는 것이 좋다.

표 4.56은 그 분해율을 나타낸 것으로 염소함량이 높을수록 자기분해율이 높아 빨리 소멸한다. 또한 차아염소산나트륨은 자외선에 의해 분해가 촉진되고, 온도상승과 함께 분해율이 증가되므로 보관장소로서는 건조하고 차며 어두운 곳에 저장하고, 강한 알칼리성이므로 취급 시 특히 주의를 해야 한다. 저장용기는 내식성 용기를 사용한다.

표 4.56 NaOCl의 분해율

가용염소(%)	25℃에서의 반감기(일)	가용염소(%)	25℃에서의 반감기(일)
3	1700	12	180
6	700	15	100
9	250	18	60

4.21.7 탈염소

(1) 아황산가스

1) 반응

하수처리장 방류수의 병원균을 사멸시키기 위해 소독을 실시하지만, 잔류염소가 자연에 그대로 배출되면 수서미생물이나 어패류 등이 산화작용을 받게 된다. 따라서 병원균 사멸이라는 본래의 목적을 달성한 이후에는 산화력이 모두 사라져야 하는데 이를 탈염소(Dechlorination)라고 한다.

아황산가스는 자유 및 결합상태의 잔류염소와 순간적으로 반응한다.

$$SO_2 + H_2O \rightarrow HSO_3^- + H^+ \tag{4.98}$$

$$HOCl + HSO_3^- \rightarrow Cl^- + SO_4^{2-} + 2H^+ \tag{4.99}$$

전체반응은 다음과 같다.

$$SO_2 + HOCl + H_2O \rightarrow Cl^- + SO_4^{2-} + 3H^+ \tag{4.100}$$

클로라민과 이산화황의 반응은 다음과 같다.

$$SO_2 + NH_2Cl + 2H_2O \rightarrow Cl^- + SO_4^{2-} + NH_4^+ + 2H^+ \tag{4.101}$$

식 (4.98)~식 (4.100)에 의하면 탈염소를 위한 아황산가스 요구량은 1mg/L보다 적지만 경험에 의하여 염소 1mg/L를 제거하기 위하여 아황산가스를 대략 1mg/L의 비율로 주입한다. 아황산가스에 의한 탈염소 효율을 좋게 하기 위해서는 아황산가스와 하수를 충분히 혼합해야 한다. 자연적인 혼합만으로 불충분한 경우에는 혼합기를 설치하는 것이 바람직하다.

이산화염소 역시 이산화황을 이용하여 탈염소 할 수 있는데 다음 식 (4.102)와 같다.

$$5SO_2 + 6H_2O + 2ClO_2 \rightarrow 5SO_4^{2-} + 2Cl^- + 12H^+ \tag{4.102}$$

식 (4.102)에 따르면 1mg의 ClO_2 제거에 2.5mg의 SO_2가 필요한데 실제는 이보다 조금 많은 2.7mg을 주입한다.

2) 저장 및 취급

아황산가스는 액체염소와 마찬가지로 강철제 실린더에 압축되어 공급되는 것이 보통이며, 실린더 취급상의 유의사항은 염소가스 실린더의 취급과 마찬가지이다. 아황산가스 실린더는 염소 실린더와 함께 저장될 수 있다. 아황산가스는 통상 약 2.5kg/cm^{2}의 낮은 압력 하에 저장되므로 압력감소밸브가 불필요하다.

3) 통제시설

탈염소 시스템은 잔류농도를 통제하는데 기본을 두고 있다. 특히 아황산가스는 과도히 주입되어 물속에 잔류하게 되면 하수나 강물의 용존산소를 소모시키게 되므로 주입이 철저히 통제되어야 한다. 중요통제시설로서 염소접촉조의 유출구에 잔류염소측정기를 설치해야 하며, 아황산가스로 처리된 유출수도 채취하여 분석해야 한다. 아황산가스와 염소는 순식간에 반응하므로 혼합 후 바로 하류에서 시료채취를 한다.

(2) 아이중황산소듐($Na_2S_2O_5$)

1) 반응

도시지역의 공공하수처리시설에서 아황산가스를 저장하는 것이 위험하다고 판단되는 경우에는 아황산가스 대신에 아이중황산소듐의 사용을 고려해 볼 필요가 있다. 또한 하수량이 3,800m^3/day 이하이거나 아황산가스 소모량이 약 2kg/day 이하인 경우에는 아이중황산소듐의 사용을 고려해보아야 한다. 아이중황산소듐은 물에 녹으면 아황산소듐이온($NaHSO_3$)으로 해리되며, 0.45kg을 용해시키는데 5분이 걸리고 최소한 7.6L의 물이 요구된다. 탈염소의 반응식은 식 (4.103)과 같다.

$$2HOCl + H_2O + Na_2S_2O_5 \rightarrow 2NaHSO_4 + 2HCl \tag{4.103}$$

위의 식에 의하면 이론적으로는 1mg/L의 염소를 제거하는데 1.34mg/L의 아이중황산소듐이 요구되나, 실제는 1mg/L의 잔류염소를 제거하기 위하여 1.5mg/L의 비율로 아이중황산소듐을 주입할 수 있도록 시설의 규모를 결정한다.

2) 저장 및 취급

아이중황산소듐은 흰색 또는 크림색의 가루로 물에 잘 녹는다. 석회와 마찬가지로 건조된 상태로 취급될 수 있으며, 용액을 만들어 다이아프램펌프(diaphragm pump)로 계량할 수도 있다. 포장하지 않은 채로 쌓아서 저장하기는 어려우므로 가능한 한 사용직전까지 공급 시의 밀폐된 용기에 그대로 저장해야 한다. 용액으로 만들어 탈염소에 이용하는 경우 기기의 재료는 차아염소산 용액취급기기와 마찬가지이나 건조상태인 경우에는 철제 혹은 강철제도 사용될 수 있다.

(3) 활성탄

1) 반응

공공하수처리시설 유출수에서 염소를 제거하기 위하여 과립상의 활성탄을 사용할 수도 있다. 이 경우 탈염소 반응은 잔류염소의 화학적 상태, 염소농도와 유량, 활성탄의 물리적 특성 및 폐수의 특성에 의하여 영향을 받는다. 활성탄에 의한 탈염소 과정은 순수한 흡착과정이 아니며, 염소와 물 사이의 화학반응에서 활성탄이 촉매작용을 할 수도 있다. 활성탄의 표면에서 일어나는 반응은 식 (4.104)와 같다.

$$2Cl_2 + C + 2H_2O \rightarrow 4HCl + CO_2 \tag{4.104}$$

잔류염소의 화학적 상태에 의해서 탈염소 과정은 크게 영향을 받는다. 즉, 클로라민은 탈염소 효율을 크게 감소시킨다. 유입수의 염소농도에 의해서도 효율이 영향을 받는다. 염소농도가 10배 증가하면 동일한 제거농도를 유지하기 위해서 활성탄층의 두께가 3.3배 증가해야 한다고 보고되고 있다. 활성탄입자가 작을수록 탈염소 효율은 증가하겠지만 수두손실이 증가한다는 제약을 받게 된다. 활성탄에 의한 탈염소 반응은 무기물 및 유기물제거반응과 동시에 진행되므로 가장 쉽게 산화될 수 있는 물질은 염소에 의하여 산화될 것이며, 나머지 흡착된 물질은 표면반응 시 생성되는 발생기산소에 의하여 산화된다. 따라서 활성탄에 의한 탈염소 효율은 하수 내의 유기물 및 무기물에 의해서도 감소된다.

2) 설계 및 운영

활성탄에 의한 탈염소는 중력식 또는 가압식 활성탄 여과기에 의하여 실시되는데 이때 하수량은 여과기 내의 활성탄층 표면적 $1m^2$당 2L/sec를 초과해서는 안 된다. 또한 접촉조 내에서의 체류기간이 너무 짧으면 탈염소가 제대로 일어나지 않는다. 따라서, 접촉조를 비운 상태에서 하수가 머무는 시간이 최소한 15~20분이 되도록 설계한다. 위와 같은 조건아래 활성탄접촉조를 설계하면 유입수의 자유잔류염소가 3~4mg/L 이하이고 양호한 질의 활성탄를 사용하는 경우 3년의 수명을 유지할 수 있다. 물론 활성탄의 탈염소 효율을 좋게 유지하기 위해서는 접촉조를 규칙적으로 역세척해야 한다.

4.21.8 오존

(1) 물리적 특성

오존은 산소원자가 3개가 결합한 분자로서, 그 구조는 결합각도 116.8°, O－O 결합 거리 1.278Å이며, 그림 4.96에 나타낸 것처럼 (a)~(d)의 4개의 혼성체로 되어 있다. 이 때문에 오존은 구전자시약, 구핵시약으로 사용될 뿐만 아니라 1,3-쌍극자로도 반응한다. 가스 상에서는 (e)와 같은 비라디칼 구조도 있을 수 있지만 수중에서는 그 형태가 중요하지 않다. 오존의 물리적 특성이 표 4.57에 정리되어 있다.

오존은 상당히 불안정하여 대기 중 또는 수중에서 자기분해하며 그 속도는 온도, 농도, 압력 등에 따라 다르다. 수중에서의 안정성은 pH의 영향을 크게 받아 산성에서는 안정하지만 알칼리성으로 됨에 따라 불안정하게 된다. 오존가스는 폭발성이 있고, 오존 처리 시 생성물에는 다양한 과산화물질이 있으므로 취급에 주의가 필요하다.

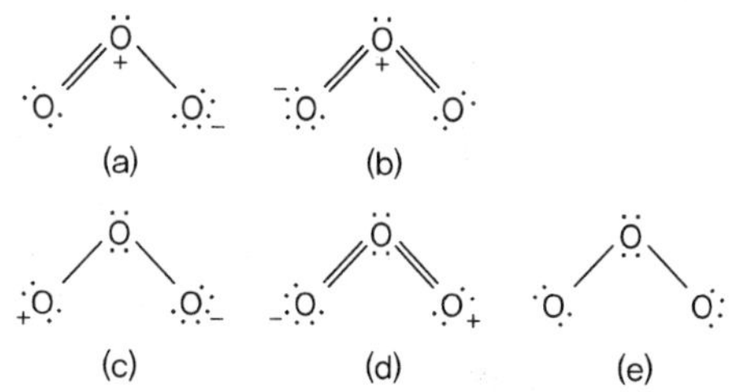

그림 4.96 오존의 공명구조

표 4.57 오존의 물리적 특성

항 목	물 성 치	항 목	물 성 치
분자량(M.W)	48	표면장력(－112℃)	38.4dyne/cm
비점(b.p)	－111.9℃	정압 비열(100℃)	43.4kJ/mol/deg
융점(m.p)	－192.7℃	(－173℃)	33.2kJ/mol/deg
임계온도	－12.1℃	점도[액체](－183℃)	1.57cp (Centipoise)
임계압력	54.6kg/cm^2	증발열(－112℃)	316kJ/g
임계밀도	0.437L/mL	생성열	144kJ/mol
임계용적	0.147L/mol	용해열(물, 18℃)	15.3kJ/mol
기체밀도(0℃)	2.144g/L	이온화전위	12.8eV
액의 밀도			
(－112℃)	1.345g/mL	전자친화력	1.9~2.7eV
(－183℃)	1.571g/mL	쌍극차 모멘트	0.53D
(－195.4℃)	1.614g/mL	유전율(기체, 0℃)	1.0019
		(액체, －183℃)	4.73

표 4.58 생체에 대한 오존의 독성

오존농도(ppm)	작 용
0.01～0.02	냄새를 느낀다.
0.1	강한 냄새, 코나 목에 자극을 준다.
0.2～0.5	3～6시간 폭로로 시각을 저하시킨다.
0.5	상부기도에 확실한 자극을 느낀다.
1～2	2시간 폭로로 두통, 흉부통, 상부기도의 갈증과 가래를 일으키고, 폭로가 계속되면 만성중독이 된다.
5～10	맥박 증가, 폐수종을 초래한다.
15～20	작은 동물은 2시간 이내에 죽는다.
50	사람도 1시간 이내에 생명이 위험한 상태로 된다.

(2) 독성

오존은 강력한 산화력을 이용하여 살균, 바이러스, 미생물 등의 불활성화에 이용되고 있는 반면에 사람의 생체에 독성을 나타낸다. 정확한 반응론은 아직 충분히 규명되어 있지 않지만, 생체막 및 조직을 구성하는 지질, 단백질, 핵산 등이 오존의 공격을 받는다고 한다. 그리고 오존 자신에 의한 독성뿐만 아니라 그에 유래하는 hydroxyl radical 등 다른 활성물질에 의한 독성도 문제된다. 오존의 농도에 따른 독성을 표 4.58에 요약하였다. 이러한 오존의 독성을 방지하기 위해서라도 오존을 이용하는 경우에는 잔존한 오존을 분해하여 제거시킬 필요가 있다.

(3) 장단점

오존은 효과적이고 강력한 소독물질이지만 산화력이 대단히 강하여 수중에 존재하는 물질, 특히 유기물질에 의해 다량으로 소비되고, 이들 간의 산화반응은 비교적 신속히 일어나므로 후속되는 소독과정에서의 충분한 소독효과를 기대하기 어렵다. 따라서 유기물질을 함유하는 경우에는 소독조에 잔류오존을 확보하기 위해 다량의 오존주입이 필요한 경우가 많다. 또 자기분해 속도가 빨라 비록 수중에 오존 소비물질이 존재하지 않더라도 장시간 수중에 잔존시킬 수 없다. 따라서 상수도 분야에서는 오존을 유일한 소독제로 사용하지 않고 다른 잔류성 소독제를 병용해야 하지만 원생동물의 아포(cyst) 및 바이러스 문제에 대처하기 위한 주 소독제로서의 오존은 장래성이 높다. 반대로 잔류효과가 없어 하수처리에서는 물 환경생태계에 대한 악영향이 거의 없다고 생각되므로 하수처리를 위한 소독제로서 매우 우수하다고 할 수 있으나, 처리수 중에 잔존하는 유기물질에 의한 오존의 소비가 현저하므로 많은 양의 오존주입을 해야 하는 문제점이 있다.

표 4.59 오존, 염소 및 이산화염소의 효과 비교

오염물질	오 존	염 소	이산화염소
맛	○○○	○	○○
색	○○○	○	○○
THM 생성능력	×	○○○	×
생분해성	○○○	○	○
암모니아	×	○○○	×
철 및 망간	○○○	○	○○

주) ○ : 효과 있음, × : 효과 없음

(4) 적용

오존의 경우 수중 잔류농도가 0.2mg/L 미만이면 거의 독성을 나타내지 않는 것으로 알려져 있다. 또한 살균효과 외에 탈색 및 탈취효과가 있어 하수의 고도처리에 오존을 이용함으로써 처리수를 수경용수 또는 중수도로 이용할 수 있다. 그 밖에 TOC, COD, 발포물질, 일부 n-헥산추출물질의 제거, NO_2-N, Fe^{2+}, Mn^{2+}의 산화, 고분자 유기화합물의 저분자화 등에도 사용된다. 통상 오존주입은 질산화나 여과를 거친 매우 깨끗한 처리수에 대하여 실시되며, 적은 비용으로 산소를 구할 수 있거나 특별한 경우가 아니고서는 여과되지 않은 이차처리수에는 잘 적용하지 않는다.

(5) 시설의 구성

오존은 불안정한 물질이고 기체상태에서 공기-오존 혼합기체의 오존농도가 30%를 넘으면 폭발하기 쉬우므로 염소와 같이 액체상태 또는 고농도, 고압력상태로 저장하는 것이 불가능하다. 따라서 현장에서 제조하여 사용한다. 오존처리공정은 다음 그림 4.97과 같으며, 원료공기정제공정, 오존발생공정, 오존반응공정의 세 단계로 나뉜다.

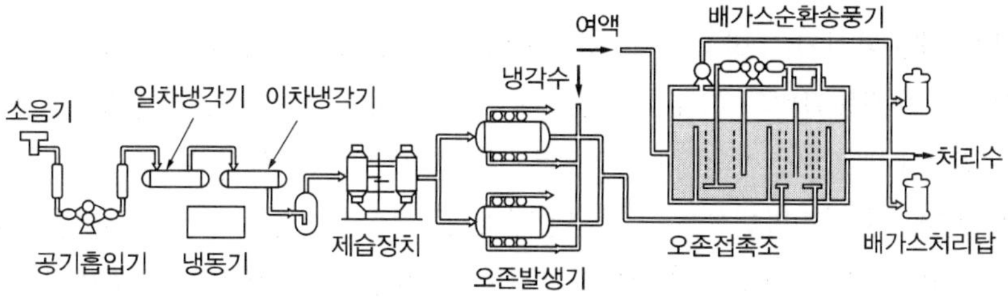

그림 4.97 오존산화시설의 공정도

1) 원료공기제조공정

현재 주로 이용되는 오존발생방법은 유리 등의 유전체를 끼운 한 쌍의 전극간에 원료공기를 통과시켜 5~18kV의 전압을 가하는 무성방전법이다. 따라서 오존발생효율을 높이기 위해 오존발생기에 유입하는 공기는 무진의 건조공기이어야 한다. 원료공기는 필터에 의해 제진한 후에 제습효과를 높이기 위해 냉각장치에서 5℃ 정도까지 냉각하고, 제습용 흡착제를 충전한 제습장치로 원료공기의 이슬점온도가 −50℃ 이하가 되도록 제습한다.

2) 오존발생공정

오존발생방법은 여러 가지가 있으나 공업적으로 널리 실용화되어 있는 것은 무성방전법이다. 이 방법은 유리 혹은 세라믹과 같은 유전체를 끼워 넣은 전극 간에 공기, 산소, 또는 산소농도를 높인 공기를 흘려보내면서 5~18kV의 교류고전압을 가하여 오존과 공기를 발생시키는 방법이다. 소비되는 전력의 상당 부분이 열로 전환되므로 발생장치를 냉각하기 위하여 열교환기가 필요하다. 오존발생장치는 에너지 효율이 나쁘고 공기를 원료로 할 경우 원료 중 산소가 오존으로 전환되는 것은 1% 이하이다. 오존생성에 필요한 전력과 오존화 공기 중의 오존농도와의 관계를 보면 과거에 비하여 오존생성에 필요한 전력이 줄어들고 있으며, 산소를 이용할 경우에는 공기를 이용하는 것보다 두 배 이상의 오존농도를 얻을 수 있다.

3) 오존반응공정

오존화공기는 오존농도가 낮고 물에 대한 용해도도 작으므로 수중에 효율적으로 용해시켜 처리대상물질과 반응시킬 필요가 있다. 오존반응조는 각종 가스흡착탑 흡수용으로 이용되고 있는 장치를 이용할 수 있으나 오존함유기제를 하부에서 산기장치를 이용하여 수중으로 분산시키는 기포탑방식이 일반적으로 이용되고 있다. 하수성상에 따라 다르나 반응조 체류시간은 평균 10분~30분 정도이다. 배출오존은 순환시키고 일부는 무해처리하여 배출한다. 순환시킬 경우 먼저 유출측의 반응조에서 물과 접촉시켜 배출오존을 유입칙으로 재순환시키는 방식이 효율적이며, 90% 정도의 흡수효율이 얻어진다. 단, 순환용 설비비, 운전동력비의 흡수효율개선에 의한 비용회수 가능성이 검토되어야 한다. 오존반응탑에서 배출되는 미반응의 오존은 광화학 스모그의 원인이 되므로 반드시 처리하여야만 한다. 이 처리방법으로는 활성탄접촉법이 널리 이용되고 있다. 활성탄에 의한 미반응 오존의 분해는 다음 식과 같이 활성탄과 오존의 직접반응과 직접반응과 활성탄표면에서의 촉매적 접촉분해가 병행되어 일어난다.

$$O_3 + H_2O \rightarrow HO_3^+ + OH^- \tag{4.105}$$

$$HO_3^+ + OH^- \rightarrow 2HO_2 \tag{4.106}$$

$$O_3 + HO_2 \rightarrow HO + 2O_2 \tag{4.107}$$

$$HO + HO_2 \rightarrow H_2O + O_2 \tag{4.108}$$

미반응 오존분해장치의 크기는 활성탄 단위중량당 오존의 분해량 4g 정도, 선속도 300~600m/hr일 때 활성탄의 교환빈도를 고려하여 결정한다.

(6) 오존발생기의 종류

1) 관형(tube type)

관형오존발생기는 여러 개의 이중관을 일정한 간격으로 배치시켜 만든 것이다. 외관은 냉각수 자켓 내에 밀폐된 스테인리스 강재이며, 내관은 유리부체로 내면이 피복되어 있기 때문에 제2의 극으로 사용한다. 주입가스는 외관과 내관 사이의 틈으로 흐른다. 관형오존발생기는 냉각용으로 양질의 물이 많이 필요하며, 수온은 27℃ 이하가 좋다.

2) 판형(plate type)

판형오존발생기는 공기로 냉각되며 중앙의 유리로 된 분리기와 자기부도체로 절연된 두개의 강철극 사이의 공간을 따라 주입공기가 흐른다.

(7) 주입 및 혼합

하수에 주입된 오존은 하수와 충분히 혼합된 다음 적절한 기간 동안 접촉을 유지해야만 소독효율이 양호하게 된다. 이를 위해서는 설계 시 하수의 오존요구량, 접촉조에서 대기로의 오존유실, 그리고 비교적 짧은 오존의 반감기를 고려한다. 따라서 접촉기간이 길어야 하는 경우에는 오존을 한꺼번에 주입시키지 말고 여러 곳에 나누어서 주입한다.

(8) 제어방법

오존처리 운전에 있어서는 원수의 수질, 수량에 대한 오존량을 오존반응조로 공급하고, 처리효율을 높이는 것과 함께 운전경비를 감축하는 것도 중요하다. 오존반응조의 오존공급방법으로는 원수수량에 대한 비례제어, 원수수질에 따른 feed forward제거, 처리수질에 대한 feed back제어, 배출오존농도에 대한 feed back제어, 처리수 중 잔류오존농도에 대한 feed back제어, 주입가스 중 오존농도와 배출오존농도에 대한 feed back제어 등이 있다. 처리수질을 측정하여 수량과 같이 오존주입량을 feed back제어하는 방법이 이상적이지만 복잡하다는 단점이 있다. 미리 주입률을 정하여 수량에 비례적으로 주입하는 방법과 배출오존농도를 측정하여 온존주입량을 제어하는 것이 가장 현실적이다.

4.21.9 자외선

(1) 개요

자외선(UV, ultraviolet light)의 소독작용은 주파장이 253.7nm인 자외선이 박테리아나 바이러스의 핵산에 흡수되어 화학변화를 일으킴으로써 핵산의 회복기능이 상실되는데 기인한다고 알려져 있다. 따라서 물의 소독에는 주 파장 253.7nm를 방사하는 자외선 램프가 사용되고 있으며, 그 기본구조와 작동원리는 일반 형광램프와 거의 같고 유리관의 재료로는 자외선 투과율이 좋은 석영유리가 사용된다.

자외선 조사에 의한 물의 소독방법은 물이 흐르는 상태에서 외부로부터 자외선을 조사하는 외조식(Non-contact)과 석영유리 램프에 의해 유수 중의 내부로부터 자외선을 조사하는 내조식(Submerged)으로 대별되고 있으나, 단순한 장치로서 다량의 물을 처리할 수 있는 내조식이 주로 이용된다. 자외선에 의한 물의 소독은 화학물질의 첨가를 필요로 하지 않기 때문에 인체나 생물에 해가 없어 안전성이 높을 뿐만 아니라 경제적으로 양질의 물을 얻을 수 있는 소독방법이다. 일반적인 자외선 소독의 장단점은 표 4.60과 같다.

합류식 지역의 공공하수처리시설에서는 우천 시 발생되는 유량을 일차침전지 및 우회수로를 통해 소독시켜 방류시켜야 한다. 그러나 통상 우천 시의 유량은 청천 시 하수량의 3배에 달하므로 이를 모두 자외선으로 소독하는 것은 경제적으로 낭비가 된다. 또한

표 4.60 자외선 소독의 장단점 비교

장 점	단 점
• 소독이 효과적이다. • 잔류독성이 없으며, 안전성이 높다. • 대부분의 바이러스, 포자, 아포 등을 비활성화 시키는데 염소보다 효과적이다. • 요구되는 공간 및 소독비용이 적다.	• 소독의 성공유뮤에 대해 즉시 측정이 안 된다. • 잔류효과가 없다. • 대장균살균을 위한 낮은 농도에서는 바이러스, 아포, 포자 등을 비활성화 시키는데 비효과적이다.

우회된 하수는 일차처리만을 거친 것이므로 탁도가 높아 이차처리수와 혼합하여 UV 소독을 하면 오히려 소독효과가 저하되어 비효율적이다. 따라서 이 경우 이차처리수만을 UV로 소독하고, 우회 유량은 별도의 수로에서 비상 염소소독에 의해 소독을 하거나 그대로 방류시키는 것이 불가피하다. 비상 시의 염소소독은 설비비가 적은 차아염소산소다 소독 등이 바람직하다.

(2) 구성

자외선 소독시설에서는 UV 램프 모듈이 설치되는 소독수로를 함께 설계해야 한다. 용량이 작은 공공하수처리시설에서는 스테인리스 스틸 재질의 반응조를 제작하여 최종 방류수의 배관에 플랜지를 연결하여 사용할 수도 있으나 용량이 큰 공공하수처리시설에서는 철근콘크리트 구조물의 수로에 소독장비를 장착하여 운영한다. 모듈은 수 개의 램프를 하나의 단위로 묶은 것이며 뱅크는 수 개의 모듈이 합쳐져서 구성된다. 램프와 모듈, 뱅크의 규격은 설계 시 제품의 특성을 충분히 파악하여 결정하여야 한다. 자외선 소독설비는 그림 4.98과 같이 구성된다.

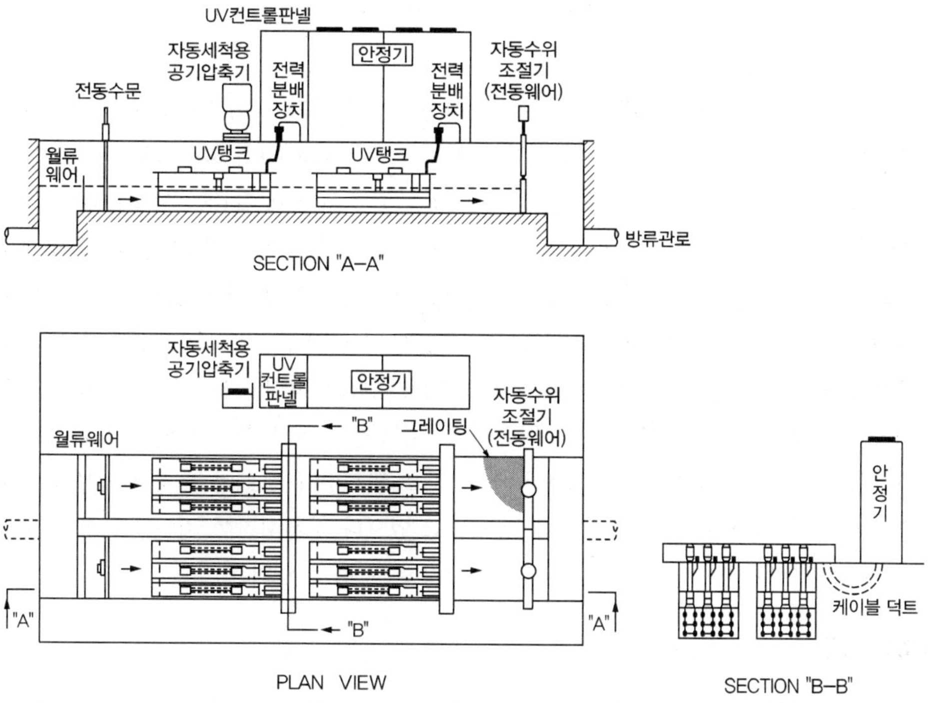

그림 4.98 자외선 소독 시스템 주요 장치 구성도

(3) 설비구성요소

1) UV 램프

현재까지는 살균력이 가장 크게 나타나는 UV-C (200~280nm)를 85~90%까지 발생시키는 저압 수은 아크램프(Low Pressure Mercury Slimline Lamp)가 가장 널리 소독시스템에 이용되어 왔다.

일반적인 램프의 구조는 그림 4.99와 같은데, 램프 속에 채워진 수은 증기가 진공상태 또는 아르곤 상태의 최적압력에서 최대의 살균력을 나타내는 253.7nm를 효과적으로 방출시키도록 되어 있다. 또한 전자를 방출할 때 수은증기압이 낮을수록 253.7nm의 파장에서 수은 공명도가 더욱 강해지도록 하여 UV-C를 90%까지 출력시킬 수 있도록 제작하고 있다.

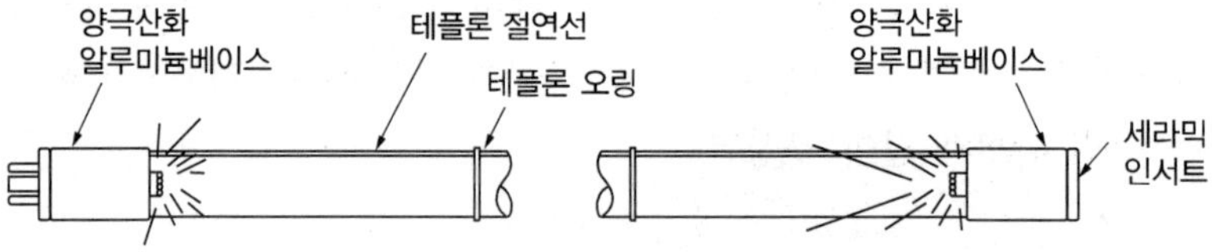

그림 4.99 일반적인 자외선램프 사양

저압램프(통상 100~300W)는 긴 실린더형으로 램프의 길이 및 두께는 제작사에 따라 달리 제작 생산되고 있으며 램프길이가 길수록 경제적이다. 최근 하・폐수 처리장의 소독을 위하여 기존의 저압 램프를 대체시키기 위한 중압램프(1.8~3.0kW)와 고압램프가 개발되었는데, 그 기본원리는 저압램프와 동일한 수은증기 전자방출에 의해 소독에 필요한 자외선을 출력시킨다. 이들 중 근자에 가장 활발하게 사용되는 중압램프는 높은 자외선 강도와 함께 저압램프보다 넓은 파장 대역을 특징으로 하여 보다 적은 수량의 램프가 요구된다. 저압램프의 경우는 처리 대상 수질에 따라 다르지만 4~14초로 광범위하고 중압램프의 경우에는 1초 내로 하며, 소독의 안전성 확보를 위하여 가급적 접촉시간이 길수록 유리하다. 또한 소요부지가 적고 램프수가 적으며 유지관리 빈도를 줄일 수 있어 대규모 공공하수처리시설에 적용되고 있으나 사용시간이 저압램프에 비해 짧으며, 수로 내 유속이 빨라 손실수두가 큰 것으로 알려져 있다.

2) UV 모듈

그림 4.100에 도시된 바와 같이 UV 반응조에 UV 램프를 2개, 4개, 6개 및 최대 20

개까지 설치가 용이하도록 묶은 형태를 말하며, 이러한 모듈의 집합이 한 단위를 형성하게 되는데 이것을 통상 UV 뱅크라 칭한다. 또한 수로 내 뱅크를 두 개 이상 둘 경우 소독의 효과를 높이고, 램프와 석영슬리브의 교체 및 청소 시 또는 기타 유지보수 시 전수로를 폐쇄시키지 않고서도 작업할 수 있다. 그림 4.101은 실제처리장에 설치된 4램프의 내조식 관로형 자외선 소독장치이다.

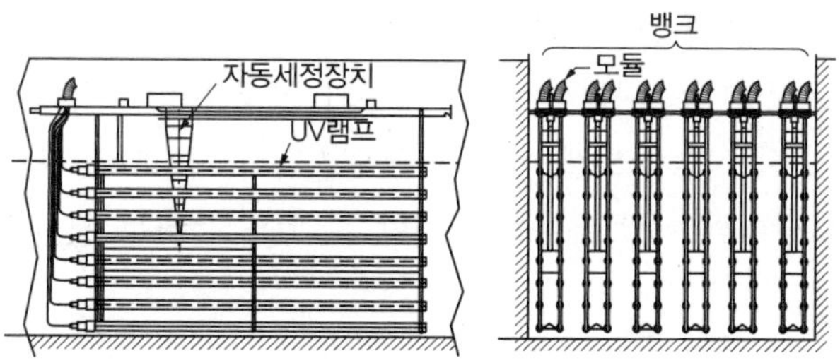

그림 4.100 UV 램프와 모듈 및 뱅크의 구성도

(a) 관로형 (b) 수로형

그림 4.101 하수 자외선 소독장치의 예

3) 모듈 지지대

수로 내에 램프 모듈을 유수의 흐름에 안정되게 지지하고 부식에 견딜 수 있도록 스테인리스스틸제로 제작된다.

4) 자외선 검출 시스템

UV 검출 센서는 장시간 사용해도 성능이 저하되지 않고, 254nm에서 90% 이상을 측정할 수 있는 것으로 하고, 공장에서 조정되어야 하며, 현장에서 조정이 되는 감지기의 사용은 바람직하지 않다. 검출기로는 UV 센서(UV sensor)와 UV 광도계(UV photometer)가 주로 사용된다. UV 센서는 램프의 이상 상태를 측정하여 램프의 교체시기를 알려주며, UV 광도계는 UV 램프 세정시간 및 램프, 모듈의 이상 상태를 감지하여 설비의 이상 유무를 알 수 있게 한다.

5) 전력 분배장치와 시스템 제어장치

전력분배장치는 UV 램프에 전기를 공급할 수 있는 완전 조립형으로, 시스템 제어장치까지 접속단자, 전원공급 및 분배, 연결통신 선로로 구성된다. 시스템 제어장치에는 자외선램프의 운전상태가 나타나며, 각 부분의 비정상적인 상태를 경보로 운영자에게 알려주는 방식이 사용된다. 또한 이 장치에 원격감시 시스템을 부착하여 원격지역(중앙제어실)에서 본 장비의 이상 유무를 확인할 수 있도록 하는 것이 이상적이다.

6) 수위조절장치

한 개의 뱅크로 운영되는 처리장에서는 수위조절을 위해 전폭 웨어 등을 이용하며, 1개 이상의 뱅크로 구성되는 중규모 이상의 소독처리 시스템에서는 일반적으로 균형추에 의해 작동되는 자동수위조절장치, 초음파 수위조절센서의 신호에 대응하여 작동하는 모터 구동형 자동수위 조절장치 등이 이용된다.

7) 세척시스템

세정방법은 처리용량에 따라 수동세척과 자동세척으로 구분된다. 소규모의 처리시스템에 사용되는 수동세척방법은 간단히 세척 랙크에 자외선 모듈을 걸어 놓고 직접 손으로 세척하는 방법이며, 이보다 다소 큰 처리시스템에 적용되는 것으로 바퀴 등이 달린 이동이 가능한 소형 세척탱크에 낱개의 모듈을 넣고 세척하는 방법이 있다. 그러나 수동세척은 소요시간이 길고 화학약품을 다루는데 위험성이 따른다. 중규모와 대규모처리시스템에서는 오버헤드 크레인 등을 이용하여 전체 모듈 묶음을 들어내어 세척탱크에 넣고 세척한다.

(4) 영향인자

1) 자외선 투과율

투과율은 수중의 용해물질 또는 부유상태의 물질의 농도에 따라 좌우되는데, 투과율이 낮으면 수중에서 자외선의 강도가 떨어지므로 적절한 조사량을 유지시키기 위해서는 더 오랜 시간 동안 자외선을 조사시켜야 한다.

2) 용존 유기물의 농도

하수에 함유되어 있는 유기물은 살균효과를 갖는 파장 범위에 있는 에너지를 흡수할 수 있다.

3) 부유물의 농도

부유물은 입자들로 되어 있으므로 광선을 분산시키거나 흡수함으로써 자외선의 투과를 저하시키며, 또한 이들은 박테리아가 자외선에 노출되는 것을 막아 살균효과를 감소시킨다.

4) 총경도

하수 내에 마그네슘이나 칼슘의 화합물이 많이 존재하면 석영 슬리브에 파울링을 형성하여 효율을 떨어뜨린다.

5) 슬리브의 청정도

슬리브에 막(fouling)이 생기면 물에 투과하는 자외선량이 줄어들게 되므로 일반적으로 이차처리수의 소독 시에 1년에 2~3회 정도의 세척빈도가 요구된다.

6) 사용기간 및 노후상태

1년 사용한 자외선램프의 강도는 100시간 사용 후 강도의 약 65%, 2년 후에는 58% 정도로 줄어든다.

7) 유량

유량은 접촉시간을 결정하게 되며, 유지시간 및 자외선의 강도에 따라 자외선 조사량이 결정된다.

8) 반응조의 설계

반응조 내의 수리학적 특성은 소독효과에 결정적인 영향을 미치게 되는데 살균작용에 있어서 가장 적절한 수리학적 형태는 플러그흐름 형태이며, 손실수두가 적어야 한다.

4.22 처리수 재이용

4.22.1 개요

공공하수처리시설의 운영에는 상당량의 잡용수나 조경용수가 필요하다. 또한 하천의 건천화 방지나 작물의 재배 등에도 많은 물이 필요한데 처리수를 일정 수준 이상으로 처리하면 이들 용도로 사용할 수 있고, 그만큼 상수 사용량을 절약할 수 있다. 우리나라에서는 물의 재이용 촉진 및 지원에 관한 법률에 따라 일정 규모 이상의 공공하수처리시설이나 개인하수처리시설에서 배출되는 처리수는 최소한 10% 이상을 재이용하도록 의무화하고 있다. 또한 처리수의 재이용은 비용이 수반되나 국가적으로 이득이 되므로 재이용시설 설치에 필요한 비용의 일부를 보조할 수 있도록 지원하고 있다.

하수처리를 거친 방류수는 재이용 용도에 따라 다양한 방법으로 처리되며, 일반적으로 3차 처리를 거치거나 필요시 분리막공정을 거치게 된다. 재이용의 이점으로는 배출수량의 감소, 배출부하의 감소, 수자원의 확보 및 갈수 시의 효과 등을 들 수 있으며, 특히 단수 시 혹은 급수 시 재이용수를 사용함으로써 용수의 부족으로 인한 영향을 해소시킬 수 있다.

재이용수의 용도에 따라 처리시설 내와 처리시설 외로 구분 지을 수 있는데. 전자는 수세식화장실용수, 설비세정용수, 공정용수, 청소용수, 조경용수, 살수용수 및 세차용수 등으로 구분되어 재이용할 수 있다. 후자는 관개용수, 공업용수 등으로 직접 이용하는 방법, 처리수를 인공호 등에 표면저수하여 레크리에이션, 공원 등에 저수하는 방법, 처리수를 지하에 재충전하여 지하수원의 보급수로 지하저장하는 방법이 있다. 그림 4.102는 처리수 재이용 시설의 흐름도의 예를 나타낸 것이다.

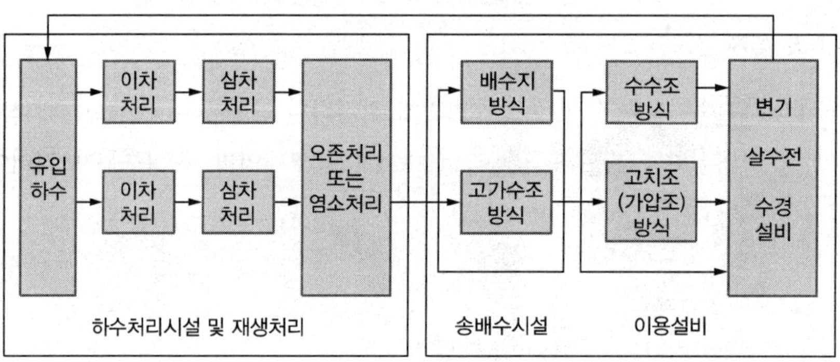

그림 4.102 하수처리수 순환이용 시설(폐쇄순환 방식 · 광역순환형)

4.22.2 수질기준

재이용수의 수질기준은 용도에 따라 달라질 수 있으나 일반적인 수질기준항목으로는 대장균수, 잔류염소, 외관, 탁도, BOD, 냄새, pH 등이 있으며, 그 기준은 표 4.61과 같다. 아직까지는 농업용수나 지하수보충용수의 용도로는 사용하고 있지 않으나 국지적으로 그 필요성이 증가하고 있으므로 충분히 수질이 확보된다면 장차 이들 용도로의 재이용도 가능할 것으로 생각된다. 표 4.61에 재이용수의 용도별 수질기준을 표시하였고, 표 4.62에 중수도의 용도별 수질 기준을 표시하였다. 중수도는 처리수 재이용수에 비해 수량이 많지 않아 농업용수나 지하수 충전용수로 사용하기에는 부적합하나 다른 용도로는 사용이 가능하고, 용도별 수질기준 또한 동일하다.

표 4.61 하·폐수처리수 재처리수 및 온배수 재처리수의 용도별 수질기준(제14조 관련)

<table>
<tr><th>구분</th><th>청소·화장실용수</th><th>세척·살수용수</th><th>조경용수</th><th>친수용수</th><th>하천 등 유지용수</th><th colspan="2">농업용수</th><th>지하수 충전</th><th>공업용수</th></tr>
<tr><td rowspan="2">총대장균군수 (개/100mL)</td><td rowspan="2">불검출</td><td rowspan="2">1,000 이하</td><td rowspan="2">1,000 이하</td><td rowspan="2">불검출</td><td rowspan="2">1,000 이하</td><td>직접 식용</td><td>불검출</td><td rowspan="14">「먹는물 수질기준 및 검사 등에 관한 규칙」 별표 1에 따른 먹는 물 의 수질기준을 준수할 것</td><td rowspan="14">수요자와 공급자간 협의에 따라 정함</td></tr>
<tr><td>간접 식용</td><td>200 이하</td></tr>
<tr><td>결합잔류염소 (mg/L)</td><td>0.2 이상</td><td>–</td><td>–</td><td>0.1 이상</td><td>–</td><td colspan="2">–</td></tr>
<tr><td rowspan="2">탁도 (NTU)</td><td rowspan="2">2 이하</td><td rowspan="2">2 이하</td><td rowspan="2">2 이하</td><td rowspan="2">2 이하</td><td rowspan="2">–</td><td>직접 식용</td><td>2 이하</td></tr>
<tr><td>간접 식용</td><td>5 이하</td></tr>
<tr><td>생물화학적 산소요구량 (BOD)(mg/L)</td><td>5 이하</td><td>5 이하</td><td>5 이하</td><td>3 이하</td><td>5 이하</td><td colspan="2">8 이하</td></tr>
<tr><td>냄새</td><td>불쾌하지 않을 것</td><td>불쾌하지 않을 것</td><td>불쾌하지 않을 것</td><td>불쾌하지 않을 것</td><td>불쾌하지 않을 것</td><td colspan="2">불쾌하지 않을 것</td></tr>
<tr><td>색도(도)</td><td>20 이하</td><td>–</td><td>–</td><td>10 이하</td><td>-</td><td colspan="2">–</td></tr>
<tr><td>총질소(TN) (mg/L)</td><td>–</td><td>–</td><td>–</td><td>10 이하</td><td>20 이하</td><td colspan="2">–</td></tr>
<tr><td>총인(TP) (mg/L)</td><td>–</td><td>–</td><td>–</td><td>0.5 이하</td><td>0.5 이하</td><td colspan="2">–</td></tr>
<tr><td>수소이온농도 (pH)</td><td>5.8~8.5</td><td>5.8~8.5</td><td>5.8~8.5</td><td>5.8~8.5</td><td>5.8~8.5</td><td colspan="2">5.8~8.5</td></tr>
<tr><td>염화물 (mgCl/L)</td><td>–</td><td>–</td><td>250 이하</td><td>–</td><td>–</td><td colspan="2">–</td></tr>
</table>

<table>
<tr><td rowspan="2">전기전도도
(μS/cm)</td><td rowspan="2">–</td><td rowspan="2">–</td><td rowspan="2">–</td><td rowspan="2">–</td><td rowspan="2">–</td><td>직접 식용</td><td>700 이하</td><td rowspan="2"></td><td rowspan="2"></td></tr>
<tr><td>간접 식용</td><td>2000 이하</td></tr>
</table>

비고

1. 농업용수 수질기준 중 직접 식용은 농산물을 조리하지 않고 날것으로 먹는 경우에 적용하고, 간접 식용은 농산물을 조리를 하거나 일정한 가공을 거쳐 먹는 경우에 적용하며, 농업용수의 경우에는 추가적으로 다음 항목에 대한 수질기준을 만족하여야 한다.

(단위 : mg/L)

알루미늄 (Al)	비소 (As)	총붕소 (B-total)	카드뮴 (Cd)	6가크롬 (Cr^{+6})	코발트 (Co)	구리 (Cu)	납 (Pb)
5 이하	0.05 이하	0.75 이하	0.01 이하	0.05 이하	0.05 이하	0.2 이하	0.1 이하
리튬 (Li)	**망간 (Mn)**	**수은 (Hg)**	**니켈 (Ni)**	**셀렌 (Se)**	**아연 (Zn)**	**시안 (CN)**	**폴리클로리네이티드비페닐 (PCB)**
2.5 이하	0.2 이하	0.001 이하	0.2 이하	0.02 이하	2 이하	불검출	불검출

2. 항목별 수질검사는 「환경분야 시험・검사 등에 관한 법률」 제6조 제1항 제5호에 따른 수질오염물질 공정시험기준에 따라 검사하여야 한다.
3. 제2호에도 불구하고 농업용수의 경우 알루미늄(Al), 총붕소(B-total), 코발트(Co), 리튬(Li) 항목은 「환경분야 시험・검사 등에 관한 법률」 제6조 제1항 제6호에 따른 먹는물 공정시험기준에 따라 검사하여야 한다. 다만, 코발트(Co), 리튬(Li) 항목은 먹는물 공정시험기준의 금속류-유도결합플라스마 원자 발광분광법에 준하되, 코발트(Co)는 측정파장 228.616, 정량한계 0.01mg/L, 리튬(Li)은 측정파장 670.784, 정량한계 0.50mg/L로 한다.
4. 하・폐수처리수 재처리수 수질기준은 하수처리수 재처리시설에서 최종 처리하여 송수하는 수질에 대하여 적용하며, 「하수도법 시행규칙」 별표 1에 따른 공공하수처리시설의 방류수수질기준이 재처리수의 기준보다 강할 경우에는 「하수도법 시행규칙」 별표 1을 따른다.

출처: 물의 재이용 촉진 및 지원에 관한 법률 시행규칙 별표 2 (2018)

표 4.62 중수도의 용도별 수질기준

<table>
<tr><th>구분</th><th>청소・화장실 용수</th><th>세척・살수 용수</th><th>조경용수</th><th>친수용수</th><th>하천 등 유지용수</th><th>공업용수</th></tr>
<tr><td>총대장균군수
(개/100mL)</td><td>불검출</td><td>1,000 이하</td><td>1,000 이하</td><td>불검출</td><td>1,000 이하</td><td rowspan="3">수요자와 공급자간 협의에 따라 정하되, 비고 2의 기준을 따</td></tr>
<tr><td>결합잔류염소
(mg/L)</td><td>0.2이상</td><td>–</td><td>–</td><td>0.1 이상</td><td>–</td></tr>
<tr><td>탁도(NTU)</td><td>2 이하</td><td>2 이하</td><td>2 이하</td><td>2 이하</td><td>–</td></tr>
</table>

생물화학적 산소요구량 (BOD)(mg/L)	5 이하	5 이하	5 이하	3 이하	5 이하	
냄새	불쾌하지 않을 것	불쾌하지 않을 것	불쾌하지 않을 것	불쾌하지 않을 것	불쾌하지 않을 것	
색도(도)	20 이하	–	–	10 이하	–	
총질소 (TN)(mg/L)	–	–	–	10 이하	20 이하	를 것
총인(TP)(mg/L)	–	–	–	0.5 이하	0.5 이하	
수소이온농도 (pH)	5.8～8.5	5.8～8.5	5.8～8.5	5.8～8.5	5.8～8.5	
염화물(mgCl/L)	–	–	250 이하	–	–	

출처 : 물의 재이용 촉진 및 지원에 관한 법률 시행규칙 별표 1 (2018)

4.22.3 계획수량과 처리장소 및 계열수

(1) 계획수량

시설에 사용되는 용수량은 각 시간대에 따라 다르므로 계획수량은 각 시간대에 따른 사용량의 변화를 충분히 고려해서 정하도록 한다. 또한 각 시간대의 최대사용수량에 맞도록 시설계획을 하면 보통 과대시설이 될 수 있으므로 재이용시설을 통과한 여과수의 저류조를 설치하여 시간변동에 대처할 수 있는 방법을 강구하여 적절한 계획수량을 정한다. 또 처리수 재이용시설 자체가 막힐 때 세정수가 필요하므로 이에 대한 수량도 고려하여 용수계획을 세운다.

(2) 처리장소

처리수재이용시설의 취수장소는 수위변동이 적고, 취수량을 충분히 확보할 수 있는 장소로 한다. 특히 처리장에서 방류되는 최종유출수의 양은 야간에 최저가 되는 경우가 많으므로 취수조건은 이 시간대를 충분히 고려한다. 보통 취수장소는 이차침전지의 유출웨어와 접촉조 사이에 설치하여 소독 전에 방류되는 유출수를 취수한다. 그러나 이와 같은 장소는 보통 유하속도가 느리고, 침전물이 모이기 쉬우므로 이들의 영향을 받지 않도록 취수구의 높이와 구조 등에 충분한 주의를 할 필요가 있다.

(3) 계열수

처리수 재이용시설은 보수, 점검 등을 고려하여 원칙적으로 2계열 이상으로 한다. 또 처리수 재이용시설에는 일반적으로 여과수의 저류조를 설치하는데, 그 용량은 용수의 안정공급 확보라는 측면에서 유의하여 정한다. 재이용 보조용수로써 상수 등을 여과저류조에 급수할 수 있도록 하면 비상시에 대응할 수 있다. 그러나 이러한 경우 상수 배관에 재이용수를 혼입시켜서는 안 된다.

4.22.4 공정선정 및 고려사항

(1) 공정선정

처리수 재이용시설의 종류는 재이용수의 용도에 따라서 요망되는 수질에 차이가 있으므로, 그 사용 목적에 적합한 종류를 선정하도록 한다.

(2) 고려사항

바람직한 처리수의 재이용과 재이용시설계획 시에는 다음과 같은 사항을 고려한다.

- 처리 및 재이용의 필요성 평가
- 급수 및 수요에 대한 평가
- 처리수의 재이용이 급수에 미치는 이익 평가
- 재이용수의 시장성 평가
- 대안의 공학적이고 경제적인 분석
- 비용분석을 포함한 실행계획 등

4.22.5 문제점 및 대책

(1) 급배수시설 및 기기 등의 문제점과 대책

1) 부식

용존염류, DO, 수온, pH, 슬라임 등은 부식의 원인이고, 부식에 의해 발생되는 장해로는 배관, 기구 등의 내용연수의 단축, 부식생성물에 의한 수질의 저하, 부식생성물의 축적에 의한 열교환기구의 효율 저하 및 압력 손실이 있다. 부식억제제, 상화피막방지제 등으로 부식을 억제할 수 있다.

2) 스케일

스케일이란 수중에 용해 혹은 혼탁되어 있는 무기물질이 여러 가지 원인에 의해 금속표면에 침전, 고착되는 것을 말하며, 관로의 저항증가에 따른 압력손실, 미세한 관의 폐쇄, 스케일이 부착된 곳의 국부부식 등을 일으킨다. 수환수 중의 탄산칼슘의 농도를 포화농도 이하로 유지하는 방법과 탄산칼슘이 석출되더라도 이것이 금속표면에 부착되지 않도록 하는 방법 등을 통해 스케일을 예방할 수 있다.

3) 슬라임

슬라임은 미생물의 각종 점성분비물 때문에 모래, 협잡물, 부식생성물 등이 미생물 플록에 들어가서 금속표면에 부착함으로써 발생된다. 슬라임 부착 시 열교환효율저하, 관로의 폐색, 슬라임형성미생물 사멸 시 악취발생, 국부부식 촉진 등이 일어날 수 있다. 슬라임 예방을 위해서는 여러 종류의 살균제가 사용되고 있다.

(2) 기타

재이용수를 이용할 경우 건물 내에 관로가 이중으로 배관되고, 땅속에 매설된 관로도 이중 배관이 되어야 하므로 관로의 오접합 가능성이 많다. 따라서 상수관로와 재이용관로를 완전히 구별하고 일정거리를 두어 설치하는 것이 좋다. 또한 재이용수는 작업환경에 영향을 미치는 곳에 사용되므로 위생안전에 주의해야 한다. 표 4.63은 처리수 재이용 시 발생될 수 있는 문제점을 나타낸다.

표 4.63 처리수 재이용 시 발생 가능한 문제점

용 도	문 제 점
관개용 (곡물재배, 종묘용)	지표수 및 지하수 오염가능성, 토양 및 재배 곡물에 악영향 병원성미생물 문제 발생(박테리아, 바이러스 및 기생충)
사업장에서 재이용 (냉각용, 보일러용)	스케일, 부식 및 각종 미생물성장 등의 가능성, 제조공정용 냉각용수에서 서식할 수 있는 병원성 미생물의 전파 가능성
지하수 재충전 (지하수보충용, 침하조절용)	처리수 내 유기화합물 및 이로 인한 영향, 처리수 내 TDS, 질산염 및 병원성미생물의 영향
비음료수용 (소화용, 냉방용, 화장실용)	에어로졸에 의한 병원성 미생물 전파 가능성, 스케일, 부식 및 각종 미생물의 성장 가능성

▌연습문제▐

4-1 pH 4인 폐수를 고체상태의 NaOH로 중화하려고 한다. 폐수발생량이 일일 1,600m^3일 때, NaOH 소요량을 kg/day 단위로 계산하라.

4-2 반쪽반응식을 이용하여 알코올(C_2H_5OH)의 산화반응식을 만들고, 알코올 100g의 산화에 필요한 산소의 양을 구하여라.

4-3 미생물의 자산화 반응식은 다음과 같다.

$$C_5H_7O_2N + 5O_2 \rightarrow NH_3 + 2H_2O + 5CO_2$$

반쪽반응식과 암모늄이온에 관한 다음의 반응식을 이용하여 자산화 반응식을 유도하고, 1g의 미생물 산화에 필요한 산소의 양을 계산하라.

$$NH_4^+ + HCO_3^- \rightarrow NH_3 + H_2O + CO_2$$

4-4 포기조의 공기공급량을 계산할 때 BOD제거량과 잉여슬러지 발생량으로 개략적으로 계산하는 방법이 있다.

$$O_D = \frac{Q(S_0 - S)}{f} - 1.42P_x$$

하루 22,000m^3의 하수를 표준활성슬러지법으로 처리하는 하수처리장에서 만약 1차침전지 유출수의 BOD_5가 180mg/L, 처리수의 BOD_5가 15mg/L이며, 잉여슬러지 발생량은 200m^3/day, 잉여슬러지 MLVSS 농도는 8,000mg/L일 때 포기조의 공기공급량을 kgO_2/day 단위로 계산하라. 단, BOD_5의 최종BOD 전환계수는 0.7로 가정하며, 단위 환산을 위해 식을 적절하게 수정하여 사용한다.

4-5 혼합액의 SS 농도가 3,000mg/L인 포기조 슬러지 1L를 30분간 침강시켰더니 슬러지부의 부피가 270mL로 측정되었다. 이 슬러지의 SVI값을 구하고, 침강성을 판단하라.

4-6 표준활성슬러지법을 설계하려고 한다. 일차침전지로부터, BOD 124mg/L인 일차처리수가 포기조로 유입되고 있다. 포기조의 수리학적체류시간을 7시간, F/M비를 0.25kgBOD/kgMLSS/day로 설계하는 경우,

① 포기조의 MLSS 농도를 얼마로 유지해야 하는가?

② 잉여슬러지의 SS농도가 8,000mg/L이라고 할 때, 포기조 MLSS 농도를 그만큼 유지하기 위해서는 반송비를 얼마로 운전해야 하는가?

4-7 반쪽반응식을 이용하여 메탄올을 사용한 탈질 반응식을 만들고, 1g의 질산성질소 제거에 필요한 메탄올의 양을 계산하라.

4-8 하수의 화학식을 $C_{10}H_{19}O_3N$이라 할 때 하수를 이용한 탈질반응식은 다음과 같다.

$$C_{10}H_{19}O_3N + 10NO_3^- \rightarrow 10CO_2 + 5N_2 + NH_3 + 10OH^- + 3H_2O$$

반응식을 유도하라.

4-9 무산소상태에서 외부탄소원이 없는 경우 세포의 자기분해와 함께 질산성질소의 탈질이 일어나는 경우를 내생 질산성질소 호흡이라고 하며 다음 식과 같다.

$$C_5H_7O_2N + 4NO_3^- + H_2O \rightarrow 5CO_2 + 5OH^- + NH_4^+ + 2N_2$$

반쪽반응식을 이용하여 이 식을 유도하라.

4-10 중수도와 하수처리수 재이용의 차이를 설명하라.

제 5 장
슬러지처리시설

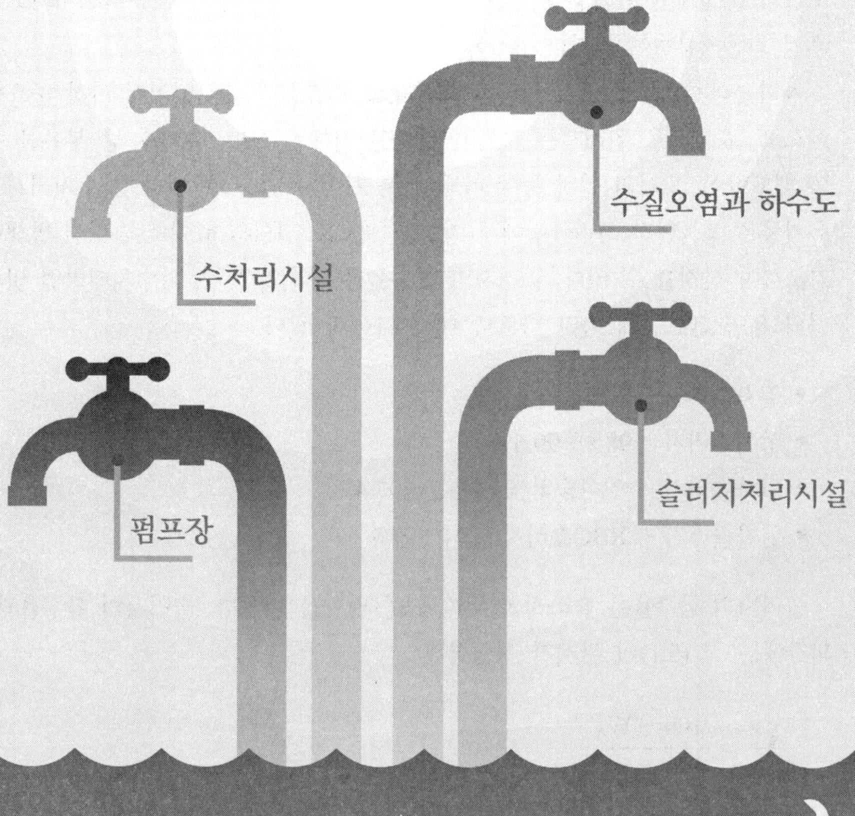

5.1 총설

5.1.1 계획슬러지량

하수처리과정에서는 수중 부유물이 물로부터 분리되어 별도로 처리 및 처분되는데 이것을 하수찌꺼기(슬러지, sludge)라고 한다. 슬러지는 수중의 부유물이 중력작용에 의하여 침전지의 바닥에 침전한 고형물로서 고형물의 양에 비하여 훨씬 많은 양의 수분을 함유한다. 이와는 반대로 부력에 의해서 침전지의 표면에 뜬 것을 스컴(scum)이라고 하고, 스크린에 걸린 큰 부유물을 협잡물(screenings)이라고 하는데 이들도 통상 슬러지와 함께 처리되므로 광의적으로 슬러지에 포함시킨다. 하수처리과정에서 생긴 슬러지는 유기물을 다량 포함하므로 그대로 방치하면 부패하여 악취를 유발한다. 또한 위생 및 환경오염의 관점에서 위해성을 잠재하고 있으므로 슬러지의 부피를 감소시키고 안정화시킨 후에 최종처분하여야 한다.

계획슬러지량은 슬러지 처리시설의 규모를 결정하는데 있어서 가장 중요한 기초자료이므로 그 계산을 위해서는 특별히 신중을 기해야 한다. 유입수 중 부유물 농도는 관거와 배제방식, 도시의 실정 등에 따라서 큰 차이가 있을 수 있다. 하수처리시설에 유입된 유기물은 생물학적 처리공정에서 미생물 세포로 전환되며 이때 슬러지 발생량은 전장을 참조하여 산정할 수 있다. 슬러지의 함수율은 하수의 특성, 하수처리방법 및 하수처리시설의 운영상태 등에 따라 다르나 대략 다음과 같다.

- 일차슬러지 : 94.5~97.5%
- 잉여슬러지 : 98.8~99.5%
- 일차슬러지 + 잉여슬러지 : 95.2~97.4%
- 일차슬러지 + RBC슬러지 : 94~97%

슬러지의 함수율은 슬러지의 부피에 큰 영향을 미친다. 슬러지의 함수율과 슬러지 부피간에는 식 (5.1)의 관계가 성립한다.

$$\frac{V_1}{V_2} = \frac{100 - W_2}{100 - W_1} \tag{5.1}$$

여기서, V_1, V_2 : 슬러지의 부피

W_1, W_2 : 슬러지의 함수율, %

각 슬러지 처리시설의 용량 산정 시에는 각 시설에서의 반송부하나 가스화 등에 의한 감소, 약품첨가 등에 의한 증가를 고려한 슬러지 처리시설 전체의 고형물 물질수지를 기초로 슬러지의 함수율, 체류시간, 운전시간 등을 고려해야 하며, 반송되는 고형물량은 최소한의 양을 계획슬러지량에 고려하도록 한다. 특히 슬러지 탈수설비는 처리장 내에 반송되는 슬러지의 양이 증가되지 않도록 하기 위한 중요한 시설이므로 탈수성능 설정 시에는 슬러지의 함수율이나 질의 변동을 고려하여 결정해야 한다.

예제 5.1 각 시설의 계획슬러지량의 산정방법의 예

혐기성 소화 후 탈수시키는 슬러지 처리공정에 대하여 유입고형물량을 100으로 가정하고, 계획발생슬러지량 D를 90으로 한 경우 각 시설의 고형물회수율이 다음과 같다고 할 때,

슬러지 농축조의 고형물 회수율	r_1	90%
슬러지 소화조의 고형물 감소율	r_G	30%
슬러지 소화조의 소화 후의 고형물 회수율	r_2	80%
슬러지 세정조의 고형물 회수율	r_3	90%
슬러지 탈수설비의 고형물 회수율	r_4	95%

각 시설의 계획슬러지량 $X_1 \sim X_4$를 구하시오.

풀이

슬러지 농축조 $X_1 = D \times \dfrac{1}{r_1\{r_G + r_2 r_3 r_4 (1 - r_G)\}}$

$$= 90 \times \frac{1}{0.9\{0.3 + (0.8)(0.9)(0.95)(1 - 0.3)\}} = 128$$

슬러지 소화조 $X_2 = X_1\, r_1 = (128)(0.9) = 115$

고형물 감소율 $G = X_2\, r_G = (115)(0.3) \fallingdotseq 35$

슬러지 세정조 $X_3 = (X_2 - G)\, r_2 = (115 - 34.5)(0.8) \fallingdotseq 64$

슬러지 탈수설비 $X_4 = X_3\, r_3 = (64)(0.9) = 58$

이 물질수지를 그림으로 나타내면 다음과 같다.

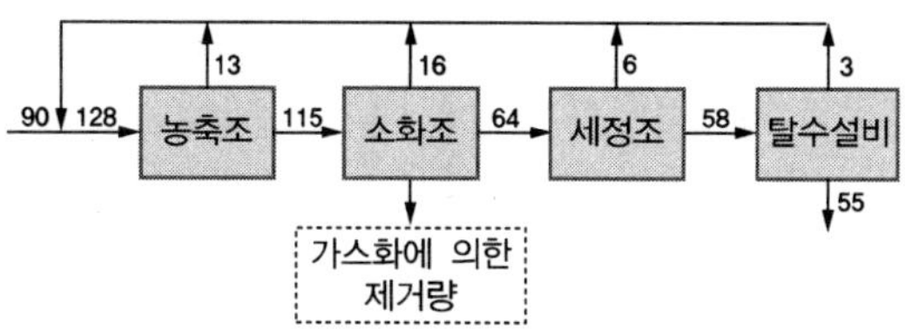

5.1.2 슬러지 처리 및 처분방법

슬러지의 처리방법에는 농축, 개량, 소화, 탈수, 소각 등 여러 가지가 있으며 이들 방법은 통상 그림 5.1에 주어진 바와 같은 계통을 따른다.

그러나 반드시 그림 5.1에 주어진 순서를 지킬 필요는 없으며 요구되는 처리 수준과 적용 가능성 등을 고려하여 조합할 수 있다. 슬러지 처리시설의 건설비 및 유지관리비는 매우 높으므로 소화가스를 이용하거나 슬러지 소각에서 생기는 재를 슬러지 개량 시 응집제로 재사용하는 등의 방법을 최대한 고려하여 경비를 절감하도록 노력하여야 한다.

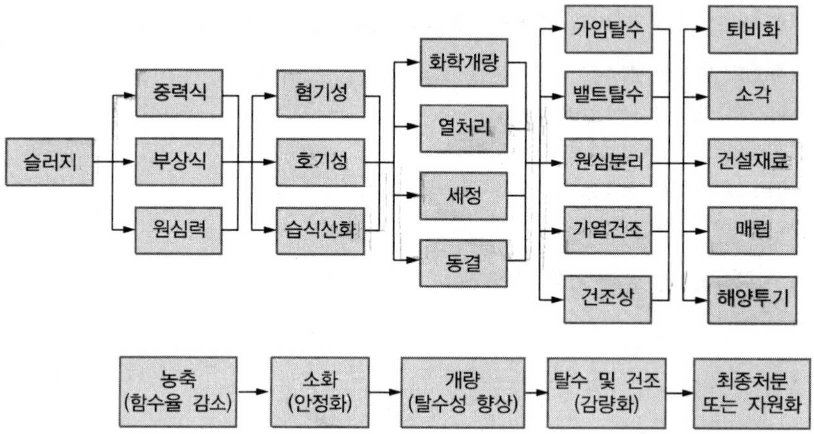

그림 5.1 슬러지 처리 계통도

효과적인 슬러지 처리·처분을 위하여 슬러지 광역처리도 고려할 필요가 있다. 슬러지의 광역처리란 여러 개의 중·소규모 공공하수처리시설에서 발생하는 슬러지를 수송관이나 운반차량에 의해 한 곳의 처리장에 모아 처리하는 방법으로 그 개념을 그림 5.2에 나타내었다. 슬러지 광역처리의 장점으로는 광역화로 처리의 경제성이 높아지며, 악취 등의 환경문제를 최소화시킬 수 있고, 슬러지의 자원화를 추진하기 유리하다는 점을 들 수 있다. 슬러지 광역처리를 실시할 때의 대표적인 수송방법으로는 탈수슬러지의 운반, 액상 슬러지의 운반, 수송관에 의한 수송을 고려할 수 있다. 탈수슬러지는 양이 적으므로 다량의 슬러지가 발생하는 경우에 적합하며, 액상슬러지 운반은 비교적 소규모 처리장에서 발생되는 슬러지에 적합하다. 수송관에 의한 장거리 수송은 발생량이 많을 때 장기적인 관점에서 유리하며 수송 슬러지 농도는 1% 내외가 적당한 것으로 알려져 있다. 이는 슬러지의 농도가 증가하면 마찰손실이 급격히 증가되기 때문이다.

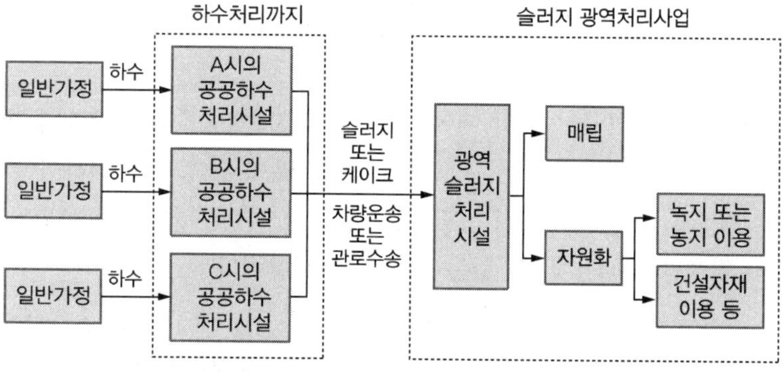

그림 5.2 하수슬러지 광역처리사업의 개념도의 예

5.1.3 슬러지의 자원화

하수처리에 따라 발생하는 슬러지, 관로 시설로부터 제거된 토사, 침전지로부터 제거된 침사 등 발생 슬러지량은 하수도 정비의 확대 및 생활수준의 향상에 따라 급격하게 증가하고 있다. 이들 슬러지의 대부분은 매립되고 있으나, 도시화의 진전에 따라서 매립지 확보는 더욱 곤란해지고 있으며, 그 비용도 증가 추세에 있다. 이와 같은 문제에 대응하기 위해서는 최종 처분량을 감소시키는 것이 가장 중요하며, 소각·용융 등의 감량화 시설을 이용하거나 하수슬러지의 녹지·농지 이용, 건설자재로서의 이용 등을 적극적으로 추진해야 할 필요가 있다. 특히 향후 자원 및 에너지 절약의 관점에 있어서 슬러지의 녹지·농지 이용, 건설 자재 이용 또는 에너지 이용 등은 적극적으로 추진할 필요가 있다.

5.2 슬러지 수송

공공하수처리시설에서는 침전지나 슬러지 농축조로부터 슬러지 소화조로, 이차침전지에서 포기조로, 또는 슬러지 소화조에서 슬러지 저류조나 탈수시설로 슬러지를 수송해야 한다. 공공하수처리시설 밖에서의 슬러지 수송은 슬러지의 광역처리 시스템에서 생각할 수 있다. 슬러지의 광역처리는 인접한 공공하수처리시설의 슬러지를 하나의 처리장에서 모두 처리하는 것으로 시설비가 절감된다. 이와 같은 경우에도 슬러지의 장거리 수송이 또한 필요하다.

이 때 사용되는 펌프를 선택할 때에는 일차슬러지, 반송슬러지, 잉여슬러지 및 소화슬러지 등과 같은 슬러지의 종류, 점성, 유속, 농도 및 수두 등을 고려하여야 한다. 이상의 여러 가지 요소를 모두 만족시키는 펌프는 거의 없으므로 실제 공공하수처리시설에서는 한 종류의 펌프만을 사용할 수 없는 경우가 대부분이다.

슬러지 수송관이 단거리인 경우는 1계열로 설치하는 경우가 많다. 그러나 각 시설을 하수도 보급에 맞추어 단계적으로 건설하는 경우는 유지관리상 수송관을 2계열로 분리하여 설치하는 것이 편리할 때도 있다. 수송관이 장거리인 경우는 관로의 도중에 예기치 못했던 사고가 일어날 위험성이 있으므로 2계열로 하는 것이 바람직하다. 2계열로 하는 경우는 각각 별도 노선으로 하여 필요에 따라 연결관을 설치하면 안전성이 높고 유지관리상 어느 한 계열이 사고로 슬러지를 수송할 수 없는 경우라도 지장을 받지 않게 된다. 수송관을 1계열로 하는 경우는 슬러지 저류조를 설치하여 만약의 사고에 대비할 필요가 있다. 또한 소규모시설에서의 슬러지 수송은 슬러지 발생량 및 수송거리를 고려하여 수송관이나 탱크수송차량을 이용한다. 특히 수송관을 이용할 경우에는 최소관경 및 최소유속 등을 충분히 고려해서 정한다. 소규모시설의 슬러지를 공동처리하기 위한 수송체계로는 차량에 의한 방법이 유리한 경우가 많다. 슬러지는 하수에 비하여 많은 양의 고형물을 함유하며, 점성이 높고, 부패하기 쉬우므로 슬러지 수송관 및 펌프의 설계 시에는 특별한 주의를 하여야 한다.

5.2.1 재질

슬러지는 펌프로 압송하기 때문에 관내의 압력이 높은 경우가 대부분이므로 주철관을 사용하는 것이 좋다. 주철관으로는 일반적으로 덕타일(ductile)주철관을 사용할 수 있으며, 관 내부의 마찰손실을 감소시키기 위하여 주철관 내부를 모타르 라이닝(mortar lining)하는 경우도 있다. 부식이 우려되거나 배관 및 유지관리가 용이하도록 스테인리스(stainless)강관을 사용할 수 있으며 이때는 향후 교체나 보수를 위한 대책을 강구해 두는 것이 중요하다.

슬러지관이 교량을 따라 설치되는 경우에는 강관을 사용하는 것이 좋으며, 관의 부식방지에 유의하여야 한다. 경우에 따라서는 원심력철근콘크리트관이나 석면시멘트관 등을 사용하는 경우도 있다. 철관을 부식위험지역에 포설할 때는 부식방지를 고려한다.

5.2.2 관경

슬러지는 크고 작은 부유물을 많이 함유하므로 관이 막힐 우려가 크다. 따라서 관경 150mm 이상인 것으로 하며, 관내의 유속은 1.0~1.5m/sec를 표준으로 한다. 단거리의 경우는 관경이 100mm 정도의 것을 사용하기도 한다. 장거리 수송 시에는 관내 마찰손실을 감소시키기 위하여 유속을 1m/sec 전후로 하면 좋다. 슬러지 농도는 함수율 98% 이상을 표준으로 고려한다. 그러나 중력에 의하여 슬러지를 수송하거나 침전지로부터 제거하는 경우에는 관경이 200mm 이상 되는 것이 좋으며, 구배가 3% 정도 되어야 한다. 하젠-윌리암스(Hazen-Williams)공식을 사용하여 슬러지관을 설계하는 경우에는 슬러지의 고형물농도가 4~6%이면 유속계수 C값이 깨끗한 물의 60~80%가 되도록 하고 슬러지의 고형물농도가 8~10%이면 C값이 깨끗한 물의 25~40%가 되도록 한다. 잘 설계된 슬러지관은 8~12%의 고형물을 함유하는 슬러지도 수송이 가능하다.

슬러지의 수리학적 특성은 슬러지의 종류에 따라 크게 다르므로 슬러지의 종류별로 유속, 마찰손실 등을 고려하여야 한다.

(1) 일차슬러지와 소화슬러지

슬러지의 함수율을 감소시키면 수송상 어려운 점이 생길 수 있다. 예를 들어, 고형물농도가 8~10%로 농축된 슬러지를 관경 100mm 및 150mm의 강관을 사용하여 수송하는 경우에는 깨끗한 물에 비하여 6~8배의 손실수두가 발생한다고 한다. 소화슬러지를 펌프로 수송할 경우의 임계유속(critical velocity)은 표 5.1과 같으며, 150mm 관내에서 유속에 따른 속도수두는 그림 5.3과 같다.

표 5.1 소화슬러지의 수송 시 관경에 따른 임계유속

관경(mm)	임계유속(m/sec)	
	하 한	상 한
200	1.09	1.38
250	1.08	1.35
350	1.05	1.31
500	1.04	1.29

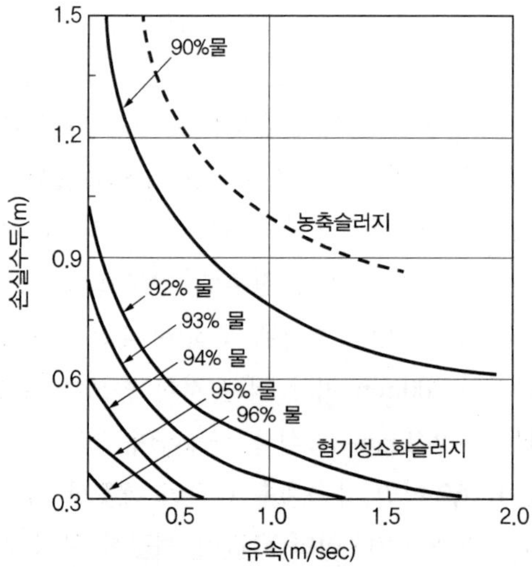

주) 실선 : 150, 200, 250mm 주철관에 의한 소화슬러지 수송
점선 : 150mm 주철관에 의한 농축슬러지 수송

그림 5.3 소화슬러지와 농축슬러지를 수송하는 경우의 손실수두

(2) 활성슬러지와 그 혼합물

활성슬러지 및 활성슬러지와 일차슬러지의 혼합슬러지 고형물 농도는 각각 2.5~6% 및 4~10%로 높으며, 그에 따라 점성이 증가하므로 수송 시 손실수두도 증가한다. 20% 농도의 활성슬러지도 양수가 가능하지만 보통 농도가 4% 이상이면 양수하기가 어렵다고 알려져 있다. 부상법에 의하여 농축된 활성슬러지는 내부에 공기방울을 많이 함유할 수 있으므로 원심력펌프에서 에어 바인딩(air-binding)을 일으킬 수 있다.

(3) 슬러지 케이크의 수송

슬러지 케이크의 수리학적 특성에 관하여는 잘 알려져 있지 않다. 슬러지 케이크는 펌프를 이용하여 수송할 수 있는 경우가 많으며 이때 손실수두는 매우 크다. 예를 들어, 28%의 고형물을 함유하는 슬러지 케이크를 건조무게 0.23kg/sec의 속도로 76mm관을 사용하여 양수시킨 결과 손실수두는 표 5.2와 같다.

양수 시 손실수두와 양수량은 슬러지 케이크의 점성에 의하여 크게 영향을 받는데 대부분의 슬러지 케이크는 10,000~30,000CP (centipoise)의 점도를 갖는다. 그림 5.4는 점도가 펌프의 양수량에 미치는 영향을 나타낸다.

표 5.2 슬러지 케이크 양수 시의 손실수두

부 속 품	손실수두	비 고
플러그 밸브(plug valve), 5~7.5cm	5.6kg/cm^2	50% 개구
호스(hose), 21m	4.2kg/cm^2	–
리듀서(reducer), 7.5 × 5cm	0.7kg/cm^2	짧은 것(약 15cm)
리듀서(reducer), 5 × 3cm	1.4kg/cm^2	긴 것(약 45cm)

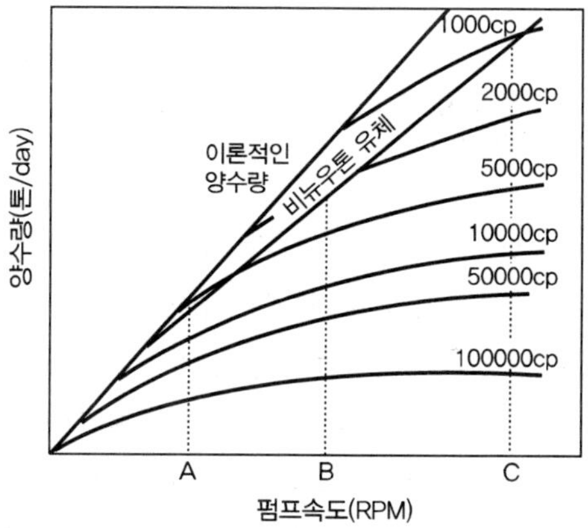

그림 5.4 점도가 펌프의 양수량에 미치는 영향

관내에서 슬러지 케이크의 유속은 0.06m/sec를 초과해서는 안 되며, 관경은 150mm 이상이 요구된다. 관내에서의 손실수두는 유속보다 관경의 변화에 의하여 더 크게 영향을 받는다. 일차 및 활성슬러지의 혼합물을 탈수시킨 다음 0.06m/sec의 속도로 150mm 관을 사용하여 수송하는 경우의 손실수두는 대략 표 5.3과 같다.

표 5.3 슬러지 케이크의 양수를 위한 설계손실수두

탈수방법	슬러지케이크 총고형물농도(%TS)	손실수두(kg/cm^2/m)
진공탈수기	20~30	0.07~0.12
원심탈수기	20~30	0.05~0.07
가압탈수기	35~50	0.35~0.47

(4) 열처리된 슬러지

슬러지를 130~210℃로 가열하면 양수특성이 완전히 변한다. 즉, 열처리에 의하여 슬러지 내에 결합된 물은 모두 파괴되므로 유동성이 250~400% 증가한다. 그러나 열처리된 슬러지를 농축시키면 손실수두가 그림 5.3에 보인 함수율 90%인 슬러지의 손실수두보다 100% 더 크게 된다.

5.3 슬러지 전처리

5.3.1 슬러지의 그리트 제거

일차슬러지 내의 그리트는 제거하지 않으면 후속처리과정에서 여러 가지 부작용이 생길 수 있기 때문에 일차침전지에서 제거되는 슬러지 내의 그리트를 제거할 수 있는 시설이 필요할 때도 있다. 일반적으로 수처리공정의 앞부분에 중력식 또는 포기식 침사지를 설치해 최소한 210μm (65mesh) 크기의 모래입자를 제거하도록 하고 있으나 유량이 최대인 경우와 합류식 관거지역에서 초기 강우 시에 대량의 토사가 유입되는 경우에는 설계 목적대로 그리트가 제거되지 않는다. 따라서 일차슬러지를 농축시키기 전에 일차슬러지 내의 그리트를 제거할 필요가 있다. 경험에 의하면 작은 그리트 입자를 유기성 슬러지 입자로부터 분리시키기 위해서는 원심력을 이용하는 것이 효과적인 것으로 알려져 있으며, 하이드로싸이크론(hydrocyclone)을 이용하는 경우 65~75μm 이상의 크기를 가진 그리트를 효과적으로 제거할 수 있다.

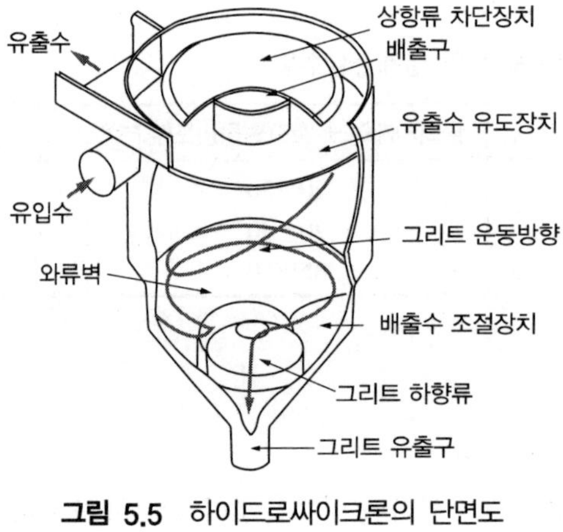

그림 5.5 하이드로싸이크론의 단면도

하이드로싸이크론은 제작과 운영면에서 제진용 싸이크론과 비슷하며, 그림 5.5에 보인 바와 같이 움직이는 부분이 없이 다음의 요소로 구성된다.

① 원통형의 몸체에 접선방향으로 위치하는 주입구
② 원추형의 몸체 하부
③ 원통형 몸체의 중앙상단에 위치한 그리트가 제거된 슬러지의 월류구
④ 분리된 그리트를 배출시키기 위하여 원추형 하단에 설치하는 밸브

주입구를 통해서 원통형 몸체에 접선방향으로 들어온 슬러지는 원심력에 의해서 분리되어 무거운 그리트 입자는 싸이크론의 둘레부분으로 밀려 벽을 따라 밑으로 미끄러지게 되며, 원추형 하단에 모여지는 그리트는 밸브를 조절함으로써 일정하게 배출시켜 제거하게 된다. 하이드로싸이크론의 효율은 압력과 슬러지의 유기물농도에 의하여 영향을 받는다. 슬러지의 농도가 증가하면 제거되는 입자의 크기도 증가되므로 효율이 감소하게 된다. 효율의 감소는 압력을 증가시키면 어느 정도는 극복될 수 있다.

표 5.4에는 하이드로싸이크론에 의한 그리트 제거효과를 나타내었는데 슬러지 농도가 1% 이상이 되면 하이드로싸이크론의 그리트 제거효율이 크게 떨어짐을 알 수 있다. 따라서 효과적인 그리트 제거를 위해서는 일반적으로 낮은 농도의 슬러지를 하이드로싸이크론으로 주입시켜야 한다.

수처리시설이 일최대오수량에 기초하여 설계된 경우에도 주입슬러지의 고형물농도가 1～1.5% 이하가 되도록 하이드로싸이크론의 크기를 결정하는 것이 좋다. 소화슬러지는 점성이 낮고 섬유성 물질을 적게 함유하므로 3～4%의 농도에서도 75μm보다 큰 입자가 제거될 수 있다.

그리트 제거용 하이드로싸이크론의 직경은 보통 150～600mm이다. 그러나 250mm 이하인 것은 쉽게 막힐 수 있으므로 싸이크론의 앞에 스크린이 설치되어야 한다. 직경 300mm 규격은 50mm 크기의 입자도 통과시킬 수 있다.

표 5.4 하이드로싸이크론의 그리트 제거효과

일차슬러지의 고형물농도(%)	95% 효율로 제거되는 입자의 크기[1] (μm)
1	75
2	105
3	210
4	590～420

1) 0.42kg/cm^{2}의 절대압력과 12.9L/sec의 유량으로 가동되는 직경 0.3m의 하이드로싸이크론에 대한 자료

일반적으로 싸이크론의 크기가 증가할수록 그리트 제거효율은 감소한다. 싸이크론의 능력은 직경, 슬러지 주입압력 그리고 월류구 직경의 함수이다. 직경이 600mm인 싸이크론은 농도가 낮은 슬러지를 63L/sec까지 처리할 수 있는데, 주입슬러지의 농도가 0.5%라면 이는 평균유량 190,000m^3/day 규모의 공공하수처리시설에 해당된다.

5.3.2 그리트의 유기성분 제거

일차슬러지가 유기성 그리트를 많이 함유할 경우 하이드로싸이크론에서 유기성과 무기성 그리트를 분리시킬 수 없으므로 하이드로싸이크론에서 제거되는 그리트도 마찬가지로 유기성 그리트를 많이 함유하게 된다. 따라서 그리트를 씻어서 유기성분을 폐수로 되돌려 보낼 필요가 있다.

그리트의 세척과 탈수는 보통 그리트 분류기(grit classifier)를 사용하여 실시할 수 있다. 그리트 분류기는 스크류식세척장치(screw washer)나 왕복식갈퀴(reciprocating rake)가 장치되어 있으며 하이드로싸이크론에서 제거되는 그리트를 취급할 수 있는 크기로 선택되어야 한다. 보통 하이드로싸이크론에서 제거된 그리트 중에서 유기성 물질은 월류되고 잔모래도 분류될 수 있도록 세척기의 침전면적이 충분히 주어져야 한다. 즉, 처리되는 그리트의 유량 1L/sec당 최소한 0.7m^2의 면적이 제공되어야 한다.

분류기에서 침전된 그리트는 스크류식 또는 왕복식 갈퀴에 의하여 물 밖의 경사판에 옮겨짐으로써 유기성 그리트와 분리되고 탈수도 된다. 경사판을 지난 그리트가 잔모래나 실트를 많이 함유하면 수분함량이 증가하게 된다.

5.3.3 그리트의 최종처분

일차슬러지에서 분리된 그리트는 유기성분을 상당히 함유하여 잘못 처분하면 부작용을 유발할 수 있으므로 적절하게 처분하여야 한다. 때로는 그리트를 소각시켜 유기성분을 없앤 다음 매립하는 경우도 있으나 이런 경우 그리트를 발생지에서 소각장까지 수송하는 시설이 필요하며 그 시설(컨베이어 등)의 유지관리가 요구된다.

5.4 슬러지 농축

슬러지량은 함수율에 의해 크게 좌우되므로 슬러지 농축에 의해 슬러지의 함수율을 낮추면 후속처리시설의 용량을 줄일 수 있다. 농축이 충분히 되지 않으면 혐기성소화에서 가온을 위해 더 많은 열량이 필요하며, 소화일수에도 영향을 준다. 또한 슬러지 농축조의 고형물 회수율이 낮으면 상징수 중에 다량의 부유물이 포함되어 반송되므로 수처리시설에 영향을 주게 된다. 슬러지 농축에는 중력식, 부상식, 원심분리식 농축 등이 있다. 일반적으로 중력식이 가장 많이 사용되고 있으나 슬러지 성상변화에 따라 침강성 및 농축성이 나빠지고, 여름철에 농축슬러지의 농도가 낮아지거나 슬러지 일부가 부상하여 고형물 회수율이 나빠지는 단점이 있다. 부상식 및 원심분리식은 중력식에 비해 동력비가 더 필요하게 된다. 슬러지 농축방법들의 장단점을 표 5.5에 나타내었다.

표 5.5 슬러지 농축방법의 비교

농축방법	장 점	단 점
중력식 농축	• 간단한 구조, 유지관리 용이 • 일차슬러지에 적합 • 저장과 농축이 동시에 가능 • 약품을 사용하지 않음 • 동력비 소요가 적음	• 악취문제 발생 • 잉여슬러지의 농축에 부적합 • 잉여슬러지의 경우 소요면적이 큼
부상식 농축	• 잉여슬러지에 효과적 • 고형물 회수율이 비교적 높음 • 약품주입 없이도 운전가능	• 동력비가 많이 소요 • 악취문제 발생 • 다른 방법보다 소요면적이 큼 • 유지관리가 어려우며 건물 내부에 설치 시 부식문제 유발
원심분리 농축	• 소요면적이 적음 • 잉여슬러지에 효과적 • 운전조작이 용이 • 악취가 적음 • 연속운전이 가능 • 고농도로 농축가능	• 시설비와 유지관리비가 고가 • 유지관리가 어려움

(자료 : WEF & ASCE, Design of MWTP, Vol.II, 1992)

5.4.1 중력식 농축조

중력식 농축조는 조 내에 슬러지를 체류시켜, 중력을 이용하여 농축한 후 바닥에 침강한 농축슬러지를 슬러지 제거기(scraper)로 배출구에 모으는 것이다(그림 5.6 참조). 중력식에 의한 슬러지 농축은 계절변화의 영향을 받으므로 안정적인 운전이 어렵고, 특히 수온이 상승하는 여름에는 슬러지가 부패하기 쉬워 겨울에 비해 농축하기 어려운 것이 일반적이다.

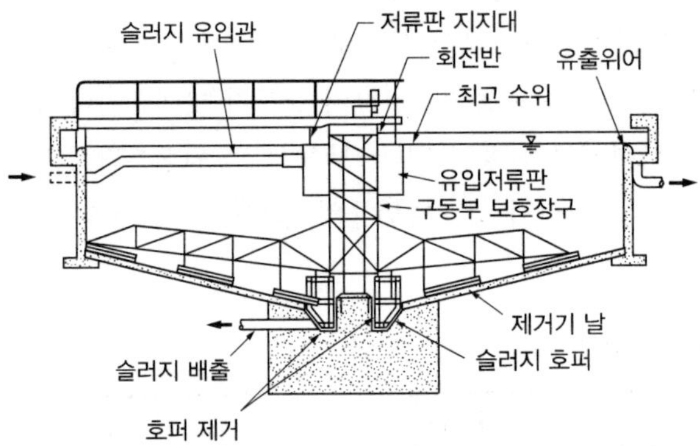

그림 5.6 중력식 농축조의 예

중력식 슬러지 농축조는 주로 일차슬러지, 석회슬러지 그리고 일차슬러지와 잉여슬러지의 혼합물을 농축시키기 위하여 채택되며, 잉여슬러지만을 농축시키기 위해서는 별로 채택되지 않는다. 이는 일차슬러지는 잉여슬러지와 비교해 무기분이 많고, 입자도 크므로 농축하기 쉬우나, 잉여슬러지는 유기분이 많고 농축하기 어렵기 때문이다. 일차침전지에 잉여슬러지를 유입시켜 침전시킨 슬러지의 농축성은 앞에 말한 슬러지들의 중간정도이다.

잉여슬러지는 농축이 어려우며 생분해로 인한 가스에 의해 슬러지 부상을 초래하므로 일차슬러지와의 분리농축이 요망되나 기온이 20℃ 이상이며, 고형물체류시간이 20일 이상인 경우에는 분리농축을 피한다.

슬러지 농축조의 소요단면적은 위에서 언급된 바와 같이 유량과 고형물부하 두 가지 조건을 만족시켜야 하는데 고형물부하에 의한 농축조의 소요단면적은 식 (5.2)에 의하여, 그리고 수면적부하에 의한 값은 식 (5.3)에 의하여 구할 수 있다.

$$A = \frac{Q_f C_f}{V}\left(\frac{1}{C_f} - \frac{1}{C_u}\right) \tag{5.2}$$

$$A = \frac{Q_0}{V_0} = \frac{Q_f - Q_u}{V} \tag{5.3}$$

여기서, A : 소요단면적, m^2

Q_f : 유입슬러지량, m^3/day

C_f : 유입슬러지의 농도, kg/m^3

Q_u : 농축슬러지량, m^3/day

C_u : 농축슬러지의 농도, kg/m^3

Q_0 : 월류수량, m^3/day

C_0 : 월류수의 고형물농도, kg/m^3

V : 경계면 침강속도, m/day

식 (5.2)와 식 (5.3)을 이용하려면 슬러지 농도 C와 경계면 침강속도 V와의 관계를 알아야 한다. 그러기 위해서는 침전관 실험을 실시하여 여러 가지 슬러지 농도에 대한 슬러지의 침전속도를 측정하여야 하며, 각각의 C값에 대하여 얻은 V값을 식 (5.2)에 대입하여 A값을 구하고, 여러 가지 A값 중에서 가장 큰 것을 식 (5.3)으로부터 구한 *A*와 비교하여 둘 중에서 큰 값을 소요단면적으로 취한다.

예제 5.2 농축률 계산

슬러지 농축조에 함수율 99%인 일차슬러지를 투입하여 함수율 96%의 농축슬러지를 얻었다. 농축 후의 슬러지량은 당초의 몇 %로 감소하였는가?

풀이

농축에 의한 슬러지의 체적 감소는 함수율 저하에 따른 것이며, 슬러지의 밀도가 불변이라고 가정하면 농축 전후의 슬러지 체적(V_1, V_2)과 함수율(r_1, r_2)의 관계는 다음과 같다.

$$\frac{100 - r_1}{100} V_1 = \frac{100 - r_2}{100} V_2$$

따라서, 농축 후의 슬러지 체적 V_2는

$$V_2 = \frac{100 - r_1}{100 - r_2} V_1$$

$$\frac{V_2}{V_1} = \frac{100 - r_1}{100 - r_2} = \frac{100 - 99}{100 - 96} = \frac{1}{4}$$

따라서, 체적은 당초의 1/4, 즉 25%로 감소한다.

예제 5.3 농축조 용량 산정

고형물농도 9kg/m^3, 함수율 99.1%, 유량 1,000m^3/day인 슬러지를 고형물농도가 45kg/m^{3}이고 함수율이 95.5%인 슬러지로 농축시키고자 하는 경우 요구되는 농축조의 단면적을 구하시오.

풀이

Q_f : 1,000m^3/day

$$Q_u : \frac{Q_f C_f}{C_u} = \frac{(9.0)(1{,}000)}{45} = 200\,\text{m}^3/\text{day}$$

C_f : 9kg/m^3

C_u : 45kg/m^3 ($1/C_u = 0.022$)

여러 가지 슬러지 농도 C에 대한 경계면 침강속도 V는 실험에 의하여 구해야 하며, 그 값들을 식 (5.2)에 대입시켜 각각의 단면적을 구한 결과는 표 5.6과 같다. 표 5.6으로부터 고형물부하에 의한 슬러지 농축조 최대소요단면적은 C가 12.0kg/m^{3}일 때 57.2m^{2}이라는 것을 알 수 있다. 이 조건에서 수면적부하에 의한 소요단면적을 식 (5.3)에 의해 구하면 83.3m^{2}가 된다.

표 5.6 슬러지 농축을 위한 소요단면적 계산 예

실험번호	C(kg/m^3)	V(m/day)	1/C	$1/C-1/C_u$	A (m^2)
1	9.1	18.72	0.110	0.088	41.8
2	12.0	9.60	0.083	0.061	57.2
3	15.4	7.44	0.065	0.043	52.0
4	22.3	2.40	0.045	0.023	53.8
5	43.0	1.20	0.023	0.001	7.5

$$A = \frac{Q_f - Q_u}{V} = \frac{1{,}000 - 200}{9.6} = 83.3\,\text{m}^2$$

따라서, 소요단면적은 57.2m^2 대신 83.3m^{2}이 되어야 한다.

만약 동일한 조건에서 수면적부하를 6~8m^3/m^2/day로 하면 소요단면적은

$$A = \frac{1{,}000}{6 \sim 8} = 167 \sim 125\,\text{m}^2$$

그리고 고형물부하는

$$\frac{(9.0)(1{,}000)}{167 \sim 125} = 54 \sim 72\,\text{kg/m}^2/\text{day}$$

체류시간을 14시간으로 할 경우 조의 용량은

$$(1{,}000\,\text{m}^3/\text{day})\left(\frac{14}{24}\right) \fallingdotseq 584\,\text{m}^3$$

그리고 유효수심은

$$\frac{584}{167 \sim 125} = 3.5 \sim 4.7\,\text{m}$$

이다.

공공하수처리시설의 입지조건에 따라서는 농축조에서 발생되는 악취가 주변의 생활환경을 악화시킬 우려가 있으므로 악취방지대책을 고려하여야 한다. 악취방지를 위해서는 발생원이 되는 농축조를 복개하고 반드시 환기 또는 탈취시설을 설치한다. 또한 배치설계 시에 인근으로부터 충분한 거리를 두어 자연환기와 바람에 의한 희석으로 악취가 감소되도록 할 필요가 있다.

복개된 농축조에서 배기구를 통해 배출되는 가스에는 악취의 원인물질인 황화수소, 암모니아, 아민(amine)류 등이 포함되어 있다. 악취 원인물질을 제거하기 위해서는 방취, 희석, 방향(masking), 탈취 등의 방법이 적용될 수 있다. 탈취방법의 선정에 있어서는 탈취풍량, 악취물질의 종류와 양, 탈취목표효율, 주변 환경, 유지관리의 용이성과 경제성을 충분히 검토하여 최적의 방법을 선택하여야 한다.

중력식 농축조 용량은 계획슬러지량의 18시간 분량 이하로 하고, 유효수심은 4m 정도로 한다. 또한, 농축조 설계 시 고형물부하율은 1차슬러지와 잉여슬러지의 혼합슬러지인 경우에 25～70kg/m^2/day를 표준으로 하지만, 슬러지의 특성에 따라 다를 수 있다. 수면적부하율은 1차슬러지에 대하여 16～32m^3/m^2/day, 잉여슬러지에 대하여 4～8 m^3/m^2/day 정도이다.

예제 5.4 농축조 소요 면적 계산

하루 1차슬러지와 잉여슬러지가 각각 240m^{3}씩 발생하는 하수처리장이 있다. 1차슬러지와 잉여슬러지를 별도의 중력식 농축조에서 농축한다고 가정할 때, 각 농축조의 소요면적을 계산하고 비교하라.

풀이

1차슬러지 농축조와 잉여슬러지 농축조 면적을 각각 A_1, A_2라 하고, 수면적부하율을 각각 $24\,m^3/m^2/day$, $6\,m^3/m^2/day$로 가정하면

$$A_1 = \frac{Q}{L} = \frac{240\,m^3/day}{24\,m^3/m^2/day} = 10\,m^2$$

$$A_2 = \frac{Q}{L} = \frac{240\,m^3/day}{6\,m^3/m^2/day} = 40\,m^2$$

따라서, 잉여슬러지 농축조의 면적이 4배 더 크게 소요된다.

5.4.2 부상식 농축조

부상식에 의한 고액분리는 부유물질에 미세한 기포를 부착시켜 고형물의 비중을 물보다 작게 해서 부상분리시키는 것으로 기포를 발생시키는 방법에 따라 가압법과 감압법으로 나눌 수 있다. 용존공기부상법이라고도 불리는 가압법에는 전량가압법, 부분가압법 및 순환수가압법이 있고, 감압법은 진공부상법이라고도 한다. 감압법은 보통의 압력에서 공기를 용해시킨 후 감압해서 기포를 발생시키지만 압력조절범위가 좁으므로 슬러지 농축에는 별로 사용되지 않는다. 부상식 농축조의 예를 그림 5.7에 나타내었다. 부상식에서는 적절한 크기의 미세기포를 발생시키는 것과 슬러지 입자에 미세 기포를 효과적으로 부착시키는 것이 중요하다. 기포의 부착특성은 입자표면의 물리적·화학적 성질에 따라 다르다.

부분가압식은 유입슬러지의 일부를 직접 가압펌프로 공기포화조에 넣기 때문에 다른 방법에 비해 공기포화도가 낮으므로 슬러지 처리에는 별로 사용되지 않는다.

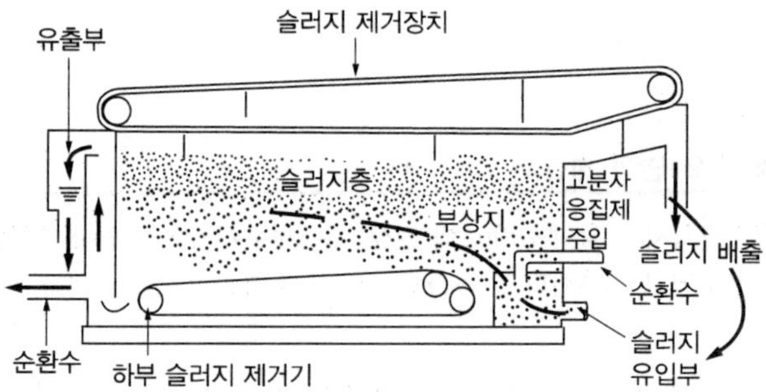

그림 5.7 부상식 농축조의 예

전량가압법은 유입슬러지의 전량을 가압펌프로 공기포화조에 보내기 때문에 순환수가압법에 비해 간단하지만, 공기포화도에 한계가 있으므로 유입슬러지의 농도가 비교적 낮은 경우에 쓰이는 경우가 많다.

순환수가압법은 유입슬러지와 순환수의 혼합을 위해 이젝터(ejecter)를 사용하는 방법으로 슬러지 펌프의 동력을 절약할 수 있으나, 슬러지 성상에 따라 적합성 여부를 판단하여 사용해야 한다. 최근에는 가압수에 유입슬러지를 가압해서 혼합하는 방법(가압혼합방식) 및 가압수를 감압한 직후에 유입슬러지를 혼합하는 방법도 사용되고 있다. 순환수가압법에는 가압수로 분리액 또는 처리수가 쓰인다.

부상식 농축은 중력식에서는 농축성이 나쁜 잉여슬러지만을 대상으로 하는 것이 바람직하다. 부상식 농축은 활성슬러지나 살수여상슬러지와 같이 비교적 가벼운 슬러지의 농축에 많이 이용되며 일차슬러지같이 무거운 슬러지의 농축은 중력식이 좋다. 그러나 잉여슬러지량이 대단히 많은 대규모 공공하수처리시설에서는 부상식 농축조를 사용하거나 일차슬러지와 잉여슬러지를 분리처리함으로써 비용을 줄일 수 있다.

부상식 농축조 설계에 영향을 미치는 요소에는 유입슬러지 농도, 공기량, 입자의 부상속도 등이 있다. 공기/고형물비(A/S)는 사용되는 공기의 무게를 유입슬러지 중의 고형물 무게로 나눈 값으로, 공기방울의 상승속도와 가압수가 고형물을 부상시킬 수 있는 능력을 결정하기 위한 적용압력과 함께 사용되어야 한다.

공기/고형물 비에 대한 식은 식 (5.4), 식 (5.5)와 같다.

$$\frac{A}{S} = \frac{S_a(fP-1)}{S} \tag{5.4}$$

가압수의 반송이 있는 경우에는

$$\frac{A}{S} = \frac{S_a(fP-1)}{S}\left(\frac{Q_R}{Q}\right) \tag{5.5}$$

여기서, S_a : 1기압, 운전온도에서의 공기의 용해도, mg/L

f : 포화상태에서의 공기의 실제 용해비(보통 0.5)

P : 공기포화조 내의 압력, atm

S : 고형물 농도, mg/L

$\frac{Q_R}{Q}$: 반송률

A/S비가 너무 높으면 심한 와류에 의한 전단력(shearing)의 발생으로 플럭이나 스컴이 깨져서 오히려 부상효과가 나빠질 수 있다.

부상농축조의 고형물부하는 유입슬러지의 종류, 농도, A/S비를 고려하여 정한다. A/S비가 클수록 농축슬러지의 농도는 커지지만 너무 커도 동력비에 비해 농축효과는 증가하지 않는다. 잉여슬러지 농축의 경우 A/S 비는 0.02~0.04kg/kg 정도이며, 고형물부하는 약품주입 없이 40~120kg/m^2/day로 3~5% 농도를 얻으며, 약품주입 시 80~240kg/m^2/day의 부하로 3.5~6%의 농도를 얻을 수 있다.

체류시간은 기포부착된 입자의 상승속도와 조의 수심에 의해 정해진다. 순환수가압법에서는 유입슬러지와 가압수와의 합계에 대한 체류시간을 고려해 일반적으로 2시간 이상이 바람직하다.

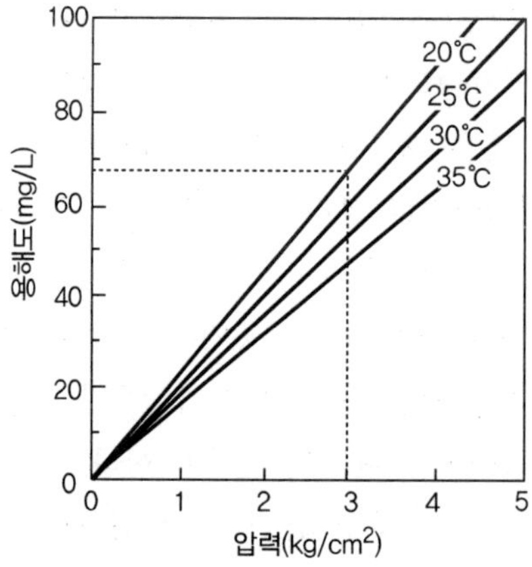

그림 5.8 이론적인 공기용해량

슬러지의 부상농축 시 가압수량은 슬러지의 농도, 특성, 공기주입방법 및 압력에 따라서 좌우된다. 일반적으로 공기용해량은 압력이 $3kg/cm^2$일 때 이론량의 50%가 정도 되므로 슬러지 농도가 $8kg/m^3$, 가압수 압력이 $3kg/cm^2$, 가압수량이 슬러지 유량의 3배, 수온이 20℃이면 그림 5.8에서 이론적인 공기용해량이 69.5mg/L이므로 식 (5.4)에 의해서 A/S비는 0.013이 된다.

$$\frac{A}{S} = \frac{(3)(69.5\times 10^{-3})(0.5)}{8} = 0.013 \tag{5.6}$$

이론적 공기용해량은 Henry의 법칙으로 구할 수 있는데, 어떤 기체 i의 평형몰분율과 분압의 관계는 다음과 같다.

$$i_{(g)} \rightleftarrows i_{(l)} \tag{5.7}$$

$$H_i = \frac{x_i}{P_i} \tag{5.8}$$

여기서, x_i : 기체 i의 평형몰분율

P_i : 기체 i의 분압(atm)

H_i : 기체 i의 Henry 상수(몰분율/atm)

예제 5.5 **물에 대한 공기의 용해도 계산**

① 20℃에서 5기압으로 가압한 가압탱크에서 공기의 용해도를 구하여라. ② 또, 압력이 1기압으로 낮아졌을 때의 용해도를 계산하라. 단, 20℃의 공기에 대한 헨리상수(K_H)는 1.51×10^{-5}몰분율/atm이다.

$O_{2(g)} \rightarrow O_{2(aq)}$, $K_{H.O_2} = 1.51 \times 10^{-5}$

풀이

① 5기압일 때

1. 물에 대한 공기의 용해도는

$$K_H = \frac{x_{air}}{P_{air}}$$

$$x_{air} = K_H \cdot P_{air} = 1.51 \times 10^{-5}(5) = 7.55 \times 10^{-5} \text{ 몰분율}$$

2. 물 1L에 대해 구하면

$$\frac{1{,}000\,g/L}{18\,g/mol} = 55.6\,mol/L$$

$$7.55 \times 10^{-5} = \frac{n_{air}}{n_{air} + 55.6}$$

$55.6 \gg n_{air}$ 이므로

$$n_{air} = (7.55 \times 10^{-5})(55.6) = 4.20 \times 10^{-3}\,mol/L$$

3. 포화농도를 mg/L 단위로 환산하면

$$C_s = (4.20 \times 10^{-3} mol/L)(28.9 g/mol)(10^3 mg/g) = 121 mg/L$$

② 1기압일 때

4. 앞과 같은 방법으로

$$x_{air} = 1.51 \times 10^{-5}(1) = 1.51 \times 10^{-5} \text{ 몰분율}$$

5. 물 1L에 대해 구하면

$$n_{air} = (1.51 \times 10^{-5})(55.6) = 8.4 \times 10^{-4}\,mol/L$$

6. mg/L 단위로 환산하면

$$C_s = (8.4 \times 10^{-4} mol/L)(28.9 g/mol)(10^3 mg/g) = 24 mg/L$$

이론적인 공기용해도는 주입공기량과 물에 대한 공기의 용해도의 평형을 의미하므로 이론적으로는 접촉시간이 무한히 긴 경우의 용해도를 말한다. 따라서 실제로 공기포화조에서 물에 대한 공기의 포화용해도는 체류시간 내에 공급되는 공기량과 관계가 있다. 공기와 물의 접촉이 양호할 경우 체류시간이 1~2분이면 공기용해율은 60~80% 정도 된다고 알려져 있다. 따라서 공기포화조의 체류시간은 2분 정도 되는 것이 좋다.

5.4.3 원심농축기

원심농축기는 중력만으로는 침강농축하기 어려운 슬러지를 원심력을 이용해 효과적으로 농축하는 것으로 보통 횡형의 솔리드－보울 컨베이어형(solid-bowl conveyer type)과 입형의 디스크－노즐형(disk-nozzle type), 배스킷형(basket type)이 있다. 그러나 입형 원심농축기는 폐색과 마모 등 유지관리상의 어려움이 많아 최근에는 슬러지농축에 거의 사용하지 않는 추세이다.

솔리드 보울 컨베이어형 원심농축기는 슬러지 유입방향과 농축된 슬러지의 이동방향이 같은 정류형과 그 방향이 서로 반대인 역류형으로 구분된다. 솔리드 보울 컨베이어형 원심농축기는 원심탈수기와 외형이 비슷하며, 보울(bowl)에서 유출되는 분리액의 액측수심을 슬러지측의 배출구 높이 정도까지 높게 운전하고, 농축슬러지가 보울의 경사부를 올라가기 쉽도록 설계되어 있다(그림 5.9 참조). 유입슬러지는 보울 내에서 원심력을 받아 농축슬러지는 보울 내의 주변부에 분리되고, 자기식 차속제어에 의해 보울과 근소한 회전속도차로 돌고 있는 스크류에 의해 경사부를 말아 올려 연속적으로 배출시킨다.

농축슬러지의 농도, 고형물회수율(또는 분리액의 수질) 등 농축효과가 유입슬러지의 성상에 따라 최적상태가 되도록 하기 위해서는 운전상의 주요인자인 유입슬러지량, 회전수, 보울과 스크류의 속도차, 액측수심 등이 설치 후에도 조절가능한 설비를 선정하는 것이 중요하다. 원심농축 역시 사전 실험을 통해 고형물회수율, 농축기의 용량 등을 결정하는 것이 좋으며, 일반적으로 함수율 96% 이하 및 고형물회수율 85% 이상을 목표로 이에 맞도록 각 형식마다 원심효과를 결정한다. 원심효과는 중력의 1,500～3,000배 정도이다.

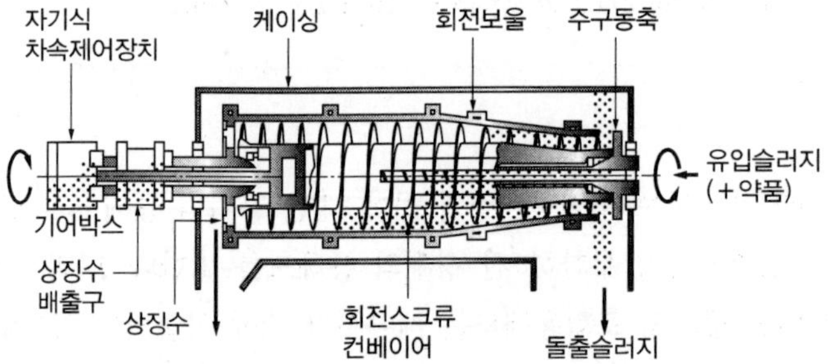

그림 5.9 원심농축기의 예

5.5 혐기성 소화

5.5.1 혐기성 소화의 원리

혐기성 소화란 용존산소가 존재하지 않는 환경에서 유기물이 미생물에 의해 분해되는 과정으로 슬러지 중의 유기물은 혐기성균의 활동에 의해 분해된다. 혐기성 소화에 의한 슬러지의 분해과정은 크게 그림 5.10에 나타난 바와 같이 가수분해 및 발효, 산 생성 그리고 메탄생성의 세 단계로 나눌 수 있다. 각 단계의 반응은 발효균, 아세트산 및 수소 생성균, 그리고 메탄생성균 등 서로 다른 미생물에 의하여 이루어지며, 이들의 활동은 서로 유기적으로 연결되어 있다.

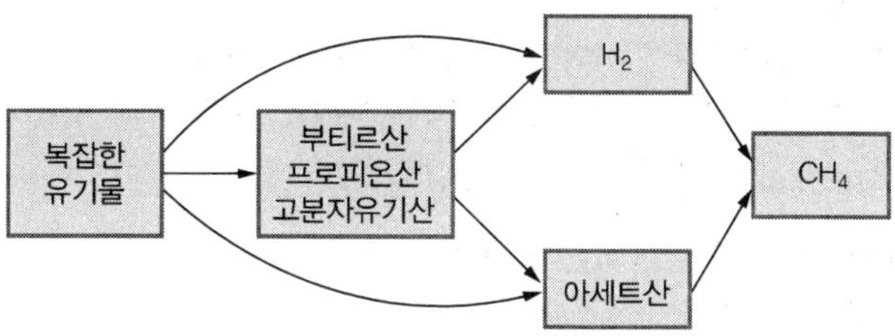

그림 5.10 혐기성 분해의 세 단계

가수분해 및 발효 단계에서는 슬러지가 휘발성 유기산, 단당류, 아미노산 등과 같은 용해성 유기물을 거쳐 아세트산, 프로피온산, 부티르산, 고분자 유기산 및 H_2와 CO_2로 변화하게 된다. 이 단계에서는 유기물이 분해되어 무기물로 변하지 않고 단지 다른 형태의 유기물로 변하기 때문에 유기물의 총 COD는 변하지 않는다. 슬러지의 혐기성 소화 과정에서는 가수분해단계가 느리기 때문에 전체 처리속도를 제한한다.

아세트산은 발효단계에서 직접 생성되기도 하지만 발효단계의 생산물인 프로피온산, 부티르산 및 고분자 휘발성 유기산 등에서도 생성된다. 후자의 경우를 아세트산과 수소 생성단계라고 칭한다.

메탄화 과정에서는 앞 단계에서 생성된 수소 및 아세트산이 메탄으로 변화한다. 이 과정에서 유기물의 COD가 가스상태의 메탄으로 변화함으로써 실질적인 유기물의 제거가 이루어지게 된다. 수소 및 아세트산으로부터의 메탄생성식은 다음과 같다.

$$4H_2 + CO_2 \rightarrow CH_4 + 2H_2O \tag{5.9}$$

$$CH_3COOH \rightarrow CH_4 + CO_2 \tag{5.10}$$

예제 5.6 가스발생량

① 초산(CH_3COOH) 1kg이 식 (5.10)에 따라 완전히 분해되었다고 가정하면 이산화탄소와 메탄가스 발생량은 각각 몇 m^3이 되겠는가? 단, 0℃, 1기압을 가정한다.
② 소화가스의 온도가 35℃라면 부피는 어떻게 달라지겠는가?

풀이

$$C_2H_4O_2 \rightarrow CH_4 + CO_2$$

	$C_2H_4O_2$	CH_4	CO_2
	60 g	16 g	44 g
또는	1몰	1몰	1몰

초산 1kg은 $\dfrac{1{,}000\,\text{g}}{60\,\text{g/mole}} = 16.67\,\text{mole}$

그러므로 메탄 16.67몰과 이산화탄소 16.67몰이 발생한다.

① 0℃, 1기압에서 이상기체 1몰은 22.4L의 부피를 차지하므로 16.67몰은

메탄 : $(16.67\,\text{mole})\left(\dfrac{22.4\,\text{L}}{1\,\text{mole}}\right) = 373\,\text{L}$

이산화탄소 역시 같은 부피로 발생한다.

이산화탄소 : 373L

② 소화가스온도가 중온소화온도인 35℃와 같다고 가정하면 부피는 절대온도에 비례하므로

메탄 발생량 : $(373\,\text{L})\left(\dfrac{(273+35)}{273}\right) = 421\,\text{L}$

이산화탄소 : 421L

혐기성 소화가 호기성 소화에 비해 지닌 장점으로는 다음과 같은 점을 들 수 있다

① 유효한 자원인 메탄이 생성된다.
② 처리 후 슬러지 생성량이 적다.
③ 동력비 및 유지관리비가 적게 든다.

혐기성 소화의 단점으로는 높은 온도(35℃ 혹은 55℃)를 요구한다는 것인데, 이는 발생하는 메탄가스를 열원으로 이용하면 해결할 수 있는 문제이다. 또한 미생물의 성장속도가 느리기 때문에 초기운전 시나 온도, 부하량의 변화 등 운전조건이 변화할 때 그에 적응하는 시간이 길다는 점과 암모니아와 H_2S에 의한 악취도 단점으로 지적될 수 있다.

혐기성 처리에서는 외부로부터 산소가 주입되지 않기 때문에 유기물의 안정화는 메탄

의 생성을 통하여서만 일어나며, 이 때 생성되는 메탄과 미생물의 양은 적절한 양론식을 세움으로써 예측할 수 있다. McCarty에 의하면 체류시간 20일인 혐기성 소화조에서 하수슬러지의 소화 시 일어나는 반응식은 다음과 같다.

$$C_{10}H_{19}O_3N \rightarrow 5.78CH_4 + 2.47CO_2 + 0.19C_5H_7O_2N + 0.81NH_4^+ + 0.81HCO_3^- \quad (5.11)$$

식 (5.11)에서 보면 약 210g의 하수슬러지가 혐기성 분해되면 5.78mols (129L)의 메탄과 0.19mols (21.5g)의 미생물, 그리고 0.81mols (40.5g as $CaCO_3$)의 알칼리도가 생성됨을 알 수 있다. 또한 가스 중 메탄 구성비는 약 70% [5.78 / (5.78 + 2.47)]이다.

하수슬러지의 유기성분은 C, H, O, N으로 구성되는데 각 원소의 조성비는 슬러지마다 다르다. 만약, 유기성분 전부가 메탄과 이산화탄소로 분해된다고 가정하여 화학양론식을 세우면 다음 식 (5.12)와 같으며, 이를 이용하여 이론적인 메탄가스 발생량을 예측할 수 있다. 또한, 식 (5.12)에 의한 메탄가스 발생량을 이론적 메탄 발생량(theoretical methane yield)이라고 하고, 혐기성 생분해도 실험과 같은 실측 실험을 통해 얻은 메탄가스 발생량을 최종 메탄 발생량(cumulative methane yield)이라고 부르기도 한다.

$$C_aH_bO_cN_d + \frac{(4a-b-2c+3d)}{4}H_2O \rightarrow \frac{(4a+b-2c-3d)}{8}CH_4 + \frac{(4a-b+2c+3d)}{8}CO_2 + dNH_3 \quad (5.12)$$

예제 5.7 슬러지의 원소조성비와 이론적 메탄 생성량

어떤 슬러지 시료의 원소분석 결과 C 45%, H 6%, O 20%, N 7%가 얻어졌다. 이 슬러지 유기성분의 실험식을 구하고, 이론적 메탄 발생량을 계산하라.

풀이

CHON은 분자량이 각각 12, 1, 16, 14이므로 각 성분의 비율은 다음과 같이 구할 수 있으며, 함량이 가장 작은 질소를 1로 간주했을 때 상대적인 조성은 다음과 같이 계산된다.

$$a = \left(\frac{45}{12}\right)\left(\frac{14}{7}\right) = 7.5 \qquad b = \left(\frac{6}{1}\right)\left(\frac{14}{7}\right) = 12.0$$

$$c = \left(\frac{20}{16}\right)\left(\frac{14}{7}\right) = 2.5 \qquad d = \left(\frac{7}{14}\right)\left(\frac{14}{7}\right) = 1.0$$

시료의 유기성분에 대한 실험식은 $C_{15}H_{24}O_5N_2$로 볼 수 있으므로 분자량은 312g이다. 따라서, 식 (5.12)에 대입하여 식을 완성하면 다음과 같다.

$$C_{15}H_{24}O_5N_2 + 8H_2O \rightarrow 8.5CH_4 + 6.5CO_2 + 2NH_3$$

따라서, 유기성분 312g이 분해되면 메탄가스 8.5몰이 생성되므로 이론적 메탄 발생량은 610L-CH_4/kg-VS가 된다.

$$V_{CH4} = (1{,}000\,g)\left(\frac{1\,mole}{312\,g}\right)\left(\frac{8.5\,mole}{mole}\right)\left(\frac{22.4\,L}{mole}\right) = 610\,L$$

공공하수처리시설에서 발생하는 슬러지를 혐기성으로 소화시키는 목적은 다음과 같다.

① 슬러지 내의 유기물을 분해시킴으로써 슬러지를 안정화시킨다.
② 슬러지의 무게와 부피를 감소시킨다.
③ 이용가치가 있는 메탄을 부산물로 얻을 수 있다.
④ 병원균을 죽이거나 통제할 수 있다.

슬러지의 혐기성 소화법은 하수슬러지의 처리를 위하여 많이 이용되어 왔으며, 유기성 공장폐수의 처리를 위해서도 좋은 방법이다. 소화 중 휘발성 고형물은 감소되고 물과 결합하는 능력도 감소하므로 소화된 슬러지는 탈수시키기가 쉬울 뿐만 아니라, 소화되지 않은 슬러지보다 탈수비용이 적게 들 수도 있다.

슬러지는 소화조에 유입되어 적절한 소화온도로 적당한 소화일수를 지내면 유기물이 가스화되어 25~60% 정도 감소한다. 유입된 슬러지는 소화 후 침전분리하면 용해성 유기물을 포함한 상징수, 소화가스 및 안정된 소화슬러지가 된다.

상징수는 잔류유기물 농도가 높기 때문에 방류할 수 있는 수질이 되기 위해서는 호기성 처리 등의 이차처리가 필요하다. 통상 상징수는 하수처리계통에 되돌려져 재처리된다. 슬러지의 혐기성 소화시설은 많은 양의 유기물이 가스로 전환될 수 있도록 설계되어야 한다. 이를 위하여 pH와 온도가 적합하여야 하며, 충분한 양의 영양소가 있어야 할 뿐만 아니라 중금속 및 유기용매와 같은 독성물질이 없어야 한다.

혐기성 소화는 소화온도에 따라 중온소화영역 및 고온소화영역으로 구별할 수 있다. 각 소화영역의 효율적인 소화온도는 중온소화영역이 36℃ 전후, 고온소화영역이 55~60℃로서 온도상승에 따라 가스발생속도도 상승한다. 일반적으로 소화온도는 중온소화영역을 사용한다.

소화조 내에는 여러 가지 화학물질들이 평형상태를 유지하고 있기 때문에 pH를 조절하는 것은 그리 쉬운 일만은 아니다. 그러나 중립 pH (6~8)에서는 주로 $CO_2-HCO_3^-$의 평형상태에 의하여 다음과 같이 pH가 결정된다.

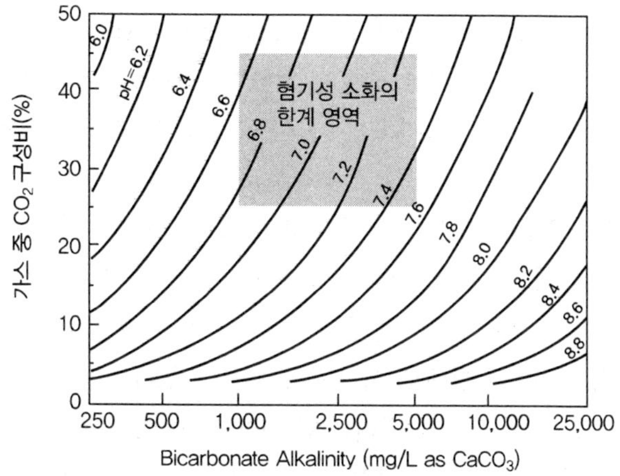

그림 5.11 pH, CO_2 분압 및 HCO_3^- 알칼리도 간의 관계

$$BA = 6.3 \times 10^{-4}\left(\frac{P_{CO_2}}{10^{-pH}}\right) \tag{5.13}$$

여기서, BA : $CaCO_3$ (mg/L)로 나타낸 HCO_3^- 알칼리도

P_{CO_2} : 소화조 내 CO_2 분압, atm

HCO_3^- 알칼리도는 소화조의 CO_2분압에 비례하고, H^+이온의 농도에 반비례한다. 그림 5.11은 식 (5.13)의 관계를 나타낸 것이다. 유기산의 농도가 낮은 경우 소화조 내의 알칼리도는 HCO_3^- 양에 의하여 결정된다. 그러나 유기산의 농도가 증가하면 유기산이 HCO_3^-에 의하여 중화되고 HCO_3^- 알칼리도는 유기산의 알칼리도로 대치되게 된다. 이 같은 경우 HCO_3^- 알칼리도는 다음과 같이 계산할 수 있다.

$$BA = TA - (0.85)(0.833)TVA \tag{5.14}$$

여기서, TA : $CaCO_3$ (mg/L)로 나타낸 총알칼리도

TVA : 아세트산(mg/L)으로 나타낸 총유기산

0.85 : pH 4까지 알칼리도를 측정할 때 유기산 알칼리도의 약 85%만이 측정되는 것을 보정하기 위한 계수

0.833 : 아세트산 1mole(60g)의 알칼리도는 HCO_3^- 1mole (50g)의 알칼리도와 같다. 보정계수는 50 / 60 = 0.833

예를 들어, TA가 2,500mg/L로 일정하여도 TVA이 50mg/L인 경우에 BA는 2,465

mg/L, TVA이 3,000mg/L인 경우에 BA는 370mg/L로 HCO_3^- 알칼리도는 총유기산의 농도에 따라 변하게 된다. 유기산 축적에 의하여 pH가 저하된 경우에는 유기산이 완전히 분해될 때까지 슬러지 유입속도를 줄이는 방법과 라임[$Ca(OH)_2$], $NaHCO_3$ 또는 NaOH, KOH 등을 주입하여 pH를 정상적으로 유지시키는 방법이 있다.

미생물이 필요로 하는 영양물질은 주로 질소(N)와 인(P), 그리고 그 밖의 미량원소 등이 있다. 질소는 단백질, 효소, DNA, RNA의 합성 등에 쓰이며, 미생물의 화학식을 $C_5H_7O_2N$이라고 가정하면 미생물 중량 중 질소는 약 12%를 차지한다. 질소를 소화조에 공급할 때에는 암모니아의 형태로 첨가되어야 한다. NO_2^-, NO_3^-를 첨가하면 혐기성상태에서 N_2로 변화되므로(탈질의 원리) 직접 영양분으로 사용할 수는 없다. 인은 ATP, RNA, DNA의 합성 등에 쓰이며, 인의 요구량은 질소의 약 1/5~1/7이라고 알려져 있다. 유기물이 분해되면서 생성되는 모든 형태의 비유기성 인 그리고 일부 형태의 유기성 인은 미생물이 직접 섭취할 수 있다. 미생물 성장에 필요한 미량원소로는 Fe, Ni, Co, Ca, 그 밖에 미량원소의 유기물질 등을 들 수 있지만 아직 메탄균에 대한 정확한 미량원소 요구량은 밝혀지지 않고 있다. 일반적으로 도시 하수의 일차 및 이차슬러지는 다량의 N과 P 그리고 여러 종류의 영양물질을 함유하고 있으므로 영양분을 공급할 필요가 없다고 알려져 있다. 그러나 경우에 따라서는 미량원소인 철분 첨가가(30~60mg/L) 효율을 증가시킨다고 보고되어 있으므로 도시 하수에 영양물질이 충분하게 포함되었다고 단정하기는 어렵다.

혐기성 처리에 영향을 미칠 수 있는 독성물질의 종류는 크게 알칼리성 양이온, 암모니아, 황화물, 독성유기물, 그리고 중금속의 5가지로 나눌 수 있으며 그 밖에도 CN 등이 독성을 미칠 수 있다. 일반적으로 혐기성 처리 시 하수의 경우에는 주로 중금속이 문제가 될 수 있다.

중금속 중 용해성 Cu, Zn, Ni 등은 독성이 상당히 강하여 낮은 농도에서도 소화조의 운전에 큰 영향을 미친다. Cr^{6+}도 역시 독성이 강하지만 소화조 내에서는 3가로 환원되어 비용해성 상태로 존재하게 되므로 큰 영향을 미치지는 못한다. 철이나 알루미늄염 역

표 5.7 혐기성 소화에 심각한 영향을 미치는 중금속의 농도

중금속	건조고형물 함량(%)	용해성 농도(mg/L)	중금속	건조고형물 함량(%)	용해성 농도(mg/L)
Cu	0.93	0.5	Cr^{6+}	2.20	3.0
Cd	1.08	–	Cr^{3+}	2.60	–
Zn	0.97	1.0	Ni	–	2.0
Fe	9.56	–			

시 용해도가 작아 독성이 크지는 않지만, 일차 및 이차슬러지를 처리하기 위하여 많이 사용한 경우에는 응결작용에 의하여 분해도가 저하되는 경우가 있다. 표 5.7에 혐기성 처리에 영향을 미치는 중금속의 농도를 표시하였다.

유기산에 의한 독성은 pH와 밀접한 관계가 있다. 유기산이 축적하면 소화조의 pH는 낮아지게 되어 소화효율이 저하되게 된다. 총유기산(TVA)은 이온화된 것(IVA)과 이온화되지 않은 휘발성산(UVA)으로 나눌 수 있는 데, 소화조 내에서 pH의 메탄화에 저해작용은 주로 UVA의 양에 의해 결정된다. 이는 UVA는 미생물막을 쉽게 통과하기 때문에 미생물 내에 축적되어 신진대사를 저하시키기 때문이다. UVA의 농도는 소화조 내의 pH와 총휘발성산의 함수이다. 아세트산의 경우, UVA과 TVA의 분포를 계산하면 TVA의 총량이 500mg/L인 경우 pH 7, 6.5, 6에서 각각 UVA가 2.5, 7.8, 23.9mg/L이다. 저해작용을 일으킨다고 보고된 이온화되지 않은 산의 농도는 아세트산일 경우 10~25 mg/L, 총유기산일 경우 30~60mg/L라고 알려져 있다. 그러므로 pH를 알맞은 범위로 조절하면 유기산의 농도가 높아도 메탄 생성량이 영향을 받지 않게 되며, 이로부터 pH 조절이 매우 중요함을 알 수 있다.

위에서 언급한 독성물질 이외에도 산소도 혐기성균에 독성을 미치는 물질이다. 메탄생성균이나 기타 편성 혐기성균들은 미량의 용존산소에도 매우 치명적인 손상을 입기 쉬우므로 소화조는 항상 밀폐가 되어야 하며, 이 조건은 메탄의 회수에도 필수적이다. 산소에 의한 영향도 가역적으로 혐기성 미생물이 산소에 노출된 후 약 10일 정도 이후에는 가스발생량이 정상상태로 회복됨이 보고되었다.

혐기성 소화공정을 적절하게 운전 및 관리하기 위하여 다음을 고려하여야 한다.

① 운전상태 및 소화의 진행상태 파악을 위해 유입슬러지량, 소화슬러지량, 상징수량 및 가스발생량을 측정한다.
② 유입슬러지, 소화슬러지, 소화조 내의 슬러지 성상을 파악하기 위해 온도, TS, VS, pH, 휘발산 및 알칼리도를 측정한다.
③ 상징수의 TS, VS, pH 등을 측정하고 하수처리계통에 미치는 영향을 파악하기 위해 BOD, 질소, 인 농도를 측정한다.
④ 위의 사항을 정기적으로 측정하여 소화조에 이상이 발생했을 경우 정상 시 기록과 비교하여 그 원인을 파악하고 신속히 적절한 조치를 취한다.

혐기성 소화조 관리자들이 흔히 겪는 문제 중의 하나가 거품과 스컴이다. 스컴은 가스방울이 없는 경우에도 물보다 비중이 작은 물질(기름, 식물성분 등)이 부유하며 발생하는 것이고, 거품은 반드시 가스 방울이 존재하는 경우에만 생성된다. 이 문제들은 주로 초기시동단계와 유기물 과부하 시나 소화조의 균형이 맞지 않을 때 발생하게 된다. 초기시동단계에서는 유기산 생성균의 활동이 활발하고 메탄균은 그 활동이 미약하여 유기산이 축적되는 경우 흔히 거품이 발생하기도 하지만 약 1～2주 후면 소멸한다. 두 번째 경우에는 검고 두꺼운 스컴층이 형성된다.

혐기성 소화조에서 거품이 발생하는 원인으로는 유입수의 과다한 기름성분 함유, 과다 혹은 과소 혼합, 유입수 중 높은 활성슬러지 함유량, 심한 온도 변화, 높은 CO_2 농도, 높은 알칼리도 등을 들고 있다. 이 문제의 해결방안으로는 원수 중의 활성슬러지의 양을 줄이는 방법, 온도의 변화폭을 작게 유지하고 유입을 균등히 하며 CO_2의 분압을 낮추는 방법 등이 제시되고 있다. CO_2의 분압을 낮추는 방법으로는 가스를 KOH용액에 통과시켜 CO_2를 흡수하거나 메탄 등의 가스를 주입하는 방법 등이 있다. 물리적으로 거품을 제거하는 방법으로는 소화조의 표층을 혼합시키는 방법도 고려할 수 있다.

혐기성 소화조에서 흔히 발생하지만 별로 알려지지 않은 문제의 하나가 struvite, 즉 magnesium ammonium phosphate ($MgNH_4PO_4$) 스케일의 형성이다. 이 스케일은 관로나 열교환기를 막는 문제를 일으키며 일단 생성이 되면 쉽게 제거할 수가 없다. 소화조 내에서는 암모니아와 인산은 미생물의 작용에 의하여 생성되므로 Mg가 충분한 양이 유입되면 $MgNH_4PO_4$의 용해도적을 넘어 스케일이 형성되게 된다. 용해도적은 온도와 pH의 함수이다. 이 스케일을 방지하는 방법으로는 표면이 매끄러운 PVC와 같은 관과 polyethylene 혹은 teflon coated plug valve를 사용하거나 관리를 철저히 하는 방법이 있고, 보다 적극적인 방법으로는 철분을 주입하여 인산염을 침전시키는 방법이 있다. 혐기성 소화조 운전 시 발생할 수 있는 일반적인 문제점과 그 대책을 표 5.8에 나타내었다.

5.5.2 설계 시 고려사항

소화조 유입슬러지의 양은 하수의 특성, 하수처리방법 그리고 슬러지 고형물농도에 의하여 좌우된다. 분석자료가 없는 경우 유입하수 내에 있는 부유물의 양은 일반적으로 추정될 수도 있는데, 미국의 경우 0.07～0.09kg/인/day의 값이 이용된다. 우리나라의 경우 수세식 화장실 및 수거식 화장실의 분포상황에 따라 부유물배출량이 다르며, 하수가 공장폐수를 함유하는 경우에는 부유물의 양이 변할 수도 있다.

슬러지의 혐기성 소화효율은 체류시간 및 온도의 영향을 받게 되며, 각 온도영역에서 효율이 최대이고 고형물체류시간이 최소인 최적온도가 존재하게 된다. 따라서 소화에 필요한 기간도 온도에 따라 다르게 된다.

표 5.8 소화조 운전상의 문제점 및 대책

상태	원인	대 책
1. 소화가스 발생량 저하	1) 저농도 슬러지 유입 2) 소화슬러지 과잉배출 3) 조 내 온도저하 4) 소화가스 누출 5) 과다한 산 생성	1) 저농도의 경우는 슬러지 농도를 높이도록 노력한다. 2) 과잉배출의 경우는 배출량을 조절한다. 3) 저온일 때는 온도를 소정치까지 높인다. 가온시간이 정상인데 온도가 떨어지는 경우는 보일러를 점검한다. 4) 조용량감소는 스컴 및 토사 퇴적이 원인이므로 준설한다. 또한 슬러지농도를 높이도록 한다. 5) 가스누출은 위험하므로 수리한다. 6) 과다한 산은 과부하, 공장폐수의 영향일 수도 생각된다. 부하조정 또는 배출 원인의 감시가 필요하다.
2. 상징수 악화 BOD, SS가 비정상적으로 높다.	1) 소화가스발생량 저하와 동일원인 2) 과다교반 3) 소화슬러지의 혼입	1) 소화가스발생량 저하와 동일원인일 경우의 대책은 1.에 준한다. 2) 과도교반 시는 교반회수를 조정한다. 3) 소화슬러지 혼입 시는 슬러지 배출량을 줄인다.
3. pH저하 1) 이상발포 2) 가스발생량 저하 3) 악취 4) 스컴 다량 발생	1) 유기물의 과부하로 소화의 불균형 2) 온도 급저하 3) 교반부족 4) 메탄균 활성을 저해하는 독물 또는 중금속 투입	1) 과부하나 영양불균형의 경우는 유입슬러지 일부를 직접 탈수하는 등 부하량을 조절한다. 2) 온도저하의 경우는 온도유지에 노력한다. 3) 교반부족 시는 교반강도, 회수를 조정한다. 4) 독성물질 및 중금속이 원인인 경우 배출원을 규제하고, 조 내 슬러지의 대체방법을 강구한다.
4. 이상발포 맥주모양의 이상발포	1) 과다배출로 조 내 슬러지 부족 2) 유기물의 과부하 3) 1단계조의 교반부족 4) 온도저하 5) 스컴 및 토사의 퇴적	1) 슬러지의 유입을 줄이고 배출을 일시 중지한다. 2) 조 내 교반을 충분히 한다. 3) 소화온도를 높인다. 4) 스컴을 파쇄·제거한다. 5) 토사의 퇴적은 준설한다.

소화조의 운영에 있어서 교반의 역할은 매우 중요하다. 교반은 소화조 내의 성층화에 의한 스컴층 및 온도경사의 발생 억제, 독성물질의 분산, 미생물효소와 유기물과의 접촉 증대에 필요하며, 불완전할 경우에는 유효용적을 감소시킴으로써 처리효율을 저하시킨다. 실제로 현장에서는 불완전 교반에 의하여 소화조 유효용적이 약 70% 정도까지 감소한 예가 보고되었다. 이와 같은 불완전 교반의 영향은 표 5.8에 의하여 파악할 수 있다. 유효용적이 50% 감소하는 것은 SRT가 반으로 감소하는 것으로 생각할 수 있다. 완전혼합되는 혐기성슬러지 소화조를 설계하기 위해서는 최대유량에서도 충분한 체류시간이 되도록 함으로써 가스생성량이 알맞도록 할 수 있는 고형물체류시간(solids retention time, SRT)을 선택해야 하는데, 이에 관한 참고자료가 표 5.9에 주어져 있다.

표 5.9 완전혼합 소화조 설계를 위한 고형물체류시간

운전온도(℃)		최소SRT * (일)	제안되는 SRT (일)
중온소화영역	29	14	25
	35	10	20
	38	10	20
고온소화영역	54	7	15
	60	7	10

* 이 정도의 SRT를 공공하수처리시설에서 채택하여 슬러지를 혐기성 소화시키면 처리과정의 안정도가 나쁘다.

수리학적 체류시간(hydraulic retention time)은 슬러지 입자가 처리시설 내에 머무는 시간을 뜻하며, 혐기성 소화 시에는 고형물체류시간과 혼용되고 있다. 1950년대까지는 슬러지를 친온성 영역에서 30~60일간 소화시키는 방법이 채택되었으나 고율처리공정이 발달되면서 비교적 짧은 소화기간으로도 슬러지를 성공적으로 혐기성 소화시킬 수 있게 되었으며, 11~15일 정도의 수리학적 체류시간에서도 만족스럽게 슬러지를 소화시킬 수 있다는 것이 알려졌다.

고율처리공정에서는 소화조 내의 슬러지를 계속 활발하게 혼합시키면서 체류시간을 상당히 짧게 하고 슬러지를 가열하여 온도를 높게 유지한다. 고율이라 하여 재래식의 표준율에 비하여 박테리아가 유기물을 빨리 메탄가스로 분해시킨다는 뜻은 결코 아니다. 실제에 있어서 온도만 같다면 화학적 반응상수는 양쪽 모두 동일하다고 할 수 있다. 그러나 고율에서는 슬러지를 혐기성으로 소화시키는데 좀 더 적합한 상태를 조성해줄 뿐이다. 소화조 내의 슬러지를 계속 혼합시키고 가열하고 슬러지를 계속적으로 유입시킴으로써 미생물이 슬러지 내의 유기물과 보다 완전한 접촉을 하게 된다.

고율처리공정에서는 체류시간이 10~15일이면 만족스러운 슬러지 소화를 달성할 수 있지만 대부분의 경우 15~25일로 함으로써 공정을 좀 더 안전성 있게 한다. 그림 5.12에 재래식 표준율 및 고율 소화공정의 설명도가 주어져 있다.

표준율 소화인 경우 유입슬러지를 농축시키면 고형물부하를 증가시킬 수 있다. 예를 들어, 그림 5.13에서 보는 바와 같이 유입슬러지의 고형물농도가 6%이면 체류시간을 20일로 하는 경우 고형물부하가 3.1kg/m^3/day이나 10%이면 5.2kg/m^3/day로 증가될 수 있다.

유입슬러지의 휘발성 고형물농도가 증가함에 따라 같은 휘발성고형물제거효율을 얻는데 요구되는 체류시간은 짧아진다. 예를 들어, 휘발성고형물이 70%인 슬러지를 처리하여 휘발성고형물의 제거효율이 60%되게 하려면 58일의 체류시간이 요구되나, 80%인 경우에는 60% 제거하는데 30일이 요구된다(그림 5.14 참조).

슬러지의 고형물 농도가 너무 높으면 양수하기가 어렵게 되며 소화조 내에서 알맞게 혼합시키기도 어렵기 때문에 10～12%를 최대치로 사용한다.

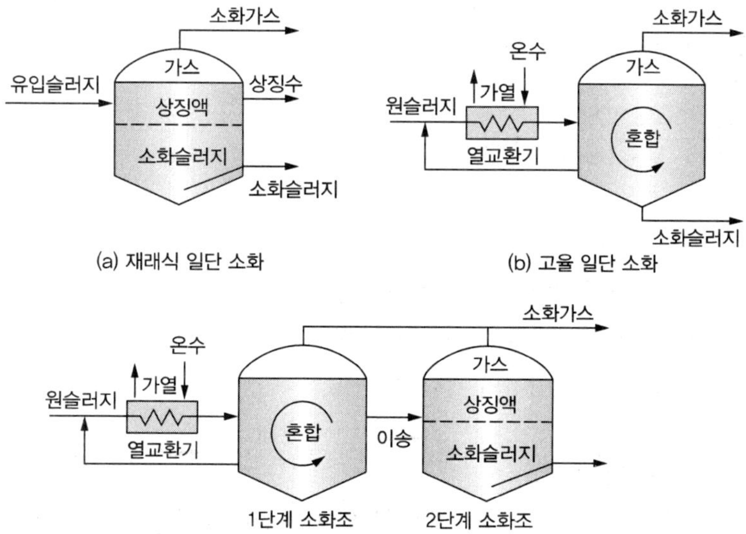

(c) 고율 이단 소화

그림 5.12 슬러지 혐기성 소화공정의 종류

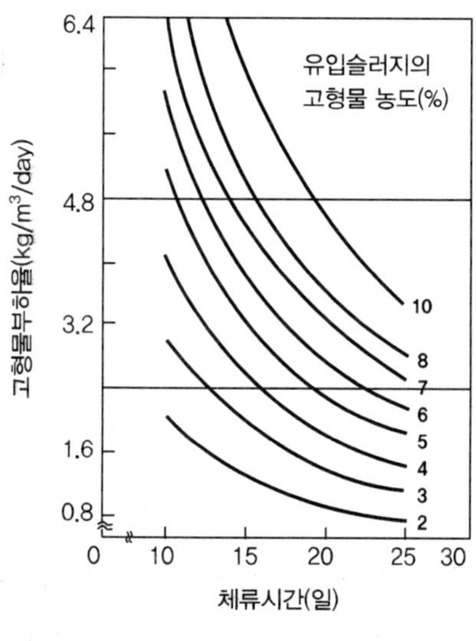

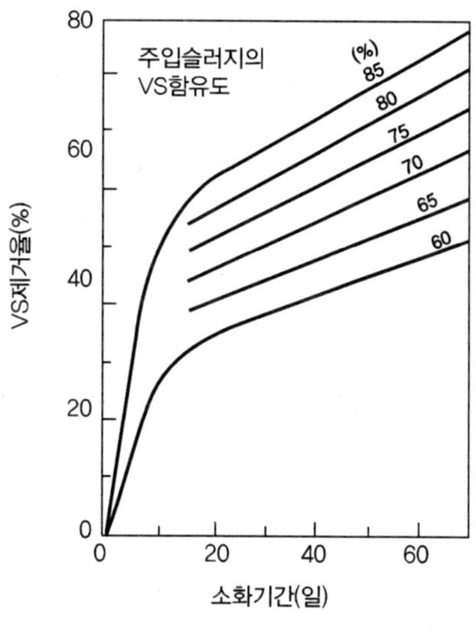

그림 5.13 (좌) 유입슬러지의 고형물농도, 부하율, 체류시간과의 관계
그림 5.14 (우) VS함량과 소화기간에 따르는 VS제거효율

5.5.3 효율 및 소화슬러지량

소화효율은 투입슬러지 중의 유기성분이 가스화 및 무기물화하여 감소하는 비율을 말하는데, 소화일수, 소화온도, 투입슬러지의 유기성분 등에 따라 달라진다. 소화효율의 산출은 식 (5.15)와 같이 표시된다.

$$D = \left(1 - \frac{FS_1 VS_2}{VS_1 FS_2}\right) \times 100 \tag{5.15}$$

여기서, FS_1 : 투입슬러지의 무기성분, %
VS_1 : 투입슬러지의 유기성분, %
FS_2 : 소화슬러지의 무기성분, %
VS_2 : 소화슬러지의 유기성분, %

일반적으로 소화온도 30~35℃, 소화일수 20일 정도의 중온소화에서 투입슬러지의 유기성분이 70% 이상이면 소화율은 50% 정도가 얻어진다. 완전혼합형 소화조 후에는 고액분리용 소화조를 설치하는데, 소화된 슬러지의 함수율은 96~97.5%로 유입슬러지의 함수율과 거의 같다.

소화슬러지량은 소화효율 등을 고려하여 식 (5.16)에 의해 정해진다.

$$S = Q \frac{100 - MC_1}{100 - MC_2}\left(1 - \frac{VS_1}{100}\frac{D}{100}\right) \tag{5.16}$$

여기서, S : 소화슬러지량, m^3/day
Q : 투입슬러지량, m^3/day
MC_1 : 투입슬러지의 함수율, %
MC_2 : 소화슬러지의 함수율, %
VS_1 : 투입슬러지의 유기성분, %
D : 소화율, %

식 (5.16) 중 $\frac{VS_1}{100}\frac{D}{100}$는 고형물 감소율로서 그 값은 약 30~40% 정도이다. 상징수를 뽑아내는 경우는 소화탱크의 고형물회수율에 의한 소화슬러지량을 보정한다.

상징수를 뽑아내는 경우 소화슬러지의 함수율은 96.0~97.5% 정도로서 투입슬러지의 함수율과 비슷한 정도이다. 상징수를 분리하지 않는 경우 소화슬러지량은 투입슬러지와 같으므로 소화슬러지의 함수율은 소화탱크 내에서 유기성분이 분해됨에 따라 투입슬러지보다 증가한다.

예제 5.8 혐기성소화조 효율

VS함량 70%인 농축슬러지를 혐기성소화하여 VS함량 50%인 소화슬러지를 얻었다. 소화효율은 몇 %인가?

풀이

투입슬러지와 소화슬러지의 FS는 각각 30%, 50%이므로 식 (5.15)에 대입하면,

$$D = \left(1 - \frac{30}{70} \cdot \frac{50}{50}\right) \times 100 = 57\%$$

5.5.4 소화조 형상

슬러지 소화조의 수와 형상은 슬러지 부하율, 요구되는 소화효율, 운영방법, 소화가스의 저장, 소화슬러지의 저장, 융통성의 정도, 구조물의 기초문제 등에 의하여 결정되며, 고율소화에서는 체류시간이 짧으므로 조의 크기가 작아도 된다. 특수한 소형 소화조를 제외한 일반적인 소화조의 용적은 대체로 다음과 같이 나눌 수 있다.

- 소형조의 용적 : 1,000～2,500m^3
- 중형조의 용적 : 2,500～5,000m^3
- 대형조의 용적 : 5,000～8,000m^3 또는 10,000m^3까지

슬러지 소화조의 형상은 슬러지의 교반, 조 내 온도의 균일화, 가온, 보온 및 구조상의 경제성과 안정성을 고려해서 결정하는데, 정사각형이나 직사각형도 있으나 원형이 가장 많이 채택된다. 원형인 경우 직경은 6～35m가 많은데 내경과 측심(유효수심)의 비가 2 : 1 정도로 한다. 가스교반을 할 경우에는 유효수심이 얕으면 교반효과가 적으므로 최저 4m는 확보되도록 한다.

소화조의 다른 형상으로 우리나라에서도 건설되어 가동되고 있는 계란형 소화조가 있다. 계란형 소화조는 역학적, 구조적, 기술적, 미적 관점에서 장점이 있어 1956년부터 독일을 선두로 유럽에서 많이 건설되었으며, 미국에서도 활발하게 건설되고 있다. 계란형 소화조의 특징으로는

① 충분히 교반되므로 사각지역(dead space)이 없다.
② 조 바닥에 슬러지나 그리트가 침적될 염려가 없다.
③ 상부가 좁으므로 스컴이 생성되더라도 표면적이 적어 스컴 파쇄에 적은 동력이 소요된다.
④ 보온상 열손실량이 적다(동일용적에 대해 전체표면적이 작다).
⑤ 수밀성과 소화가스 포집효과가 뛰어나다.

그림 5.15에 다양한 소화조의 형태를 나타내었다.

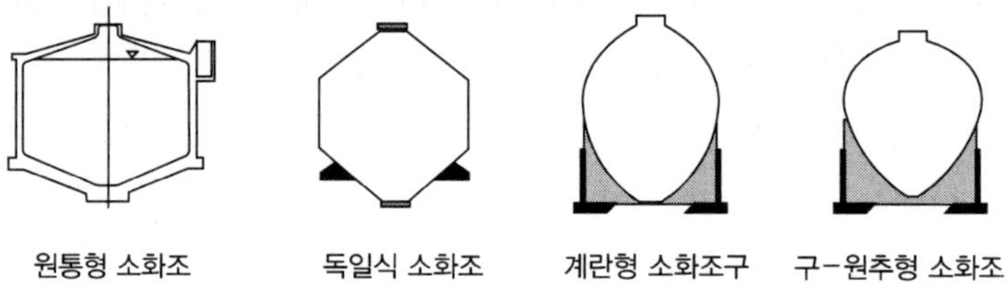

그림 5.15 다양한 소화조의 형태

슬러지 소화조에서는 그림 5.16에 보인 바와 같이 온도유지와 악취방지를 위해 지붕을 설치한다. 고정식 지붕과 부유식(浮遊式) 지붕이 가장 많이 이용되며 때로는 이 두 종류를 혼합한 것도 이용된다. 2단소화를 채택하는 경우에는 1단계 소화조에는 고정식 지붕을 설치하고 2단계 소화조에 부유식 지붕을 설치하여 소화가스의 대부분을 저장시키는 것이 좋다. 물론 두 조에 모두 부유식 지붕을 설치하거나 고정식 지붕을 설치할 수

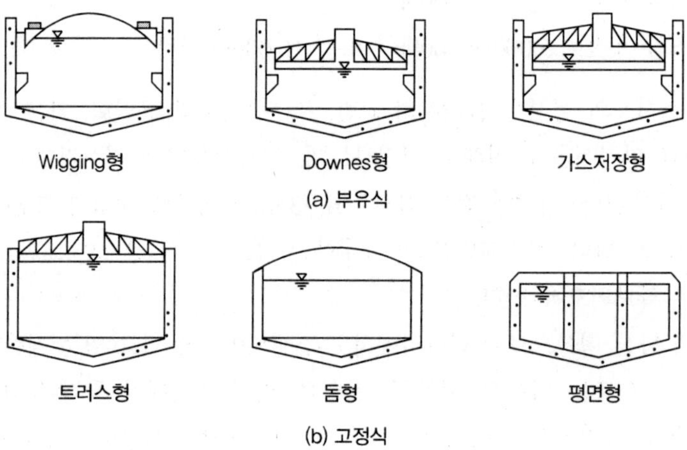

그림 5.16 소화조의 고정식 지붕과 부유식 지붕의 단면도

도 있지만 1단계 소화조에 부유식 지붕을 설치하거나 2단계 소화조에 고정식 지붕을 설치하는 것은 좋지 않다. 부유식 지붕에는 두 종류가 있는데 하나는 슬러지 표면에 바로 얹힘으로써 가스저장공간이 제한된 형이고, 또 하나는 둘레에 굽도리널(skirt)이 있어서 소화가스의 완충력에 의하여 지지되는 가스저장형이다.

고정식 지붕에는 철근콘크리트로 된 돔형, 원추형, 평면슬래브형 그리고 철제 돔형이 있다. 고정식 지붕에 비하여 부유식은 다음과 같은 장점이 있다.

① 부피가 변하므로 운영상의 융통성이 크다.
② 소화가스와 산소가 혼합되어 폭발가스가 될 위험을 최소화시킨다.
③ 스컴이 수중에 잠기게 되므로 스컴을 혼합시킬 필요가 없다.
④ 통상 0.6～1.8m의 높이를 이동할 수 있으므로 지붕 아래에 가스저장을 위한 공간이 부여된다.

그러나 부유식 지붕은 고정식에 비하여 고가라는 단점이 있다. 과거에는 부유식 지붕을 사용하는 경우 공기가 새어 들어올 위험성이 있었으나, 조 내의 압력이 대기압보다 낮게 되면 가스저장실의 가스가 소화조로 흐르도록 하는 자동시설이 생기면서 이 문제는 부분적으로 해소되었다. 모든 지붕에는 압력 및 진공제거밸브, 역화방지장치(flame trap)가 갖추어져야 한다. 또한, 직경이 최소 200mm이며, 재빨리 여닫을 수 있는 가스 밀폐형의 뚜껑이 부착된 가스시료 채취관이 2개 설치되어야 한다.

소화조의 지붕에는 최소한 2개의 맨홀을 설치하는 것이 좋다. 맨홀의 내경은 보통 0.6m이나 0.7m 정도로 크게 만들어 스컴 제거, 내부수리 등을 쉽게 할 수 있도록 하는 것이 좋으며, 맨홀 뚜껑을 여는 경우에는 화재 및 폭발에 각별히 유의하여야 한다.

5.5.5 혼합장치

혼합의 목적은 투입슬러지와 소화슬러지와의 혼합, 탱크 내 온도의 균일화, 입자에 부착된 가스의 분리에 의한 소화효율의 향상 및 스컴 발생에 의한 유효용량의 감소를 방지하는 것이다. 혼합 방법으로는 기계식 혼합기를 설치할 수도 있고, 펌프를 설치하여 조 내의 슬러지를 재순환시킬 수도 있으며, 소화조의 바닥에 설치된 산기관을 통하여 소화가스를 재순환시켜 슬러지를 혼합시킬 수도 있다. 그림 5.17에는 소화조의 혼합방법을 나타내고 있다.

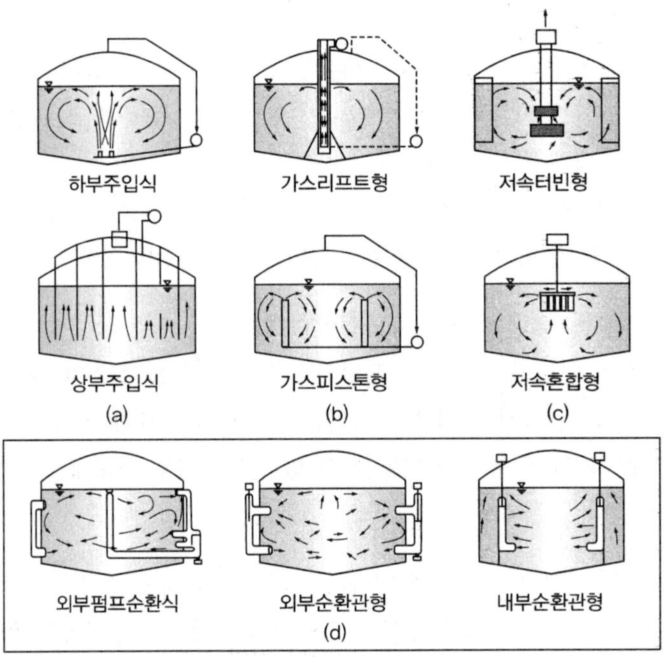

그림 5.17 소화조 혼합방법의 예

혼합정도의 적정 여부는 조 내의 고형물농도의 차이를 확인함으로써 판단할 수 있다. 즉, 조에서 고형물농도 차이가 10% 이하이면 완전혼합이 일어나고 있다고 본다. 이 때 바닥에 축적된 부유하기 어려운 그리트는 제외된다.

소화조 내의 슬러지를 반드시 계속 혼합시켜야만 효과적이라고는 할 수 없다. 1~3시간 정도로 매일 3~6회 혼합시켜도 충분하다. 최근의 연구결과에 의하면 소화조 내의 슬러지를 재순환펌프 등을 사용하여 30분에 한 번씩 양수시키는 것으로도 충분했다고 한다. 그러나 슬러지가 소화조에 유입될 때 혼합은 반드시 실시되어야 한다. 이 때 슬러지는 혼합기, 펌프 또는 소화가스주입점 등의 위치에 유입시켜 혼합이 잘 되도록 해야 한다.

(1) 소화가스 재순환 방법

소화가스를 재순환시켜 슬러지를 혼합시키는 방법은 널리 이용되며, 여러 가지 방법이 있다. 산기관을 사용하는 경우에는 압축기로 소화가스를 압축시켜 소화조의 바닥에 볼트로 고정시키거나 조의 바닥 중앙의 콘크리트대에 설치된 산기관으로 뿜어줌으로써 혼합을 한다. 산기관에 의한 재순환 방법의 예는 그림 5.17의 (a)에 나타내었다.

재순환되는 가스를 여러 개의 방출관으로 방출시키는 방법(그림 5.17의 (b) 참조)에서는 소화조의 둘레를 따라 조 깊이의 1/2～3/4 지점에 설치된 관을 이용한다. 이 때 각 관은 각각 다른 시간에 가스가 방출될 수 있도록 타이머에 의해서 통제된다. 따라서 가스방출관은 정해진 시간간격으로 압축기에서 보내지는 가스를 방출시키게 된다. 슬러지 소화조의 고형물부하가 높은 경우에 이 방법을 사용하여 소화조를 완전혼합시키면 효과적이다.

(2) 기계식 방법

여러 가지 형태의 기계식 혼합기(그림 5.17의 (c) 참조)가 소화조의 혼합을 위하여 이용될 수 있는데 평판날개터빈(flat-bladed turbine)이나 위드레스프로펠러(weedless propeller) 등이 그 예이다. 소화조의 지붕이 부유식인 경우에는 혼합기를 측벽에 설치하는 것도 좋다. 프로펠러식인 경우에는 소화조의 깊이가 얼마든 간에 프로펠러가 물속에 잠기기만 하면 일정한 혼합을 유지할 수 있다. 또한 측벽에 설치된 혼합기는 소화조 바닥을 깨끗이 유지하기 위해서도 알맞다. 그러나 정비 시에는 소화조를 비워야 한다는 단점이 있다.

지붕에 설치된 혼합기는 고정식 및 부유식 지붕에 모두 이용되며, 소화조 내의 슬러지를 모두 혼합시키면서 동시에 스컴이 축적되지 않도록 소화조 내의 수면을 유지할 수 있다. 혼합기 구동장치는 패킹상자(stuffing box)나 기계식 밀폐법에 의하여 소화조의 슬러지로부터 격리시킬 수 있다.

(3) 슬러지 재순환 방법

펌프와 순환관(draft tube)에 의한 혼합(그림 5.17의 (d) 참조)은 소화조에 유입되는 슬러지를 소화 중인 슬러지와 효과적으로 혼합시키는 방법으로 외국에서 가장 많이 쓰이고 있다. 펌프의 용량조절로 소화조 내의 혼합정도를 조절할 수 있다는 장점이 있다.

5.5.6 가온

슬러지 소화조를 가온하는 목적은 소화속도를 가속시킬 수 있는 알맞은 온도를 유지함에 있다. 따라서 소화조의 가온시설을 설계하려면 소화조의 에너지 수지를 검토하여야 하며, 가온되지 않는 경우와의 장단점을 비교해 볼 필요성도 있다.

소화조의 가온방법으로는 다음과 같은 방법들이 있다.

(1) 외부가온식(열교환기를 사용하는 방법)

슬러지 소화조를 외부의 열원으로부터 가온하는 이중관식 열교환기의 예를 그림 5.18에 나타내었다.

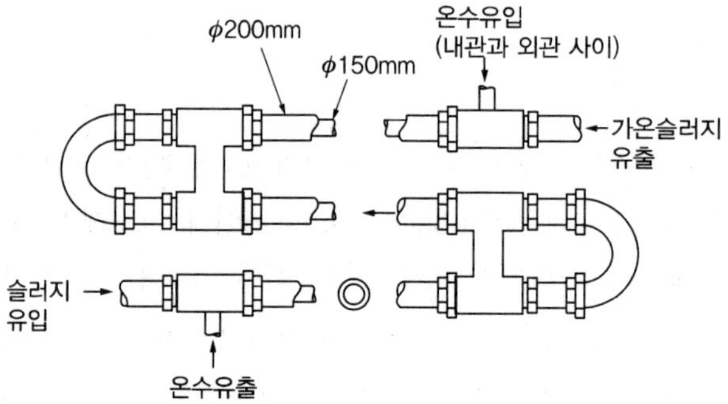

그림 5.18 이중관식 열교환기의 예

슬러지나 상징수를 흘려보내는 내관으로는 강관을 사용하고, 온수용의 외관으로는 주철관을 이용하는 이중관식으로 관내의 흐름을 서로 반대방향이 되게 하며, 유속은 슬러지나 온수 모두를 1.0~2.0m/sec 정도로 유지시킨다. 이 방법을 채택하면 시설비가 높고 슬러지나 상징수를 온수의 경우와 마찬가지로 관내에 강제순환시켜야 한다는 단점이 있으나, 열전도율이 높고 조 외부에 설치되므로 청소, 수리 등이 용이할 뿐만 아니라 90℃ 정도의 온수를 사용하면 50~60℃의 고온소화를 실시할 수 있다는 장점이 있다. 열교환기를 사용하는 경우 요구되는 이중관의 전체길이는 식 (5.17)을 이용하여 구할 수 있다.

$$A = 1.2\,\frac{Q_{max}}{K\,\Delta T_m} \tag{5.17}$$

여기서, A : 열교환기의 열전달 면적, m^2

Q_{max} : 슬러지 소화조의 최대가온열량, kcal/hr

K : 총열전달계수(대략 600kcal/m^2/℃/hr)

ΔT_m : 대수평균온도차$\left(= \dfrac{\Delta T_1 - \Delta T_2}{\log_e \dfrac{\Delta T_1}{\Delta T_2}}\right)$, ℃

ΔT_1 : 열교환기 입구온수온도(T_w)와 출구슬러지 온도(T_s')의 차이, ℃

ΔT_2 : 열교환기 출구온수온도(T_w')와 입구슬러지 온도(T_s)의 차이, ℃
1.2 : K 의 변동 등에 대비한 여유분

슬러지 순환량을 Q_s (m^3/hr), 온수순환량을 Q_w (m^3/hr)라 하면 T_s'와 T_w'는 다음의 식 (5.18)과 (5.19)를 이용하여 구할 수 있다.

$$T_s' = T_s + \frac{Q_{max}}{Q_s(1{,}000)} \tag{5.18}$$

$$T_w' = T_w + \frac{Q_{max}}{Q_w(1{,}000)} \tag{5.19}$$

T_w는 60~90℃, $T_w - T_w'$는 대략 10~15℃ 정도이다.

(2) 증기 주입법

이 방법은 고온의 수증기를 직접 슬러지에 주입하는 방법으로 시설비가 낮고 조작이 간편하다는 장점이 있다. 우리나라의 대규모 공공하수처리시설에서는 대부분 이 방법에 의해 소화조를 가온하고 있는 것으로 알려져 있다. 그러나 주입되는 수증기량에 상당하는 양의 물을 공급해야 하므로 슬러지가 희석되며, 완벽한 혼합이 이루어지지 않으면 부분적인 과열현상이 발생할 가능성이 크다.

5.5.7 소화가스의 포집과 저장

소화가 원활하게 이루어지는 경우 vs 1kg감소에 따라 발생하는 소화가스량은 일차슬러지의 경우에는 $1.0m^3$, 잉여슬러지는 $0.75m^3$이다. 소화가스의 성분은 소화상태에 따라 다르나 표 5.10에 나타낸 바와 같으며, 약 3~15배 정도의 공기가 혼입되면 폭발할 위험성을 지니고 있으므로 소화가스포집시설은 정압 하에 유지되어야 한다.

표 5.10 소화가스 성분의 예 (단위 : v/v %)

메탄	이산화탄소	수소	질소	황화수소
55~65	25~35	0~2	0~6	0.01~0.1

슬러지의 소화상태, 슬러지의 유입, 소화슬러지의 제거 및 상징수의 배출 등에 따라 슬러지 소화조 내에서의 가스발생량 및 가스압이 현저히 변하며, 부압이 생기는 경우에는 소화조로 공기가 혼입되어 가스폭발의 위험이 생길 수도 있다. 그러므로 슬러지 소화조 내의 가스압이 항상 100~300mmHg 이상 유지되도록 배관계통이 설계되어야 한다.

슬러지 소화조에서 가스를 채취하려면 슬러지 소화조의 중앙부에 가스돔을 설치하여 가스포집관으로 가스를 포집, 계량한다. 포집관의 위치는 슬러지 소화조의 최고수위로부터 최소한도 1m 정도 높아야 하며, 포집관으로 거품, 스컴 등이 유입되어서는 안 된다. 가스압력이 계속 변동하여 이상고압이 발생함으로써 소화조를 파괴시키는 것을 방지하기 위해서는 감압밸브를 설치하여 소화조를 보호하는 것이 좋다. 또한 가스돔의 내면은 방식성 도장을 하거나 방식성 재료를 사용하여 보호해야 한다.

슬러지 소화조에서는 가스포집, 소화슬러지 및 상징수의 제거 등에 의하여 수위가 내려가며, 이 때 소화조 내의 가스압이 부압이 될 염려가 있으므로 소화조 상호 및 가스저장조간에는 충분한 관경의 연결관을 설치하여 부압이 발생하지 않도록 해야 한다. 또한 단기간에 다량의 가스가 발생할 수도 있으므로 가스포집관의 내경은 100~300mm 정도가 되도록 한다.

소화가스 중의 포화증기는 온도가 내려가면 응축하여 물이 되어 가스포집관 내에 모여 가스의 이동에 방해가 되므로 배관은 가스 흐름방향에 따라 약 1/200 정도의 기울기를 가져야 하며, 관의 수직부분 바로 앞에는 제수밸브를 위치시켜야 한다. 또한 사고 시 화염이 번지는 것을 방지하기 위하여 보일러 등 중요부분에는 프레임트랩이나 수봉식(水封式) 안전밸브 등의 역화방지장치를 설치하여야 한다. 지하실에 설치된 가스펌프에서 관내의 응축수 배수 시 소량으로 누출되는 메탄가스가 누적되는 경우 지하실 작업 시 질식 및 폭발의 위험이 있으므로 배수관은 지하실 밖으로 설치해야 한다. 한랭지역에서는 동결에 대비하여 부동액, 가온, 연속급수 등을 고려해야 한다.

소화가스 내의 황화수소(H_2S)농도는 통상 100~200ppm이나 처리상황에 따라 400~600ppm, 분뇨와 혼합처리하는 경우 1,000~2,000ppm에 달하기도 한다. 황화수소는 무색의 기체로 부패취가 심하고 비중(공기비)이 1.2이며 대단히 유독성이다. 특히 습윤상태에서는 600ppm의 농도에서 급속히 금속을 부식시킨다. 또한 연소하면 부식성이 강한 아황산가스가 발생하므로 소화가스는 일반적으로 탈황시킨다. 소화가스의 탈황은 황화수소의 부식성 및 연소 후의 영향을 고려해 50ppm 정도 이하가 되도록 하는 것이 바람직하다. 일반적으로 소화가스를 알칼리세정 하거나 또는 탈황제를 통과시키면 황화수소 함유율은 20ppm 이하가 된다. 소화가스 내의 황화수소를 제거하기 위한 방법에는 건식 탈황법과 습식 탈황법이 있다.

(1) 건식 탈황법

산화철분식은 산화철과 대팻밥을 용적비 1 : 5∼1 : 10, 중량비 약 2 : 1의 비율로 혼합한 철스펀지(iron sponge)를 내식성의 탈황기에 40∼60cm 정도의 두께로 채워서 소화가스를 통과시키면 식 (5.20)과 같은 반응이 일어나면서 황화물이 제거된다.

$$\begin{aligned} &Fe_2O_3 \cdot 3H_2O + 3H_2S \rightarrow Fe_2S_3 + 6H_2O \\ &Fe_2O_3 \cdot 3H_2O + 3H_2S \rightarrow 2FeS + S + 6H_2O \end{aligned} \qquad (5.20)$$

산화철이 황화철로 많이 바뀌어 철스펀지의 탈황능력이 감소되면 철스펀지를 탈황기에서 꺼낸 다음 물을 뿌리면서 공기에 노출시키면 식 (5.21)과 같은 반응에 의하여 재생될 수 있다.

$$\begin{aligned} &2Fe_2S_3 + 3O_2 \rightarrow 2Fe_2O_3 + 6S \\ &4FeS + 3O_2 \rightarrow 2Fe_2O_3 + 4S \end{aligned} \qquad (5.21)$$

성형탈황제식은 철분과 점토 등을 혼합해 펠릿(pellet)형태로 만든 성형탈황제를 충전시켜 소화가스와 접촉시키는 것으로 사용 후의 탈황제는 매립처분한다.

건식방법을 채택하면 부지면적은 적게 필요하나 탈황제를 자주 교체 또는 재생시켜야 하는 단점이 있다. 탈황제의 교체나 재생을 위하여 탈황기는 2대 이상 설치하는 것이 좋다.

(2) 습식 탈황법

습식 탈황법에는 수세정식과 알칼리세정식, 약액세정식이 있다. 수세정식은 지하수나 이차처리수로 소화가스를 세정하는 방법으로 건설비는 적으나 다량의 세정수가 발생하며 황화수소제거율도 비교적 낮다. 알칼리세정식은 2∼3%의 탄산나트륨(Na_2CO_3) 또는 수산화나트륨(NaOH)용액과 소화가스를 접촉시키는 것으로 약액은 순환사용가능하며, 일부는 새로운 약액과 교환해야 한다. 약액농도의 관리가 필요하지만 황화수소제거율은 높다. 약액세정식은 흡수탑과 재생탑을 결합한 것으로 알칼리세정 후 약액은 재생탑에서 촉매를 사용하여 황화물을 분리재생시켜 반복사용하는 것이다. 약액세정식은 건설비가 많이 드나 황화수소가 고농도이고 소화가스량이 많은 경우는 유지관리비가 싸게 든다.

- 탄산나트륨의 경우 $Na_2CO_3 + H_2S \rightarrow NaHS + NaHCO_3$ (5.22)
- 수산화나트륨의 경우 $NaOH + H_2S \rightarrow NaHS + H_2S$ (5.23)

슬러지의 소화과정에서 생기는 가스의 양은 식 (5.24)와 같은 경험식을 사용하여 하수의 BOD농도로부터 계산할 수 있다.

$$C = 0.35(eF - 1.42A) \tag{5.24}$$

여기서, C : 표준온도 및 압력에서 하루에 발생하는 메탄의 부피, m^3
e : 유기물 제거율
F : 유입된 유기물의 양, $kgBOD_u$/day
A : 생성되는 미생물의 양, kg/day

식 (5.24)에서 계수 0.35는 표준상태(0℃, 1기압)에서 1kg의 최종BOD (BOD_u)가 분해될 때 발생가능한 메탄가스의 이론적인 부피를 m^3의 단위로 나타낸 값이며, 1.42는 1kg의 미생물체의 휘발성 고형물을 최종 BOD (BOD_u)로 나타내기 위한 환산계수이다. 정상적인 운영상태 하에서 e값은 0.80～0.95이다.

가스발생량은 유입되는 슬러지의 휘발성 고형물의 함량과 소화조 내에서의 미생물의 활동에 따라 크게 변한다. 통상 가스발생량은 소화조의 휘발성 고형물부하나 휘발성 고형물의 제거율에 의하여 추정할 수 있으며, 그 값은 유입된 휘발성 고형물 1kg당 0.25～0.75m^3, 또는 제거된 휘발성 고형물 1kg당 0.75～1.1m^3이다. 소화조 자체 내에 가스를 저류시킬 때의 압력은 150～200mmH_2O이다.

앞에서 언급된 바와 같이 가스발생량은 슬러지의 유입, 배출 등에 따라 증감하므로 가스저장조를 설치한다. 소화조수가 많은 경우는 총발생소화가스량이 비교적 균일하므로 가스저장조의 저류량은 1일 평균발생소화가스량의 1/2 정도의 용량으로 하고, 슬러지 소화조의 수가 적은 경우나 소화가스를 최대로 유효이용하는 경우는 가스저장조 저류량을 크게 한다.

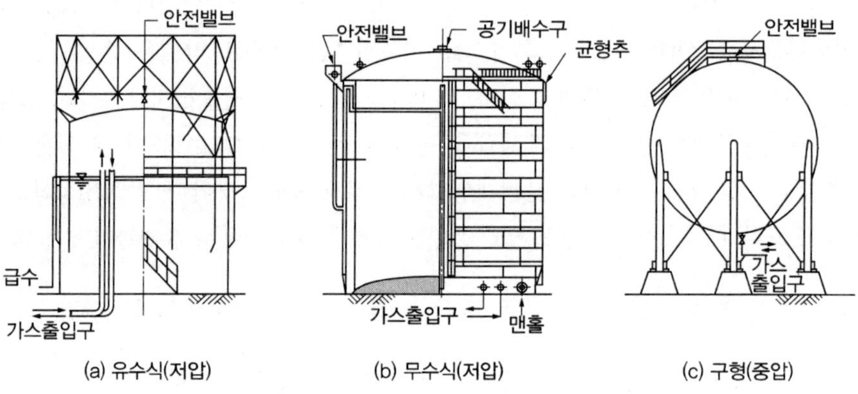

그림 5.19 가스저장조의 종류

가스저장조는 사용하는 가스밀폐제의 종류(그림 5.19 참조)에 따라 유수식과 무수식 그리고 저장압력에 따라 중력식(저압식)과 중압식(구형)으로 분류된다. 유수식에서는 물을 사용하여 가스를 차단하며, 무수식에서는 고무와 같은 밀폐제를 사용하여 가스를 차단시킨다. 저압식 저장조 내의 가스압력은 100~300mmH_2O 정도이나 중압식에서는 4~6kg/cm^{2}으로 한다.

소화조에서 생성된 가스는 소화가스로 작동되는 압축기에 의하여 저장조로 압송될 수 있으며 압축기를 실내에 설치하는 경우에는 완전밀폐 되어야 한다. 가스저장조가 중압식인 경우에는 폭발의 위험이 있으므로 내압용기에 관한 관계법규에 저촉되지 않도록 설계 및 제작되어야 한다.

소화가스는 폭발성이 강하므로 잉여가스는 안전하게 연소시켜야 한다. 잉여가스연소장치는 주위의 상황을 고려하여 안전한 장소에 위치시켜야 하며 역화방지장치, 자동차단장치를 갖추어야 한다. 일반적으로 잉여가스 연소시설은 소화조의 지붕이나 가스저장조로부터 최소한 15m는 떨어져 있어야 하며 눈에 잘 띄는 곳에 위치시켜야 한다.

잉여가스 연소장치로는 노내연소형과 노외연소형이 있고, 버너에 공급하는 가스 및 로에 보내는 공기의 가압여부에 따른 구분도 있다. 가스홀더의 보수 중에 소화가스를 직접 소화조에서 빼내 연소시킬 필요가 있는 경우에는 소화가스를 가압하지 않는 기종이 적합하나, 대규모시설에서는 많은 양의 가스를 이동시켜야 하므로 가압하는 기종이 필요하다.

5.5.8 소화가스의 이용

공공하수처리시설에서 생기는 슬러지 소화가스를 이용할 수 있도록 시설을 설계하는 것이 보편화되고 있으며, 주로 가온용 또는 동력원으로 이용된다. 과거에는 소화가스를 이용하여 동력을 생산하는 것이 비경제적일 수도 있었으나 계속 상승하는 에너지가격 때문에 특히 대규모 공공하수처리시설의 경우 소화가스가 훌륭한 에너지원이 될 수 있다.

소화가스는 소화조 내의 슬러지를 가온시키기 위하여 많이 이용되고 있다. 소화가스를 연료로 이용하려면 부식문제가 발생하지 않도록 가스 중의 황화물성분을 제거해야 한다. 소화가스를 동력장치의 연료로 이용하는 경우에도 가스연소에 의해 발생된 에너지의 약 50%를 열로 회수하여 슬러지 가온에 이용할 수 있다.

소화가스의 양이 충분하면 슬러지를 건조시키는 데 이용할 수도 있다. 즉, 진공탈수된 슬러지 케이크의 수분을 증발시키기 위하여 이용된다. 이런 경우 소화가스의 양과 발열량을 면밀히 분석하여야 한다.

대규모의 공공하수처리시설에서는 소화가스를 보일러의 연료로 이용하는 것 외에 오수의 양수, 송풍기의 가동, 발전 등을 목적으로 하는 내연기관의 연료로 이용하는 경우도 많다. 표준온도 및 압력에서 $1m^3$의 메탄가스는 약 8,640kcal의 발열량을 가지는데, 소화가스는 65% 정도가 메탄가스이므로 약 5,600kcal의 발열량을 갖는 셈이다. 소화가스를 동력원으로 이용하는 경우에도 엔진의 부식을 방지하기 위하여 가스 내의 황화물을 제거해야 한다.

5.6 호기성 소화

5.6.1 호기성 소화의 원리

슬러지를 호기성으로 소화시키는 주목적은 생슬러지나 부분적으로 산화된 슬러지를 안정화시키고 차후의 처리 및 처분에 알맞은 슬러지를 만드는 데 있다. 통상 가온이 필요한 혐기성 소화에 비하여 호기성 소화는 가온시키지 않고 슬러지를 장기간 포기시킴으로써 달성된다. 슬러지의 혐기성 소화에 비하여 호기성 소화는 최초시공비가 낮고, 처리된 슬러지에서 악취가 나지 않으며 상징수의 BOD 농도가 낮을 뿐만 아니라 운영이 비교적 간단하다. 그러나 슬러지의 호기성 소화는 가온되는 혐기성 소화에 비하여 최초시공비는 낮으나 포기를 위한 동력요구량 때문에 운영비는 더 높을 수도 있다. 또한 수온이 낮은 겨울철에는 처리효율이 떨어지며, 가치 있는 부산물이 생기지 않는다는 단점이 있다(표 5.11 참조).

표 5.11 혐기성 소화법과 비교한 호기성 소화법의 장단점

구 분	장 점	단 점
호기성 소화법	• 최초시공비 절감 • 악취발생 감소 • 운전용이 • 상징수의 수질 양호	• 포기에 드는 동력비 과다 • 가치 있는 부산물이 생성되지 않음 • 질산화에 따라 소화조 pH 저하

슬러지의 호기성 소화와 혐기성 소화간의 차이는 주로 관련 미생물의 물질대사 특성에 의해서 생긴다. 혐기성 소화에서는 임의성 또는 순수한 혐기성 박테리아가 복합유기물을 최종적으로 탄산가스, 메탄 그리고 물로 분해시킨다. 한편, 호기성 소화에서는 호기성 및 임의성 미생물들이 산소를 이용하여 분해가능한 유기물과 세포질을 분해시킴으로써 에너지를 얻는다.

양분이 제한된 상태에서 미생물체를 포기시키면 미생물들은 체내에 저장해 두었던 양분을 이용하여 생존하게 되며, 점차로 오래된 미생물은 분해되고 그 결과 다른 미생물에게 먹이가 되는 유기물을 방출하게 된다. 호기성 소화의 최종생성물은 주로 탄산가스, 물 그리고 미생물에 의하여 분해되지 않는 유기물들로서 이들 유기물은 폴리사카라이드(polysaccharides), 헤미셀룰로오스(hemicellulose) 그리고 셀룰로오스(cellulose)로 구성된다. 그리고 소화 중에 생기는 암모니아는 아질산 및 질산으로 산화된다. 이 과정에서 알칼리도가 상당히 파괴되어 pH가 떨어질 수도 있으므로 알칼리도 소모량을 추정하여 부족한 경우에는 보충해 주어야 한다.

슬러지의 혐기성 및 호기성 소화의 근본적인 목적은 생물학적 고형물을 안정화시켜서 최종처분에 알맞은 물질로 바꾸는 것이다. 호기성 소화는 혐기성 소화에 비해서 운전이 쉽고 상징수의 수질이 좋으며, 최종처분에 알맞은 고형물을 생성시킬 뿐만 아니라 더 짧은 체류시간에서도 동일한 휘발성 고형물 감소율을 얻을 수 있으며, 또한 일차슬러지보다는 농도가 낮은 잉여슬러지에 적용하는 경우 슬러지의 탈수능력이 향상된다. 호기성 소화는 장기포기식 소규모공공하수처리시설에서 성공적으로 이용되어 왔으며, 최근에는 대규모공공하수처리시설에서도 채택되고 있다.

호기성 소화는 하수를 일차침전지 없이 호기성의 생물학적인 방법으로 처리하기 위하여 많이 채택되어 왔으며, 이 때 포기는 낮은 유기물 부하와 긴 체류시간에서 실시된다. 이러한 생물학적 처리과정에서 생기는 슬러지의 산소요구량은 상당히 낮기 때문에 슬러지를 더 포기시켜도 비용면에서 큰 부담이 안 되며, 슬러지 생성량도 내호흡으로 인하여 상당히 적다.

슬러지의 호기성 소화는 일차슬러지가 생기는 공공하수처리시설에도 적용될 수 있다. 그런 경우 일차슬러지와 잉여슬러지 또는 살수여상슬러지의 혼합물은 일차슬러지 때문에 잉여슬러지에 비하여 산소요구량이 크며, 연구결과에 의하면 9배 정도 되는 것으로 알려졌다. 따라서 일차슬러지는 혐기성으로 소화시키고, 잉여슬러지만 호기성으로 소화시키는 것이 더 경제적일 수도 있다. 공공하수처리시설의 스크린에 의해서 제거되는 협잡물, 그리이스, 스컴 등도 별도의 처리방법이 없으면 호기성으로 소화시킬 수 있다.

5.6.2 영향인자

(1) 소화온도

슬러지의 호기성 소화 시 고형물제거효율은 체류시간 뿐만 아니라 온도에 의해서도 크게 영향을 받는다. 즉, 온도가 내려가면 휘발성 고형물 제거효율도 감소한다. 그림 5.20은 고형물체류시간과 운전온도의 곱에 대한 휘발성 부유물 제거효율을 나타낸 것으로 20℃인 경우 체류시간의 실질적인 상한치는 16~20일이라는 것을 알 수 있다. 따라서 추운 겨울에는 소화효율이 최소가 될 것이라는 것을 알 수 있다.

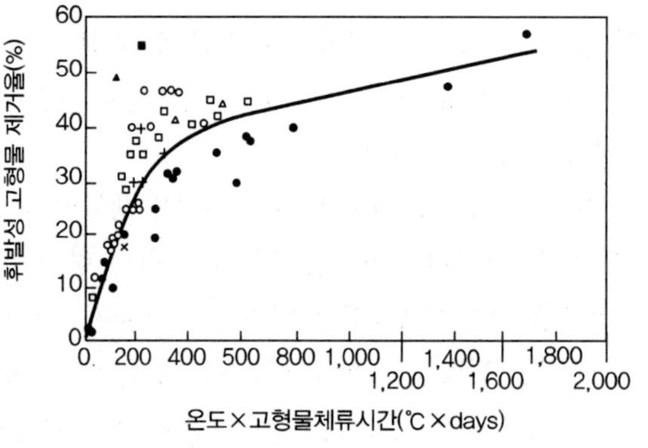

그림 5.20 호기성 소화조의 온도와 고형물체류시간에 따르는 VS 제거율

온도에 의한 영향, 즉 겨울철의 소화효율 감소를 극복할 수 있는 한 방법은 소화 중인 고형물의 양을 증가시켜 고형물 체류시간을 길게 하는 것이다. 소화조 내의 고형물량을 증가시키기 위해서는 슬러지의 고형물농도나 소화조의 부피를 크게 하면 된다. 그러나 소화조의 부피를 증가시키면 비용이 크게 요구되고 조의 노출면적이 커지면서 표면이 얼어붙을 위험성도 있기 때문에 일정한 소화효율을 유지하기 위하여 소화부피를 증가시키는 것보다 소화효율의 감소를 감수하는 것이 더 현명한 일일 수도 있다.

(2) 유입슬러지 농도

슬러지의 호기성 소화에서 체류시간이 효율결정에 주된 역할을 하므로 유입슬러지의 농축여부는 소화조의 설계 및 운영면에서 큰 중요성을 갖는다. 소화조의 운영 시 농축을 실시하여 유입슬러지의 농도를 증가시키면 소화조 내에서의 고형물체류시간을 크게 하며 그 결과 휘발성 고형물 제거효율을 증가시키게 될 뿐만 아니라 상징수제거량을 줄이게 된다. 일차침전지가 있는 공공하수처리시설에서는 일차슬러지를 별도로 농축시킬 필요가 없다. 슬러지의 농축에 관해서는 5.4절을 참조하기 바란다.

5.6.3 용량

호기성 소화조의 용량은 식 (5.25)를 사용하여 계산할 수 있다.

$$V = \frac{Q_i(X_i + YS_i)}{X\left(bP_v + \frac{1}{SRT}\right)} \tag{5.25}$$

여기서, V : 호기성 소화조의 실용적, m^3

Q_i : 평균슬러지유입률, m^3/day

X_i : 유입슬러지의 부유물농도, mg/L

Y : 유입슬러지의 BOD 중에서 일차슬러지가 차지하는 비율

S_i : 유입슬러지의 BOD, mg/L

X : 소화조의 부유물농도, mg/L

b : 내호흡률, day

P_v : X 중에서 휘발성 고형물이 차지하는 비율

SRT : 고형물체류시간, day

지금까지의 경험에 의하면 잉여슬러지를 호기성으로 소화시키는 경우 고형물을 기준으로 대략 15일의 체류시간이 요구되며, 약 10일 이상 소화시키면 슬러지의 탈수성이 좋아진다. 그러나 슬러지의 특성과 소화요구정도에 따라 소화기간이 다를 수도 있다. 어떤 경우이든 슬러지의 전 단계 처리과정(예를 들어, 활성슬러지 처리 과정에서의 체류시간)을 고려하여 호기성 소화조의 체류시간을 결정하여야 한다. 만약 잉여슬러지가 포기조에서의 체류시간이 대단히 길었다면 호기성으로 소화시킬 미생물 양이 크게 감소한다.

소화조의 체류시간이 슬러지의 호기성 소화에 미치는 영향을 평가하기 위하여 많은 연구가 실시되어 왔으며, 그 결과 그림 5.21에 보인 바와 같이 10~15일의 체류시간을 주면 휘발성 고형물의 제거효율이 요구되는 정도가 된다.

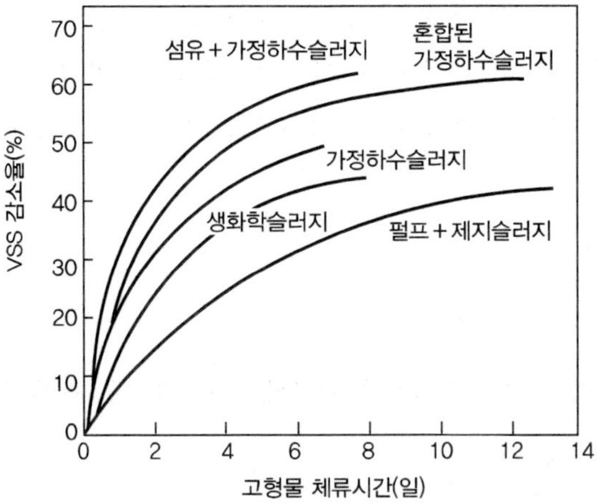

그림 5.21 호기성 소화에서 체류시간이 휘발성고형물 제거효율에 미치는 영향

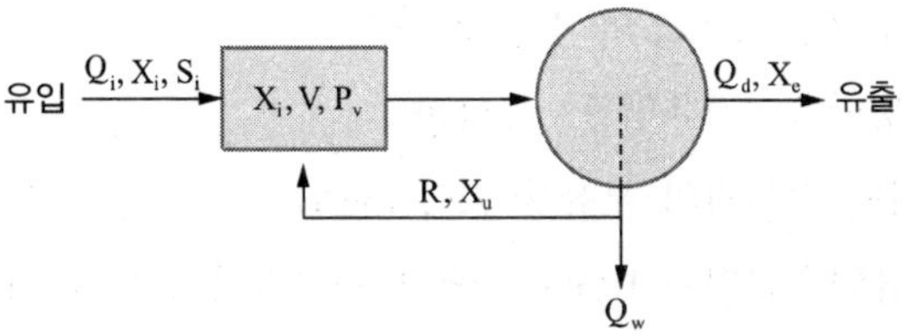

그림 5.22 호기성 슬러지 소화조의 개념도

그림 5.22는 연속흐름형 호기성 소화시설의 개념도로서 침전지는 소화된 슬러지를 농축시키는 역할을 한다. 연속흐름형에서는 활성슬러지법에서와 같이 침전지로부터 농축된 슬러지를 제거한 다음, 일부는 소화조로 반송시키고 나머지는 시스템에서 제거시킨다. 그림 5.22에서 소화조와 침전조에 대하여 물질수지를 취하면 식 (5.26)과 식 (5.27)이 성립된다.

$$Q_i X_i + R X_u + Y S_i Q_i = bXVP_v + (R + Q_i)X \tag{5.26}$$

$$(R + Q_i)X = (R + Q_w)X_u + Q_d X_e \tag{5.27}$$

한편, 고형물체류시간(SRT)은 식 (5.28)과 같이 정의된다.

$$SRT = \frac{XV}{Q_w X_u + Q_d X_e} \tag{5.28}$$

표 5.12 호기성 소화조 상징수의 수질 예 (단위 : mg/L, pH 제외)

특 성	평 균	범 위
pH	7.0	5.9～7.7
BOD_5	500	9～1,700
용해성 BOD_5	51	4～183
COD	2,600	288～8,140
SS	3,400	46～11,500
TKN	170	10～400
총인(P)	98	19～241
용해성 인(P)	26	2.5～64.0

여기서, R : 반송슬러지의 유량, m^3/day

X_u : 농축슬러지의 농도, mg/L

Q_w : 폐슬러지의 유량, m^3/day

Q_d : 침전지의 상징수, m^3/day

X_e : 상징수의 부유물농도, mg/L

(나머지 부호는 식 (5.24)에서 설명된 바와 같다)

위의 3개의 방정식을 연립으로 풀면 식 (5.26)과 같이 호기성 소화조의 부피계산을 위한 식을 얻을 수 있다. 호기성 소화조에 유입되는 슬러지가 일차슬러지같은 유기성 슬러지를 함유하지 않고 단지 잉여슬러지만 함유한다면 식 (5.26)에서 YS_i항을 0이라고 가정할 수 있다. 결과적으로 호기성 소화조의 부피는 유입슬러지의 특성인 Q_i, X_i, Y, b 및 S_i 그리고 운영 시 요구되는 SRT와 X를 식 (5.26)에 대입시켜 계산할 수 있다.

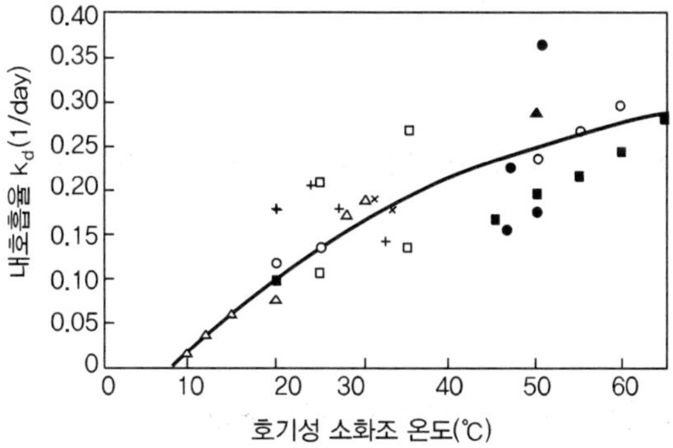

그림 5.23 호기성 소화조의 운전온도에 따르는 내호흡률

그림 5.23은 소화조의 온도에 따르는 내호흡률을 보여주고 있다. 식 (5.26)은 질산화를 위하여 요구되는 산소량이 적어서 무시될 수 있는 경우에 알맞으며, 대부분의 경우가 그러하다. 그러나 일차슬러지나 고율 살수여상 슬러지를 취급하는 경우는 그렇지 않기 때문에 주의하여야 한다.

예제 5.9 **호기성 소화조 용량**

어떤 처리장에서 건조중량으로 1일 500kg의 속도로 혼합슬러지가 발생한다. 이를 호기성 소화공정으로 VS 기준 40%의 감소율을 얻고자 할 때 호기성 소화조의 용량을 계산하라. 단, 소화 전후의 슬러지의 함수율은 98%로 일정하며, 설계온도는 20℃로 한다.

풀이

① 슬러지

함수율 98%로서 1일 500kg의 슬러지가 발생하므로 슬러지량(질량)은

$$Q = \frac{500}{(1-0.98)} = 25{,}000\text{kg/day}$$

슬러지의 비중을 1,000kg/m^{3}으로 가정하면 1일 슬러지 발생량(체적)은

$$Q = 25\,\text{m}^3/\text{day}$$

② VS 감소율 추정

그림 5.20에서 종축 40%의 VSS 감소율을 얻기 위해 필요한 온도 × SRT (횡축)값은 약 500℃ × day이다. 소화 온도는 20℃이므로 필요한 SRT는

$$\text{SRT} = \frac{500℃\ \text{day}}{20℃} = 25\,\text{day}$$

③ 소화조 용량

소화조 용량(V)은 유량 × SRT이므로

$$V = (25\,\text{m}^3/\text{day})(25\,\text{day}) = 625\,\text{m}^3$$

5.6.4 산소요구량

슬러지를 호기성으로 소화시키기 위하여 요구되는 산소의 양은 식 (5.29)로 계산할 수 있다.

$$R_i = K\,(1.67S_i - O_a) \tag{5.29}$$

여기서, R_i : 호기성소화조의 산소요구량, kg/day

S_i : 산화되는 폐고형물에 상응하는 유입오수의 BOD_5부하, kg/day

O_a : 주포기조에서 소모된 산소량, kg/day

K : 상수(그림 5.24의 A곡선과 같이 질산화를 일으키지 않으면 1.0이고, B곡선과 같이 질산화를 일으키면 1.24이다)

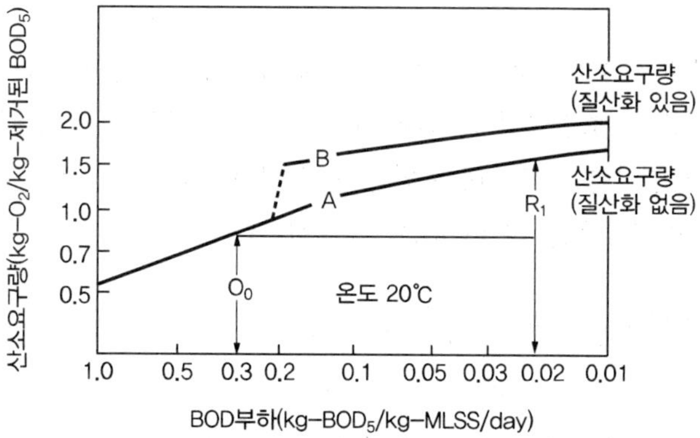

그림 5.24 전체 하수처리과정에서의 산소요구량

슬러지의 호기성 소화를 위하여 요구되는 산소의 양은 소화조에 유입되는 슬러지의 특성과 전체 포기시스템이 운전되는 방법에 따라 결정된다. 잉여슬러지를 소화시키는 경우 요구되는 산소의 양은 적지만 일차슬러지가 존재하면 산소요구량은 증가한다.

식 (5.29)는 하수처리계통 전체를 기준한 것으로 그림 5.24에 보인 바와 같이 필요한 산소량은 하수처리계통의 포기조에서 BOD를 제거하기 위하여 소모된 산소량을 고려함으로써 구해진다. 하수처리계통의 포기조에서 질산화가 일어나면 그림 5.24의 B곡선이 소모된 산소량을 뜻하고, 그렇지 않으면 A곡선이 이용된다. 그림 5.24는 공공하수처리시설 유입하수 내에 100kg의 BOD당 12.5kg의 암모니아성 질소가 있고 운전온도는 20℃, 그리고 슬러지 미생물 내의 질소함량이 8%로서, 유기성 고형물이 산화되면 그에 대응하는 세포 내의 질소도 산화된다는 가정 아래 만들어진 것이다. 그림 5.24를 사용하기 위해서는 먼저 하수처리계통의 포기조의 부하와 이에 상당하는 산소요구량을 먼저 결정한다. 그 다음 포기조와 소화조의 고형물을 이용하여 전체시스템의 부하를 결정한다. 예를 들어, 슬러지 고형물 1kg당 포기조의 부하가 0.3, 소화조의 부하가 0.02 $kgBOD_5$이면 곡선 A로부터 산소요구량이 각각 0.8 및 1.6$kgO_2/kgBOD_5$라는 것을 알 수 있으며 소화조의 산소요구량은 1.6∼0.8 = 0.8kgO_2/BOD_5가 된다. 식 (5.29)에 K값으로 1.0을 대입시키면 0.87$kgO_2/kgBOD_5$를 얻는다. 직렬로 연결된 2개의 소화조를 사용한다면 약 60%의 산소는 첫 번째 조에 공급하며, 40%는 두 번째 조에 공급한다.

온도변화에 대해서 설계를 조정하는 것은 호기성 소화조의 경우 그다지 중요하지 않으며 포기조에서 질산화가 일어나느냐, 않느냐 하는 것도 소화조에서의 산소요구량을 크게 변화시키지 않는다. 그러나 여름철에 온도가 25~30℃로 상승하면 계산에 의하여 구한 소화조의 산소요구량을 15~25% 증가시켜야 한다. 미국의 설계기준에 의하면 최대슬러지 부하 시를 기준으로 kgVS유입량의 2배의 산소를 주입하면 과다한 것으로 나타나고 있다.

소화조의 실제 산소요구량은 산소흡수특성, 용존산소, 온도 그리고 압력을 고려하여 표준산소요구량으로 조정되어야 한다. 대부분의 포기시설 생산업자들은 그들의 포기기 능력을 표준산소전달률로 표시하게 되는데, 실제전달률은 표준치의 60~70% 밖에 되지 않는다. 표준산소전달률은 식 (5.30)으로 계산된다.

$$N = N_0 \frac{\alpha(C_s P \beta - C_L)}{9.1} \{1.024^{(20-T)}\} \tag{5.30}$$

여기서, N_0 : 표준상태에서의 산소전달률, $kgO_2/kW/hr$

N : 실제 운전상태에서의 산소전달률, $kgO_2/kW/hr$

α : 혼합액 또는 슬러지의 산소흡수율을 깨끗한 물의 산소흡수율로 나눈 값(0.7~0.85)

β : 동일한 온도 및 고도에서 포기 중인 하수의 용존산소포화농도를 물의 용존산소포화농도로 나눈 값(0.90~0.95)

T : 설계온도, ℃

P : 공공하수처리시설 고도에서의 기압을 평균해수면의 기압으로 나눈 값

C_s : 설계온도 및 1기압에서 증류수에 대한 용존산소포화농도, mg/L

C_L : 소화조에서 유지해야 하는 용존산소농도(통상 1.5mg/L), mg/L

9.1 : 20℃, 1기압에서 증류수에 대한 용존산소포화농도, mg/L

5.7 슬러지 탈수

슬러지를 최종처분하기 전에 부피를 감소시키고 취급이 용이하도록 만들기 위해서 탈수시킨다. 슬러지를 탈수시키는 방법에는 기계를 이용한 기계 탈수와 태양열이나 바람 등의 자연에너지를 이용한 천일건조가 있다.

천일건조는 소화슬러지의 건조에 적합하며, 동력비가 들지 않아 경제적인 방법이지만 설치면적, 주변 환경 등의 입지조건적인 제약이 있으므로 현재는 기계탈수를 많이 이용한다. 기계적인 방법에는 진공 탈수, 가압(filter press) 탈수, 벨트프레스(belt press) 탈수, 원심 탈수 등이 있다. 대표적인 슬러지 탈수기의 특성들을 비교하여 표 5.13에 나타내었다.

5.7.1 가압 탈수

가압탈수기는 그림 5.25와 같이 여포를 2매의 주철제 탈수판에 붙여서 하나의 탈수실이 되도록 한 것으로서 필요용량에 맞추어 실수를 증가시키면 된다.

가압탈수방법에는 단면탈수와 양면탈수가 있는데, 두 방법 모두 탈수를 실시할 경우에는 유압으로 탈수판 전체를 연결시킨 다음 탈수판의 가운데에 있는 구멍으로 유입펌프를 이용하여 슬러지를 각 탈수실 내로 유입시킨다. 탈수실 전체에 슬러지가 가득 찰 때까지 가압이 계속되며, 탈수실 내에 슬러지가 가득 차게 되면 슬러지의 공급이 정지되고 유압실린더에 의해 탈수판이 가압되어 슬러지에 포함된 수분을 압출시켜서 탈수가 실시된다. 탈수판을 분리시키면 케이크는 여포에서 박리되어 밑으로 떨어지고, 탈리액은 탈수판상에 파여 있는 다수의 작은 홈을 통하여 탈수판 밑에 있는 탈수여액 배출구로 빠져 나간다. 가압탈수기의 운전방식에는 수동, 반자동 및 완전자동이 있다. 슬러지의 진공탈수 시와 마찬가지로 가압탈수 시에도 미리 슬러지를 개량시키는 경우가 많다.

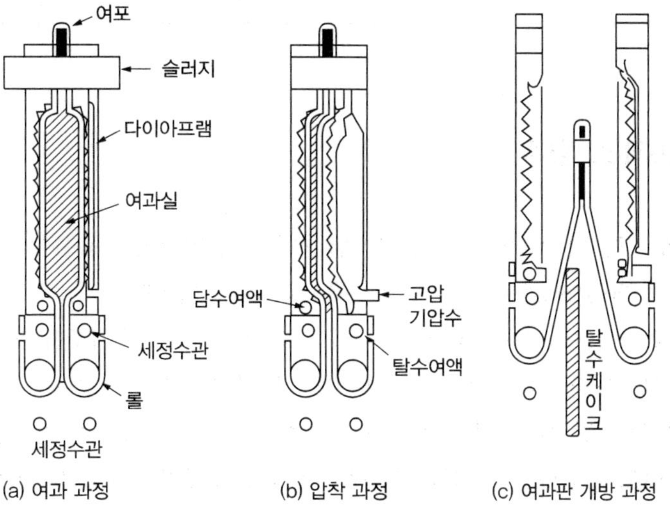

그림 5.25 가압탈수기의 단면도

표 5.13 각 탈수기의 종류별 비교

항목	가압탈수기	벨트프레스탈수기	원심탈수기
케이크 함수율	55~65%	72~80%	75~80%
탈수속도	3~5kgDS/m^2/hr	100~180kgDS/m/hr	–
소요면적	많다	적다	적다
조작조건	탈수공정 : 5min 압착공정 : 12min 건조공정 : 1.5min 배출공정 : 5.5min	여포이동속도 : 0.4~2.4m/min 여포인장압 : 1~3kg/cm^2	–
약품개량제 (일반적)	소석회 + 염화제이철	Cation계 고분자응집제	Cation계 고분자응집제
약품주입률 (고형물당)	$Ca(OH)_2$: 25~40% $FeCl_3$: 7~12%	0.5~0.8%	0.7~1.0%
여포교환	하루 8시간 운전 시 3개월(1,500사이클)	하루 8시간 운전 시 약 1년	하루 8시간 운전 시 2~2.5년(단, 스크류)
여포세척	필요수량 : 보통 세척수압 : 6~8kg/cm^2	필요수량 : 많다 세척수압 : 3kg/cm^2 이하	필요수량 : 적다
케이크의 반출	싸이클마다 여포실 개방과 여포이동에 따라 반출	여포의 이동에 의한 연속반출	스크류에 의한 연속반출
운전조작	간편함	간편함	간편함
소음	보통(간헐적)	적다	보통(패키지포함)
동력	많다	적다	많다
보조기기류	많다	적다	적다
소모품	보통	적다	많다

5.7.2 벨트프레스 탈수

벨트프레스 탈수는 그림 5.26에 나타낸 것처럼 슬러지에서 물을 짜내기 위하여 벨트(belt)와 로울러(roller)를 사용하여 압력을 가하는 방법이다.

탈수할 때, 여포를 연속이동 시키면서 여포 위에 고분자응집제를 첨가시킨 응집슬러지를 공급하면 응결물 사이의 간극수가 중력에 의해 탈수되고, 이동된 슬러지는 상하의 여포압축에 의해 탈수된다. 탈수케이크는 제거기에 의해 여포에서 박리된다. 탈수케이크가 박리된 여포는 압력수로 세척되어 다시 탈수부에 돌아가며 다시 앞의 과정이 연속적으로 반복된다.

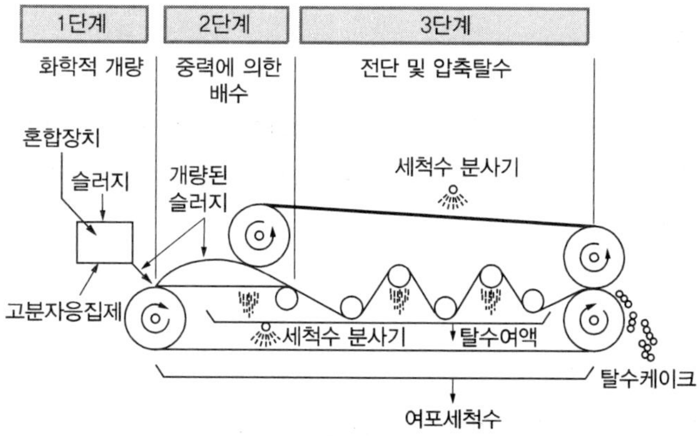

그림 5.26 벨트프레스 탈수기의 예

예제 5.10 탈수의 효과

고형물 농도 10%(중량)의 슬러지를 탈수하여 수분함량 75%의 탈수케이크를 얻었다. 건조고형물 1톤당 제거되는 수분은 몇 톤인가? 단, 슬러지의 비중은 1,000kg/m^{3}에서 변하지 않는다고 한다.

풀이

건조고형물 1톤을 포함하는 고형물 농도 10% (수분 90%)의 슬러지량은

$$1\,\mathrm{t}\times\frac{100}{10}=10\,\mathrm{t}$$

또는 건조고형물 1톤을 포함한 고형물 농도 25% (수분 75%)의 슬러지량은

$$1\,\mathrm{t}\times\frac{100}{25}=4\,\mathrm{t}$$

따라서, 고형물 1톤당 제거되는 수분의 양은 6톤이다.

예제 5.11 여과포 면적

수분 95%의 소화슬러지를 1일 60m^3 속도로 탈수하려 한다. 염화제1철 및 소석회를 슬러지 중 고형물의 건조중량 당 각각 5% 및 20% 첨가한 것을 여과속도 15kg/hr로 탈수하여, 수분 75%의 탈수케이크를 얻으려 한다. 탈수기의 여과포 면적을 구하라. 단, 여과속도는 여과포 단위면적당 10kg/m^2/hr이다.

풀이

소화슬러지의 단위중량을 1,000kg/m^{3}이라 하면

$$(60\,\mathrm{m^3/day})\left(\frac{100-95}{100}\right)(1{,}000\,\mathrm{kg/m^3})=3{,}000\,\mathrm{kg/day}$$

응집제 첨가 후 고형물량은

$$3{,}000\,\mathrm{kg/day}\left(1+\frac{5+20}{100}\right)=3{,}750\,\mathrm{kg/day}=156.3\,\mathrm{kg/hr}$$

필요여과면적 A는

$$\mathrm{A}=\frac{156.3\,\mathrm{kg/hr}}{10\,\mathrm{kg/m^2/hr}}=15.6\,\mathrm{m^2}$$

5.7.3 원심 탈수

슬러지에 약품을 첨가하여 중력가속도의 2,000~3,500배의 원심력으로 원심분리시키면 슬러지가 탈수된다. 중력에 의한 입자의 침강속도는 Stokes의 법칙에 따라 식 (5.31)로 구할 수 있다.

$$V = \frac{g(\rho_s - \rho_1)}{18\mu} D^2 \tag{5.31}$$

여기서, V : 중력에 의한 침강속도, m/sec
g : 중력가속도, m/sec^2
ρ_1 : 액체의 밀도, kg/m^3
ρ_s : 입자의 밀도, kg/m^3
μ : 액체의 점도, kg/m/sec
D : 입자의 직경, m

원심력에 의한 침강속도는 g 대신에 $r\omega^2$을 넣으면 식 (5.32)를 얻을 수 있다.

$$U_r = \frac{r\omega^2}{d\theta} = V\frac{r\omega^2}{g} = VZ \tag{5.32}$$

여기서, U_r : 원심력에 의한 반경방향의 침강속도, m/sec
r : 원통의 반경, m
ω : 원통의 각속도, rad/sec
θ : 시간, sec
V : 중력에 의한 입자의 침강속도, m/sec
Z : 반경 r의 원심효과

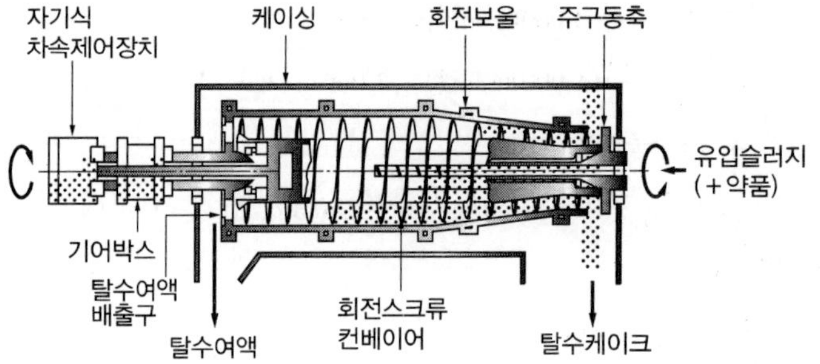

그림 5.27 원심탈수기의 예

원심력에 의한 침강속도는 고체입자 직경의 자승에 비례하므로 응집제를 첨가해 슬러지 입자의 크기를 증대시키고 Z를 크게 할수록 빨라진다. 그림 5.27에는 원심탈수기의 예를 나타내었다.

예제 5.12 원심탈수기의 침강속도

회전수 3,600rpm으로 회전하는 원심탈수기가 있다. 회전축으로부터 10cm 떨어진 곳에 위치한 슬러지 입자의 원심력에 의한 침강속도를 구하라. 단, 수온은 20℃, 슬러지 입자의 비중은 1.3, 평균입경은 0.1mm이며, 20℃인 물의 점성계수는 $\mu = 1.002 \times 10^{-3}$ kg/m/sec이다.

풀이

stoke's 법칙에 의한 입자의 중력에 의한 최종속도는

$$V = \frac{g(\rho_s - \rho_l)}{18\mu} D^2 = \frac{(9.8\,m/sec^2)(1{,}300\,kg/m^3 - 1{,}000\,kg/m^3)}{(18)(1.002)(10^{-3}kg/m/sec)}(0.1 \times 10^{-3}m)^2$$

$$= 1.63 \times 10^{-3} m/sec$$

$$Z = \frac{r\omega^2}{g} = \frac{(0.1\,m)\{(2\pi)(3{,}600\,rad/min)(1\,min/60\,sec)^2\}}{9.81\,m/sec^2}$$

$$\fallingdotseq 1{,}450$$

따라서 원심력에 의한 침강속도 U_r은

$$U_r = V \cdot Z = (1.63 \cdot 10^{-3})(1{,}450) = 2.36\,m/sec$$

예제 5.13 탈수기의 효율

고형물 함량 2%인 소화슬러지가 일일 10m³/day의 속도로 발생하고 있다. 이 소화슬러지를 원심탈수기로 탈수하여 함수율 70%의 탈수케이크로 만들었다. 탈수케이크의 발생량(kg/day)과 상징액의 발생량(m^3/day)을 각각 구하여라.

풀이

① 소화슬러지의 구성

고형물의 비중을 1,000kg/m^3으로 간주하면, 고형물 함량이 2%이므로 10m^3/day (10,000 kg/day) 중 고형물량은 200kg/day, 수분량은 9,800kg/day

② 고형물량이 200kg인 탈수케이크의 함수율이 70%이므로 탈수케이크의 발생량(x_1)은

$$x_1 = \frac{200}{(1-0.7)} = 667\,kg/day$$

③ 상징액 발생량(x_2)은

$$x_2 = 10{,}000\,kg/day - 667\,kg/day = 9{,}333\,kg/day$$

혹은 9.333m^3/day가 된다.

5.8 슬러지 건조

슬러지 건조 설비는 녹지·농지 이용 등의 유효 이용을 목적으로 한 수분량 조절, 소각·용융 처리의 에너지 절약화 및 안정화 또는 다양한 용도에 적합한 취급성 향상 등을 목적으로서 사용한다. 슬러지를 건조하기 위해서는 건조 방식에 상관없이 잠열로서 다량의 에너지를 투입해야 하므로, 건조의 효율화를 도모하기 위해서는 슬러지 건조 설비의 전 공정인 탈수 조작의 단계에서 가능한 한 수분을 제거하는 것이 중요하다. 건조 슬러지의 함수량 설정은 이용 용도에 따라 다르지만, 녹지·농지 이용이나 토질 개량제 등으로 이용하는 경우는 대략 20% 이하이다. 소각 처리나 용융 처리의 전 처리로서 건조하는 경우는 로 형식 등에 따라 적절한 함수량으로 조정한다.

건조방식은 가열방식에 따라서 직접가열건조방식과 간접가열건조방식의 2가지 종류로 크게 나눌 수 있으며, 이들은 구성 흐름도 및 건조특성도 다르다. 따라서 건조방식의 결정에는 후속 처리방식, 건조 후 슬러지의 수분량 및 건조에 이용할 수 있는 열원의 양이나 종류 등을 종합적으로 검토할 필요가 있다. 어떤 방식의 경우에도 건조기에서 발생한 배기가스에는 악취 성분이 높은 농도로 포함되어 있는 경우가 많다. 배기가스 처리방법 중 가스세정기 등의 수분 제거 장치에는 배수 중에 악취 성분이 이동하기 때문에 이를 충분히 고려하여야 한다. 또한 배기가스를 대기로 배출하는 경우에는 독립된 탈취 설비의 검토하여야 하며, 소각로의 소각용 공기로서 이용하는 경우에는 고온 연소 탈취 등 악취에 대한 충분한 배려가 필요하다.

슬러지의 함수율을 나타내는 방법은 함수율을 슬러지 습윤 중량에 대하여 표시하는 방법과 건조 중량에 대하여 표시하는 경우의 2가지 방법이 있다. 첫 번째를 습윤중량기준 함수율(W_w), 두 번째를 건조중량기준 함수율(W_d)라고 한다. 두 방법은 식 (5.33)으로 나타낼 수 있다.

$$W_w = \left(\frac{W}{S+W}\right) W_d = \frac{W}{S} \tag{5.33}$$

여기서, S : 슬러지 중 건조 고형물 질량
W : 슬러지 중 수분 중량

또한 두 방법은 식 (5.34)의 관계를 갖는데, 일반적으로 슬러지 함수율을 나타내는 경우는 습윤중량기준 함수율을 사용하는 경우가 많다.

$$W_w = \frac{W_d}{1 + W_d} \tag{5.34}$$

슬러지 건조설비는 녹지·농지 이용 등의 유효 이용을 목적으로 한 수분량 조정, 소각·용융 처리의 에너지 절약화 및 안정화, 또는 다양한 용도에 적합한 취급성 향상 등을 목적으로 하여 사용한다.

건조슬러지의 용도에 따른 함수율 정도는 다음에 나타내었다.

① 녹지·농지 환원이나 토질 개량제 등의 유효 이용을 목적으로 한 경우에는 건조슬러지 중 수분의 안정화, 취급성 등을 고려하여 약 20% 이하로 한다. 퇴비화를 위한 전처리로서 건조시키는 경우에는 슬러지의 양호한 호기성 발효를 위하여 함수율을 50~60%로 하는 것이 바람직하다.

② 슬러지 소각의 전처리로서 건조를 행하는 경우에는 자연 소각이 가능한 건조슬러지 함수율을 목표로 하는 것이 일반적이다. 슬러지 특성이나 소각 방식에 의하여 다르지만 건조슬러지의 목표 함수율은 약 70% 정도로 한다.

보조 연료 소비량 삭감을 위한 자연 소각을 목표로 슬러지를 건조하는 경우에는 슬러지 성상이나 열적 특성, 소각 방식, 소각 시스템에 따라 투입슬러지의 자연 한계 함수율은 다르다. 자연 한계 함수율보다 낮은 함수율의 슬러지를 로 내로 투입하는 경우, 로 내에서의 발생열량이 소각에 필요한 열량 이상으로 많게 되어 로 내 온도가 이상 고온이 되는 등 제어가 불가능한 상태가 되는 경우가 있기 때문에 투입슬러지 함수율의 설정에 주의할 필요가 있다.

표 5.14 직접가열 건조방식과 간접가열 건조방식

항 목		직접가열건조	간접가열건조
장치 형식		교반기부착 열풍회전건조기 기류건조기	교반구형 건조기
건조 방식		열풍에 의한 직접접촉 열전달	열매체에 의한 전열면을 매개로 한 열전달
배기 가스	가스량	다량	소량(열풍가열식의 약 1/2~1/5)
	먼지량	소량(1~10g/Nm^3)	소량(0.1~2g/Nm^3)
	온도	고온(이슬점 40~70℃)	고온(이슬점 80~95℃)
	배가스처리 설비	대형	소형
열효율(%)		75~85	75~85 *

* 는 열매체 발생 장치인 보일러의 열효율을 고려하지 않았으나 보일러의 열효율은 80~90%이다.

유효 열량이 큰 슬러지에서는 함수율 70% 전후에서 자연 가능한 경우도 있지만, 건조기로부터 배출 또는 반송 시 취급의 용이성을 고려하여 건조기에서는 50% 이하까지 건조하고, 건조되지 않은 원슬러지를 이용하여 함수율을 조정하는 경우가 많다.

더욱이 통상의 소각 설비에 있어 배기가스를 이용하여 열회수를 시행하는 경우에는 포화 증기로서 인출하는 경우가 많기 때문에 증기 간접 수증 건조방식의 교반기부착형 건조기를 사용할 수 있다.

건조 방식은 가열 방법에 따라 직접가열 건조방식과 간접가열 건조방식의 두 가지가 있으며, 직접가열 건조방식은 열매체와 슬러지 사이에 집적적인 접촉을 통하여 가열하기 때문에 효율이 높다. 열매체로서는 주로 열풍을 이용하지만 가열 증기를 이용하는 경우도 있다. 비교적 함수율이 높은 슬러지를 다량으로, 또는 함수율이 낮은 슬러지를 경제적으로 건조시키기 위해서는 직접가열 건조방식을 선정하는 것이 일반적이다.

다량의 열에너지를 효율적으로 슬러지에 공급하기 위해서는 가능한 한 고온 공기를 투입하고, 접촉 면적을 넓게 확보하여 긴 시간 동안 슬러지에 열량을 공급하는 것이 바람직하다. 그러나 설비 용량이 증가하는 것과 슬러지와 고온 공기의 접촉에 의한 건조기 발화 위험성에 대한 주의가 필요하다.

5.9 퇴비화

5.9.1 퇴비화 방법

하수슬러지는 질소 및 인 등의 비료 성분 이외에 각종 유기물과 무기물로 구성되어 있기 때문에 녹지·농지에 유기질 보급원으로서의 이용 가치가 높다. 하수슬러지의 녹지·농지로의 이용 형태로는 하수슬러지 퇴비, 건조슬러지, 슬러지 케이크, 소각재 등이 있지만 비료로서의 가치, 취급의 용이성, 위생 등을 고려할 때 하수슬러지 퇴비화가 바람직한 방법이다. 하수슬러지의 퇴비화는 하수슬러지 중 분해가 쉬운 유기물을 호기성 분위기에서 미생물에 의해서 분해시켜서 녹지·농지로의 이용 가능한 형태로 안정화시키는 과정을 말한다. 퇴비화 시설의 기본 공정과 주요 설비를 정리하여 그림 5.28에 나타내었다.

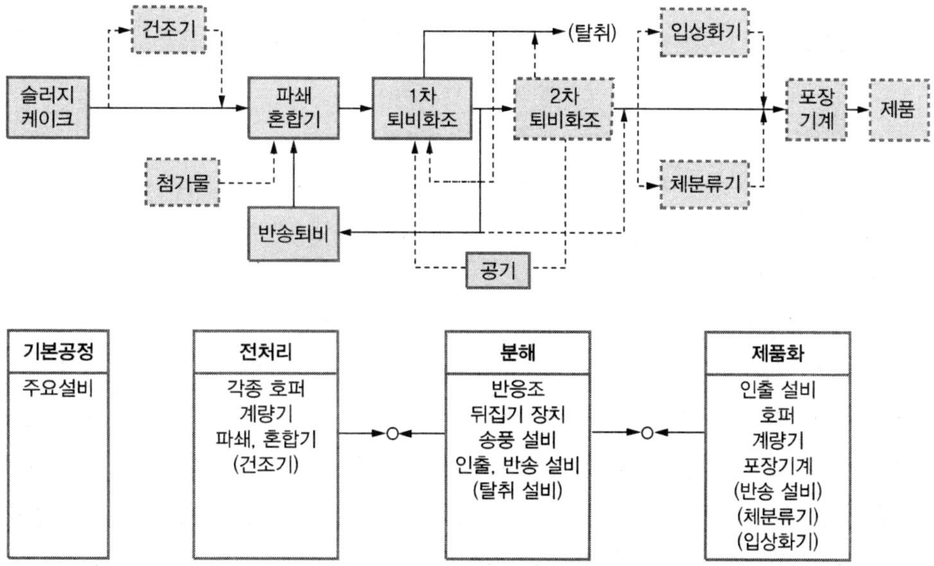

그림 5.28 퇴비화 설비의 기본 공정과 주요 설비

전처리 공정에서는 양호한 퇴비화를 진행시키기 위하여 통기성 개선, 함수율 및 pH 조정을 행한다. 이를 위해 퇴비 원료가 되는 슬러지 케이크에 퇴비의 반송, 왕겨, 톱밥 등을 첨가하고, 파쇄·혼합을 행하여 퇴비화조로 투입한다.

퇴비화 공정에서는 유기물의 분해와 수분의 증발이 진행되며 일반적으로 반응과정은 일차퇴비화와 이차퇴비화로 구분된다. 일차퇴비화에서는 온도 상승과 수분 증발이 급속하게 진행되며, 이차퇴비화에서는 완만한 속도로 진행된다. 퇴비화 기간 중에는 분해에 필요한 산소를 공급하고 분해산물을 적당한 빈도로 뒤집기를 행하여 반응을 촉진시킨다.

호기성 미생물은 성장에 적절한 환경 조건(온도, pH, 수분, 호기성 상태 등)에서 슬러지 케이크에 포함된 유기물을 최종적으로 탄산가스, 암모니아, 수분 및 무기염류로 분해시킨다. 발생된 탄산가스나 암모니아의 대부분은 대기 중으로 배출되며, 슬러지 케이크 중의 수분은 분해에 따른 발열에 의해 증발된다.

이와 같은 유기물 분해에 의한 안정화의 주된 효과는 다음과 같다.

① 슬러지가 감량화되며, 부패성 가스에 의한 악취와 시비 시 작물의 장해(뿌리부식병, pH 장해 등)를 방지할 수 있다.

② 유기물 분해에 따라 발생한 열량에 의해 슬러지 케이크의 수분이 증발되므로 생산된 퇴비의 함수율이 낮아 비료로서의 취급성(사용 시나 저장 시 등)이 향상된다.

③ 60℃ 이상(80℃ 부근까지 상승)의 온도상승으로 인하여 하수슬러지 중에 포함된 병원균이나 기생충 알 또는 잡초 종자를 사멸 또는 불활성화시킴으로써 안정성 확보를 도모할 수 있다.

퇴비화 설비에서는 이러한 점을 효율적으로 행하기 위하여 미생물 반응에 적절한 환경 조건을 조성함으로써 분해를 촉진시키며, 분해시간의 단축이나 수분 증발의 효율화를 도모하는 것이 중요하다.

제품화 공정에서는 주로 제품 퇴비 출하, 사용 및 저장 시 취급이 용이하도록 체분류를 통해 입상화하고 포장한다. 재료나 제품의 저장 설비는 퇴비화 시설 내의 원료, 제품 등의 간헐적인 흐름에 대한 완충적 설비로서 중요하다. 또한 발생된 가스 등에 의한 시설의 부식, 작업 환경 및 주변 환경에 대한 대책의 하나로 악취제거 시설이 필요하다.

슬러지 케이크는 분뇨, 식물에 유해한 병원균, 기생충 알, 잡초 종자 등이 포함되었을 가능성이 높다. 따라서 보건 위생상 고온 살균 효과를 고려하여 퇴비는 65℃ 이상에서 2일 이상 경과하도록 한다.

퇴비의 품질은 크게 다음 항목으로 나눌 수 있다.

① 시비 시 작물이나 식물 등의 육성을 촉진하고, 장해를 일으키지 않을 것
② 저장 및 시비 시 취급성이 좋을 것
③ 제품 퇴비 중에 함유된 중금속 등이 토양 및 작물 등에 축적되지 않을 것

퇴비화에 의해 생산되는 제품의 품질은 퇴비화 방식에 따라 차이가 날 수는 있지만 원료인 슬러지 케이크 성분 특성과 비슷한 경우가 대부분이다. 일반적으로 슬러지 케이크의 특성(함수율, 강열감량, pH, 질소, Ca 함유량 등)은 수처리 및 슬러지 처리 방식에 따라 크게 달라진다. 취급에 있어서는 퇴비의 외관, 냄새, 손 접촉, 첨가물량 및 입경 등을 고려하여야 한다. 또한 중금속 등의 토양 축적에 대하여는 법령 등에 의한 규제는 물론이며, 시비 시의 상황이나 시비량 등을 고려하여 충분한 주의를 기울여야 한다.

이러한 점을 감안하여 품질목표를 설정할 필요가 있으며, 구체적인 설정 항목의 예로서는 다음과 같은 항목을 들 수 있다.

①에 해당하는 항목 : 유기분(강열감량), 비료성분(질소, 인, 칼륨), pH, C/N비(탄소/질소 비), 칼슘(알칼리도) 등
②에 해당하는 항목 : 외관, 악취, 함수율, BOD, 입경 등
③에 해당하는 항목 : 비료관리법의 오염물질 허용치 등

이러한 품질 항목 가운데 pH는 6~8.5, 함수율은 30~40%, C/N비는 20 이하, BOD는 30mg/g-DS 이하가 바람직하다. 미생물 체내의 C/N비는 평균 5~6이므로 C/N비가 높으면 질소 부족으로 인해 미생물의 증식 기능이 제한되어 유기물의 분해 속도가 감소된다. C/N비가 낮으면 질소 화합물의 분해가 진행되어 퇴비 중의 질소 성분이 감소하며 악취가 발생한다.

함수율은 제품, 입경, 시비 방법에 따라 다르나 기계식 시비의 경우에는 건조 설비 등으로 함수율을 20% 정도까지 감소시키는 것이 좋다. 퇴비화에 있어서는 온도 조건도 중요한 조작 인자이기 때문에 먼저 설정한 물질 수지를 기본으로 유기물 분해에 의한 분해 열량, 외기온도, 배기가스 온도 등의 설정을 행하고 열수지의 검토를 행한다. 그림 5.29에 퇴비화조 주변에 있어서의 열수지의 예를 나타내었다.

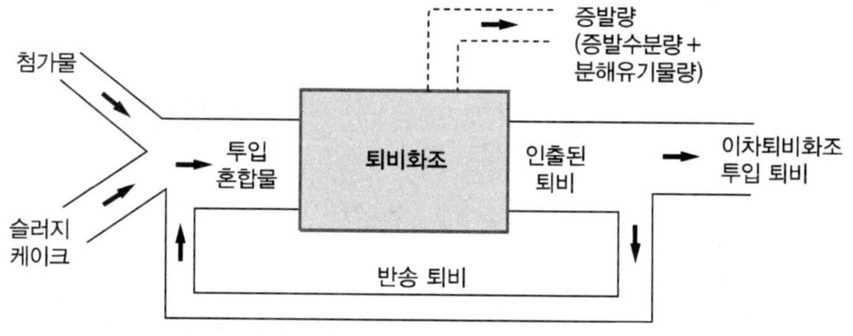

그림 5.29 퇴비화조 주변의 물질 수지

이와 같이 물질수지 및 열수지를 산정하여 목표한 품질을 얻기 위한 반송률이나 첨가물의 투입 조건이 적당한가를 확인한다. 일반적으로 퇴비화는 반송 퇴비만을 이용하여 첨가물을 사용하지 않는 무첨가 방식과 반송 퇴비와 첨가물의 모두를 사용하는 첨가 방식으로 분류된다. 석회계 슬러지 케이크의 경우에는 무첨가 방식을, 고분자계 슬러지 케이크의 경우에는 첨가방식을 채택하는 경우가 많다.

반송률 및 첨가율은 주로 투입 혼합물의 통기성을 확보하기 위하여 실시하며, 이 때 지표로는 함수율을 사용하지만 품질도 고려할 필요가 있다. 통기성의 기준이 되는 투입 혼합물의 함수율은 석탄계 슬러지 케이크의 경우에는 50% 정도, 고분자계 슬러지 케이크의 경우에는 60~65% 정도이다. 따라서 슬러지 케이크의 함수율을 고려하면 석회계의 반송률(중량비)은 100~200%, 고분자계의 반송률(중량비)은 50% 정도이며, 첨가율(중량비)은 C/N비 등을 고려하여 10~30% 정도가 일반적이다.

고농도의 약품이 주입된 석회계 슬러지 케이크의 경우에는 반송률을 낮게 설정하면 투입 혼합물의 pH가 상승하기 쉽고, 분해 시 장애가 발생하는 경우가 있기 때문에 주의할 필요가 있다. 혼합물의 최적 pH는 8～8.5이지만, pH 7～9의 경우에도 큰 지장이 없다고 한다. 반송 퇴비는 일차 분해물을 사용하는 경우와 이차 분해물을 사용하는 경우가 있지만 미생물의 종류와 pH 조정의 관점에서 보면 분해가 진행 중인 일차 분해물을 이용하는 편이 효과적이며, 이 경우 이차 퇴비화조의 용량을 감소시킬 수도 있다.

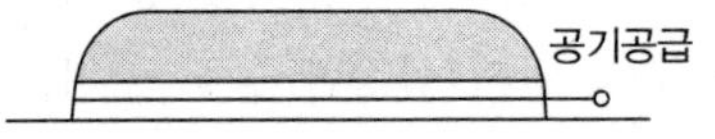

그림 5.30 퇴적형 퇴비화조의 형식

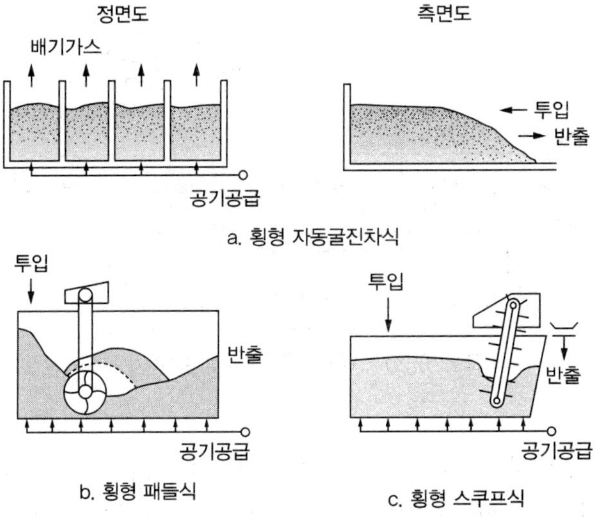

그림 5.31 횡형 퇴비화조의 형식

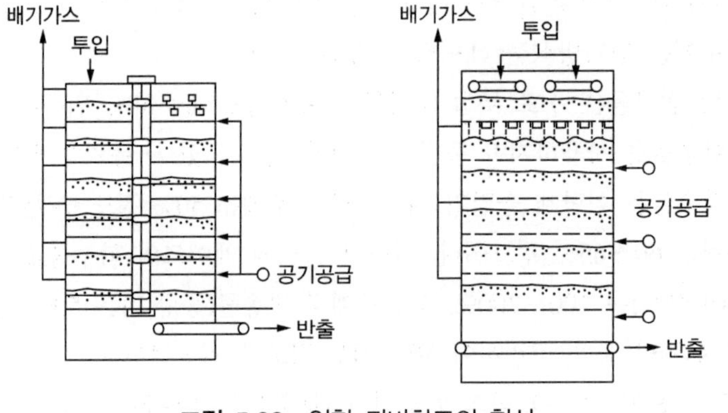

그림 5.32 입형 퇴비화조의 형식

표 5.15 주요 퇴비화 시설 개요

<table>
<tr><th colspan="2">분해조 형식</th><th>구조</th><th>혼합물의 이동 뒤집기 빈도</th><th>통기 방법</th><th>장점</th><th>단점</th></tr>
<tr><td rowspan="2">퇴적형</td><td>자연 통기식</td><td rowspan="2">칸막이, 울타리가 없는 평면 바닥</td><td rowspan="2">트럭, 자동 굴진차 등으로 수행한다.
1회/주 정도</td><td>–</td><td rowspan="2">• 시설이 간단하여 신속하고 저렴하게 실시할 수 있다.
• 고도의 기술을 필요로 하지 않는다.</td><td rowspan="2">• 덩어리화로 인해 통기불량 발생장기간의 분해시간 필요
• 넓은 부지가 필요
• 발효물의 균일화가 곤란
• 기상조건에 쉽게 영향을 받는다.</td></tr>
<tr><td>강제 통기식</td><td>조 바닥의 통기관으로 수행한다.</td></tr>
<tr><td rowspan="3">횡형</td><td>자동 굴진 차량 방식</td><td>상부 측면개 방식 사각형조</td><td>트럭, 자동 굴진차 등으로 행한다.
1회/주 정도</td><td rowspan="3">조 바닥의 통기관으로 행한다.</td><td>• 시설이 간단하며 쉽게 시설할 수 있다.
• 개방식 구조이기 때문에 육안으로 감시가 가능하다.</td><td>• 악취제거 설비가 대형화된다.
• 분진 대책이 곤란
• 덩어리화로 인한 통기 불량 발생
• 반응물의 균일화가 곤란</td></tr>
<tr><td>패들식</td><td rowspan="2">상부 개방식 사각형조</td><td>패들의 지그재그 운전(전진, 후진 또는 횡단방향)에 따라 이동, 뒤집기
1회/주 정도</td><td>• 패들의 뒤집기에 의해 덩어리화가 발생하지 않으며 통기는 양호
• 발효기간이 짧다.
• 대형발효조의 운전이 가능</td><td>• 악취제거 설비가 대형화된다.</td></tr>
<tr><td>scoop식</td><td>이동 scoop에 의한 이동, 뒤집기2～6회/주</td><td>• scoop의 분쇄 혼합에 의해 덩어리화가 발생하지 않으며 통기가 양호</td><td>• 악취제거 설비가 대형화된다.
• 반응조의 최대 규모는 작다.</td></tr>
<tr><td rowspan="2">입형</td><td>패들식</td><td>밀폐식 원형조</td><td>각단의 회전 패들에 의해 동시에 교반이동시키며, 벨트 반대측으로 날려서 연속적으로 아래쪽으로 이동 퇴적된다.
1회/주 정도</td><td>각 단의 바닥으로부터 통기하며, 반응조 상부로 배기된다.</td><td>• 반응물이 회전판에 의하여 교반되며 압축되지 않는다.
• 통기 저항이 작고 필요동력은 작다.
• 소규모의 악취제거설비로 좋다.</td><td>• 다단 형식으로 기계 높이가 높아진다.</td></tr>
<tr><td>다단 낙하식</td><td>밀폐식 원형조</td><td>각단의 낙하문의 개폐에 의하여 연속적으로 낙하하며 교반, 이동된다.
1회/2～4일</td><td>통기와 배기는 각 단의 교차로 인해 행해진다.</td><td>• 부지면적이 작다.
• 소규모의 악취제거설비로 좋다.</td><td>• 자연 낙하에 의해 교반되기 때문에 적당한 분쇄와 통기는 기대할 수 없다.
• 구조가 비교적 복잡하다.
• 다단형식으로 기계 높이가 높다.</td></tr>
</table>

5.9.2 퇴비화 주의사항

퇴비의 함수율은 약 35% 이하를 목표로 하며, 양호한 퇴비화가 이루어진 경우에는 적갈색 혹은 다갈색의 균일한 입자가 된다. 퇴비화가 불량하고 혐기성이 강한 경우에는 흑갈색이며, 슬러지 덩어리가 생긴다.

슬러지로 생산한 퇴비의 품질에 대해서는 사용목적에 맞도록 정기적인 검사를 실시하여 안전성을 확보하여야 하며 판매를 위해서는 비료관리법 제14조의 규정에 의한 부산물 비료로 지정받아야 한다.

(1) 중금속

탈수케이크 중에 유해물질이 미량이라도 들어 있으면 퇴비 속에도 이러한 유해물질이 잔류할 가능성이 있다. 퇴비를 작물에 사용할 경우에는 농림부에서 정한 부산물 비료의 중금속 위해성 기준을 만족시켜야 한다(표 5.16 참조).

표 5.16 부산물 비료의 중금속 위해성 기준

항 목	함 유 농 도	항 목	함 유 농 도
크롬	300mg/kg 이하	수은	2mg/kg 이하
납	150mg/kg 이하	비소	50mg/kg 이하
카드뮴	5mg/kg 이하	구리	500mg/kg 이하
아연	900mg/kg 이하	니켈	50mg/kg 이하

자료 : 보통비료 중 유기질비료 및 부산물비료와 그 원료에 대한 중금속의 위해성 기준 (비료관리법 시행령 <별표 1>)

(2) 위생처리

하수슬러지 중에는 병원균, 기생충, 바이러스 및 잡초씨 등이 들어 있을 가능성이 있으므로 이에 대한 위생처리가 필요하다. 위생처리란 슬러지 퇴비 사용자의 건강에 대한 안전성과 작물에 대한 식물병리상의 안전성 등을 고려하는 것을 말한다.

유해생물에 대해서는 분해온도 65~70℃ 이상의 상태가 1~2일 이상 지속되면 일반적으로 위생처리되었다고 볼 수 있으나 제품화하여 공급할 퇴비에 대해서는 반드시 정기적인 확인검사를 실시하도록 한다.

표 5.17에 병원균 및 기생충의 불활성화 온도를 참고로 제시한다. 또한 퇴비는 연중

지속적으로 생산되므로 농가의 수급 시기와 맞지 않는 경우가 발생한다. 따라서 보관 및 저장체계에 대한 고려가 필요하며 도시 부근의 녹지대나 공원, 도로 및 건설현장, 쓰레기 매립장의 복토재 등 지속적인 사용이 가능한 시장확보도 고려하여야 한다.

표 5.17 병원균 및 기생충의 내열성

병 원 균	사 멸 조 건		비 고
	온도(℃)	시간(min)	
티브스균	55~60	30	40℃ 이상에서 성장 중지
살모넬라균	55, 60	60, 15	
이질균	55	60	
대장균	55, 60	15~20	
선모충	62~65		50℃에서 1시간처리로 감염성 감소
결핵균	66	15~20	
디프테리아균	55	45	
아메리카갈충	45	50	

5.10 슬러지 소각

슬러지의 소각은 슬러지에 열을 가함으로써 산화 가능한 유기물질을 이산화탄소와 수분으로 전환시켜 제거하는 것으로 슬러지 처분량의 감소 및 안정화를 도모하는 것이다.

슬러지 소각의 장점으로는

① 위생적으로 안전하다(병원균이나 기생충 알의 사멸).
② 부패성이 없다.
③ 탈수케이크에 비하여 혐오감이 적다.
④ 슬러지 용적이 1/50~1/100로 감소된다.
⑤ 다른 처리법에 비해 소요 부지면적이 적다.

슬러지 소각의 단점으로는

① 대기오염방지를 위한 대책이 필요하다.

② 유지관리비가 상당히 높다.
③ 주변 환경에 영향을 줄 수 있다.
④ 소각장을 건설할 경우 처리장의 입지조건을 충분히 검토하여야 한다.

는 점 등이 있다.

슬러지 소각방식은 열조작방식에 따라 소각, 용융, 건류, 습식산화 등으로 분류된다. 또한 소각로의 구조에 따라 다단소각로, 회전소각로(로타리킬른), 기류건조소각로, 유동층소각로, 분무소각로, 사이클론소각로, 그리고 열분해(pyrolysis) 등이 있다. 습식산화는 슬러지를 액상 그대로 고압에서 공기를 공급해 산화시키고, 액상의 재를 탈수하는 방법이다. 주요 소각로의 특성을 비교한 자료가 표 5.18에 나타나 있다.

(1) 소각 이론

연소는 연료와 산소가 반응하여 열을 내는 것으로, 하수슬러지의 구성원소 중에서 연소가능한 성분은 탄소, 수소, 황 등이다. 연소 시 필요한 산소의 공급을 목적으로 공기가

표 5.18 주요 소각로의 종류별 특성 비교

항목 \ 종류	다단소각로	유동층소각로	회전소각로	기류건조소각로
건설비	중	중	중	대
내구성	대	대	중	중
처리량범위(습윤기준)	50~6,000kg/hr	50~6,000kg/hr	100~3,000kg/hr	100~3,000kg/hr
소각의 용이성	아주 용이	아주 용이	비교적 용이	용이하지 않음
승온시간	40분~1시간 정도	20~40분	30~50분	40분~1시간 정도
공기비	1.4~2.0	1.3	2.4~3.2	2~3
열부하량(kcal/m^3/hr)	70,000~150,000	150,000~450,000	70,000~100,000	–
소각온도(℃)	700~900	750~850	700~900	700~900
소각건조병행	가능	가능	가능	가능
보조연료사용량	중	적음	많음	많음
분진발생량(g/Nm^3)	0.85~2	5~30	3~6	–
혼합소각가능성	가능	가능	가능	불가능

주입되어야 하며 완전연소 결과 탄산가스, 수증기, 아황산가스 그리고 불활성의 재가 생긴다. 연소가 잘되기 위해서는 연료와 공기를 알맞은 비율로 공급하여 완전히 혼합시켜야 하며 지속적인 점화가 되도록 유지해야 한다.

다음은 주요 물질연소의 기본식이다.

$$C_{(s)} + O_{2(g)} \rightarrow CO_{2(g)}, \ \Delta H = -94,052\text{cal} \tag{5.35}$$

$$H_{2(g)} + 1/2O_{2(g)} \rightarrow H_2O_{(l)}, \ \Delta H = -68,320\text{cal} \tag{5.36}$$

$$S_{(s)} + O_{2(g)} \rightarrow SO_{3(g)}, \ \Delta H = -71,232\text{cal} \tag{5.37}$$

각각의 보조연료는 유효열량을 가지고 있는데 유효열량은 연소실 내에서 발생하는 총발열량에서 건배기가스와 수분의 손실을 뺀 열량으로 계산된다.

수분을 함유하는 유기성 슬러지를 연소시킬 때 기체상태의 생성물은 식 (5.40)에 주어진 바와 같이 슬러지의 수분증발과 수소의 산화 때문에 수증기를 함유한다. 배기가스의 열량은 각 성분 가스의 무게에 출구온도에서의 열량을 곱하면 된다. 슬러지 내 수소의 연소로 생기는 배기가스 중의 수분을 분리시켜 유입슬러지의 수분무게에 더함으로써 연소가스 내에 존재하는 전체수분의 열량계산이 가능하게 된다. 배기가스 내에 존재하는 수분의 전체 열량은 출구온도에서의 잠열(latent heat)과 감열(sensible heat)의 합계와 같다. 보조연료가 사용되는 경우에는 슬러지는 물론 보조연료의 연소로부터 생기는 연소가스의 부피와 열량을 계산할 필요가 있다.

소각공정의 설계에 있어서 기본요소 중의 하나는 연소되는 연료의 구성과 양이다. 연료의 구성은 연료의 열량을 결정하며, 연료량은 소각로의 크기에 영향을 미칠 수 있다. 연료의 열량은 연료의 탄소, 수소 그리고 황 함량에 의하여 결정되는데 이들의 열량은 식 (5.39)~식 (5.41)에 주어진 것과 같다. 따라서 연료의 탄소 및 수소 함량에 변화가 생기면 열량에도 변화가 일어난다는 것을 알 수 있다.

각 연료는 특징적인 열량을 가지는데 유효열(effective heat)은 연료의 열량에서 배기가스로 빠져나가는 열량을 뺀 것이다. 슬러지나 연료의 열량을 조사하는 방법에는 열량계에 의한 방법과 원소분석에 의한 방법, 추정식에 의한 방법이 있다. 일정량의 물질을 연소시켜 발생되는 열량을 기계적으로 측정할 수 있는 장치 중 하나가 단열열량계(bomb calorimeter)이다. 단열열량계로 측정된 슬러지의 열량의 대표적인 값들이 표 5.19에 주어져 있다.

표 5.19 단열열량계로 측정한 하수슬러지의 열량

종 류	연소가능물질함량(%)	열량(kcal/kg건조고형물)
그리스와 스컴	88	9,280
일차슬러지	74	5,740
소화슬러지	60	2,940
화학슬러지	57	4,170

그러나 이 값은 미국의 자료이므로 소각로 설계 시에는 실제 슬러지의 발열량 분석이 선행되어야 한다.

슬러지의 총열량을 대략적으로 결정하는 추정식 중의 하나로 식 (5.38)로 표시되는 듀롱공식(Dulong formula)이 있는데 이 공식을 이용하기 위해서는 슬러지의 탄소, 수소, 황 및 산소함량을 알아야 한다.

$$Q_H = 8{,}080C + 34{,}500\left(H - \frac{O}{8}\right) + 2{,}240S \tag{5.38}$$

여기서, Q_H : 발열량, kcal/kg

C, H, O, S : 각각 탄소, 수소, 산소, 황의 원소 함량, kg

연료가 함유한 열량은 고위발열량(high heating value, HHV)과 저위발열량(low heating value, LHV)으로 구분할 수 있다. 고위발열량은 연료가 연소한 후 연소가스의 온도를 최초의 온도까지 내릴 때 분리하는 열량을 포함한 총열량을 말한다. 연소가스 중 수증기는 응축하여 액체가 되고 응축열을 발산하는데, 고위발열량은 이 응축열까지 포함한 것이며, 듀롱공식으로 구하는 열량은 고위발열량이다. 저위발열량은 고위발열량에서 수증기의 증발열을 뺀 것을 말한다. 연소과정에서 수증기의 생성은 불가피하기 때문에 저위발열량이 실제 연소반응에서 이용가능한 열량이다. 저위발열량은 다음과 같다.

$$Q_L = Q_H - 589\,(9H) \tag{5.39}$$

여기서, Q_L : 저위발열량, kcal/kg

Q_H : 고위발열량, kcal/kg

H : 수소 함량, kg

연소과정을 적당히 조절하면 슬러지 내의 유기성 질소는 질소산화물로 산화되지 않으므로 질소는 열량 계산에 영향을 미치지 않는다.

소각시설의 운영을 이해하는데 있어서 감열과 잠열의 이해가 대단히 중요하다. 감열은 물체가 열을 얻거나 잃었을 때 물체의 온도변화에 사용되는 열로서 식 (5.40)과 같이 그 물질의 열용량 또는 비열에 기준온도(보통 0℃ 혹은 15.5℃)와 소각온도와의 차이를 곱해서 구한다.

$$Q_s = (M_{cp})(W)(T - t) \tag{5.40}$$

여기서, Q_s : 잠열, kcal

M_{cp} : 평균비열, kcal/kg/℃

T : 소각온도, ℃

W : 물질의 질량, kg

t : 기준온도, ℃

잠열은 온도변화 없이 상변화를 일으키는데 요구되는 열량이다. 대부분의 열수지 계산에서 취급되는 상변화는 액체와 기체간의 전이를 의미하며 주로 증발잠열과 관련이 있다. 잠열은 온도에 따라 변하며 연소계산에서 0℃ 혹은 15.5℃를 기준으로 가정한다. 식 (5.40)을 T 에 대해 정리하면 식 (5.41)과 같이 소각 시의 이론적인 소각온도를 구할 수 있다.

$$T = \frac{Q_s}{W M_{cp}} + t \tag{5.41}$$

이론적인 소각온도는 모든 열이 회수되어 소각생성물의 온도를 올리는데 이용되기 때문에 소각환경에서 열손실이 전혀 없다는 가정 아래 성립된다. 그러나 실제에 있어서는 소각 시 다음에 열거된 이유에 의하여 이론소각온도보다 낮은 온도가 된다.

① 배기가스 내의 수분(잠열)
② 소각하지 않은 탄소
③ 잉여공기
④ 복사
⑤ 재의 열함량
⑥ 반응열 또는 생성열

따라서, 소각과정에서는 연료의 소각에 의하여 공급되는 열량과 열손실이 같은 평형상태의 최종온도를 유지하게 된다. 이와 같이 평형온도가 자체의 연료에 의하여 유지되는 경우를 자생연소온도(autoignition temperature)라 한다.

표 5.20 하수슬러지의 가연분 및 열량(미국)

슬러지(%)	가연성물질(%)	재(%)	열량(kcal/kg가연성물질)
유지류와 스컴	88.5	11.5	9,320
유입하수슬러지	74.0	26.0	5,720
생물학적 슬러지	80.0	20.0	5,010
세목스크린으로 제거된 부유물	86.4	13.6	4,350
분쇄된 음식찌꺼기	84.8	15.2	4,590
소화된 슬러지와 파쇄된 음식찌꺼기	49.6	50.4	4,460
소화된 슬러지	59.6	40.4	2,940
그리트	30.2	69.8	2,230

하수슬러지의 구성은 여러 가지 요소에 의해서 크게 변한다. 예를 들어, 일차슬러지는 생물학적 슬러지보다 그리스 함량이 높기 때문에 열량도 높다. 슬러지를 소화시키면 유기물이 감소되어 열량이 줄어들므로 소화슬러지보다는 소화되지 않은 슬러지를 소각시키는 것이 더 경제적이다. 여러 가지 슬러지의 평균 성상은 표 5.20과 같다.

슬러지의 열량을 증가시킬 수 있는 유일한 방법은 슬러지의 유기물농도를 증가시키는 것으로 다음과 같은 방법이 있다.

① 슬러지 내 그리트를 효과적으로 제거함으로써 슬러지의 휘발성 고형물농도를 5% 정도 증가시킬 수 있다.

② 하수를 응결(flocculation)시키면 슬러지의 침전효율이 높아지며, 그 결과 이차슬러지에 대한 일차슬러지의 비가 증가한다. 포기를 시키면 슬러지가 산화되어 슬러지의 열량이 감소된다.

③ 슬러지 개량 시에는 염화철이나 석회 대신 유기성 고분자응집제를 사용한다. 그 이유는 염화철과 석회는 소각온도에서 반응할 때 열을 흡수하기 때문이다.

슬러지 소각로 내에서 자생연소의 유지 가능성은 슬러지의 열량, 기체상태의 생성물을 필요한 출구온도까지 올리는데 요구되는 열량에 달려있다. 이들 생성물에는 슬러지의 수분에 의하여 생기는 수증기도 포함한다. 슬러지 내의 수분은 상태의 변화가 일어나므로 감열 외에 배기가스의 온도까지 올릴 수 있도록 증발잠열도 공급되어야 한다. 상태의 변화를 위한 잠열요구량이 대단히 크므로 자생연소 또는 보조연료의 필요 여부는 슬러지의 수분함량에 따라 크게 달라진다.

그림 5.33은 슬러지 소각 시 요구되는 연료량이 슬러지의 수분함량에 따라서 어떻게 변하는가를 보여주고 있다. 그림에서 보는 바와 같이 슬러지의 수분함량을 80%에서

70%로 낮추고 소각로를 50%의 과잉공기와 배기가스온도 650℃에서 운영하는 경우 연료요구량은 1.5 × 10^6kcal/ton에서 0으로 줄어들면서 자생연소가 실시된다. 따라서 소각되는 슬러지의 수분을 가능한 한 적게 만드는 것이 대단히 중요하다.

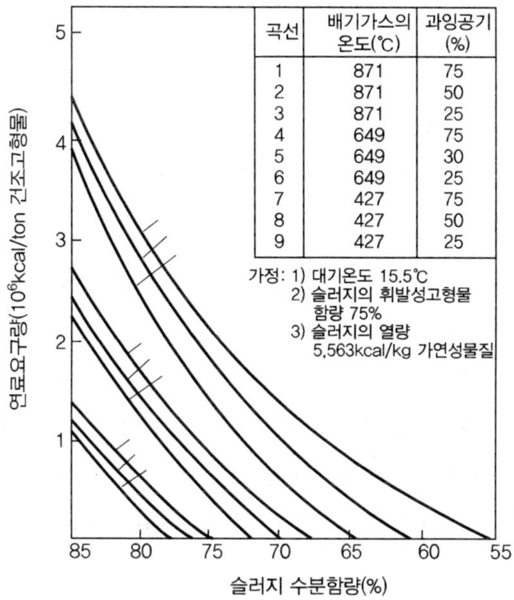

그림 5.33 슬러지 수분함량에 따른 연료요구량의 변화

슬러지 내의 고형물은 주위 환경으로부터 열을 빼앗음으로써 점화온도까지 온도가 올라간다. 제공된 열이 요구되는 열을 보충시킬 수 있을 만큼 충분해야 소각이 유지되며, 그렇지 않은 경우에는 배기가스로부터 열을 회수하든지 보조연료에 의해서 열이 제공되어야 한다. 표 5.21에 각종연료의 열량이 비교되어 있다. 보조연료의 유효열량은 그 연료의 공칭열량보다 적을 수 있으며 특정한 배기가스온도와 과잉공기량에 대하여 계산되어야 한다.

표 5.21 각종 연료의 열량

연 료	열량(kcal/kg)
천연가스	12,680
휘발유	11,520
연료오일	10,290
원유	10,850
석탄(무연탄)	7,050

(2) 공기공급량

소각에 필요한 산소는 공기로부터 공급되는데, 공기는 많은 양의 질소를 함유하므로 순수산소가 사용되는 경우에 비하여 훨씬 많은 부피의 공기가 공급되어야 한다. 즉, 요구되는 산소 1kg에 대하여 4.6kg의 공기가 공급되어야 한다.

이론공기량은 슬러지나 연료의 원소분석(ultimate analysis)을 실시함으로써 식 (5.42)를 이용하여 이론적으로 구할 수 있다.

$$O_2 = 2.67C + 7.94H + 1.00S \tag{5.42}$$

여기서, O_2 : 산소요구량, kgO_2/kg

C, H, S : 각각 탄소, 수소, 황의 함량(kg)

산소요구량은 이론적으로 산화에 필요한 산소의 량을 말하는 것으로서 실제 연소반응에서는 연료와 산소가 잘 접촉되어 완전연소가 일어나도록 이론적인 산소량보다 더 많은 산소를 넣어주어야 한다. 이를 과잉공기(Excess air)이라고 하는데 과잉공기 공급량은 소각로 종류에 따라 다르다. 액체연료를 연소시키는 고효율 버너의 경우 과잉공기는 20~30% 정도이나 다단소각로나 로타리킬른 등 고체폐기물을 소각하는 소각로의 경우 100~125%의 과잉공기가 필요하기도 한다. 과잉공기가 부족한 경우에는 연소가 불완전하여 일산화탄소, 검댕, 악취를 내는 탄화수소, 기타 불완전 산화된 가스가 생겨 대기오염문제를 유발하게 된다.

예제 5.14 발열량 계산

원소분석 결과 탈수슬러지 케이크의 원소 조성이 다음과 같았다. ① 이 케이크 1kg이 갖는 HHV와 LHV를 kcal 단위로 구하여라. ② 이 케이크 1kg 소각에 필요한 공기공급량을 구하여라.

C : 42%, H : 6%, O : 21%, 기타 : 31%

풀이

① 발열량

DuLong 공식을 적용하면

$$Q_H = 8{,}080C + 34{,}500\left(H - \frac{O}{8}\right) + 2{,}240S = 8{,}080(0.42) + 34{,}500\left(0.06 - \frac{21}{8}\right)$$

$$= 4{,}560\,\text{kcal}$$

$$Q_L = Q_H - 589(9H) = 4{,}560 - 589(9)(0.06) = 4{,}240\,\text{kcal}$$

② 공기공급량

$$O_2\ \text{requirement} = 2.67C + 7.94H + 1.00S = 2.67(0.42) + 7.94(0.06) = 1.598\,\text{kg}\,O_2/\text{kg}$$

공기의 산소 함량(w/w)을 23%, 잉여공기량을 40%로 가정하면

$$M = \frac{1.598}{0.23}(1.4) = 9.73\,\text{kg} - \text{air}/\text{kg}$$

또는 25℃, 1기압을 가정하면

$$(1.598\,\text{kg})(1{,}000\,\text{g/kg})\left(\frac{\text{mole}}{32\,\text{g}}\right) = 49.94\,\text{mole}$$

$$(49.94\,\text{mole})(22.4\,\text{L/mole})\left(\frac{273+25}{273}\right) = 1.22\text{m}^3 - \text{O}_2/\text{kg}$$

공기의 산소 함량(v/v)을 21%로 가정하면

$$\text{V} = \frac{1.22\,\text{m}^3}{0.21}(1.4) = 8.13\,\text{m}^3 - \text{air/kg}$$

5.10.1 다단소각로

다단소각로는 그림 5.34에 나타낸 것처럼 내부가 내화성 물질로 만들어진 구조물로서, 6~12단 정도의 내화성 수평로상, 방열을 막는 노벽, 탈수케이크를 혼합이동시키는 중앙축, 혼합기팔(arm) 및 보조연료장치, 구동장치 등으로 구성되어 있다.

다단소각로는 형태나 방식에 따라 다음의 네 가지로 구분된다.

① 입형원통형 다단로 ② 회전디스크형 다단로
③ 각형 다단로 ④ 열분해형 다단로

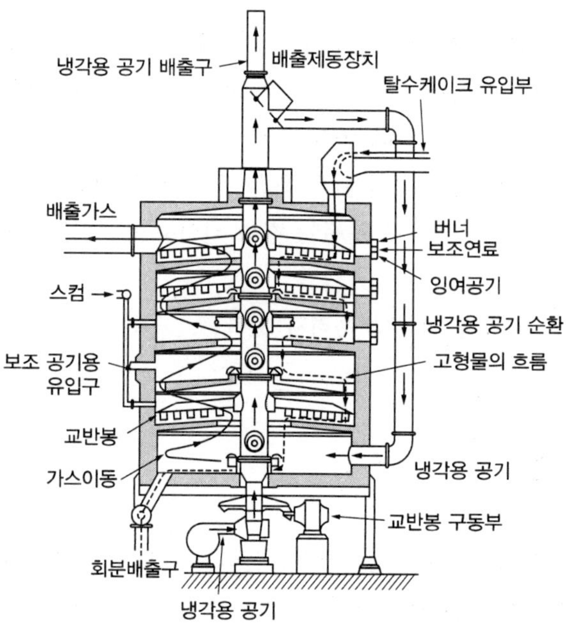

그림 5.34 다단소각로의 예

로에 공급된 탈수케이크는 중앙축에 고정된 혼합기팔의 회전에 의해 각 단의 로상 위에 뿌려져서 타면서 밑의 단으로 떨어지는 과정을 계속해 점차적으로 건조, 소각 및 냉각의 과정으로 이행한다.

탈수케이크는 건조과정에서 연소가스와 역류접촉되어 건조되고, 연소가스는 수증기를 많이 포함한 250~350℃의 가스로서 로의 위로 배출된다. 탈수케이크는 소각용공기와 로측면에서 나오는 1,000℃ 정도의 조연용 열풍에 의해 700~900℃에서 연소된다. 소각재는 냉각과정에서 신선한 공기와 역류접촉하여 냉각되며 로의 외부로 배출된다.

다단소각로의 장점은 다음과 같다.

① 단순히 습식세정을 사용해도 배출되는 가스 중 입자상 물질이 매우 적다.
② 유량의 변화에 민감하지 않고 고형물의 노 내 체류시간이 3~4시간 정도로 안정되어 있다. 또한 중앙부에서 차가운 공기를 재순환시킴으로써 열수지의 유지가 가능하며, 역류로 운전되므로 스모크에 의한 열손실도 줄어든다.
③ 정상적인 부하보다 낮은 상태에서도 안정적인 운전이 가능하다.
④ 상대적으로 에너지 소비량이 합리적이다.
⑤ 소각로를 운전하는데 별 어려움이 없으며, 슬러지 주입이 용이하다.

그러나 다음과 같은 단점도 포함하고 있다.

① 로가 상당히 많은 열적비활성물질을 포함하고 있어 운전 시작 시 많은 양의 보조열이 필요하다. 따라서 연속적으로 가동하는 것이 유리하며 가급적 간헐적 운전 및 운전중지는 피하는 것이 좋다.
② 50~80% 정도에 이르는 많은 잉여공기량이 필요하다.
③ 400℃ 정도의 낮은 온도로 운전할 경우 열회수가 어렵고, 회수 시에도 특별한 장치가 필요하다.
④ 대기 중으로 악취를 발산할 우려가 있다.

5.10.2 회전소각로

회전소각은 로터리킬른(rotary kiln)이라 불리는 것으로서 그림 5.35에 나타낸 것처럼 내화재를 내부에 설치한 원형회전본체, 고정부인 공급후드 그리고 소각후드로 구성된다. 본체의 기울기와 회전운동에 의해 탈수케이크가 점차적으로 건조 및 소각과정으로 이행

된다.

공급된 탈수케이크는 건조영역에서 분쇄되고 섞이면서 소각가스와의 역류접촉에 의해 건조되고, 소각영역에서 교반되면서 소각된 후 냉각된 소각재로서 소각후드의 밑으로 배출된다. 본체는 가운데가 빈 원통구조이므로 탈수케이크의 공급구, 건조영역 및 소각영역 등 노 내 전 과정을 한눈으로 볼 수 있는 특징이 있다.

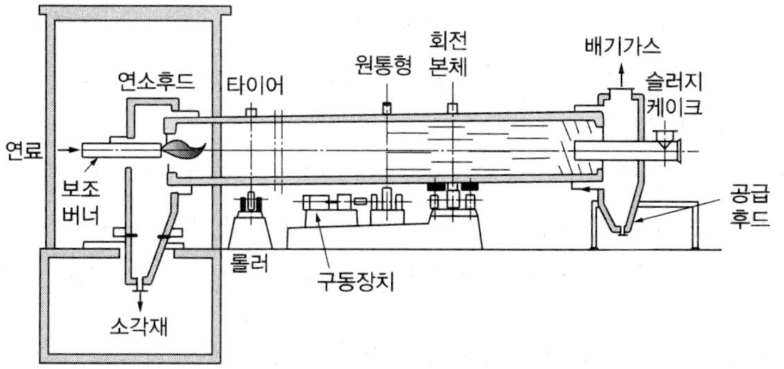

그림 5.35 회전건조소각로의 예

소각부하의 변동에 대한 운전제어는 주로 보조연료의 증감으로 인한 온도제어로서 비교적 제어조건이 적다. 보조연료는 소각후드에 부착된 버너로 공급한다.

원칙으로는 연속운전으로 하지만 간헐운전의 경우는 내화재의 온도변화를 막기 위해 정지시간 중이라도 보온을 위한 가온이 필요하다.

원통형 소각로를 수평으로 설치하여 연속적으로 회전시키면서 소각하는 방법으로 건조와 소각을 동시에 할 수 있다. 로는 역류직화식 형태로 사용하며 전체적으로는 부압상태에서 운전된다. 로의 운전상태는 외부로 배출되는 가스의 온도를 검사하여 조절하는데, 대략 700~900℃ 정도를 유지한다.

회전소각로는 주로 연속형으로 운전되는 것으로 원통형의 본체가 약간 기울어져 가로로 놓여 있다. 이 본체는 하부의 받이롤러가 지지하며, 구동장치에 의해 천천히 회전한다. 슬러지는 위에 있는 투입호퍼를 통하여 투입된다. 투입된 슬러지는 반전교반을 되풀이하여 킬른 하위단 또는 상위단에 설치한 고정연소기의 연소가스와 향류 또는 병류 접촉을 하면서 건조착화하여 차례로 아래로 옮겨 소각된다. 소각재의 배출구조는 간단하며, 건조효과를 발휘할 수 있어서 착화연소하기 쉬운 점이 특징이다. 그러나 점착성 물질이나 섬유상 물질 등은 반전을 되풀이 하는 동안에 표면만이 고온에 노출되어 급격히 용해된 후 덩어리 형태로 변할 수 있다.

슬러지 내 연소가 잘 안 되는 물질이 포함된 경우에 인위적으로 연소물을 착화시켜 연소시켜도 노가 계속 회전하므로 연소반응의 조절이 저해되는 결점이 있다. 점착성이 적은 슬러지에 적합하며, 연소성이 양호한 기타 물질과 동시에 소각하는 경우 연소가스를 향류로킬른 내의 슬러지에 유입하여 접촉시키는 방법을 취하면 보조연료의 양이 절감된다.

회전소각을 회분식으로 운전할 수도 있는데, 이 경우 슬러지의 투입은 노의 중앙부나 앞부분을 통하여 회전시키면서 주입하며, 킬른의 한쪽 끝에서 보조연료연소기 연소가스와 공기를 불어넣고 노의 다른 쪽 끝에서 가스를 배출하는 구조로 운전한다. 소각재는 소각이 끝났을 때 일괄 반출한다.

소각부하에 대한 운전제어는 주로 보조연료의 증감에 의한 온도제어로, 비교적 제어조건이 적은 편이다. 원칙적으로 연속운전으로 하지만 간헐운전인 경우에는 내화재의 온도변화를 막기 위해 정지시간 중이라도 보온을 위한 가온을 필요로 한다.

회전소각로는 비교적 효율이 좋은 편이지만 설치 시에는 다음과 같은 단점을 주의 깊게 고려하여야 한다.

- 설비를 위해 비교적 넓은 부지가 필요하다.
- 탈수성이 나쁜 케이크를 사용하면 덩어리가 생겨 건조가 불충분하기 쉽다.
- 투자비에 비해 소각능력이 다소 떨어진다.
- 열방사에 의한 외부 열손실이 상대적으로 크다.
- 주입되는 슬러지나 건조고형물농도의 변화에 능동적으로 대처하기 어렵다.
- 악취발생의 소지가 있으며, 배기가스를 통제하기 위하여 사이클론과 제거장치가 필요하다.
- 노에서 회수되는 회분이 매우 불균질하다.

반면, 다음과 같은 장점도 있다.

- 수분이 많은 슬러지나 점성이 있는 슬러지의 소각에 사용할 수 있고, 일반적으로 범용성을 가진다.
- 구조가 간단하고 취급이 용이하다.
- 동력비 및 운전비가 적게 소요된다.
- 소각재를 소결(燒結)시킬 수 있다.

5.10.3 유동층소각로

유동층소각로는 그림 5.36에 나타낸 것처럼 송풍실, 유동층 및 프리보드로 구성되며, 로 본체는 내화벽돌 등의 내벽을 강판으로 피복하고 있는 형태이다. 유동층바닥에 설치된 공기분산판은 유동용 공기가 균일하게 분사되도록 하고, 로의 정지 시에는 유동매체가 송풍실로 낙하하는 것을 방지한다.

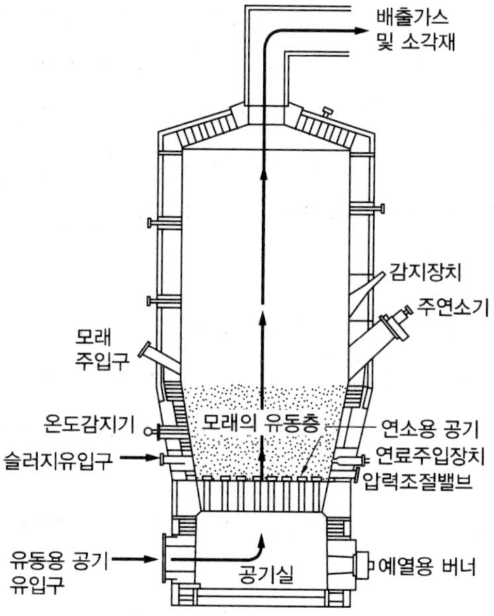

그림 5.36 유동층 소각로의 예

로 내에서 유동층을 형성하는 유동매체는 송풍실에서 주입하는 공기에 의해 물의 비등상태와 같이 움직이면서 로 내에 체류하며, 보조연료에 의해 작열된다. 최근에는 공기분산판을 설계할 때 파이프 등의 분산 노즐을 설치하는 방식이 채택되고 있다. 로에 투입된 탈수케이크는 유동층 내의 유동매체와 접촉해서 교반되며 빠른 속도로 열을 전달받아 수분증발 및 슬러지 입자의 소각분해가 일어난다. 소각온도는 750~850℃ 정도이다. 소각재는 프리보드에 날아올라가 4~6초 만에 타고, 남은 가연물은 유동층 내 휘발하는 가연가스와 함께 전부 연소된다. 로에서 배출되는 소각재의 크기는 약 50~300μm 정도이다.

유동층소각로는 건조와 소각이 순간적으로 일어나고, 배기가스가 고온이므로 열회수를 할 수 있으며, 가스 중 악취성분은 열에 의해 분해되므로 일반적으로 탈취시설이 필요 없다. 연소된 물질은 회분을 형성하여 배기가스와 함께 배출되는데 온도는 대략 800℃ 정도이다.

배기가스 내의 소각재를 회수하는 방법으로는 다음과 같은 방법이 있다.

- 건식처분방법 : 싸이클론, 전기집진기, 여과집진기
- 습식처분방법 : 습식세정 후 싸이클론처리

배기가스로부터 회수된 열은 연소실에 주입되는 연소용 공기의 예열 또는 스팀을 만드는 데 사용된다. 발생되는 가스 중 먼지를 미리 제거하지 않는 경우에는 습식세정을 거쳐야 한다. 고농도의 염분을 함유하고 있는 슬러지의 경우에는 로 내에서 재가 용융할 가능성이 있으므로 주의해야 한다. 유동층소각로는 로의 직경이 10m보다 크고 그리드(grid) 표면적이 90m^{2}인 경우 시간당 25톤의 물을 증발시킬 수 있는데, 이 양은 대략 단위 그리드면적당 단위시간당 300kg의 물을 처리할 수 있는 용량이다. 이러한 유동층소각로의 장점은 다음과 같다.

- 유동매체의 열용량이 매우 크기 때문에 액상슬러지나 건상슬러지에 관계없이 연소가 가능하며 소각시간이 매우 짧고 소각로가 콤팩트하다.
- 연소효율이 높고 소각되지 않는 양이 매우 적기 때문에 로 잔사매립에 의한 이차공해가 없다.
- 소량의 과잉공기(20~25%)를 사용하기 때문에 보조연료비가 절감되며 배출가스량도 적다.
- 로 내에 기계적 가동부분이 없기 때문에 유지관리가 용이하다.
- 로 내 온도의 자동제어 및 열회수가 용이하다.
- 로의 배기가스 온도를 탈취 한계온도 이상으로 제어할 수 있기 때문에 탈취를 위해서 추가적인 시설을 하지 않아도 된다. 즉, 배기가스 중의 악취문제를 해결할 수 있다.
- 유동매체에 석회, 돌로마이트 등을 혼합함으로써 로 내에서 탈황, 탈염소가 가능하다. 실측 예에 의하면 800℃에서 운전되는 유동층소각로에서 탈황률은 97%, 탈염소율은 92% 정도가 가능하다.
- 유동매체의 축열량이 크기 때문에 단기적인 가동이나 간헐적인 가동에도 유리하며 운전정지 후 재가동 시에도 유리하다.

반면에 단점은 다음과 같다.

- 다단소각로 및 회전소각로 등에서는 소각재의 대략 90% 이상이 노하부에서 제거되

지만 유동층에서는 모두 상부에서 배기가스와 함께 가스상태로 배출되며 유동매체와 슬러지의 충돌에 의한 작은 입자상 물질이 추가적으로 발생할 소지가 크다.

- 소각 시 효율을 높이기 위해서 전처리로서 슬러지 분쇄과정이 수행되어야 한다.
- 유동매체로 규소 등을 사용할 때에 손실이 발생하므로 손실보충을 연속적으로 하여야 한다. 따라서 마모가 적은 유동매체의 사용 및 추가적인 개발이 필요하다.

5.10.4 슬러지 용융

슬러지 용융은 매립지 확보가 곤란한 경우나 슬러지 소각을 이용한 감량화가 어려운 대도시 및 하수슬러지 광역처리 사업 등 대량의 하수슬러지를 처리하는 경우에 도입되기 시작한 방법이다. 슬러지 용융은 감량화, 안정화 및 자재화가 가능하여 유효이용을 적극적으로 할 수 있는 것이 장점이다.

슬러지 용융설비로서는 코우크스베드용융로, 회전용융로, 표면용융로 및 아아크용융로가 있으며, 개발 중인 것으로서 전기저항로, 마이크로파용융로가 있다.

슬러지의 용융은 용융의 목적과 슬래그의 이용방법을 고려한 시스템으로 할 필요가 있다. 슬러지 용융 시스템은 그림 5.37에 나타난 바와 같이 전처리장치, 용융로, 열회수장치, 배가스처리장치 및 슬래그 생성장치의 각 단위 공정으로 구성되는 것이 일반적이다. 여기에서 용융로와 슬래그생성장치 이외는 슬러지 소각설비의 기술을 응용하면 된다.

슬러지 용융설비의 큰 특징은 용융 공정의 온도가 1,200~1,500℃로 대단히 높다는 점이다. 하수슬러지 용융설비의 특성은 여러 가지가 있지만 슬러지에 대한 효과는 다음의 3가지 정도가 있다.

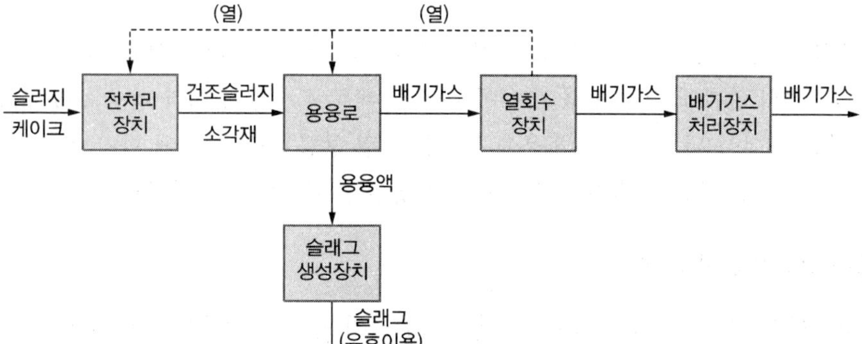

그림 5.37 하수슬러지 용융 시스템에서 단위 공정의 구성

(1) 슬러지의 감량화

슬러지의 감량화에서 감량화 정도는 대상 슬러지의 성상(함수율, 유기물 함량 등) 및 생성 슬래그의 형상에 따라 매우 다르다. 유기계 슬러지(유기응집제를 사용한 슬러지 케이크)를 감량화하여 슬래그화한 경우 슬러지 케이크를 기준으로 1/15~1/20 정도가 되며, 건조슬러지(완전 건조상태) 기준으로 1/9 정도 된다. 소각재를 기준으로 하면 1/3 정도가 된다.

무기계 슬러지(소석회 및 염화제이철을 사용한 슬러지 케이크)를 용융하여 슬래그화한 경우 슬러지 케이크(소석회의 약품주입률은 고형물의 40%)를 기준으로 1/3 정도로 감량화된다.

(2) 슬러지의 안정화

용융 슬래그 중에는 슬러지 케이크 중의 유기물이 완전히 산화·연소하여 무기물인 회분으로 안정화된다. 용융 슬래그 중에 포함된 카드뮴 등의 중금속도 고정화되기 때문에 폐기물 공정 시험법상의 용출시험에서도 용출값이 매우 낮게 나타나 용융은 슬러지의 안정화에 매우 효과적이라 할 수 있다.

(3) 슬러지의 자재화(용융 슬래그의 이용)

슬러지 용융 시스템 중 슬래그 생성 공정은 슬래그의 냉각방법에 따라 급냉식과 서냉식으로 구분할 수 있다. 냉각방식에 따라 용융액의 냉각 속도는 크게 다르며, 이에 따라 생성된 용융 슬래그의 성상도 크게 변한다. 한편, 슬래그의 부가가치를 높이는 방법으로는 냉각속도를 제어하는 방법과 슬래그를 재가열하여 슬래그를 결정화하는 공정이 있다.

슬래그 생성 공정의 냉각방법에 따른 슬래그의 특징은 표 5.22와 같다.

슬러지의 종류에 따라 용융 특성이 다르기 때문에 용융 방식과 용융 온도 등을 결정할 때는 대상이 되는 슬러지의 용융 특성을 실험 등을 통해 사전에 파악해야 한다. 슬러지의 용융 특성으로는 용융 온도 특성 및 발열량이 있는데 일반적으로는 다음과 같다.

1) 슬러지의 용융 온도 특성

용융에서 조작 온도는 승온된 액상의 용융물이 용융로 내에서 다시 고체상태로 변할 수 있기 때문에 신속히 배출할 필요가 있다. 이 때문에 슬러지의 온도 등에 대한 용융

표 5.22 하수슬러지의 용융액 냉각방법에 따른 슬래그의 특징

냉각 또는 가열 방법 (슬래그 명칭)		조작 방법	슬래그의 특징
급냉 슬래그	직접수냉 (수냉슬래그)	물과 접촉 또는 물에 담가서 냉각	• 유리질로서 강도는 낮다. • 가는 모래상 또는 모래상
	간접수냉 (수냉슬래그)	물 등 냉각 매체와 열교환기를 매개로 간접 냉각	• 유리질이지만 강도는 직접수냉슬래그보다 크다. • 덩어리상
서냉 슬래그	직접공냉 (공냉슬래그)	대기 중에 방치하여 냉각	• 주로 유리질인데 강도는 일반 급냉 슬래그보다 크다.
	보냉 (보냉슬래그)	온도를 제어하거나 방열량을 억제하며 서서히 냉각	• 결정화가 진행될수록 강도는 커진다. • 암석상, 쇄석상
결정화 슬래그		직접공냉한 슬래그를 900~1,000℃ 정도에서 일정시간 방치	• 강도가 크다. • 가는 모래상, 덩어리상, 사석상

특성을 파악하는 것이 매우 중요하다. 용융 온도 특성의 지표에는 용류점(溶流点), 융점(融点) 및 연화점(軟化点)을 사용하는 것이 일반적이다. 슬러지의 용류점, 융점 및 연화점은 다음과 같다.

① 연화점

시험추의 상부 끝이 녹기 시작하는 상태(그림 5.38의 a)의 온도

② 융점

시험추가 용융하여 그 높이가 아래쪽 폭의 1/2이 될 때(그림 5.38의 b)의 온도

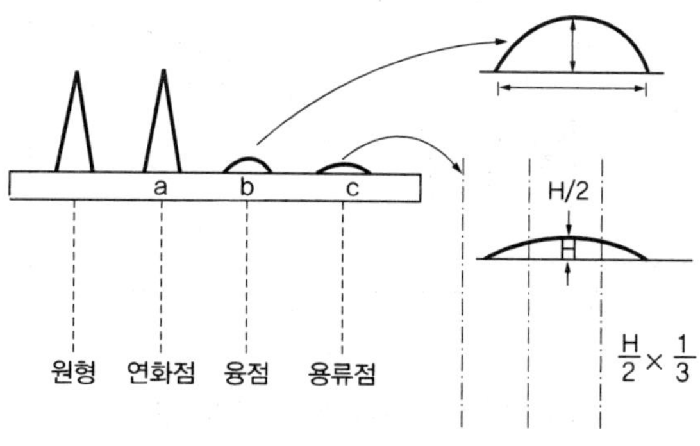

그림 5.38 용융 온도 특성의 지표

③ 용류점

용융물이 바닥 지지판으로 흘러 융점에서의 높이의 1/3이 될 때(그림 5.38의 c)의 온도 용융로 내에서는 용류점 이상의 온도가 안정적으로 유지될 필요가 있다. 용류점은 일반적으로 염기도(염기성 산화물/산성 산화물)에 따라 다르다. 염기도의 정의는 하수슬러지의 경우 CaO/SiO_2로 정의하는 것이 실용적이면서 타당하다고 생각된다. 슬러지 용융 시스템의 보조연료 소비량 절감을 고려하면 용류점을 낮게 할수록 유리한데 통상 염기도를 지표로 조정할 필요가 있다. 일반적으로 무기응집제를 사용한 슬러지 케이크(무기계 슬러지)의 경우 염기도는 통상 1보다 높고 용류점이 높은 경향이 있다. 이런 경우에는 규산 성분을 첨가하여 염기도를 1 정도로 조정하여 용류점을 낮출 수 있다. 반면, 유기응집제를 사용한 슬러지 케이크(유기계 슬러지)의 경우 염기도는 통상 0.1~0.2로 낮아 무기응집제를 사용한 슬러지 케이크에 비해 용류점은 낮은 경향이 있다. 그러나 염기도가 낮은 경우에는 용융액의 점성이 높은 경향이 있기 때문에 안정한 용융액을 만들기 위해서는 석회 성분을 첨가하여 점성을 낮출 필요가 있는 경우도 있다.

하수슬러지 회분의 염기도와 용류점의 관계는 그림 5.39와 같다. 그림 5.39를 보면 염기도 0.2~0.7 부근에서는 용류점이 낮아지지만 이 온도는 슬러지에 따라 100℃ 정도까지 차이가 난다. 이 온도차는 CaO와 SiO_2비 이외의 다른 성분 영향이라고 생각된다. 이러한 가정 하에서 「SiO_2－CaO－기타 성분」의 3성분의 상태에 따라 하수슬러지의 회분 조성과 용류점간의 관계를 나타내면 그림 5.40과 같다.

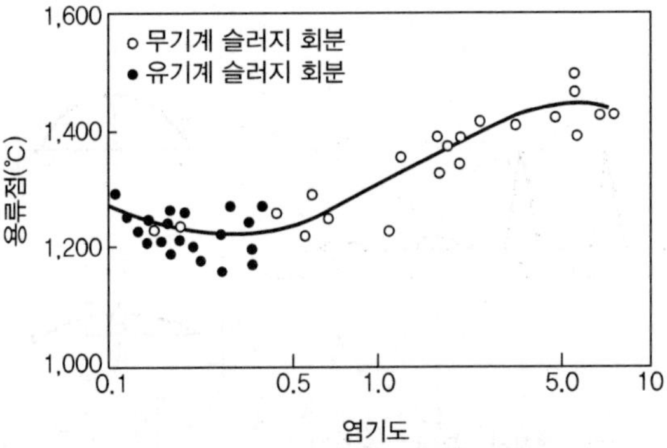

그림 5.39 염기도와 용류점의 관계

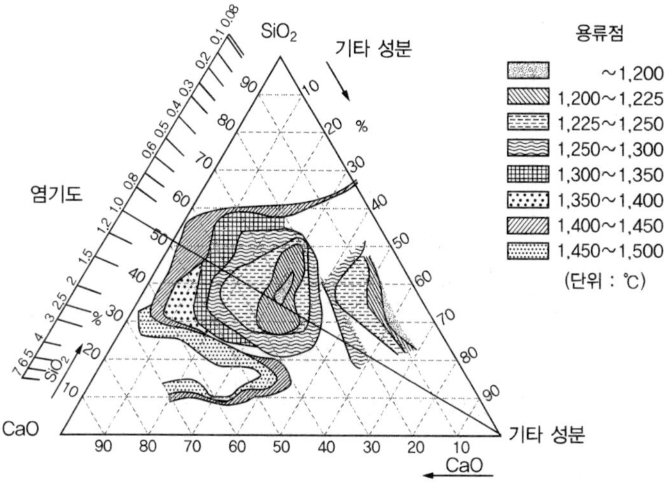

그림 5.40 하수슬러지의 CaO–SiO_2^- 기타 성분에 따른 용류점의 상태도

그림 5.40을 보면 하수슬러지의 회분 조성과 용류점과의 관계로부터 다음과 같은 관계가 성립한다.

① 1,200℃ 이하의 낮은 용류점 영역이 존재한다. 이 영역은 두 개의 영역으로 나타나는데 그 중 하나는 그림의 거의 중앙에 위치한다. 이 영역은 「CaO」, 「SiO_2」 및 「기타 성분」의 함유율이 거의 비슷하고 염기도도 1 전후이다. 또 하나의 영역은 염기도 0.1~0.4에서 CaO와 SiO_2의 함유량의 합이 회분 전체의 30~50% 정도인 영역이다. 이 영역은 대부분 유기계 슬러지가 포함된다.

② 용류점을 낮추기 위해서는 염기도만을 조절해서는 불충분하다. 동일한 염기도의 슬러지에서도 1,200~1,500℃의 범위에 용류점이 변할 가능성이 있다. 용류점을 낮추기 위하여 성분을 조정할 때에는 「기타 성분」의 함유 비율도 고려하여 조정하여야 한다. 이렇게 함으로써 효율적이고 안정적으로 용융시킬 수 있는 적정한 용융로 내 온도의 설정이 가능하다.

2) 슬러지의 발열량

용융 시 용융 온도는 대단히 높기 때문에 다량의 열에너지를 필요로 한다. 이 에너지는 슬러지 자신의 연소에 따른 열에너지와 배기가스에서 회수한 열에너지를 사용할 수 있는데, 열수지상 이것만으로는 부족하기 때문에 다량의 보조연료가 필요하다.

슬러지 케이크의 발열량은 유기계 슬러지의 경우 3,000~4,000kcal/kg-DS 정도로서 열원으로서의 가치가 대단히 높다. 이 슬러지 케이크의 발열량은 그림 5.41에 나타난 바

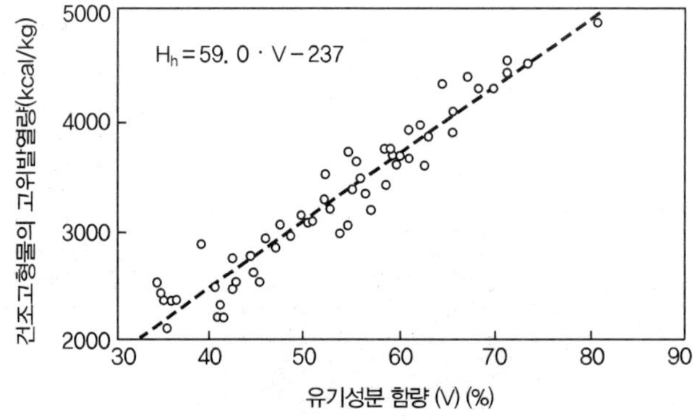

그림 5.41 유기성 탈수슬러지의 고위발열량

와 같이 슬러지의 유기성분 함량에 따라 결정되며 유기계 슬러지의 경우 고위발열량은 다음의 식 (5.41)과 같다.

$$H_h = 59.0V - 237 \tag{5.43}$$

여기서, H_h : 고위발열량, kcal/kg-DS

V : 유기성분 함량, %

슬러지 용융시설의 운전 온도가 대단히 높기 때문에 슬러지 자체가 가지고 있는 발열량을 감안하더라도 열수지상 입열이 부족하여 보조연료를 다량으로 소비하는 경우가 많다. 그러나 용융은 소각에 비해 감량화, 안전화 및 자재화가 훨씬 유리하기 때문에 유효이용의 관점에서는 적용할 수 있다.

5.10.5 대기오염문제

슬러지를 소각시키면 부피가 감소되면서 완전살균되지만, 소각로를 잘못 설계하거나 운전하면 대기오염을 일으킬 수 있다. 예를 들어, 소각이 불완전하면 탄화수소, 질소산화물, 일산화탄소, 매연, 검댕 등의 중간생성물이 생겨나 대기에서 광화학적인 반응을 일으켜 가시거리의 감소 등 여러 가지 대기오염현상을 일으킬 수 있다. 이 같은 현상은 배기가스 내의 산소량을 지속적으로 감시하거나 굴뚝연기의 온도를 높임으로써 그 정도를 줄일 수도 있다.

소각로에 의한 분진배출정도는 대부분 제진시설의 효율에 의하여 결정되며, 소각로의 상태에 의해서는 별로 영향을 받지 않는다. 분진제거시설로는 싸이크론, 전기집진기, 백하우스(bag house), 습식집진기 등 여러 가지가 있는데 그 중에서도 습식집진기가 많이 이용된다. 습식집진기를 사용하면 분진 외에도 각종 가스의 제거에 도움이 되며 알칼리 용액을 이용하면 산에 의한 부식을 방지할 수 있다. 2단 또는 3단 집진기를 사용하여 제진효율을 높일 수도 있다. 고율집진기에서의 압력손실은 400～800mmH_2O이며, 표준온도와 압력 하에서 배기가스의 분진농도를 0.05mg/L 이하로 줄일수도 있다.

하수슬러지를 소각하는 경우 중금속을 방출할 수도 있다. 그러나 슬러지 내의 금속은 수은을 제외하고는 대부분 소각과정에서 산화물로 산화되어 소각재로서 또는 제진시설에서 제거된다.

슬러지의 소각에 의한 기체상태의 대기오염물로는 염화수소, 아황산가스, 질소산화물, 이산화탄소 등이 있으나 소각로의 설계와 운전이 적절하다면 일산화탄소는 큰 문제가 되지 않는다. 플라스틱 제품의 분해에 의해 발생되는 염화수소는 습식집진기에 의한 제거효율이 높다. 대부분의 경우 슬러지의 황함량은 낮고 또한 대부분이 황산염으로 존재하기 때문에 SO_2에 의한 문제도 심각하지 않다고 볼 수 있다.

슬러지는 단백질과 암모늄염 때문에 질소함량이 높으나 질소산화물이 생성되려면 870℃ 이상의 온도가 필요하다. 대부분의 슬러지 소각로에서 소각온도는 이보다 낮기 때문에 소각로를 적절히 운전하면 질소산화물의 농도를 100ppm 이하로 배출할 수도 있다.

슬러지는 농약 등의 각종 독성물질을 함유하므로 슬러지를 소각시키면 배기가스 내에 그러한 독성물질이 함유되어 있을 수도 있다. 그러나 대부분의 살충제는 500℃ 정도에서 열분해되며 900℃에서는 거의 완전히 분해될 수 있다.

하수슬러지로 실시한 실험의 결과에 의하면 PCB (Polychlorobiphenyl)는 590℃의 배기가스온도에서 슬러지와 함께 산화되었으며, 다단소각로에서 배기가스 온도가 370℃인 경우에도 재소각 없이 파괴되는 율이 높았다.

슬러지 소각로에서 생기는 냄새를 통제하기 위해서 두 가지의 방법이 주로 채택된다. 하나는 배기가스 내의 유기물을 완전히 산화시킬 수 있도록 배기가스를 650～760℃의 높은 온도에서 충분한 시간 동안 정체시키는 것으로서 효율적이며 가장 널리 이용되고 있다. 그 다음으로 많이 이용되는 방법은 배기가스를 제2소각실이나 재소각기를 사용하여 처리하는 방법으로 연료가스나 오일을 태워서 유기물을 산화시킨다. 이 때 촉매를 사용하면 소각온도를 낮출 수 있으므로 연료가 절약될 수 있다. 어느 경우든 공기를 추가로 공급해 주어서 완전소각이 일어나도록 해야 한다.

표 5.23은 대기환경보전법 시행규칙 별표 8에 제시되어 있는 소각시설에 대한 배출허용기준을 나타낸 것이며, 슬러지 소각로의 경우에도 이 기준을 따르도록 해야 한다.

표 5.23 소각시설에 대한 배출허용기준

가. 2019년 12월 31일까지 적용되는 기준

오염물질		배출허용기준		
		가	나	다
가스상 물질 (ppm)	암모니아	30(12)	30(12)	30(12)
	일산화탄소	50(12)	200(12)	200(12)
	염화수소	15(12)	20(12)	20(12)
	황산화물(SO_2로서)	30(12)	40(12)	50(12)
	질소산화물(NO_2로서)	70(12)	90(12)	90(12)
	이황화탄소	30	30	30
	포름알데히드	10	10	10
	황화수소	2(12)	2(12)	10(12)
	불소화합물(F로서)	2(12)	2(12)	3(12)
	시안화수소	5	5	5
	브롬화합물(Br로서)	3	3	3
	벤젠화합물	10	10	10
	페놀화합물	5	5	5
	수은화합물(Hg로서) *	0.08(12)	0.08(12)	0.08(12)
	비소화합물(As로서)	0.25(12)	0.25(12)	0.25(12)
	디클로로메탄	50	50	50
	트리클로로에틸	50	50	50
	1,3-부타디엔렌	6	6	6
입자상 물질 (mg/Sm^3)	먼지	10(12)	20(12)	20(12)
	카드뮴화합물(Cd로서)	0.02(12)	0.1(12)	0.2(12)
	납화합물(Pb로서)	0.2(12)	0.5(12)	1(12)
	크롬화합물(Cr로서)	0.3(12)	0.3(12)	0.3(12)
	구리화합물(Cu로서)	5	5	5
	니켈 및 그화합물	2	2	2
	아연화합물(Zn로서)	5	5	5
	비산먼지	0.5	0.5	0.5
	매연 **	2도	2도	2도

나. 2020년 1월 1일부터 적용되는 기준

오염물질		배출허용기준		
		가	나	다
가스상 물질 (ppm)	암모니아	20(12)	20(12)	20(12)
	일산화탄소	50(12)	200(12)	200(12)
	염화수소	12(12)	15(12)	15(12)
	황산화물(SO_2로서)	20(12)	30(12)	35(12)
	질소산화물(NO_2로서)	50(12)	70(12)	70(12)

가스상 물질 (ppm)	이황화탄소	10	10	10
	포름알데히드	8	8	8
	황화수소	2(12)	2(12)	4(12)
	불소화합물(F로서)	2(12)	2(12)	2(12)
	시안화수소	4	4	4
	브롬화합물(Br로서)	3	3	3
	벤젠화합물	6	6	6
	페놀화합물	4	4	4
	수은화합물(Hg로서) *	0.05(12)	0.05(12)	0.05(12)
	비소화합물(As로서)	0.2(12)	0.2(12)	0.2(12)
	디클로로메탄	50	50	50
	트리클로로에틸렌	50	50	50
	1,3-부타디엔	6	6	6
	아크릴로니트릴	3	3	3
	1,2-디클로로에탄	12	12	12
	클로로포름	5	5	5
	테트라클로로에틸렌	10	10	10
	스틸렌	23	23	23
	에틸벤젠	23	23	23
	사염화탄소	3	3	3
입자상 물질 (mg/Sm^3)	먼지 ***	10(12)	15(12)	15(12)
	카드뮴화합물(Cd로서)	0.02(12)	0.08(12)	0.15(12)
	납화합물(Pb로서)	0.2(12)	0.4(12)	0.8(12)
	크롬화합물(Cr로서)	0.2(12)	0.2(12)	0.2(12)
	구리화합물(Cu로서)	4	4	4
	니켈 및 그화합물	2	2	2
	아연화합물(Zn로서)	4	4	4
	비산먼지	0.4	0.4	0.4
	매연 **	2도	2도	2도
	다환방향족탄화수소류 (벤조a피렌으로서)	0.05	0.05	0.05

비고 : 가. 소각용량이 시간당 2톤(의료폐기물 처리시설은 시간당 200킬로그램) 이상 시설
나. 소각용량이 시간당 200킬로그램 이상 2톤 이하 시설
다. 소각용량이 시간당 200킬로그램 미만 시설

* 단위 : mg/Sm^3

** 단위 : 링겔만비탁표 기준

*** 단위 : 2015.1.1 이후에 설치한 시설에 적용하며 이전에 설치한 시설은 별도기준 적용

주 : 특정 대기유해물질을 연간 10톤 이상 배출하는 사업장에 대해서는 별도의 배출허용기준을 적용한다.

(1) 입자상 물질

- 물리적 집진
- 습식세정법
- 여과집진
- 전기집진

(2) 가스상 물질

- 질소산화물 제어
- 황산화물을 함유한 산가스 제어

(3) 악취

대기오염방지시설을 설치할 경우에는 현재 배출기준을 만족시켜야 할 뿐만 아니라 장래의 배출기준도 고려해야 한다.

5.11 슬러지 자원화

하수처리 시 발생하는 슬러지, 관로 시설로부터 제거된 토사, 침전지로부터 제거된 침사 등은 녹지 및 농지 이용, 건설자재화 등의 방법으로 적극적으로 이용할 필요가 있으며, 이와 같은 이용이 불가능한 경우는 매립 등을 행할 필요가 있다.

최근 하수도 정비의 확대 및 생활수준의 향상에 따라 슬러지 발생량은 급격하게 증가하고 있으며 이들 대부분은 매립처분되고 있다. 그러나 매립지는 한계가 있고, 도시화의 진전에 따라서 그 확보가 더욱 곤란해지고 비용도 증가 일로에 있다.

이와 같은 문제의 가장 좋은 대응방안은 최종 처분량을 감소시키는 것이며, 소각·용융 등의 감량화 방안을 고려할 수 있다. 또한 향후 자원 및 에너지 절약의 관점에 있어서 슬러지의 녹지 및 농지 이용, 건설자재 이용 또는 에너지 이용 등도 적극적으로 추진해야 할 필요가 있다. 또한 퇴비화 및 고화처리된 슬러지는 매립지 복토재로도 재이용할 수 있다.

더욱이 우리나라에서는 2001년부터 공공하수처리시설에서 발생하는 유기성 슬러지는 직접 매립이 금지되고 소각·퇴비화 등의 처리를 거친 잔재물만의 매립이 허용되므로 이를 고려하여 자원화 방안을 확실하게 수립하여야 한다.

5.11.1 녹지 및 농지 이용

우리나라의 농지는 화학비료를 다량 이용하여 왔기 때문에 지력의 저하가 현저하여 유기성 퇴비 사용의 필요성이 인식되기 시작했다. 유기성 퇴비의 원료로서는 가축 분뇨, 나무껍질, 하수슬러지, 분뇨슬러지, 식품가공슬러지 등이 있으며 이들을 이용한 퇴비의 생산량이 최근 증가하고 있다.

슬러지는 질소 및 인 등의 비료 성분 이외에도 각종 유용한 무기물이 포함되어 있기 때문에 자원으로의 이용 가치가 높으며, 녹지 및 농지 이용도 바람직한 이용 형태로 생각된다. 하수슬러지의 녹지 및 농지 이용은 다양한 비료로서의 효과뿐만 아니라 농지의 토질 개량을 겸한 합리적인 이용 형태의 하나로서 매우 유망하다.

(1) 하수슬러지 퇴비

하수슬러지로 만든 퇴비는 유기물이 생물학적으로 분해·안정화되었기 때문에 슬러지를 그대로 녹지 및 농지로 투기함으로써 급격하게 분해되어 식물의 생육에 악영향을 미치는 것을 방지할 수 있으며, 비료 특성을 지니고, 운반 저류 보관 등에 있어 작업성 또는 취급성이 좋다. 또한 퇴비화 시 발생열에 의하여 유해한 미생물 등의 제거가 가능하며, 품질·위생면에 있어서도 녹지 및 농지 이용에 적합하다.

(2) 건조슬러지

건조처리를 하면 운반, 저류, 보관 등의 작업성 및 취급성이 개선되며, 아울러 유해한 미생물 등을 제거할 수 있다.

건조공정은 슬러지 케이크의 수분을 증발시키는 것이 목적이고, 슬러지 중 유기물은 기본적으로 감량화되지 않는다. 생슬러지를 건조시키는 경우에는 유기물의 안정화가 충분하지 않기 때문에, 농지 등에 사용하면 유기물이 분해되며 작물의 생육 장해를 일으킬 수 있다. 따라서 농지에 이용하는 건조슬러지로는 소화슬러지를 이용하는 것이 좋다. 녹지 및 농지로 이용하는 경우의 함수율은 20% 이하가 되어야 취급성에 있어서 적당하다.

(3) 슬러지 케이크

슬러지 탈수설비로부터 인출된 슬러지 케이크를 그대로 이용하는 경우 부패가 가능한 유기물이 많으며, 응집제로서 석회를 사용하는 경우에는 pH가 높다. 또한 함수율 70~80% 정도의 슬러지 케이크인 경우에는 취급이 곤란하다. 이 때문에 슬러지 케이크를 야적하여 장기간 방치한 후 토양에 매립하여 작물을 재배하는 등의 배려가 필요하다. 더욱이 악취도 강하기 때문에 도시 근교 농지에서 이용하기에는 곤란한 점이 많다.

(4) 슬러지 소각재

소각재는 토양에 유기물을 공급하기 위한 목적에는 적합하지 않지만 인, 마그네슘, 철, 규소 등의 식물 생육에 필수 원소가 함유되어 있어 비료로서 이용가치가 있다. 그러나 소각재는 비산하기 쉽고 취급이 곤란하기 때문에 가습 등을 통한 취급성의 개선이 필요하다.

5.11.2 건설자재로 이용

도시를 중심으로 한 지역에서 발생한 슬러지 소각재 또는 용융 슬래그의 가장 적합한 이용 형태의 하나가 건설자재로서의 이용이다.

슬러지의 소각재 및 용융 슬래그는 그대로 또는 가공하여 건설자재, 토질 개량제 등으로 이용될 수 있다. 소각재 및 용융 슬래그의 조성은 종래의 건설자재와 유사하기 때문에 건설자재 또는 그 원료로서 사용이 가능하며 다른 용도로도 이용된다. 토질 개량제로의 이용에서는 무기성 소각재가 건설 잔토 등을 개량하는데 효과적이다.

(1) 소각재

슬러지를 처리할 때 사용되는 응집제는 염화제일철과 소석회 등을 포함한 무기계 소각재와 유기 응집제를 포함한 유기계 소각재의 두 종류로 나뉜다.

무기계 소각재는 이에 함유되어 있는 Ca의 수경성을 이용하는 경우가 많으므로 그 함유량을 파악해 둘 필요가 있다. 또한 소각재의 Ca 함유량은 슬러지의 성상 또는 계절적인 변화에 따라 변동하므로 그 변동 범위도 파악해 둘 필요가 있다.

토질 개량제로서 이용하는 경우에는 개량된 토지의 강도를 적절한 범위로 상승시키는 것이 목표이다. 효과를 높이기 위해서는 소각재를 함수율이 비교적 낮은 상태로 사용하는 것이 가장 바람직하지만, 이 경우에는 비산 방지 등의 배려도 필요하다.

도로 포장재로의 이용 시 소각재는 단독 또는 다른 재료의 혼합재로 사용된다. 혼합재로서 사용되는 경우는 소각재 단독으로 사용할 때 목적 기준을 만족하지 못하거나 용융 슬래그와 혼합하여 사용하는 경우 등이 있다. 도로 포장재로서 사용하는 경우에는 소각재를 대량으로 현지에서 취급하기 때문에 토질 개량제로 사용하는 경우보다 소각재 비산 등에 대하여 더욱 주의를 기울일 필요가 있다.

고분자계 소각재의 이용은 소각재에 함유된 규소(SiO_2)나 알루미나(Al_2O_3) 등을 점토 등의 대체재로서 이용하는 것이다. 이용 시에는 소각재 성분과 계절적인 변동을 파악할 필요가 있다. 특히 소성(燒成)하는 경우 소성 온도의 영향이 크기 때문에 주의를 요해야 하며, 소각재의 첨가율이 수 %를 초과하는 경우에는 소각재 색(갈색 계통)에 의하여 제품이 착색될 수도 있다.

(2) 용융 슬래그

용융 슬래그는 용융액의 냉각 방법에 따라 크게 급냉 슬래그와 서냉 슬래그로 나눌 수 있다. 이들은 입경이나 성상이 다르지만 각각 세사 또는 쇄석의 대체재로서 이용이 가능하다. 용융 슬래그는 슬러지의 성상, 용융로의 형식, 계절적 변동에 따라 그 성상에 차이가 발생하기 때문에 비중, 입도분포 등을 파악해 둘 필요가 있다. 일반적으로 서냉 슬래그가 급냉 슬래그에 비하여 비중이 크고 강도도 큰 경향을 나타낸다. 도로 포장재 또는 콘크리트 골재 등으로의 이용에 있어서는 입도분포를 조정하기 위하여 용융 슬래그를 파쇄하거나 쇄석 등을 혼합하여 사용하기도 한다.

5.11.3 에너지 이용

공공하수처리시설에서 필요한 전력을 얻기 위해서는 정유 또는 중유 등 다량의 에너지를 필요로 하며, 향후 보급률의 증대나 처리 수준의 향상에 따라 그 양은 점점 증가된다. 우리나라는 에너지 자원이 풍부하지 않기 때문에 에너지원의 대부분을 해외에 의존하고 있으며, 최근 화석 에너지의 대량 소비에 의한 지구 온난화 등의 지구환경 문제가 제기되고 있어 에너지 이용의 효율화가 더욱 중요시되고 있다.

하수슬러지는 탄소, 수소, 황 등으로 구성된 유기물을 함유하고 있어 잠재적인 에너지

가치가 높다. 에너지 이용 방법으로서는 소화가스로서 에너지를 회수하여 가온용 연료나 발전 등에 이용하는 방법과 건조슬러지를 연료로서 이용하는 방법 등이 있다. 또한 슬러지 소각 등에서 발생하는 배기가스의 열에너지를 이용하는 방법도 있다.

슬러지의 에너지 이용 시 슬러지 중에 포함된 수분은 에너지소비량 또는 에너지 회수에 큰 영향을 미친다. 따라서 농축슬러지의 초기 탈수나 소각 등의 공정에 있어서 가능한 수분 저감을 도모하여 종합적으로 에너지 이용 효율 향상을 도모하는 것이 중요하다.

하수슬러지의 에너지 이용은 아직 초보 상태이지만, 향후 공공하수처리시설 에너지 자급률의 향상뿐만 아니라 장기적으로 공공하수처리시설 운전의 안정성을 확보하고 지구 환경의 보호에 공헌하기 위해서도 추진할 필요가 있다.

(1) 소화가스

소화가스의 저위발열량은 5,000~5,500kcal/Nm^{3}이므로 일반적인 도시 가스의 에너지원으로 이용이 가능하다. 소화가스의 이용으로서는 일반적으로 소화조 가온용 보일러, 슬러지 소각로 등의 보조 연료로 사용되지만, 소화가스가 다량으로 발생하는 경우에는 발전이나 동력원으로서의 이용도 가능하다.

(2) 건조 슬러지

슬러지 케이크의 발열량은 유기 응집제 사용 슬러지의 경우 3,000~4,000kcal/kg-건조슬러지 정도로 열원으로서의 잠재적 가치가 대단히 높다. 건조된 슬러지 케이크는 자연 소각이 가능하며 증발법에 의하여 수분을 제거한 건조슬러지는 고체 연료로서의 이용도 가능하다.

(3) 소각 · 용융로 배기가스

소각로나 용융로 등의 배기가스는 다량의 열에너지를 보유하기 때문에 공기 예열이나 백연 방지 예열, 슬러지 케이크 건조에 이용될 수 있다. 또한 굴뚝 청소 시 발생하는 세연배수(洗煙排水)도 대량이기 때문에 그 이용에 대한 검토가 필요하다.

5.12 슬러지 최종처분

하수슬러지도 하나의 자원이기 때문에 가능한 한 자원화하여 이용하는 것이 바람직하며, 재활용되지 못한 슬러지를 매립이나 소각, 해양투기 등의 방법으로 처분하게 된다. 육상매립은 폐기물을 처분하는 가장 손쉬운 방법이기는 하지만 악취와 침출수 발생 등 매립지 주변 환경에의 악영향으로 인해 2003년부터 유기성 폐기물의 직매립을 금지하고 있다. 해양투기는 2000년대까지 가장 흔한 처분 방법이었으나 2012년 폐기물의 해양투기 전면 금지를 선포하면서 그 대신 재활용과 소각, 연료화 등의 방법으로 전환하게 되었다. 표 5.24를 보면 2012년도에는 재활용되는 양이 소각과 매립되는 양과 비슷한 수준이었으나 2015년에는 재활용되는 양이 6 : 4 정도로 더 많아진 것을 알 수 있다. 특히 재활용되는 슬러지 중에서 연료화되어 소각시설에 혼합소각되는 양이 크게 늘었다. 육상매립은 주로 고화처리 후 매립장 복토재로 활용하거나 매립가스 회수시설이 있는 위생매립지에 처분하는 것이며 연료화는 하수슬러지를 탈수, 건조하고 화력발전소나 시멘트제조공장 등에 공급하여 연료와 혼합 소각하는 신재생에너지로 활용하는 것을 말한다.

표 5.24 하수슬러지 처리/처분 현황 (단위 : ton/day)

	재활용			소각	해양투기	건조	매립	기타
	연료화	비료화	기타 골재 등					
2003	–	–	417	766	4,455	–	311	263
2006	–	–	920	842	5,512	–	119	117
2009	–	–	2,027	1,140	3,912	–	1,208	
2012	883	–	3,380	2,360	–	–	1,455	670
2015	2,172	1,165	2,661	1,971	–	903	1,444	211
2018	1,605	171	594	1,809	–	776	3(고화)	538

5.12.1 고화

하수슬러지의 고화(固化)는 유해폐기물의 고형화와는 별도의 개념으로 슬러지 케이크의 성상을 물리·화학적으로 개선하기 위해 생석회나 시멘트 등의 고화제를 소량 혼합한 후 일정기간(3일 내외) 양생시켜 슬러지의 입자를 단입자화시킴으로써 일반토양과 유사하게 변화시켜 매립작업을 용이하게 하는 방법으로서 슬러지 처리방법 중 고도의 기술이 요구되지 않아 비교적 쉽게 적용가능한 방법이다.

현재 국내에서 발생되는 하수슬러지의 대부분은 탈수 후 일반폐기물과 함께 매립처분되고 있지만, 슬러지의 높은 함수율 및 유기물 함유 등으로 인하여 작업차량의 진입이 어려워지는 등의 문제점과, 생활수준의 변화 등에 따른 일반폐기물의 성상변화 등으로 혼합매립이 더욱 어려워지고 있어 이에 대한 적절한 처분대책이 시급히 요망되고 있다. 이런 하수슬러지의 대량 처분을 위한 방법으로 슬러지 케이크를 고화처리하여 매립작업을 용이하게 하거나, 나아가서는 단독매립 또는 위생매립지에서 중간복토재로 활용하는 방안도 고려할 수 있다. 특히 고화방법은 슬러지케이크의 처분을 매립에 의존하고 있는 도시지역에 적합한 이용형태이다.

5.12.2 매립

하수슬러지는 폐기물관리법 제2조 4항과 동시행령 별표 1에 '지정폐기물'로 명시되어 있으며, 2008년 7월에 개정된 폐기물관리법 시행령 제7조의 폐기물처리기준에 따라서 매립 시 이를 충분히 고려하여야 한다.

제9항 폐기물을 매립하는 경우에는 침출수와 가스의 유출로 인한 주변 환경의 오염을 방지하기 위하여 차수시설, 집수시설, 침출수 유량조정조, 침출수 처리시설을 갖추고, 가스 소각시설이나 발전·연료화 처리시설을 갖춘 매립시설에서 처리해야 한다. 다만, 침출수나 가스가 발생하지 아니하거나 침출수나 가스의 발생으로 인한 주변 환경오염의 우려가 없다고 인정되는 경우로서 환경부령으로 정하는 경우에는 위 시설의 전부 또는 일부를 갖추지 아니한 매립시설에서 이를 처리할 수 있다.

제10항 분진·소각재·오니류 중 지정폐기물이 아닌 폐기물로서 pH가 12.5 이상이거나 2.0 이하인 것은 관리형 매립시설의 차수시설과 침출수 처리시설의 성능에 지장을 초래하지 아니하도록 하여 매립하여야 한다.

5.12.3 슬러지 연료화

하수슬러지 연료화는 하수슬러지 자원화 정책의 한 방법으로서, 매립이나 해양투기되는 하수슬러지를 화력발전소 등의 에너지로 활용토록 함으로써 폐기물의 재활용뿐만 아니라 신재생에너지 공급 의무화(RPS, Renewable portfolio standard)에 대비한 사업을 말한다. 신재생에너지 공급 의무화의 배경에는 기후변화협약이 있다. 지구온난화에 세계가 공동 대처하기 위해 체결된 기후변화협약에서 각국에 신재생에너지 사용 목표량이 할당되어 이산화탄소 배출 저감 목표를 연계시키고 있는데, 우리나라도 신에너지 및 재생에너지 개발, 이용, 보급 촉진법에 기초하여 의무공급량 제도를 두고 일정 규모 이상의 발전소나 공기업은 점진적으로 신재생에너지 공급량를 늘리도록 규정하고 있다. 2022년 시행된 법에 따르면 의무공급량은 총전력생산량을 기준으로 2012년 2.0%, 2022년 12.5%에 해당하는 에너지를 신재생에너지로 공급해야 하며, 2026년 이후에는 25.0%를 공급해야 한다.

우리나라는 폐기물관리법 및 자원의 절약과 재활용 촉진에 관한 법률에 이를 명시하여 하수슬러지를 고형연료로 제조하여 저위발열량 3,000kcal/kg 이상이고 몇 가지 조건을 충족하면 신재생에너지로 인정받아 화력발전소 등에 혼합소각할 수 있도록 되어 있다. 이밖에 분뇨를 침전・분해 등의 방법으로 처리하는 "분뇨처리시설"에서 발생하는 슬러지의 경우도 고형연료화가 가능하다. 하수슬러지를 연료로 사용하는 것은 폐기물관리법 상 R-9-5 유형의 재활용에 해당하고, R-9-5 유형의 재활용 기준은 표 5.25와 같이 동 법 시행규칙에 잘 나타나 있다.

하수슬러지 고형연료는 석탄 연료보다 낮은 수준의 발열량이 문제점이기는 하나 폐기물의 재활용 측면에서는 매우 유용한 처분 방법이며, 화력발전소 입장에서 보면 계속 증가하는 신재생에너지 공급 의무량을 충족시킬 수 있는 상호 이익이 되는 방법임에는 틀림없다.

표 5.25 하수슬러지의 재활용 기준(2022)

다) R-9-5 유형의 재활용 기준
(1) 연료로 가공하여 사용할 수 있는 유기성 오니(지정폐기물, 분뇨 또는 가축분뇨 등의 생물학적 처리공정 전 단계에서 발생되는 오니류는 제외한다)는 다음의 시설에서 발생되는 것만 해당한다. (가) 「하수도법」 제2조 제9호에 따른 공공하수처리시설 또는 같은 조 제11호에 따른 분뇨처리시설 (나) 「물환경보전법」 제2조 제12호에 따른 수질오염방지시설(같은 조 제10호의 폐수배출시설의 경우만 해당한다) (다) 「가축분뇨의 관리 및 이용에 관한 법률」 제2조 제9호에 따른 공공처리시설 (2) 유기성 오니의 저위발열량이 킬로그램당 3천킬로칼로리 이상이어야 한다. 다만, 해당 유기성 오니에서 일부 에너지를 회수한 후 가공하는 경우에는 저위발열량이 킬로그램당 2천킬로칼로리 이상이어야 한다. (3) 연료로 제조하는 과정에서 지정폐기물 또는 폐합성고분자화합물 등과 혼합하여서는 안 된다. 다만, 원목 상태이거나 원목을 기계적으로 가공·처리한 상태의 것으로써 페인트, 기름, 방부제 등이 묻지 않은 폐목재를 가공하여 혼합할 수 있다. (4) 가공된 연료는 다음의 구분에 따라 사용하여야 한다. (가) 공공하수처리시설, 분뇨처리시설 또는 가축분뇨 공공처리시설에서 발생된 유기성 오니를 가공하여 제조한 연료: 화력발전소 또는 열병합발전소에서 사용하되, 총 연료사용량의 5퍼센트 이내로 사용하여야 한다. (나) 수질오염방지시설에서 발생된 유기성 오니를 가공하여 제조한 연료: 화력발전소에서 사용하되, 총 연료사용량의 0.5퍼센트 이내로 사용하여야 한다. (5) 가공된 연료는 수분 함유량 10퍼센트 이하, 회분 함유량(건조된 상태 기준) 35퍼센트 이하, 황분 함유량(건조된 상태 기준) 2퍼센트 이하, 길이(원형인 경우에는 지름) 40밀리미터 이하여야 한다. 다만, 화력발전소에서 연료로 사용하는 경우에는 회분 함유량이 35퍼센트를 초과할 수 있다. (6) 연료로 재활용하는 유기성 오니는 「자원의 절약과 재활용촉진에 관한 법률 시행규칙」 제20조의3 제3항에 따른 고형연료제품의 품질 시험·분석방법에 따라 시험한 결과(건조된 상태를 기준으로 한다)가 다음의 기준에 적합하여야 한다. (가) 수은 : 킬로그램 당 1.20밀리그램 이하 (나) 카드뮴 : 킬로그램 당 9.0밀리그램 이하 (다) 납 : 킬로그램 당 200.0밀리그램 이하 (라) 비소 : 킬로그램 당 13.0밀리그램 이하

주 : 폐기물관리법 시행규칙 별표 5의3 폐기물의 재활용 기준(2022)에서 발췌

▌연습문제▐

5-1 함수율 95%인 혼합슬러지를 탈수하여 함수율 76%인 탈수슬러지 케이크를 얻었다. 혼합슬러지 1톤 당 발생하는 탈수여액의 양은 얼마나 되겠는가? 단, 탈수여액의 고형물 농도는 3,000mg/L로 가정한다.

5-2 어떤 공공하수처리시설에서 혼합슬러지(일차슬러지 + 잉여슬러지)가 $250m^3$/day로 발생한다. 혼합슬러지의 고형물 농도가 $10kg/m^3$ (10,000mg/L)일 때, 중력식 슬러지 농축조의 소요면적, 용량, 체류시간, 수면적부하를 구하라. 단, 고형물부하율은 $75kg/m^2$/day, 유효수심은 4m로 설계한다.

5-3 공기 중 산소(O_2)는 21%(v/v)이다. 수온이 20℃, 기압이 1기압일 때 물의 산소 농도는 몇 mg/L이겠는가? 단, 20℃에서 산소의 헨리상수(K_{H,O_2})는 2.49×10^{-5}몰분율/atm이다.

5-4 혐기성 소화는 크게 산 생성단계와 메탄 생성단계로 이루어진다. 산 생성단계와 메탄 생성단계를 설명하라.

5-5 어떤 하수처리장에서 유기성분이 75%인 잉여슬러지가 혐기성소화를 거쳐 유기성분 52%로 감소하였다. ① 혐기성소화조의 소화효율과 ② 고형물 감소율을 각각 구하여라.

5-6 하수슬러지의 유기성분에 대한 실험식을 $C_{10}H_{19}O_3N$이라 가정한다. 건조중량으로서 하수슬러지 1kg이 완전 혐기성 분해되었을 때 35℃, 1기압 기준 메탄가스 발생량을 부피 단위(L)로 계산하라. 단, 하수슬러지의 유기성분 함량은 건조중량 기준 75%이다.

5-7 어떤 소규모 공공하수처리시설에서 발생하는 슬러지를 처리하기 위해 호기성 소화를 계획하고 있다. 만일, 슬러지 발생량이 일일 $60m^3$이고, 그 슬러지의 고형물 농도는 TS 기준 12,000mg/L이다. 동절기 수온을 12℃로 가정했을 때 TS 제거율 35%를 달성하기 위해 필요한 호기성 소화조의 용량을 구하여라.

5-8 고형물 농도 3.8%인 개량슬러지가 하루 55m^3/day씩 발생하고 있고 이 슬러지를 가압탈수하여 6.2ton/day의 탈수케이크를 얻는다. 고형물의 비중을 1이라고 가정하고 탈수케이크의 함수율이 72%일 때, 탈수여액 발생량(m^3/day)과 탈수여액의 고형물 농도(%)를 계산하라.

5-9 건조된 탈수슬러지 케이크의 원소분석 결과 각 원소의 함량(w/w)은 다음과 같다.

탄소(C) : 42%
수소(H) : 9%
산소(O) : 16%
질소(N) : 5%
황(S) : 1%

① 듀롱공식을 이용하여 이 건조 슬러지 케이크의 단위 무게당 고위발열량(kcal/kg)과 저위발열량을 계산하라.

② 이 건조 슬러지 케이크 1kg을 소각하는데 필요한 이론적인 산소요구량(kg)을 계산하라.

5-10 듀롱의 발열량 계산 공식에서 수소의 발열량 계산 시 O/8에 해당하는 수소의 열량을 빼는 이유를 설명하라.

▌찾아보기 ▌

영문

가

나

다

사

아

자

차

· 김성홍　조선대학교 토목공학과 교수
· 최영균　충남대학교 환경공학과 교수
· 최재완　광주대학교 토목공학과 교수

하수도공학　정가 29,000원

발　행　2023년 5월 30일 3판 1쇄
저　자　김성홍 · 최영균 · 최재완
발행인　정우용
발행처　도서출판 동화기술
경기도 파주시 광인사길 201(문발동, 파주출판도시)
Tel (031)955-4211~6　donghwapub@nate.com
Fax (031)955-4217　www.donghwapub.co.kr
(등록) 1977년 12월 19일/9-16호

ISBN 978-89-425-9468-9